新装版 数学入門シリーズ

幾何のおもしろさ

岩波書店

本書は，「数学入門シリーズ」『幾何の
おもしろさ』(初版 1985 年)を A5 判に
拡大したものです．

はじめに

旧制中学で数学を学んだ人で「代数は得意でなかったが幾何は面白かった」という人が少くない．その幾何は古典的なユークリッド平面幾何であった．近年‘数学教育の現代化’に伴ってユークリッド平面幾何は数学の初等教育（高校卒業までの教育）から追放されてしまった．その理由の一つがユークリッド平面幾何が論理的に厳密でなかったことにあったと聞く．フランスの数学者デュードンネ（J. Dieudonné）によれば“中等学校におけるユークリッド幾何などを廃止すべきである．今までの中等教育の題材とされていたユークリッド幾何は定義も定理も正確でなく，少しも数学になっていない…”[1]という．私は，しかし，これはおかしいと思う．“ユークリッド幾何が少しも数学になっていない”というのは現代数学の立場から見たとき数学になっていない，という意味であろう．しかし，ユークリッド幾何はギリシャ以降二千年に亙って学問の典型とされた立派な数学であったのである．

数学の厳密性に対する考えは歴史的には時代と共に変化し，数学を学ぶ個人にとっては学力の発達に伴って進展する．私も旧制中学で数学を学んだが，当時の私には「点トハ位置ノミアリテ大キサナキモノナリ」にはじまるユークリッド平面幾何は厳密極まる学問の体系に見えた．私は，数学の初等教育としては，その体系がそれを学ぶ生徒にとって厳密ならばそれで十分であると思う．

ユークリッド幾何の厳密な取扱いはヒルベルトの『幾何学の基礎』によってはじめて与えられた．私は中学生のとき生意気にも林鶴一訳のヒルベルトの『幾何学の基礎』[2]を読もうと試みたが歯がたたなかった．

---

1) 弥永昌吉：ユークリッド『原論』の功罪，数学セミナー，1981年2月号．
2) ヒルベルト：幾何学原理，林鶴一・小野藤太訳，大倉書店（大正2年）．

生徒の学力の程度を超えて厳密な数学は生徒にとって厳密どころかかえって曖昧模糊とした印象を与える．このことは大学の数学科の1年生の微分積分学で所謂‘ε-δ 論法’がなかなかわかって貰えないのを見ても明らかであろう．ゆえに私は数学の初等教育で現代数学の立場から見て‘数学になっている’数学を教えよう，というのはもともと無理な註文であると思うのである．その証拠には現代化に伴ってユークリッド平面幾何に代って高校数学に登場した微分積分学も定義も定理も不正確で少しも数学になっていないのである．

旧制中学ではユークリッド平面幾何によって論理を学んだ．現代数学の立場から見たとき，平面幾何は厳密でなかったかも知れないが，そこで学んだ論理は厳密な論理であった．論理を学ぶには論理をいろいろな場面に適用して見なければならない．ユークリッド平面幾何は論理的に構成された体系であって，これを学ぶにはつねに意識的に論理を用いなければならない．数学の初等教育でこのように論理を用いる豊富な場面を提供し得る教材はユークリッド平面幾何だけであろう．論理を学んでもそれを用いる場面が乏しければ論理は身につかない．身につかなければ論理を学んだことにならない．数学の初等教育から論理的に厳密でないといってユークリッド平面幾何を追放したために論理まで追放したと同様な結果になってしまったのは皮肉である．

数学の初等教育でユークリッド平面幾何を教えるのは古来の伝統であった．徒らに伝統に固執するのも困るが，伝統には深い意義があるのであって，それを浅薄な考えで変えるのは危険である．数学教育の現代化によってユークリッド平面幾何を追放したのは致命的な誤りであったと思う．

平面幾何の面白さにはいろいろな要素があった．まずパズルとしての面白さ．三日三晩考えて解けなかった問題が四日目の晩に一本の補助線を引くことによってパッと解けたときの嬉しさは格別であった．

つぎは自然科学としての面白さ．われわれが昔中学校で学んだ幾何には，物理的な空間に関する現象の記述という面があって，まだ物理から完全には独立してはいなかった．たとえば，掛谷宗一先生著『平面幾何学』[1]はつぎのようにはじまっている：

幾何学ハ図形ノ性質ヲ論ズル学問ナリ．

図形ノ基本的ナルモノ四アリ．

I　立体．総テ物体ハ空間ノ一部分ヲ占有ス．今其物体ノ物質上ノ性質ヲ離レ，単ニ其占有スル空間ノ一部分ノ形，大キサ及位置ノミヲ考フルトキ，之ヲ立体トイフ．

II　面．立体ノ境界ヲ面トイフ．面ニハ広サアレドモ厚サナシ．

III　線．面ノ境界ヲ線トイフ．線ニハ長サアレドモ太サナシ．

IV　点．線ノ境界ヲ点トイフ．点ニハ位置ノミアリテ大サナシ．

……

……

殊に平面幾何には実際に紙の上に描かれた図形に見られる現象を説明する自然科学という面があった．たとえば，パスカルの定理（202–203ページ）によれば，円に内接する六辺形の三組の対辺の延長の交点 P,Q,R は一直線上にある．実際に紙の上に円に内接する六辺形を描き，その各辺を延長して三組の対辺の延長の交点 P,Q,R を定め，定規を当てて見ると定理がいう通り三点 P,Q,R が一直線上に乗っているので嬉しくなるのであった．

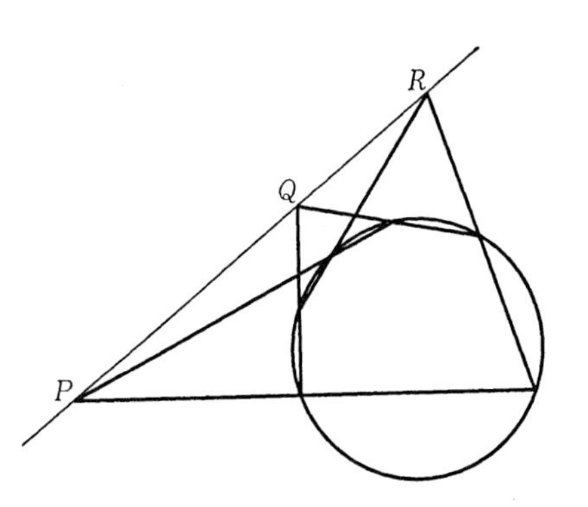

そして論理的に厳密な学問の体系

1)　掛谷宗一著：新定 平面幾何学，大日本図書（大正 15 年）．

を学んでいるという満足感.

このような平面幾何の面白さを再現しよう，というのが本書の目的である．しかしこの小冊子で旧制中学の平面幾何をそのまま再現しようとすれば当時の平面幾何の本，たとえば秋山先生の『わかる幾何学』の抜粋のようなものになってしまうであろう．それでは新しく本を書く意味がない．新しく平面幾何の本を書く以上，そこに何か当時の本の内容を補うものがあることが望ましい．ユークリッド幾何の論理的欠陥として‘順序の公理’がないことが指摘されている[1]．‘順序’のヒルベルトの『幾何学の基礎』に見られるような厳密な取扱いはもちろんこのシリーズの程度を超えるが，難かしいのは‘直線上の点の順序’であって，‘平面上の点と直線の順序’は論理的にも感覚的にもわかり易い．本書では‘直線上の点の順序’についてはよくわかっているものとして，‘平面上の点と直線の順序’をわかり易い範囲でできるだけ厳密に扱った．これによって平面幾何の欠陥を補い，平面幾何が数学になっていないという批判に答えることができたと思う．ただ‘順序’に関する定理には図を見れば明らかなものが多く，なぜこんな明らかなことを証明しなければならないか，初学者は理解に苦しむかも知れない．定理が明らかなのにその証明が煩雑に過ぎると思われる読者は証明をとばして先へ進まれたい．

線分の長さは正の実数であるが，厳密な実数論は本書の程度を超えるので，本書では線分の長さを扱うのにできるだけ実数の性質に頼らないように努め，特に実数の連続性は避けた．第1章と第2章で用いる実数の性質は実数の大・小，加法，減法，自然数による除法だけである．第3章ではじめて任意の実数と実数の乗法，除法を用いる．

旧制中学の平面幾何には証明問題，軌跡，作図の三部門があったが，本書では軌跡と作図には触れなかった．間口を広げて内容が希薄になる

1)　弥永昌吉：ユークリッド『原論』の功罪.

ことを恐れたからである.

本書では問題に解答をつけなかった. 問題を自分で考える所に平面幾何の面白さがあるからである. 問題はどれも難かしくないから, 読者自ら解答を試みられることを望む.

本書が遂に出版の運びに至ったのは岩波書店編集部の荒井秀男氏の並々ならぬ熱意による所が大きい. ここにこのことを記して同氏に感謝の意を表する.

1985年3月

著　者

目　　次

第1章 平面幾何の公理的構成

平面幾何は，周知のように，平面上の点，直線，半直線，線分，円，等からなる図形を研究する学問である．ユークリッド幾何でははじめにいくつかの基本法則を定め，これを**公理**とよぶ．そして公理から出発して論理的な推論によってつぎつぎといろいろな法則を導き出していく．このようにして導き出された法則が**定理**であり，定理を導き出す推論がその証明である．このとき，定理や証明を述べるために用いる術語の意味をはっきり定めておかなければならない．術語の意味をすでに意味がわかっている術語を用いて説明するのが**定義**である．

一般にいくつかの基本法則を公理とし，公理から論証によっていろいろな定理を導き出して一つの学問の体系を構成することを**公理的構成**という．

本章では平面幾何の一つの公理的構成について述べる．その目的は，はじめに述べたように，このシリーズが想定しているレヴェルの読者にとって分り易い公理的構成を試みることにあるのであって，厳密な公理的構成の新しい体系を提案しよう，などという野心は毛頭ない．ただ，厳密性に関心のある読者のために，随所に補足的説明を挿入した．細字で印刷した部分がそれである．一般の読者にはこの部分は不要である．

§1　結合と順序の公理

点と直線　点と直線の考察からはじめる．平面幾何であるから，もちろん点も直線もすべて一つの定まった平面上にあると考えている．

公理 1　相異なる二点 A と B が与えられたとき，A と B を通る直線をひくことができる．A と B を通る直線はただ一つしかない．——

ここで，‘点’，‘直線’，‘通る’など，はじめから意味のわかっている術語はあらためて定義しない．はじめから意味がわかっているとして，定義しないで用いる術語を**無定義語**という．

ある術語を定義するには他の術語を要する．その術語を定義するには更に別な術語が必要となる．これを繰り返していけば遂には定義のない根源的な術語に到達する．これが公理的構成における無定義語である．現代数学の主流をなす形式主義の立場では，無定義語はそれ自身は意味のない単なる記号であって，たとえば上記の‘点’，‘直線’，‘通る’は‘鼠’，‘猫’，‘捕える’で置き換えても一向差支えない．そしてその記号の意味は公理によって間接的に規定されると考える．しかし，これははじめて公理的に構成された体系を学ぶ初学者にとっては無理な立場であろう．筆者は，あらかじめ図を眺めて‘点’，‘直線’，‘通る’の意味を感覚的に把握していない限り，上記の公理1を理解することは不可能であると思うのである．‘点’，‘直線’，‘通る’を‘鼠’，‘猫’，‘捕える’で置き換えれば，公理1は

二匹の鼠 A と B がいるとき，A と B を捕える猫がいる．A と B を捕える猫は一匹しかいない．

という奇怪な文章になってしまう．無定義語は意味のない記号などではなく，定義しなくてもはじめから意味がわかっている基本的な術語であることを示している．このことは，また，アダマールが「数学における発見の心理」[1] で指摘したように，形式主義的な公理的構成の規範となったヒルベルトの「幾何学の基礎」[2]

1)　J. Hadamard: The psycology of invention in the mathematical field, Princeton University Press, 1945, p. 88（邦訳，伏見康治・尾崎辰之助訳：発明の心理，みすず書房，1959年.）

2)　D. Hilbert: Grundlagen der Geometrie, Teubner, 第1版，1899，第7版，1930（邦訳，寺阪英孝・大西正男訳：ヒルベルト 幾何学の基礎 他，共立出版，1970年）. 以下「幾何学の基礎」として引用.

を開けて見れば殆んど毎ページ図が描いてあることからも明らかであろう．アダマールは“ヒルベルトが「幾何学の基礎」を書くに当ってつねに幾何学的感覚に導かれていたことは疑いない．そうでないと思う人は「幾何学の基礎」を一寸開けて見るがよい．殆んど毎ページ図が描いてあるではないか”と書いているのである．

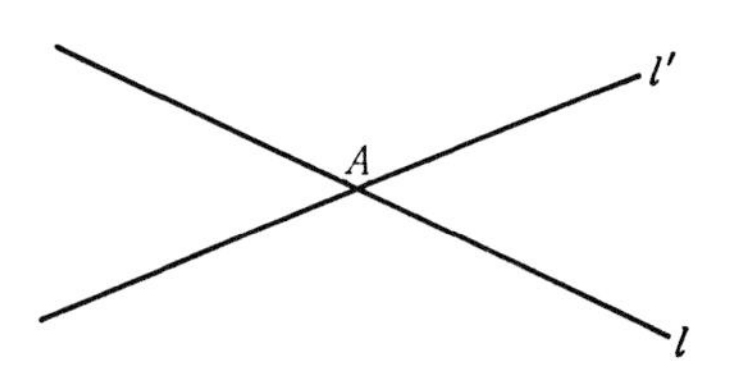

公理1において二点 A と B を通る直線をひくことができる，というのは A と B を通る直線が存在する，という意味である．相異なる二点 A と B を通る直線を**直線** AB とよぶ．公理1により直線 AB は A と B によってただ一通りに定まる．直線 AB を，また，A と B を**結ぶ**直線という．直線 l が点 A を通るとき点 A は**直線** l **の上にある**という．A が l の上にないとき，すなわち，直線 l が点 A を通らないとき A は直線 l **外にある**という．相異なる二つの直線 l と l' が一つの点 A を通るとき l と l' は点 A で**交わる**といい，A を l と l' の**交点**とよぶ．l と l' が交わる，というのは或る点で交わることを意味する．

定理1　相異なる二直線は交わらないか，またはただ一つの点で交わる．

証明　相異なる二直線 l と l' が二つ以上の相異なる点 $A, B, \cdots$ で交わっていると仮定すれば，A と B を通る直線が二つ存在することになるが，これは公理1に矛盾する．ゆえに l と l' が二つ以上の相異なる点で交わっているという仮定は誤りである．すなわち，l と l' は交わらないか，ただ一つの点で交わるか，のいずれかである(証明終)．

このように，定理が誤りであると仮定して矛盾を導くことによってその定理を証明する方法を**帰謬法**あるいは**背理法**という[1]．帰謬法による証明では，たとえば上図のような，実際にはあり得ない状況を想定して論証を進めるのである．

線分と半直線　以下二点 A と B といえば，特に断わらない限り，相異なる二点 A, B を意味するものとする．三点 A, B, C, 四点 A, B, C, D, などについても同様とする．

二点 A と B を通る直線 AB 上に A とも B とも異なる点 C をとれば，i) C が A と B の**間にある**か，ii) A が C と B の間にあるか，iii) B が A と C の間にあるか，のいずれかである．i), ii), iii) のいずれかである，

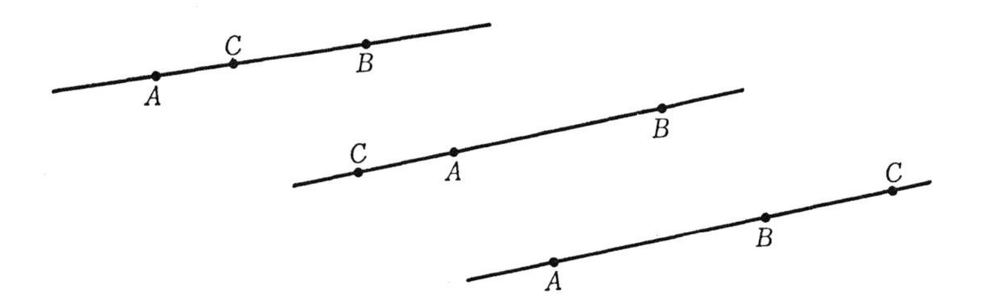

というのは i), ii), iii) のどれか一つが成り立って他の二つは成り立たない，という意味である．また，直線 AB 上の点 C が A と B の間にあり点 D が B と C の間にあれば，D は A と B の間にある．ここで‘間にある’は無定義語であって，その意味はよくわかっているものとする．

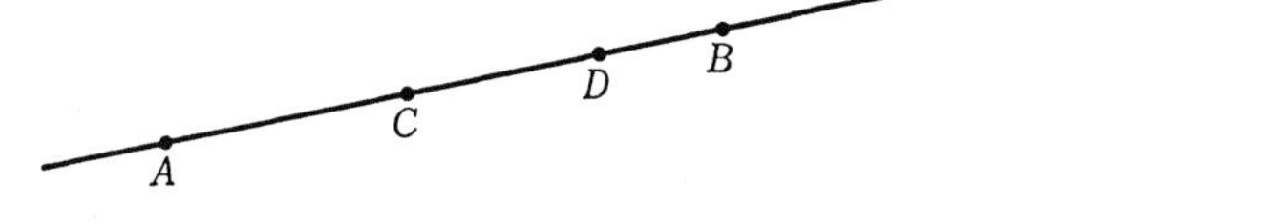

直線 AB の A と B の間にある部分に点 A と点 B を付け加えたものを**線分** AB とよぶ．そして A と B を線分 AB の**端点**または**端**という．また線分 AB を A と B を**結ぶ**線分という．直線 l が直線 AB と交わって

1)　現代では普通‘背理法’というが，‘帰謬法’の方が論法をよく表わしていると思う．

その交点 C が A であるか B であるか，または A と B の間の一点であるとき，直線 l は線分 AB と交わるといい，C をその交点という．

公理2　直線 l が三点 A, B, C のいずれをも通らないとき，l は三つの線分 AB, AC, BC のいずれとも交わらないか，または，そのうち二つと交わって他の一つと交わらない．——

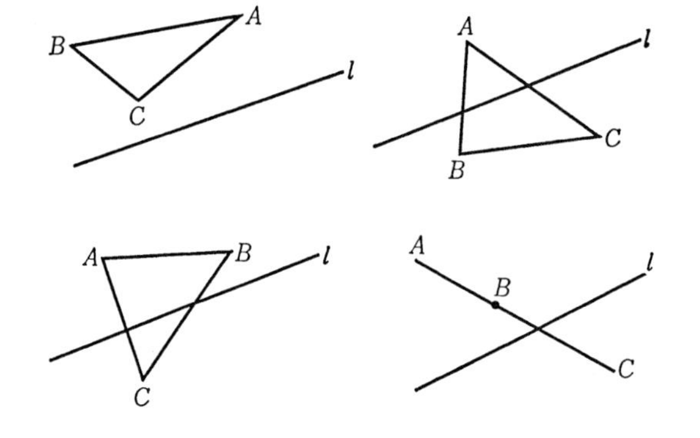

直線 l と l 外にある二点 A, B を考える．

定義1　線分 AB が l と交わらないならば点 A と B は直線 l の**同じ側**にある，あるいは l に関して A と B は同じ側にあるという．線分 AB が l と交わるならば A と B は直線 l の**反対側**にある，あるいは l に関して A と B は反対側にあるという．——

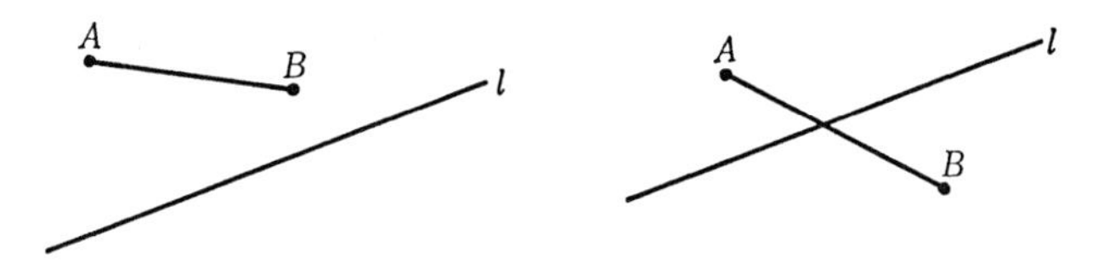

点 A と B は直線 l の同じ側にあるか，反対側にあるか，のいずれかである．これは明らかであろう．

直線 l 外にある三点 A, B, C についてつぎの定理が成り立つことは公理2によって明らかであろう．

定理2　直線 l に関して B と A が同じ側にあり，C と A も同じ側にあるならば，B と C は同じ側にある．l に関して B と A が反対側にあり，C と A も反対側にあるならば，B と C は同じ側にある．l に関して B と A が同じ側にあり，C と A が反対側にあるならば，B と C は反対側にある．——

この定理により，直線 l は平面を l に関して互いに反対側にある二つの部分にわけることがわかるのであるが，このことについては後で詳しく述べる．

直線 l 上に一点 O が与えられたとする．

定義2　l 上に O と異なる二点 A, B をとったとき，O が A と B の間にないならば A と B は点 O に関して同じ側にあるといい，O が A と B の間にあるならば A と B は点 O に関して反対側にあるという．——

直線 l 外にある点 P をとって点 O と P を通る直線 l' をひけば，O が

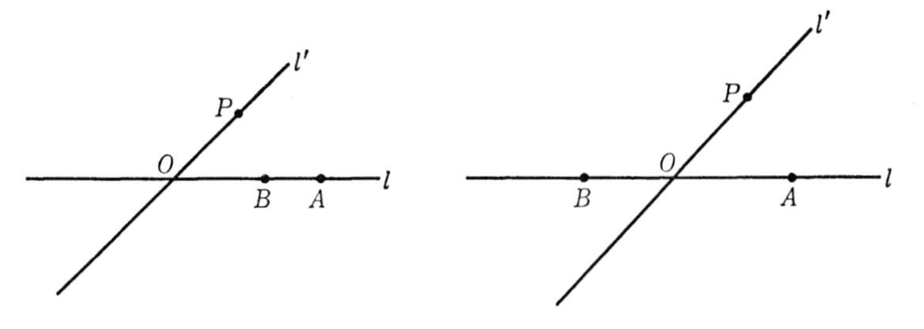

A と B の間にあるということは l' が線分 AB と交わることと同じである．数学では‘同じことである’ということを‘**同値**である’といい表わす．このいい方を用いれば，すなわち，O が A と B の間にあることは l' が線分 AB と交わることと同値である．ゆえに A と B が点 O に関して反対側にあることは直線 l' に関して反対側にあることと同値，A と B が点 O に関して同じ側にあることは直線 l' に関して同じ側にあることと同値である．したがって，直線 l 上の O と異なる三点 A, B, C について，定理2からつぎの定理が従う．

定理 3　直線 l 上の点 O に関して B と A が同じ側にあり，C と A も同じ側にあれば，B と C は同じ側にある．O に関して B と A が反対側にあり，C と A も反対側にあれば，B と C は同じ側にある．O に関して B と A が同じ側にあり，C と A が反対側にあれば，B と C は反対側にある．——

直線 l 上に二点 O と A が与えられたとき，l の O に関して A と同じ側にある部分に点 O を付け加えたものを**半直線** OA といい，O をその端点という．l 上に O に関して A と反対側にある点 B をとれば，半直線 OB は l の O に関して A と反対側にある部分に点 O を付け加えたものである．ゆえに点 O は直線 l を二つの半直線 OA と OB に**分割**する．定理3により，半直線 OA 上の O と異なる任意の二点は直線 l 上では O に関して同じ側にある．半直線 OA 上の O と異なる点と半直線 OB 上の O と異なる点は l 上では O に関して反対側にある．

O を端点とする半直線を O **から出る**半直線という．

上記の公理1はヒルベルトの「幾何学の基礎」の結合の公理 I_1 と I_2 を合併したもの，公理2は「幾何学の基礎」の順序の公理 II_4 である．「幾何学の基礎」には平面幾何の結合の公理としては I_1 と I_2 の他につぎに述べる公理 I_3，直線上の点の順序については公理 $\mathrm{II}_1, \mathrm{II}_2, \mathrm{II}_3$ が載っている：

I_3　一つの直線上には少なくとも二つの点がある．平面上には少なくとも三つの同一直線上にはない点がある．

II_1　点 C が点 A と B の間にあれば C は B と A の間にある．

II_2　二点 A, B に対して直線 AB 上に少なくとも一つの A, B とは異なる点 C があって，B は A と C の間にある．

II_3　一直線上の任意の三点のうち，たかだか一つだけが他の二つの間にある．

これらの公理を見れば上に述べたわれわれの公理的構成は十分に厳密ではなかったことがわかる．

まず公理 I_3 と II_2 を見れば，われわれが暗黙のうちに直線上にも平面上にも必要に応じていくつでも点が存在すると仮定していたことに気付く．たとえば6ページで直線 l 外にある点 P をとったが，厳密にいえば l 外にある点の存在は自明ではなく，公理 I_3 に基づいているのである．また，たとえば公理2 (5ページ)は直線 l と l 外にある三点に関する公理であるが，与えられた直線外にある三点の存在は公理 I_3 と II_2 に基づく．

つぎに公理 $\mathrm{II}_1, \mathrm{II}_2, \mathrm{II}_3$ を見れば，われわれは‘間にある’ということの意味ははじめからわかっているとしていたことに気付く．厳密にいえば，‘間にある’は無定義語であって，その意味は公理 $\mathrm{II}_1, \mathrm{II}_2, \mathrm{II}_3$ によって規定されるのである．

ヒルベルトは「幾何学の基礎」においてこれらの公理に基づいて直線上の点の順序に関するいくつかの基本定理を証明した．その最初の三つはつぎの通りである：

【定理3】　二点 A, B に対して直線 AB 上に A と B の間にある点が少なくとも一つ存在する．

【定理4】　一直線上にある任意の三点のうち，必ず或る一点が他の二点の間にある．

【定理5】　一直線上に四点が与えられたとき，その四点を適当な順序で A, B, C, D で表わして，B が A と C の間にも A と D の間にもあり，C が A と D の間にも B と D の間にもあるようにできる．

この【定理4】と II_3 により，一直線上にある三点 A, B, C について，i) C が A と B の間にあるか，ii) A が B と C の間にあるか，iii) B が A と C の間にあ

るか，のいずれかであることがわかる．われわれが4ページで，はじめから明らかであるとして，何気なく述べたことが「幾何学の基礎」では定理として厳密に証明されているのである．

「幾何学の基礎」の直線上の点の順序に関する諸定理ははじめから明らかであるように見えるが，その証明は，初学者にとっては，煩雑で難かしい．定理が一見明らかであるために一層難かしく感じられるのであろう．程度を越えて厳密な数学がかえってわかり難い例がここに見られる．われわれの公理的構成においては直線上の点の順序に関するこれらの定理は証明がなくてもはじめから明らかであるとして自由に用いる．‘間にある’は無定義語でその意味はよくわかっているものとしたが，直線上の点の順序に関する諸定理まで含めてわかっているものとするのである．

つぎの問題は線分の定義である．われわれは線分 AB は直線 AB の A と B の間にある部分に点 A と B を付け加えたものである，と定義したが，「幾何学の基礎」の線分の定義はつぎのようになっている：

【定義】　一つの直線 l 上にある二点 A, B の組を線分といい，これを AB または BA で表わす．l 上の A と B の間にある点を線分 AB の点といい，A と B を線分 AB の端点という．

「幾何学の基礎」の立場では，点と直線は異なる種類のものであって[1]，一つの直線は一つの点が一つのものであるのと同じ意味で一つのものである．直線と点の間には直線が点を通る，点が直線の上にある，という結合関係があるだけで，直線はその上にある点が集ってできたものではない．ゆえに一つの直線の部分というものは考えられないことになる．上述の【定義】では，このことを考慮して，線分を直線とは別な一つのものとして定義したのであろう．‘二点 A, B の組を線分という’というのは‘二点 A, B が線分とよばれる一つのものを定める’という意味である．

それでは半直線の定義についてはどうであろうか？「幾何学の基礎」から半直線の定義に関する記述を引用すると：

O は直線 l 上の点であるとする．このとき点 O の同じ側にある l 上の全部の点を O から出る半直線という；したがって直線の各点はその直線を二つの半直線

1)　「幾何学の基礎」5ページ．

にわける.

直線 l 上に二点 O, A をとったとき，この定義によれば，半直線 OA は l 上の点 O に関して A と同じ側にある点の全部である，すなわち A と同じ側にあるすべての点の集合であることになる．そして直線の各点はその直線を二つの半直線にわける，というのであるから，l 上に O に関して A と反対側にある点 B をとれば，点 O は直線 l を半直線 OA と半直線 OB に分ける，ゆえに直線 l は半直線 OA と半直線 OB と点 O の合併集合である．結局直線 l は l 上の点全体の集合であることになるのである.

もちろん半直線を線分と同様に一つのものとして定義することは容易である．ただその定義は線分の場合よりももっと煩雑になる．なぜなら A と B が O に関して同じ側にある場合には半直線 OA と半直線 OB が同じ半直線であることを考慮に入れなければならないからである．このように無暗に煩雑になることを避けるために，半直線は点の集合である，と考えることにしたのであろう．その結果直線も点の集合であるということになったのである．そこでわれわれも

以下，簡明のため，直線 l は l の上にあるすべての点の**集合**[1]である，あるいは直線 l は l 上の点の全体からなる**図形**である，と考えることにする．ここで‘図形’は形式的には‘点の集合’と同じ意味であるが，そのニュアンスは異なる[2]．著者は集合に親しみの薄い読者には‘点の集合’よりも‘図形’の方がわかり易いと思うのであるがどうであろうか？　以下しばしば‘図形’を用いるが，‘集合’を好まれる読者は‘図形’を‘集合’と読み替えられることを奨めたい.

直線はその上にある点の全体からなる図形である，と考えることにしたのに応じて，線分および半直線をつぎのように定義し直す：

<u>直線 AB 上の A と B の間にある点の全体と二点 A, B からなる図形を線分 AB という</u>.

<u>直線 OA 上の O に関して A と同じ側にある点の全体と点 O からなる図形を半直線 OA という</u>.

---

1)　現代の数学では，中学校で学んだように，ものの集りを集合という.
2)　‘点の集合’は無色透明で‘図形’には色彩があると思う.

直線 l は l の上のすべての点からなる図形，すなわち l 上のすべての点の集合であると考えることにしたから，二つの直線 l と l' が交わるというのは集合 l と l' が共通点をもつということで，その共通点が l と l' の交点である．同様に直線 l が線分 AB と交わるというのは集合 l と線分 AB という点の集合が共通点をもつことであって，その共通点が l と線分 AB の交点である．ただしこのとき直線 l と直線 AB は異なるものとする．一直線上にない四点 A, B, C, D に対して，線分 AB という点の集合と線分 CD という点の集合が共通点をもつとき線分 AB と線分 CD は交わるといい，その共通点を線分 AB と線分 CD の交点という．半直線と線分の交点，半直線と半直線の交点，等の意味も同様である．一般に二つの図形が共通点をもつとき，その二つの図形は交わるといい，共通点をその二つの図形の交点という．

以下，簡明のため，点 C が二点 A と B の間にあるといえば，それは C が直線 AB 上にあって A と B の間にあることを意味する[1)]ものとする．したがって線分 AB は A と B の間にある点の全体と A と B からなる図形であるということになる．

直線 OA から半直線 OA を除いた残りを**半直線 OA の延長**という．半直線 OA の延長は，すなわち，直線 OA 上の O に関して A と反対側にある点の全体である．

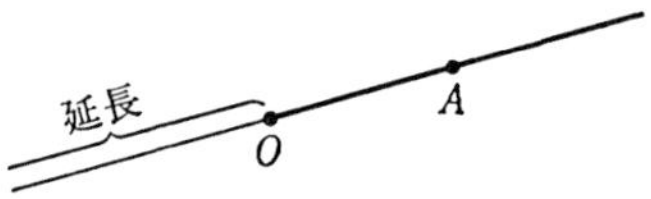

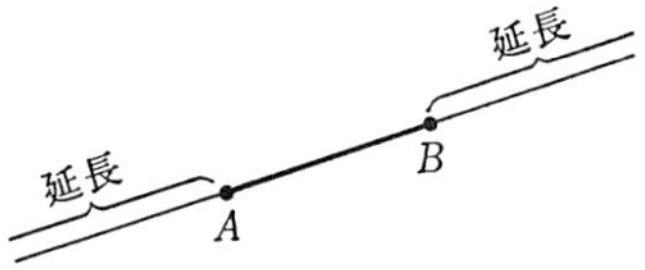

延長　O　A　　延長　A　B　延長

同様に，直線 AB から線分 AB を除いた残りを**線分 AB の延長**という．線分 AB の延長は直線 AB の B に関して A の反対側にある部分と A に

1)　「幾何学の基礎」7 ページ．

関して B の反対側にある部分の二つの部分からなる．

直線 l と l 外にある点 A が与えられたとき，l に関して A と同じ側にある点の全体を H, A の反対側にある点の全体を K とする．H はすなわち l に関して A と同じ側にあるすべての点の集合，K は l に関して A の反対側にあるすべての点の集合である．

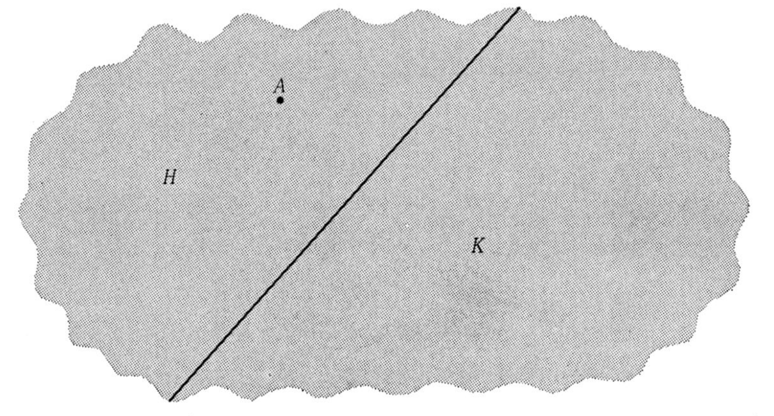

点の集合を**点集合**という．平面幾何では点集合といえばそれは平面上の点の集合を意味する．平面上のいくつかの(有限個または無数の)点が集って一つの点集合 S をつくっているとき，そのおのおのの点を **S の点**[1]という．たとえば点集合 H の点は l に関して A と同じ側にある点である．二つの点集合 S と T があって，S の点がすべて T の点であるとき，S は T に**含まれる**といい，また，S は T の**部分集合**であるという．S が T の部分集合であるというのは，要するに，S が T の一部分であることに他ならない．平面はすなわち平面上のすべての点の集合であると考える．ゆえに，平面幾何では，点集合はすべて平面の部分集合である．

直線 l に対して H と K を上記のように定めたとき，定理 2(5-6 ペー

1)　一般にいくつかのものが集って一つの集合 S をつくっているとき，そのおのおののものを S の**要素**という．

ジ)により，i) H の任意の二点は l の同じ側にある．ii) K の任意の二点は l の同じ側にある．iii) H の任意の点と K の任意の点は l の反対側にある．

このように直線 l は平面から l を除いた残りを l に関して互いに反対側にある二つの部分 H と K に分ける．このおのおのの部分を l が定める**半平面**という[1)]．

角　一点 O を端点とする二つの半直線 OA と OB からなる図形を角 AOB といい，それを $\angle AOB$ で表わす．半直線 OA と OB を $\angle AOB$

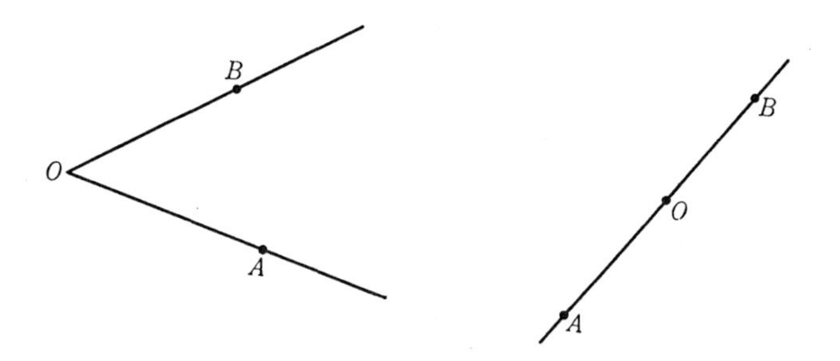

の**辺**，O をその**頂点**という．特に三点 O, A, B が一直線上にあるとき $\angle AOB$ を**平角**という．このとき，OA と OB は異なる半直線であるから，A と B は O の反対側にある．O を頂点とする他の角と混同する恐れがない場合には $\angle AOB$ を $\angle O$ と略記することがある．

つぎに角の内部の定義を述べる．

定義 3　$\angle AOB$ が平角でない場合，$\angle AOB$ の辺の上にない点 P が直線 OA に関しては B と同じ側に，直線 OB に関しては A と同じ側にあるとき，P は $\angle AOB$ の**内部**にあるという．そして $\angle AOB$ の内部にある点の全体を $\angle AOB$ の内部とよぶ．$\angle AOB$ が平角である場合には直線 AB

1)　半平面は点集合であるが，これを図形とはいわない．ここに‘点集合’と‘図形’のニュアンスの違いが見られる．

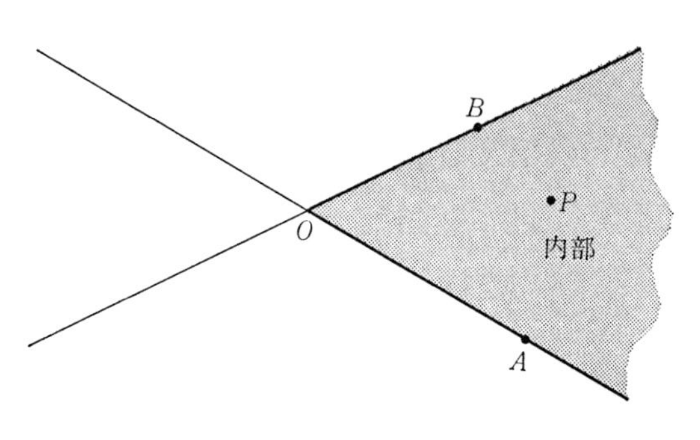

が定める二つの半平面のいずれか一方を選んでそれを $\angle AOB$ の内部とよぶ. ——

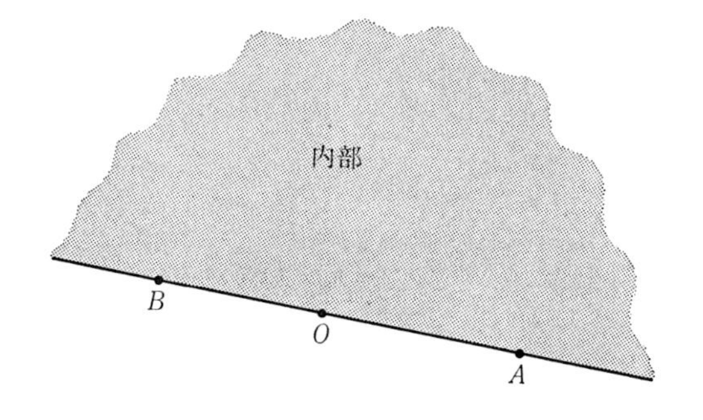

平面から $\angle AOB$ の辺とその内部を除いた残りを $\angle AOB$ の**外部**という.

直線 l 上の点 O と l 外にある点 A を結ぶ直線上の点 B が O と A の間にあれば, B と A は直線 l の同じ側にある. なぜなら, B が O と A の間にあるから O は A と B の間にない, すなわち線分 AB は l と交わらないからである. A と B が O から出る一つの半直線の上にあれば B が O と A の間にあるか, A が O と B の間にあるか, のいずれかである. ゆえに, 直線 l 外にある二点 A と B が l 上の点 O から出る一つの半直線の上にあれば, A と B は直線 l の同じ側にある. このことは以下しばしば用いる．

定理 4　$\angle AOB$ が平角でないとき，半直線 OC が線分 AB と A と B の間の一点で交わるならば，点 C は $\angle AOB$ の内部にある．

証明　半直線 OC と線分 AB の交点を D とすれば，C と D は直線 OA の同じ側にある．また，D が A と B の間にあるから，D と B は直線 OA の同じ側にある．ゆえに直線 OA に関して C は B と同じ側にある(5ページ，定理 2)．同様に直線 OB に関して C は A と同じ側にある．ゆえに C は $\angle AOB$ の内部にある(証明終)．

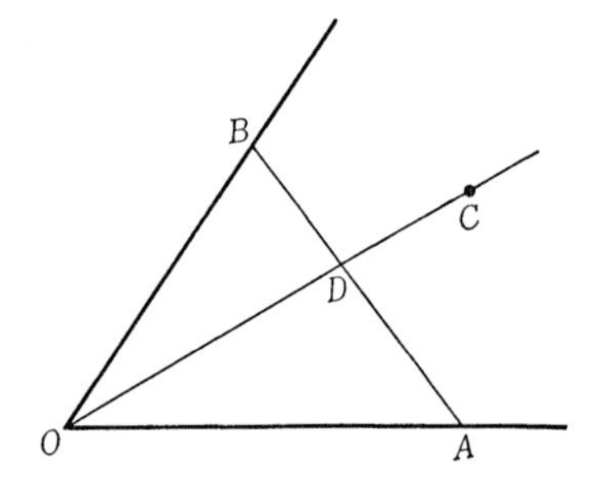

定理 5　$\angle AOB$ が平角でないとき，点 C が $\angle AOB$ の内部にあれば半直線 OC は線分 AB と A と B の間の一点で交わる．

証明[1]　半直線 OA の延長上に一点 D をとる．$\angle AOB$ の内部の点 C

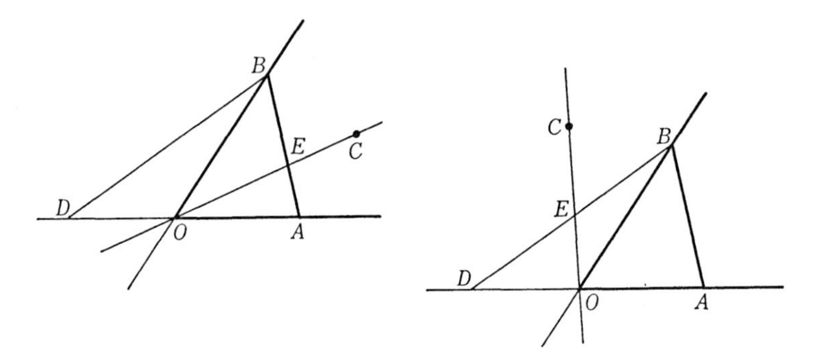

は直線 OA に関して B と同じ側にあるから直線 OA 上にはない．同様に C は直線 OB 上にもない．したがって直線 OC は三点 A, B, D のいずれをも通らない．直線 OC は線分 DA と点 O で交わる．ゆえに，公理 2 に

1)　この証明ははじめ難かしいと思われるかも知れないが，よく読めば簡単であることがわかる．

より，直線 OC は線分 AB と線分 BD のいずれか一方と交わり，その交点を E とすれば E は A と B の間にあるか，または B と D の間にある．ゆえに E と B は直線 OA の同じ側にある．C と B が直線 OA の同じ側にあるから，したがって E と C も直線 OA の同じ側にある．ゆえに直線 OC 上では点 O に関して E は C と同じ側にある，すなわち E は半直線 OC 上にある．ゆえに半直線 OC が線分 AB または線分 BD と点 E で交わることになる．

半直線 OC が線分 BD と交わっているとすれば，その交点 E は D と B の間にあるから，前定理4により，C は $\angle DOB$ の内部にある．ゆえに直線 OB に関して C は D と同じ側，すなわち A の反対側にあることになって，C が $\angle AOB$ の内部にあることに矛盾する．ゆえに半直線 OC は線分 AB と A と B の間の点 E で交わる(証明終).

定理6　二点 B と C が直線 OA の同じ側にあるとき，半直線 OB と半直線 OC が一致しないならば，点 C が $\angle AOB$ の内部にあるか，または点 B が $\angle AOC$ の内部にある．

証明　点 C は直線 OB 外にある．なぜなら，仮定により C と B は直線 OA の同じ側にあるから，C が直線 OB 上にあれば半直線 OC と半直線 OB が一致することになって仮定に反するからである．ゆえに C は直線 OB に関して A と同じ側にあるか，A の反対側にあるか，のいずれかである．

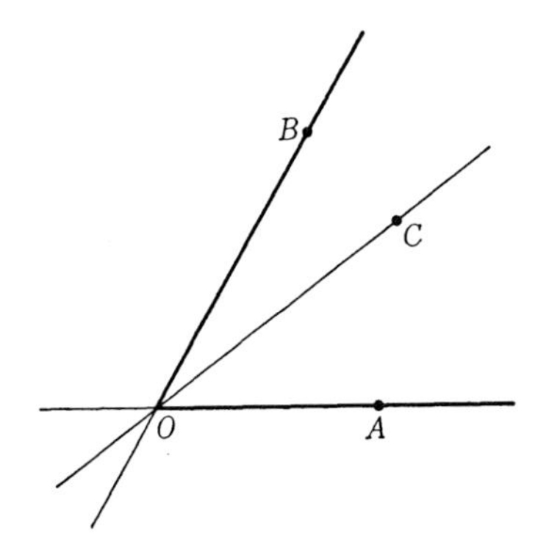

C と A が直線 OB の同じ側にある場合には，仮定により C と B は直線 OA の同じ側にあるから，C は $\angle AOB$ の内部にある．

C と A が直線 OB の反対側にある場合には線分 AC は直線 OB と交わ

る．その交点を D とすれば，直線 OA に関して D は C と同じ側にあり，C は B と同じ側にあるから，D は B と同じ側にある．ゆえに直線 OB 上で D と B は点 O の同じ側にある．すなわち半直線 OB は線分 AC と A と C の間の点 D で交わる．ゆえに，定理 4(15 ページ)により，B は $\angle AOC$ の内部にある(証明終)．

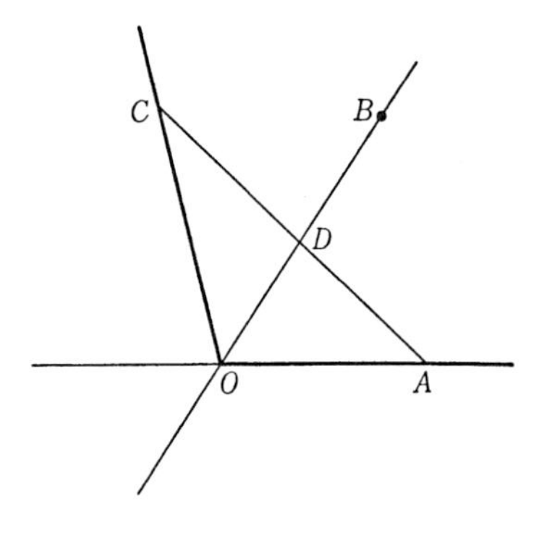

三角形　三点 A, B, C が同一直線上にないとき，三つの線分 AB, BC, CA からなる図形を**三角形** ABC といい，$\triangle ABC$ で表わす．A, B, C を $\triangle ABC$ の**頂点**，線分 AB, BC, CA を $\triangle ABC$ の**辺**という．辺 BC, CA, AB をそれぞれ頂点 A, B, C の**対辺**とよぶ．$\angle BAC, \angle ABC, \angle BCA$ を $\triangle ABC$ の**角**または**内角**といい，しばしば $\angle A, \angle B, \angle C$ と略記する．$\angle A, \angle B, \angle C$ をそれぞれ辺 BC, CA, AB の**対角**という．また，辺 BC, CA, AB をそれぞれ $\angle A, \angle B, \angle C$ の対辺という．

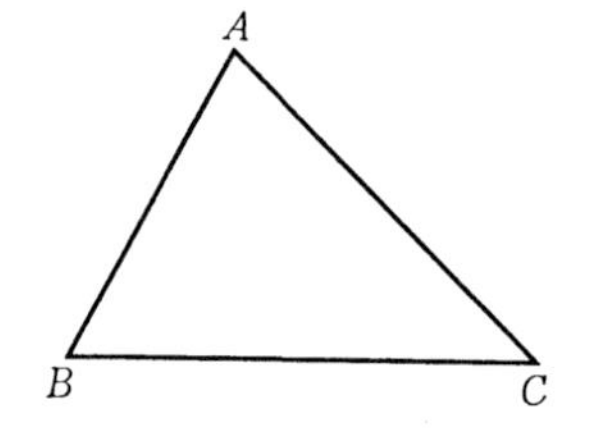

$\triangle ABC$ の内部をつぎのように定義する．

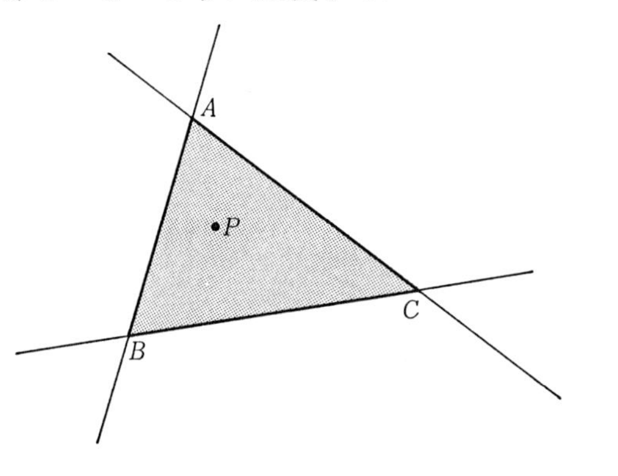

定義 4　点 P が直線 BC に関しては頂点 A と同じ側にあり，直線 CA に関しては頂点 B と同じ側にあり，直線 AB に関しては頂点 C と同じ側にあるとき，P は $\triangle ABC$ の**内部**にあるという．そして $\triangle ABC$ の内部にある点の全体を $\triangle ABC$ の内部とよぶ．——

$\triangle ABC$ の内部は $\angle BAC$ の内部の直線 BC に関して A と同じ側にある部分である．このことは角の内部の定義によって明らかであろう．$\triangle ABC$ の内部はその二つの角の内部，たとえば $\angle A$ の内部と $\angle B$ の内部の共通部分である．また，$\triangle ABC$ の内部はその三つの角の内部の共通部分である．

平面から $\triangle ABC$ の辺と内部を除いた残りを $\triangle ABC$ の**外部**という．

公理 2 を三角形について述べればつぎのようになる：

公理 2$^{\triangle}$　$\triangle ABC$ の頂点を通らない直線は $\triangle ABC$ の三辺のいずれとも交わらないか，または，二辺と交わって他の一辺と交わらない．

定理 7　D を $\triangle ABC$ の辺 BC 上の B と C の間の一点とすれば，直線 AD 上の A と D の間にある点は $\triangle ABC$ の内部にある．$\triangle ABC$ の頂点を通らない直線 l が $\triangle ABC$ と二点で交わるとき，その二点の間にある l 上の点は $\triangle ABC$ の内部にある．

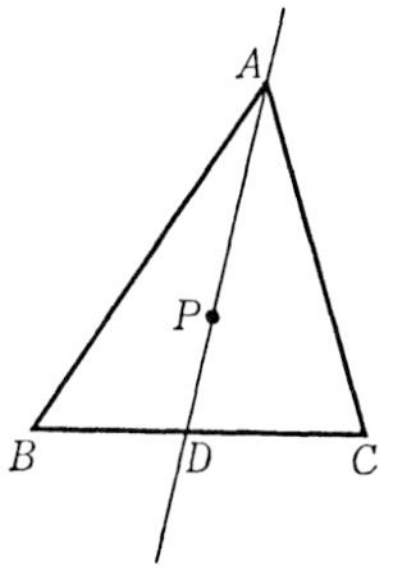

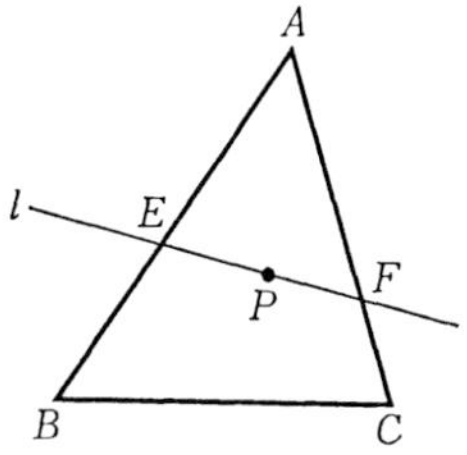

証明　まず P を A と D の間の点とすれば，P は直線 BC に関して A と同じ側にあり，定理 4(15 ページ)により，P は $\angle BAC$ の内部にある．ゆえに P は $\triangle ABC$ の内部にある．

つぎに，直線 l が辺 AB および辺 AC とそれぞれ点 E および点 F で交わるとし，P を E と F の間の点とする．直線 BC に関して E と F が A と同じ側にあるから，P も A と同じ側にある．そして，定理 4 (15 ページ)により，P は $\angle BAC$ の内部にある．ゆえに P は $\triangle ABC$ の内部にある(証明終)．

定理 8　P を $\triangle ABC$ の内部の一点，l を P を通る直線とする．l が $\triangle ABC$ の頂点の一つ，たとえば A を通るならば l はその対辺 BC と交わる．そしてその交点を D とすれば D は B と C の間にあり，P は A と D の間にある．l が $\triangle ABC$ の頂点のいずれをも通らないならば l は $\triangle ABC$ と二点で交わる．その交点を E, F とすれば P は E と F の間にある．

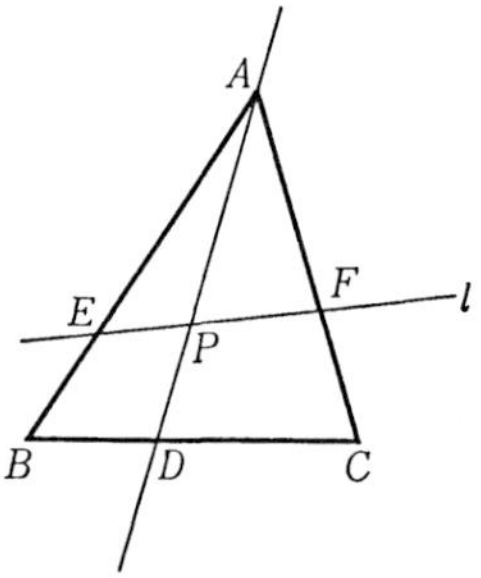

証明　点 P は $\angle BAC$ の内部にあるから，定理 5 により，半直線 AP は辺 BC と交わり，その交点を D とすれば，D は B と C の間にある．P と A は直線 BC に関して同じ側にあるから，P は A と D の間にある．l が頂点 A を通る場合には，l は直線 AP と一致するから，これで定理は証明されたことになる．

l が頂点 A, B, C のいずれをも通らない場合，l は $\triangle ADC$ の辺 AD と点 P で交わって頂点 A, D, C のいずれをも通らない．ゆえに，公理 $2^{\triangle}$ により，l は辺 AC または辺 DC のいずれか一方と交わる．ゆえに，公理 $2^{\triangle}$ により，l は $\triangle ABC$ の二辺と交わって他の一辺と交わらない．

そこで l が辺 AB および辺 AC と交わっているとして，その交点をそれぞれ E, F とする．そうすれば，点 P は $\angle EAF$ の内部にあるから，定理 5 (15 ページ)により，P は E と F の間にある(証明終)．

ある定理から直ぐに導かれる定理をその定理の**系**という．

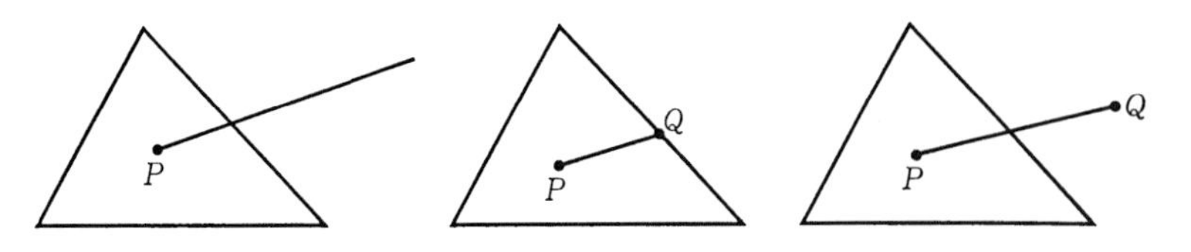

系 1 三角形の内部の点 P から出る半直線はその三角形とただ一つの点で交わる.

系 2 三角形の内部の点 P と辺上の点 Q を結ぶ線分 PQ の上の Q 以外の点はすべてその三角形の内部にある.

系 3 三角形の内部の点 P と外部の点 Q を結ぶ線分 PQ はその三角形とただ一つの点で交わる.

証明 系1, 系2, 系3をまとめて証明する. P を $\triangle ABC$ の内部の点, Q を P と異なる任意の点として半直線 PQ を考える. 定理8により, 直線 PQ は $\triangle ABC$ と二点で交わり, P はその二点の間にある. したがって,

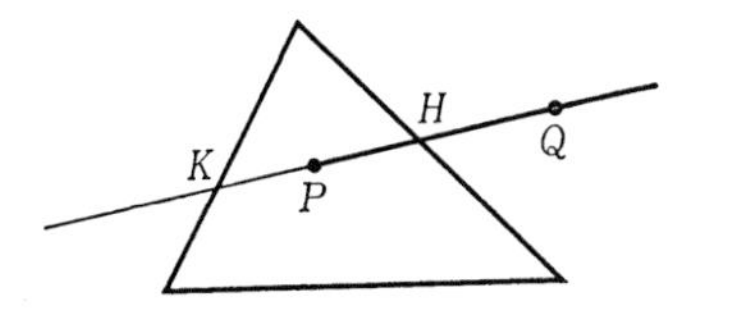

その二点のうち P に関して Q と同じ側にあるものを H, Q の反対側にあるものを K とすれば, H は半直線 PQ 上に, K は半直線 PQ の延長上にある. ゆえに半直線 PQ は $\triangle ABC$ とただ一つの点 H で交わる.

定理7により, 線分 HK の上の H と K 以外の点はすべて $\triangle ABC$ の内部にある. Q が $\triangle ABC$ の辺の上にある場合には Q は H と一致する. ゆえに線分 PQ の上の Q 以外の点は $\triangle ABC$ の内部にある.

Q が $\triangle ABC$ の外部にある場合, H は半直線 PQ 上にあって Q と異なるから, H が P と Q の間にあるか, Q が P と H の間にあるか, のいずれかであるが, Q が P と H の間にあれば Q は $\triangle ABC$ の内部にあることになって矛盾を生じる. ゆえに H は P と Q の間にある, すなわち線分 PQ は $\triangle ABC$ とただ一つの点 H で交わる(証明終).

この系3から直ちにつぎの系が従う.

系 4　$\triangle ABC$ の辺上にない二点 P と Q を結ぶ線分 PQ が $\triangle ABC$ と交わらないならば，P と Q は両方共 $\triangle ABC$ の内部にあるか，または両方共 $\triangle ABC$ の外部にある．——

$\triangle ABC$ の内部にある二点 P と Q を結ぶ線分 PQ が $\triangle ABC$ と交わらないことは三角形の内部の定義によって明らかであろう．

角についても同様な結果が成り立つ：

定理 9　$\angle AOB$ の内部の点 P と外部の点 Q を結ぶ線分 PQ は $\angle AOB$ とただ一つの点で交わる．

証明　$\angle AOB$ が平角ならば定理は明らかであるから，$\angle AOB$ は平角でないとする．

P が $\angle AOB$ の内部にあるから，直線 OA に関しても直線 OB に関しても P と Q が同じ側にあれば Q も $\angle AOB$ の内部にあることになって仮定に反する．ゆえに線分 PQ は直線 OA と直線 OB の少なくとも一方と交わる．そこで線分 PQ は直線 OA と交わるとしてその交点を C とする．

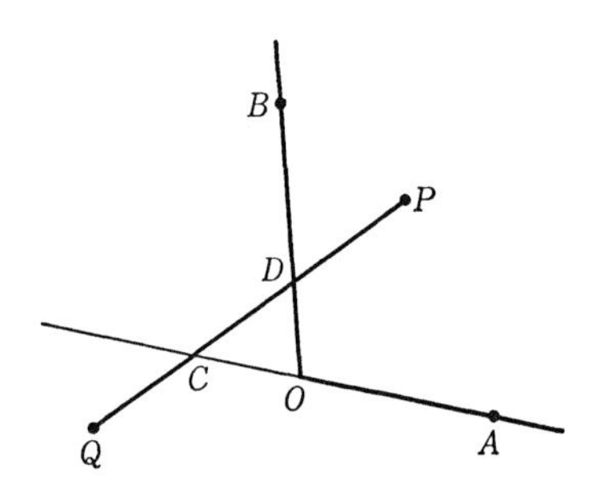

C が半直線 OA の延長上にある場合，直線 OB に関して C と A は反対側に，P と A は同じ側にある．ゆえに C と P は反対側にある．すなわち，線分 PQ は C と P の間の一点で直線 OB と交わるから，その交点を D とする．直線 OA に関して D と P は同じ側にあり，P と B も同じ側にあるから，D と B は同じ側にある．すなわち D は半直線 OB 上にある．ゆえに線分 PQ は $\angle AOB$

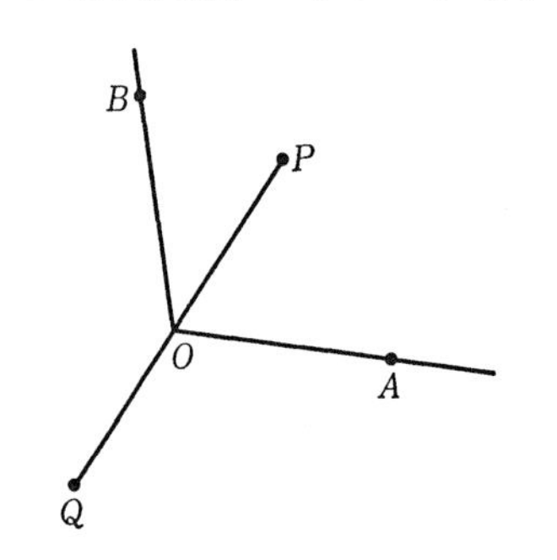

とただ一つの点 D で交わる.

C が点 O と一致した場合には O が線分 PQ と $\angle AOB$ のただ一つの交点であることは明らかであろう.

C が半直線 OA 上にあって O と異なる場合, 線分 PQ が半直線 OB と交わらないことをいえばよい. このために線分 PQ が半直線 OB と交わるとしてその交点を D とする. 仮定により P は $\angle COD$ の内部にあるから, 定理 5(15ページ)により, P は C と D の間にあることになるが, これは C と D が P と Q の間にあることに矛盾する. ゆえに線分 PQ は半直線 OB とは交わらない(証明終).

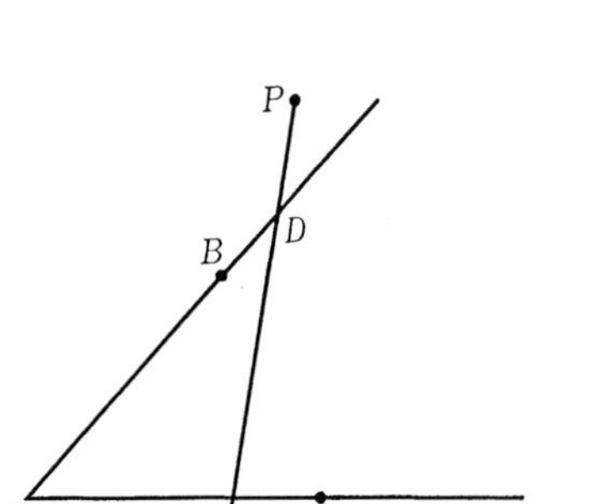

系 線分 PQ が $\angle AOB$ と交わらないならば, P と Q は両方とも $\angle AOB$ の内部にあるか, または両方とも $\angle AOB$ の外部にある. ——

角の内部の定義から明らかなように, $\angle AOB$ の内部の二点 P と Q を結ぶ線分 PQ は $\angle AOB$ と交わらない.

§2 計量の公理

線分の長さ 線分の**長さ**は正の実数である. ここで‘長さ’は無定義語である.

線分 AB の長さを線分を表わすのと同じ記号 AB で表わす[1]. AB が線分を表わしているか線分の長さを表わしているかは文脈によって明らかであって, 混同する恐れはない. たとえば等式

1) 線分 AB の長さを AB で表わすのは伝統に従ったまでである. 線分 AB の長さを別な記号, たとえば $|AB|$ で表わすことも試みたが, 煩雑になってかえってわかりにくくなるようである.

$$AB = CD$$

は線分 AB と線分 CD の長さが等しいことを表わす．$AB=CD$ は‘AB と CD は等しい’と読む．二つの線分が**等しい**というとき，それは二つの線分の長さが等しいことを意味する．線分 AB と線分 BA は同じ線分であるから

$$AB = BA$$

である．

公理 3 線分 AB 上の点 C が A と B のいずれとも異なるとき，等式

$$AB = AC+CB$$

が成り立つ．——

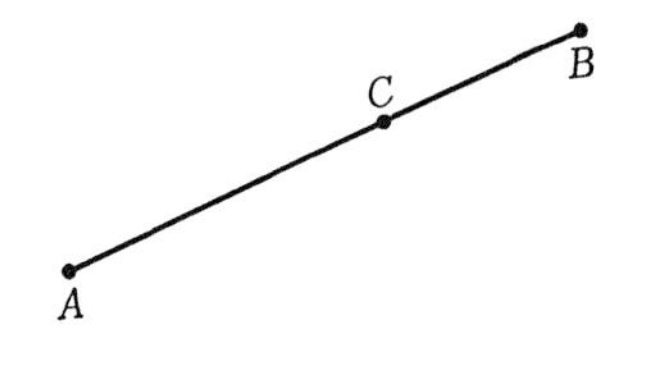

この等式から不等式

$$AC < AB,$$
$$CB < AB$$

が従うことは明らかであろう．

定理 10 半直線 OA 上に O と異なる点 C をとったとき，$OC=OA$ ならば C は A と一致する．

証明 帰謬法による．C が A と一致しないとすれば，A が O と C の間にあるか，または C が O と A の間にある．したがって，上の不等式

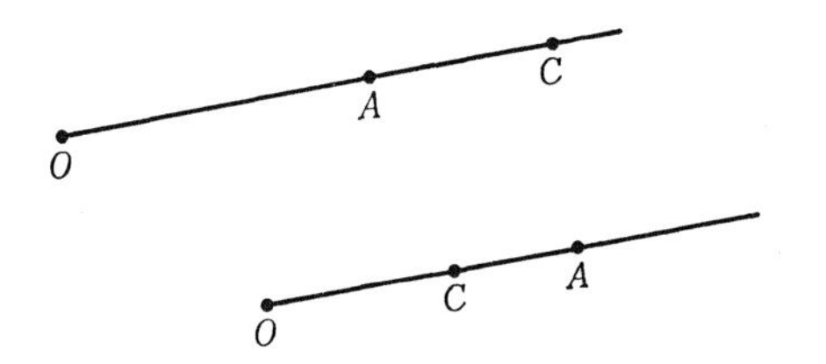

により，$OA<OC$ または $OC<OA$ であることになって，$OC=OA$ に矛盾する．ゆえに C は A と一致する(証明終)．

角の大きさ 角の**大きさ**は正の実数である．$\angle AOB$ の大きさを角と同

じ記号 $\angle AOB$ で表わす．等式

$$\angle AOB = \angle CPD$$

は $\angle AOB$ と $\angle CPD$ の大きさが等しいことを表わす．二つの角が**等しい**というとき，それは二つの角の大きさが等しいことを意味する．

公理 4　点 C が $\angle AOB$ の内部にあるとき，等式

$$\angle AOB = \angle AOC + \angle COB$$

が成り立つ．——

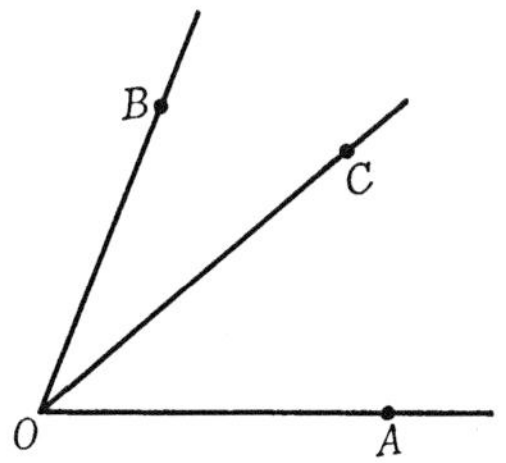

この等式から不等式

$$\angle AOC < \angle AOB,$$

$$\angle COB < \angle AOB$$

が従う．

定理 11　直線 OA の同じ側に点 B と点 C をとったとき $\angle AOB = \angle AOC$ ならば，半直線 OC と半直線 OB は一致する．

証明　半直線 OC と半直線 OB が一致しないとすれば，定理 6(16 ページ)により，C が $\angle AOB$ の内部にあるか，または B が $\angle AOC$ の内部にある．したがって，上の不等式により，$\angle AOC < \angle AOB$ または $\angle AOB < \angle AOC$ となって $\angle AOC = \angle AOB$ に矛盾する．ゆえに半直線 OC と半直線 OB は一致する(証明終)．

§3　三角形の合同

旧制中学で学んだ平面幾何では‘図形はその形と大きさを変えずにその位置を変えることができる’というのが最も基本的な公理であった．掛谷先生の「平面幾何学」でも最初の公理が

［**公理**］　図形ハ其形及大キサヲ変ゼズシテ其位置ヲ変ズルコトヲ得．

となっていた[1]．そして‘図形の形と大きさを変えないでその位置を変え

1)　掛谷宗一著：平面幾何学，大日本図書，1926年，2ページ．

る’ことを‘図形を動かす’というのが慣例であった．‘動かす’ということばは‘物体を動かす’というときの‘動かす’と類似な意味で用いられていた．たとえば，平面上の三角形が実は三角定規を平面上に置いたものであるとすれば，それをずらしたり，裏返したりすることによって自由に動かすことができる．平面幾何で三角形を動かす，というとき，その三角形は平面上に置いてあるわけではないが，三角定規を動かすのと同じように三角形を動かすことができる，と考えられていたと思う．

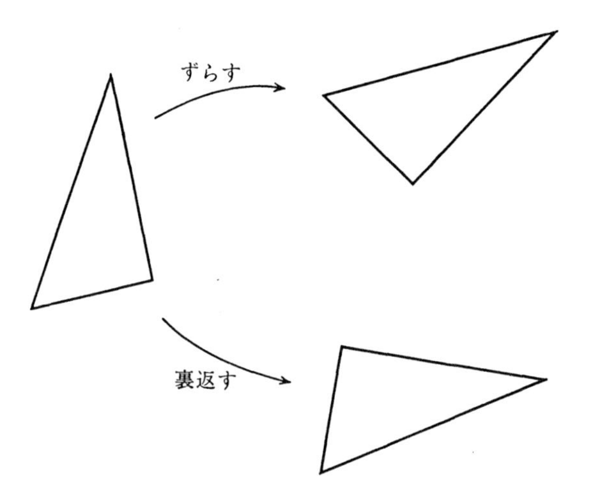

二つの図形はその一方を動かして他方と重ねることができるとき互いに合同であるという．これが図形の合同の定義であった．

以上を準備として公理的構成の続きを述べる．‘図形はその形と大きさを変えないでその位置を変えることができる’という［公理］を公理的構成の一つの公理としてそのまま用いることはできない．‘形と大きさ’の意味がはっきりしないからである．しかし図形を三角形に限れば，この［公理］を形を変えて公理的構成の公理として導入することができる．以下それを述べる．

一般の図形の‘形と大きさ’の意味ははっきりしないが，三角形については，$\triangle ABC$ の‘形と大きさ’はその角 $\angle A, \angle B, \angle C$ の大きさと辺の長さ BC, CA, AB によって定まると考えられる．ゆえに‘三角形はその形と大きさを変えないでその位置を変えることができる’というのは‘三角形はその角の大きさと辺の長さを変えないでその位置を変えることができる’となって意味がはっきりする．ここで‘位置を変えることができる’は‘任意の位置に移すことができる’という意味である．$\triangle ABC$ の位置を変えたものを $\triangle A'B'C'$ で表わすことにすれば，‘$\triangle ABC$ はその角の大きさと辺の長さを変えないで任意の位置に移すことができる’というのは‘$\triangle ABC$ と同じ大きさの角と同じ長さの辺をもつ三角形 $\triangle A'B'C'$ を任意の位置に描くことができる’というのと同じことである．したがって‘二つの三角形が合同である’ということは‘二つの三角形の角の大きさと辺の長さが一致する’ことと同値となる．

そこで公理的構成における三角形の合同を改めてつぎのように定義する：

定義 5[1]　$\triangle ABC, \triangle DEF$ について等式

$$\angle A = \angle D, \quad \angle B = \angle E, \quad \angle C = \angle F,$$
$$BC = EF, \quad CA = FD, \quad AB = DE$$

1)　「幾何学の基礎」17 ページ．

が成り立つとき，$\triangle ABC$ と $\triangle DEF$ は**合同**であるという．$\triangle ABC$ と $\triangle DEF$ が合同であることを

$$\triangle ABC \equiv \triangle DEF$$

と表わす．——

そしてつぎの公理を導入する．

公理 5　$\triangle ABC$ と一直線上にない任意の三点 O, P, Q に対して，半直線 OP 上の点 B' と直線 OP に関して Q と同じ側にある点 C' を合同式[1]：

$$\triangle OB'C' \equiv \triangle ABC$$

が成り立つように定めることができる．——

この公理は‘任意の三点 O, P, Q によって指定された位置に $\triangle ABC$ と合同な三角形 $\triangle OB'C'$ を描くことができる’といっているのであって，‘$\triangle ABC$ と同じ大きさの角と同じ長さの辺をもつ $\triangle A'B'C'$ を任意の位置に描くことができる’ということを正確に表現したものである．上の図では描かれた三角形 $\triangle OB'C'$ は $\triangle ABC$ を‘ずらした’ものであるが，右図は $\triangle OB'C'$ が $\triangle ABC$ を‘裏返した’ものとなる場合を示す．

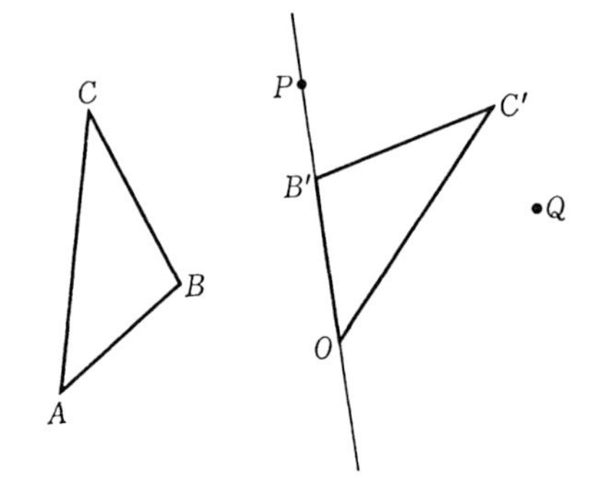

線分 AB と半直線 OP が与えられ

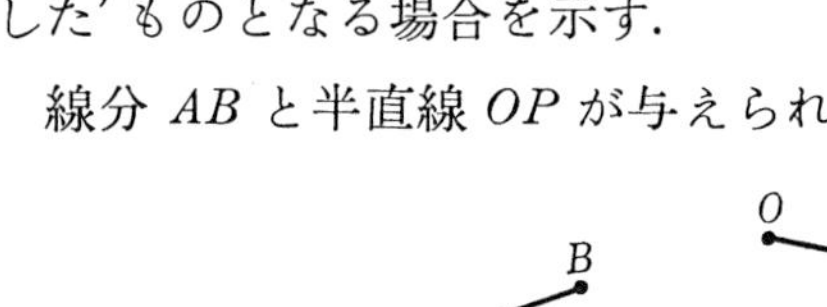

1）‘合同式’は‘合同であることを表わす式’を意味する．

たとき，直線 AB 外にある点 C と直線 OP 外にある点 Q を任意にとって $\triangle ABC$ と三点 O, P, Q に公理5を適用すれば直ちにつぎの定理を得る．

定理12　線分 AB と半直線 OP が与えられたとき，半直線 OP 上に点 B' を

$$OB' = AB$$

となるように定めることができる．——

角についても同様な定理が成り立つ．すなわち

定理13　$\angle CAB$ と一直線上にない三点 O, P, Q が与えられたとき，直線 OP に関して Q と同じ側にある点 C' を

$$\angle C'OP = \angle CAB$$

となるように定めることができる．

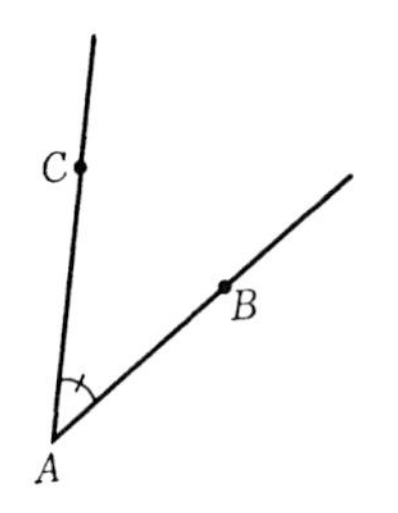

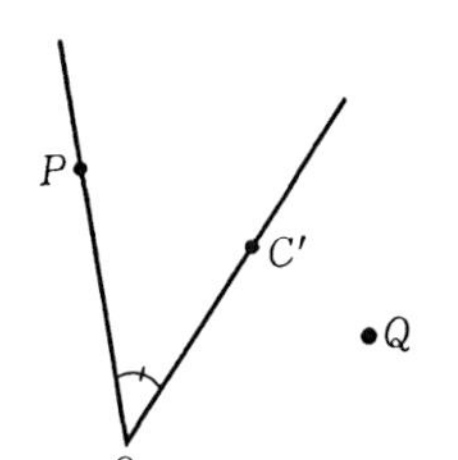

定理14　$\triangle ABC$ と $\triangle DEF$ において $AB=DE$ ならば，直線 DE に関して F と同じ側にある点 C' を合同式

$$\triangle DEC' \equiv \triangle ABC$$

が成り立つように定めることができる．

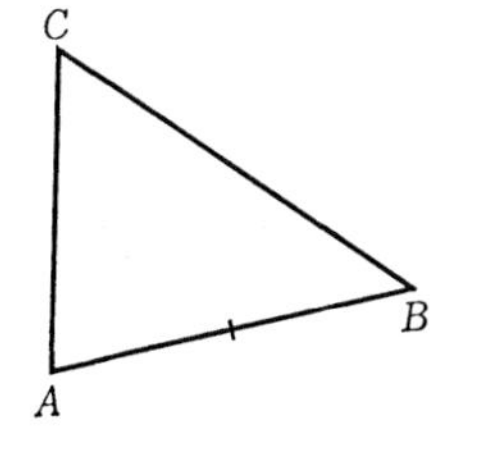

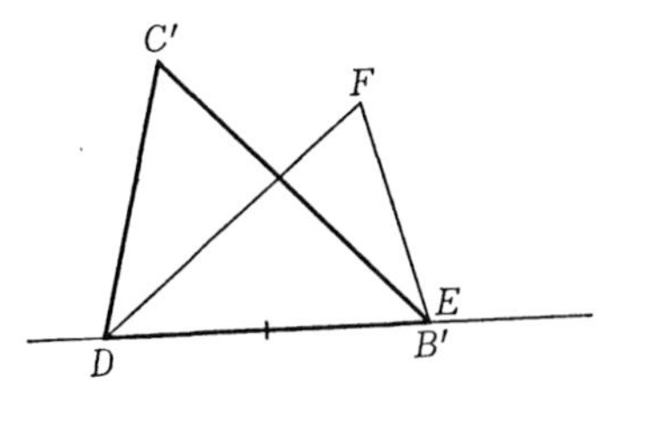

証明　$\triangle ABC$ と三点 D, E, F に公理 5 を適用して点 B' と点 C' を定めれば，B' は半直線 DE 上にあり，C' は直線 DE に関して F と同じ側にあって

$$\triangle DB'C' \equiv \triangle ABC$$

となる．したがって $DB'=AB$ であるが，仮定により $AB=DE$ であるから $DB'=DE$, ゆえに，定理 10(23 ページ)により，B' は E と一致し，したがって $\triangle DEC' \equiv \triangle ABC$ である(証明終)．

三角形の合同　つぎに三角形の合同に関するいくつかの基本的な定理を証明する．

$\triangle ABC$ の $\angle A$ を辺 AB と辺 AC の**夾角**という．

定理 15(二辺夾角の合同定理)　二辺とその夾角がそれぞれ相等しい[1]三角形は合同である．すなわち，

$\triangle ABC$ と $\triangle DEF$ において，

$$AB = DE, \qquad AC = DF,$$
$$\angle A = \angle D$$

ならば

$$\triangle ABC \equiv \triangle DEF$$

である．

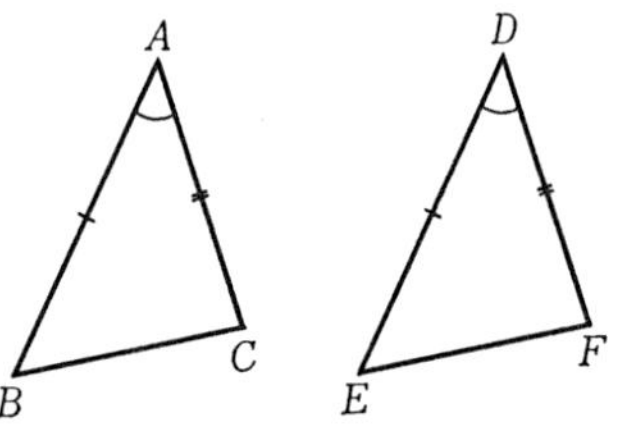

証明　仮定により $AB=DE$ であるから，定理 14 により，直線 DE に関して F と同じ側にある点 C' を

$$\triangle DEC' \equiv \triangle ABC$$

となるように定める．このとき点 C' が F と一致することを証明すればよい．

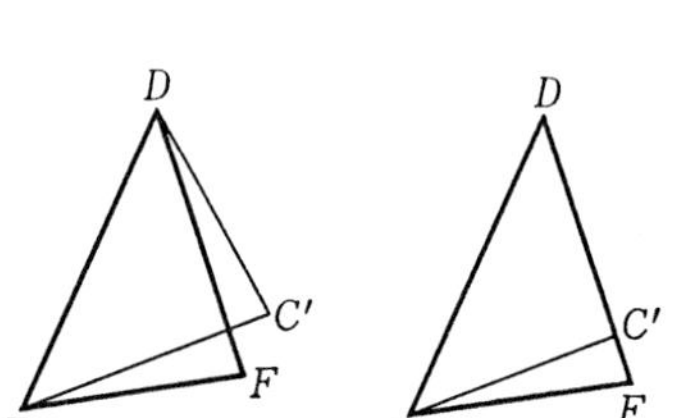

1)　‘相等しい’は‘互いに等しい’という意味である．

まず，仮定により $\angle A=\angle D$ であるから

$$\angle EDC' = \angle A = \angle EDF.$$

ゆえに，定理 11(24 ページ)により，半直線 DC' と半直線 DF は一致する．すなわち C' は半直線 DF 上にある．

つぎに，仮定により $AC=DF$ であるから

$$DC' = AC = DF,$$

ゆえに，定理 10(23 ページ)により，C' は F と一致する(証明終)．

二辺が等しい三角形を**二等辺三角形**という．$\triangle ABC$ において $AB=AC$ であるとき，A を二等辺三角形 $\triangle ABC$ の**頂点**，$\angle A$ を**頂角**，辺 BC を**底辺**，$\angle B$ と $\angle C$ を**底角**という．

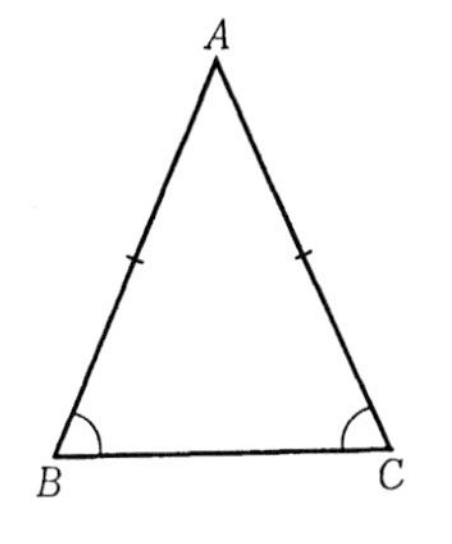

定理 16　二等辺三角形の二つの底角は等しい．すなわち，$\triangle ABC$ において $AB=AC$ ならば $\angle B=\angle C$ である．

証明　$\triangle ABC$ と $\triangle ACB$ に定理 15 を適用すれば，$AB=AC, AC=AB, \angle A=\angle A$ であるから，合同式

$$\triangle ABC \equiv \triangle ACB$$

を得る．ゆえに $\angle B=\angle C$ である(証明終)．

三辺が等しい三角形を**正三角形**という．

系　正三角形の三つの角は等しい．すなわち $\triangle ABC$ において $BC=CA=AB$ ならば $\angle A=\angle B=\angle C$ である．

定理 17(一辺両端角の合同定理)　$\triangle ABC$ と $\triangle DEF$ において

$$AB = DE, \quad \angle A = \angle D, \quad \angle B = \angle E$$

ならば

$$\triangle ABC \equiv \triangle DEF$$

である.

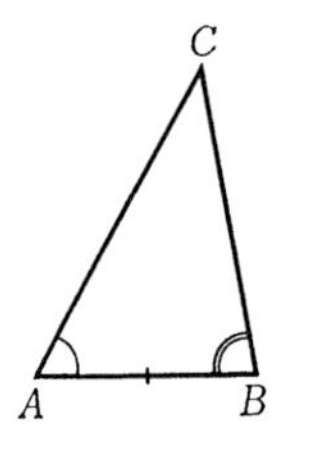

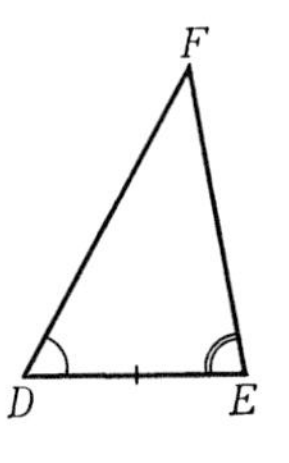

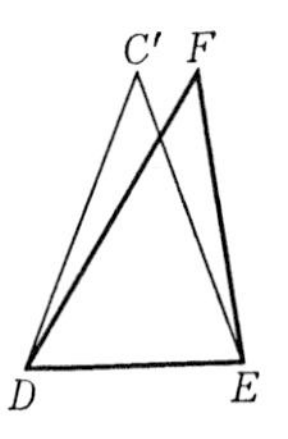

証明　$AB=DE$ であるから，定理14により，直線 DE に関して F と同じ側に点 C' をとって

$$\triangle DEC' \equiv \triangle ABC$$

となるようにする．仮定により $\angle A=\angle D$ であるから，

$$\angle EDC' = \angle A = \angle EDF$$

となる．ゆえに，定理11(24ページ)により，半直線 DC' は半直線 DF と一致する．同様に半直線 EC' と半直線 EF は一致する．ゆえに $\triangle DEC'$ は $\triangle DEF$ と一致し，したがって $\triangle DEF\equiv\triangle ABC$ となる(証明終).

定理15から定理16を導いたのと同様にして定理17からつぎの定理が導かれる.

定理 18　$\triangle ABC$ において $\angle B=\angle C$ ならば $AC=AB$ である.

問　この定理を証明せよ.

定理 19(三辺合同定理)　三辺がそれぞれ相等しい三角形は合同である．すなわち $\triangle ABC$ と $\triangle DEF$ において

$$AB = DE, \qquad BC = EF, \qquad CA = FD$$

ならば

$$\triangle ABC \equiv \triangle DEF$$

である.

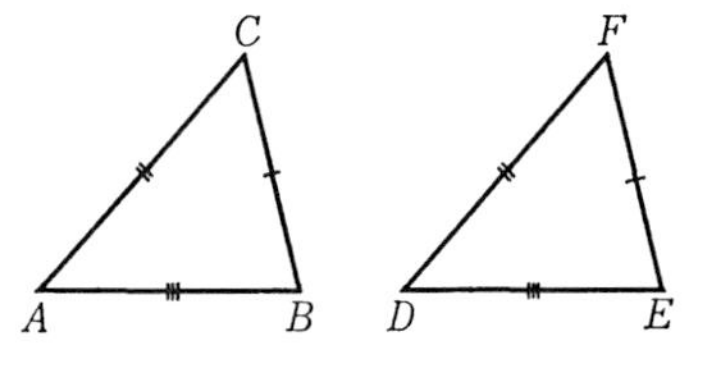

証明　直線 DE に関して F の反対側に点 Q をとり，$\triangle ABC$ と三点 D, E, Q に公理5を適用して，半直線 DE 上の点 B' と直線 DE に関して Q と同じ側にある点 C' を

$$\triangle DB'C' \equiv \triangle ABC$$

となるように定める．そうすれば

$$DB' = AB = DE$$

であるから，B' と E は一致し，したがって上の合同式は

(1)　$$\triangle DEC' \equiv \triangle ABC$$

となる．ゆえに

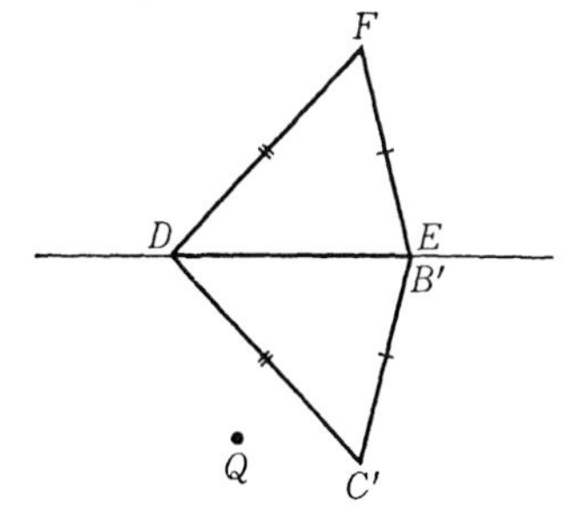

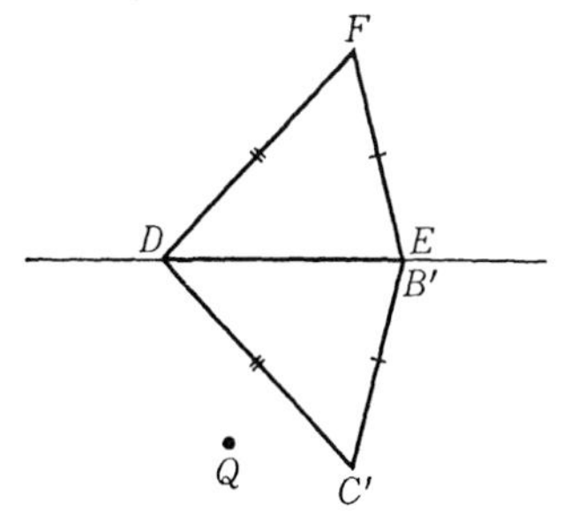

$$\triangle DEC' \equiv \triangle DEF$$

であることを証明すればよい．仮定により $CA=FD$, (1)により $C'D=CA$ であるから $C'D=FD$, 同様に $C'E=FE$ である．ゆえに，二辺夾角の合同定理により，$\triangle DEC' \equiv \triangle DEF$ を証明するには

(2)　$$\angle DC'E = \angle DFE$$

であることをいえばよい．

直線 DE に関して Q と F は反対側に，C' と Q は同じ側にあるから，C' と F は反対側にある，すなわち，線分 FC' は直線 DE と交わる．その交点を P とすれば，P は i) D と E の間にあるか ii) 線分 DE の延

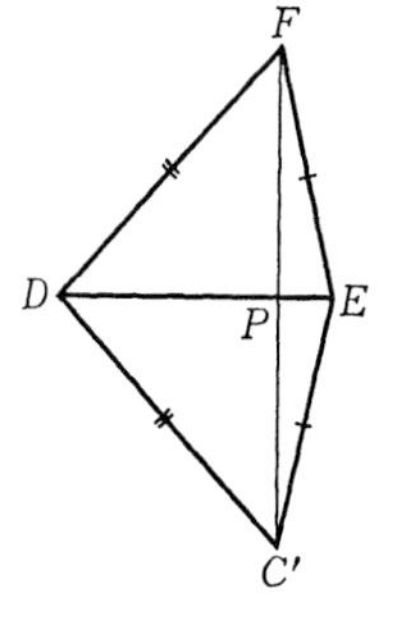

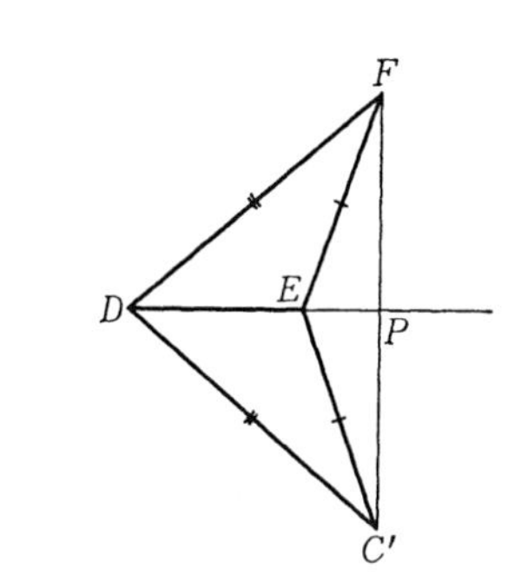

長上にあるか，または iii) D, E のいずれかと一致する．

P が D と一致しないとき，$C'D=FD$ であるから $\triangle DC'F$ は二等辺三角形である．ゆえに，定理16(30ページ)により，

$$\angle DC'F = \angle DFC' \tag{3}$$

である．P が E と一致しないときには，$\triangle EC'F$ が二等辺三角形であるから，

$$\angle EC'F = \angle EFC'. \tag{4}$$

i) P が D と E の間にある場合，定理4(15ページ)により，点 F は $\angle DC'E$ の内部にあり，点 C' は $\angle DFE$ の内部にある．したがって，公理4により，

$$\angle DC'E = \angle DC'F + \angle EC'F,$$
$$\angle DFE = \angle DFC' + \angle EFC'.$$

ゆえに等式(3)と(4)を辺々[1]加えれば等式(2)を得る．

ii) P が線分 DE の延長上にある場合，E が D と P の間にあるか，D が E と P の間にあるか，のいずれかであるが，いずれの場合も同様であるから，E が D と P の間にあるとする．そうすれば，E は $\angle DC'F$ の内部にあることになるから，

$$\angle DC'F = \angle DC'E + \angle EC'F,$$

したがって

$$\angle DC'E = \angle DC'F - \angle EC'F,$$

同様に

$$\angle DFE = \angle DFC' - \angle EFC'.$$

ゆえに等式(3)から(4)を辺々引けば等式(2)を得る．

iii) P が E または D と一致する場合に等式(2)が成り立つことはもはや明らかであろう(証明終)．

---

1) ‘辺々加える’というのは‘右辺と左辺をそれぞれ加える’という意味である．

角の大きさ　ここで角の大きさに関する二,三の基本的な定理を証明しておく.

定理 20　すべての平角は相等しい.

証明　$\angle AOB$ を平角とすれば，三点 A, O, B は一直線上にあって A と B は O の反対側にある. そして直線 AB が定める二つの半平面の一つが $\angle AOB$ の内部である.

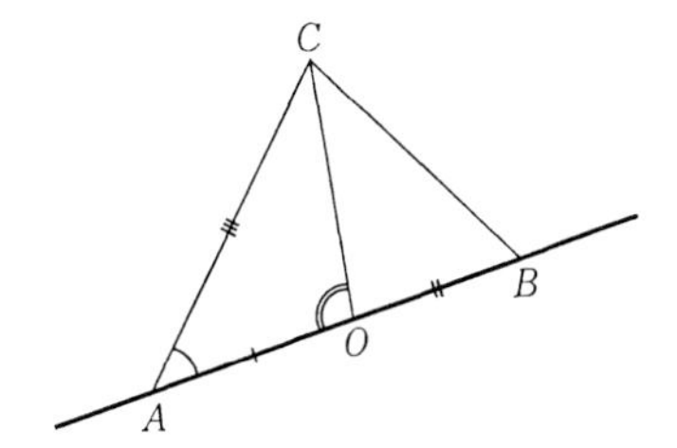

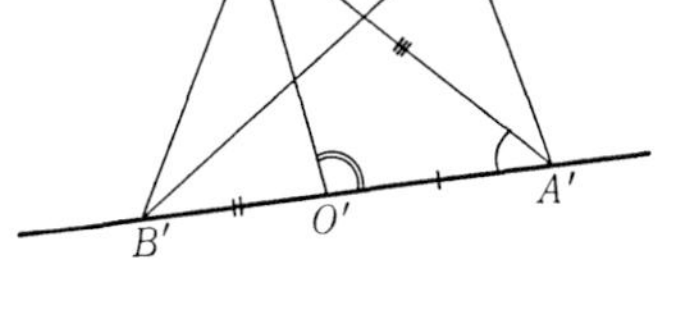

$\angle AOB$ と $\angle A'O'B'$ を任意の二つの平角とする. A' は半直線 $O'A'$ 上の任意の点，B' は半直線 $O'B'$ 上の任意の点であるから，定理 12(28 ページ)により，

$$O'A' = OA, \qquad O'B' = OB$$

であるとしてよい. そうすれば，公理 3 により，

$$AB = AO+OB = A'O'+O'B' = A'B'$$

となる. そこで $\angle AOB$ の内部の点 C と $\angle A'O'B'$ の内部の点 D' を任意にとり，$\triangle ABC$ と $\triangle A'B'D'$ に定理 14(28 ページ)を適用して，$\angle A'O'B'$ の内部にある点 C' を

$$\triangle A'B'C' \equiv \triangle ABC$$

となるように定める. 公理 4 により

$$\angle AOB = \angle AOC + \angle BOC,$$
$$\angle A'O'B' = \angle A'O'C' + \angle B'O'C'$$

であるから，平角 $\angle AOB$ と $\angle A'O'B'$ が等しいことを証明するには

$$\angle AOC = \angle A'O'C', \qquad \angle BOC = \angle B'O'C'$$

であることを示せばよい．

$\triangle AOC$ と $\triangle A'O'C'$ を比べると $AO=A'O'$ であって，$\triangle ABC\equiv\triangle A'B'C'$ であるから，$AC=A'C'$，$\angle A=\angle A'$ である．ゆえに，二辺夾角の合同定理により，

$$\triangle AOC \equiv \triangle A'O'C',$$

したがって $\angle AOC=\angle A'O'C'$．同様に $\angle BOC=\angle B'O'C'$ である(証明終)．

‘図形はその形と大きさを変えずに動かすことができる’という［公理］によれば任意の二つの平角が等しいことははじめから明らかである．なぜならその平角の一方を動かして他方に重ね合せることができるからである．われわれは，しかし，この［公理］は意味がはっきりしないといって斥け，代りに公理5を導入した．ゆえに任意の二つの平角が等しいことを公理5に基づいて証明しなければならなかったのである．

この定理20により，平角の大きさは一定の正の実数である．その $\frac{1}{2}$ を記号 $\angle R$ で表わす．したがって平角は $2\angle R$ に等しい．$\angle R$ に等しい角を**直角**という．直角が存在することの証明は§5で述べる．

系　$\angle AOB=2\angle R$ ならば $\angle AOB$ は平角である．

証明　帰謬法による．$\angle AOB$ の辺 OA の延長上に点 C をとる．$\angle AOB$ が平角でないとすれば，点 B は直線 OA 外にある．平角 $\angle AOC$ の内部を直線 AC が定める二つの半平面のうちの点 B を含む方と定めれば，公理4により，

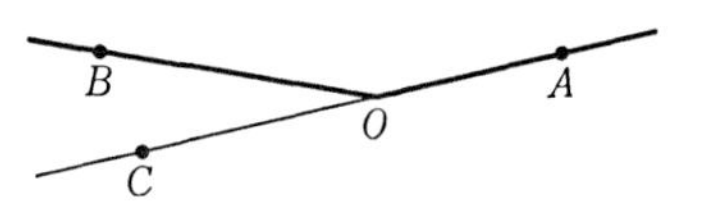

$$\angle AOC = \angle AOB+\angle BOC$$

となるが，平角 $\angle AOC$ は $2\angle R$ に等しく，$\angle BOC>0$ である．ゆえに

$$\angle AOB = 2\angle R-\angle BOC < 2\angle R.$$

すなわち，$\angle AOB$ が平角でなければ $\angle AOB=2\angle R$ でないことになるが，これは仮定に反する(証明終)．

つぎに，$\angle AOB$ が平角でないとき，その一つの辺の延長と他の辺から

なる角を $\angle AOB$ の**補角**という．辺 OA の延長上に点 C をとれば，$\angle BOC$ は $\angle AOB$ の補角である．

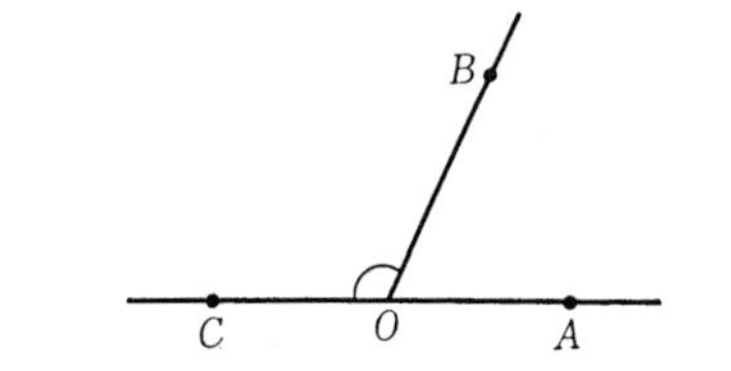

$$\angle AOB + \angle BOC = 2\angle R$$

であるから

$$\angle BOC = 2\angle R - \angle AOB$$

である．

点 O で交わる二直線 AC と BD があって，O に関して A と C は反対側にあり，B と D も反対側にあるとする．このとき $\angle COD$ を $\angle AOB$ の**対頂角**といい，また，$\angle AOB$ と $\angle COD$ は対頂角である，という．もちろん $\angle AOB$ は $\angle COD$ の対頂角である．また，$\angle AOD$ と $\angle COB$ も対頂角である．

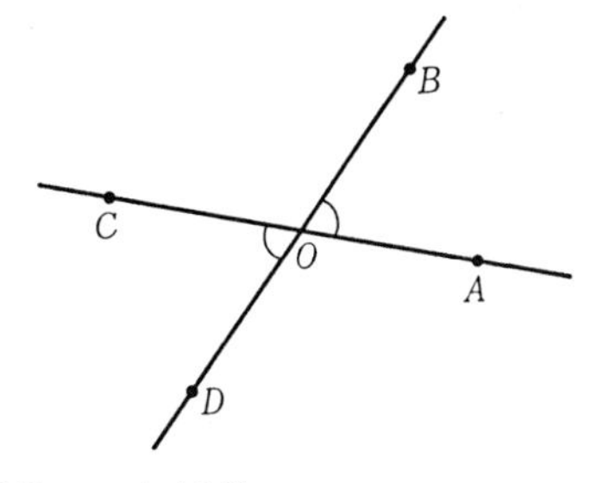

定理 21　対頂角は相等しい．

証明　対頂角 $\angle AOB$ と $\angle COD$ は共に $\angle BOC$ の補角である．ゆえに

$$\angle COD = 2\angle R - \angle BOC = \angle AOB$$

である（証明終）．

錯角と同位角　二つの直線 l と m が第三の直線と相異なる二点 A と B で交わっているとする．そして C と C' は m 上の二点，D と D' は l

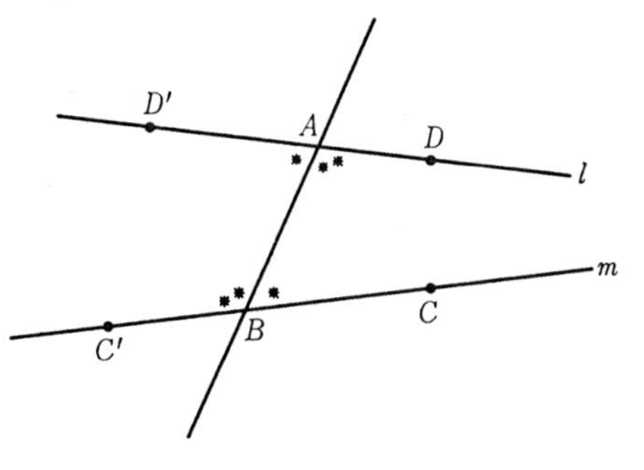

上の二点で，直線 AB に関して D は C と同じ側にあり，C' と D' は C の反対側にあるとする．このとき $\angle ABC$ と $\angle BAD'$(上図の*)および $\angle ABC'$ と $\angle BAD$(上図の**)をそれぞれ一組の**錯角**という．

$$\angle ABC + \angle ABC' = 2\angle R,$$
$$\angle BAD' + \angle BAD = 2\angle R$$

であるから，$\angle ABC = \angle BAD'$ ならば $\angle ABC' = \angle BAD$ となる．すなわち一組の錯角が等しければ他の一組の錯角も等しい．ゆえに錯角が等しいといえばそれは二組の錯角がそれぞれ等しいことを意味する．

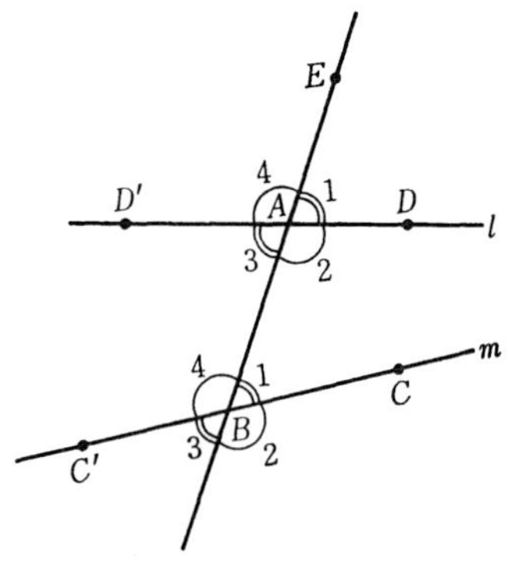

直線 l, m と直線 AB が交わってつくる八つの角のうち，右の図の同じ番号で示した位置にある二つの角を一組の**同位角**という．たとえば，直線 AB の点 E が A に関して B の反対側にあるとき，$\angle EAD$ と $\angle ABC$ は同位角である．右図の A を頂点とする四つの角のうち，3 は 1 の対頂角，2 と 4 は 1 の補角である．相等しい二つの角の補角は相等しい．また，定理 21 により，対頂角は等しい．ゆえに一組の同位角が等しければ他の三組の同位角もそれぞれ等しい．同位角が等しいといえばそれは四組の同位角がそれぞれ等しいことを意味する．

上の図において，対頂角 $\angle EAD$ と $\angle BAD'$ が等しいから，$\angle BAD' = \angle ABC$ ならば $\angle EAD = \angle ABC$，そして $\angle EAD = \angle ABC$ ならば $\angle BAD' = \angle ABC$ である．すなわち，錯角が等しければ同位角は等しく，同位角が等しければ錯角は等しい．すなわち錯角が等しいことと同位角が等しいことは同値である．

定理 22 二つの直線 l と m が第三の直線と相異なる二点で交わっているとき，錯角が等しければ l と m は交わらない．

証明　帰謬法による．直線 l, m と第三の直線の交点を A, B とし，l と m が交わると仮定してその交点を P とする．定理12(28ページ)により，A に関して P と反対側にある l 上の点 P' を

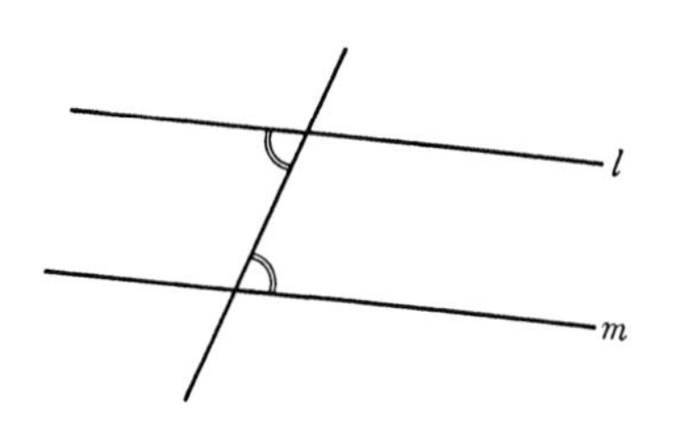

$$AP' = BP$$

となるように定める．仮定により錯角 $\angle BAP'$ と $\angle ABP$ は等しい．したがって，$\triangle ABP'$ と $\triangle BAP$ において，$AB=BA$, $AP'=BP$, $\angle A=\angle B$ である．ゆえに，二辺夾角の合同定理(29ページ)により

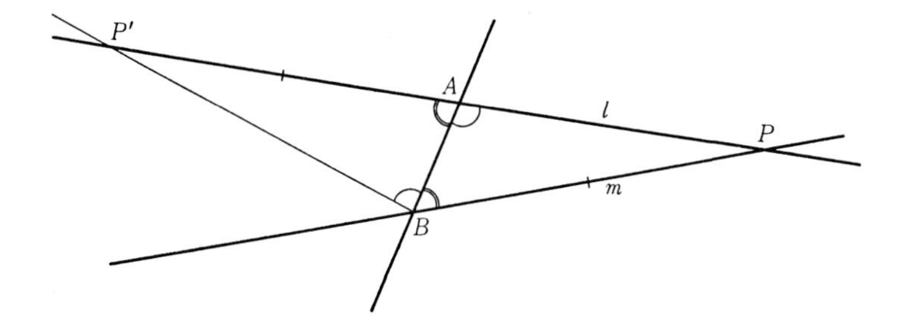

$$\triangle ABP' \equiv \triangle BAP,$$

したがって

$$\angle ABP' = \angle BAP$$

である．そして P と P' の間の点 A は，定理4(15ページ)により，$\angle PBP'$ の内部にある．ゆえに

$$\angle PBP' = \angle PBA + \angle ABP' = \angle P'AB + \angle BAP = 2\angle R,$$

したがって，定理20の系(35ページ)により，$\angle PBP'$ は平角である，すなわち，点 P' は直線 m 上にある．P と P' は直線 AB の反対側にあるから相異なる点である．ゆえに相異なる二直線 l と m が二つの点 P と P' で交わることになって，定理1(3ページ)に矛盾する(証明終).

系 二つの直線 l と m が第三の直線と相異なる二点で交わっているとき，同位角が等しければ l と m は交わらない．

定理 23(二角一対辺の合同定理) $\triangle ABC$ と $\triangle DEF$ において

$$\angle A = \angle D, \qquad \angle C = \angle F, \qquad AB = DE$$

ならば

$$\triangle ABC \equiv \triangle DEF$$

である．

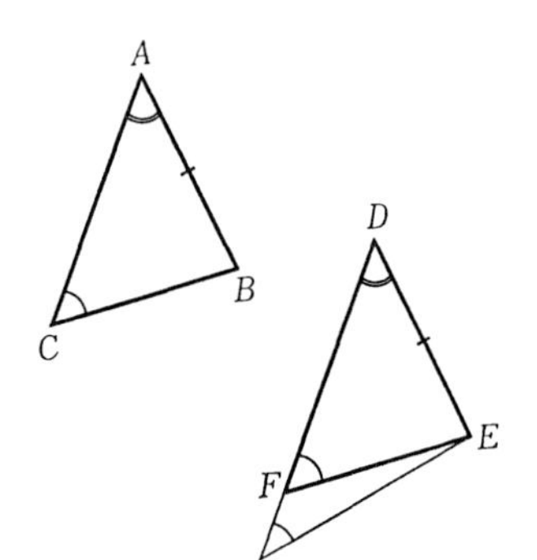

証明 仮定により $AB=DE$ であるから，定理 14 により，直線 DE に関して F と同じ側にある点 C' を

$$\triangle DEC' \equiv \triangle ABC$$

となるように定める．このとき C' と F が一致することを証明すればよい．

仮定により $\angle A=\angle D$ であるから

$$\angle EDC' = \angle A = \angle EDF.$$

ゆえに半直線 DC' は半直線 DF と一致する(24 ページ，定理 11)，すなわち点 C' は半直線 DF 上にある．C' と F が一致しないとすれば，相異なる二直線 EF と EC' が第三の直線 FC' と相異なる二点 F と C' で交わることになり，$\angle DFE$ と $\angle DC'E$ は同位角である．仮定により $\angle C=\angle F$ であるから，

$$\angle DC'E = \angle C = \angle DFE,$$

すなわち同位角は等しい．ゆえに，定理 22 の系により，直線 EF と直線 EC' は交わらないことになって矛盾を生じる．ゆえに C' は F と一致する(証明終)．

逆，対偶 ‘〜〜ならば……’という形の定理について，〜〜をその定理の**仮定**または**仮設**，……を**結論**または**終結**という．たとえば平角でな

い角 $\angle AOB$ に関する15ページの定理4：'半直線 OC が線分 AB と A と B の間の一点で交わるならば，点 C は $\angle AOB$ の内部にある' の仮設は '半直線 OC が線分 AB と A と B の間の一点で交わる'，終結は '点 C は $\angle AOB$ の内部にある' である．また，$\triangle ABC$ に関する30ページの定理16：'$AB=AC$ ならば $\angle B=\angle C$ である' の仮設は '$AB=AC$'，終結は '$\angle B=\angle C$' である[1]．

定理の仮設と終結を入れ換えた定理をもとの定理の**逆**という．たとえば $\triangle ABC$ に関する定理18：'$\angle B=\angle C$ ならば $AB=AC$ である' は定理16：'$AB=AC$ ならば $\angle B=\angle C$ である' の逆である．また，平角でない角 $\angle AOB$ に関する15ページの定理5：'点 C が $\angle AOB$ の内部にあれば半直線 OC は線分 AB と A と B の間の一点で交わる' は上に引用した定理4の逆である．

上に述べた例では定理の逆が定理であったが，一般には定理の逆は必ずしも定理であるとは限らない．たとえば，定理8の系4(21ページ)：'線分 PQ が $\triangle ABC$ と交わらないならば，P と Q は両方共 $\triangle ABC$ の内部にあるか，または両方共 $\triangle ABC$ の外部にある' の逆は '二点 P と Q が両方共 $\triangle ABC$ の内部にあるか両方共 $\triangle ABC$ の外部にあれば線分 PQ は $\triangle ABC$ と交わらない' であるが，これは明らかに誤りである．

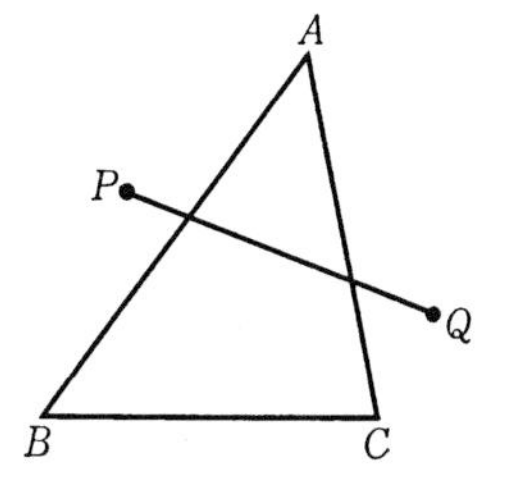

'二点 P と Q が両方共 $\triangle ABC$ の内部にあるか両方共 $\triangle ABC$ の外部にあれば線分 PQ は $\triangle ABC$ と交わらない' のような意味が明確な叙述を，その内容の真偽に拘わらず，**命題**という．'$\triangle ABC$ において $AB=AC$ である' も '二点 P と Q が $\triangle ABC$ の内部にある' も命題である．命題：

1)　旧制中学の平面幾何では仮設，終結というのが慣例であった．

‘〰〰ならば……’についても〰〰を仮設，……を終結といい，仮設と終結を入れ換えた命題：‘……ならば〰〰’をその逆という．定理はもちろん一つの命題である．本章のはじめに述べた所に従って公理から論理的な推論によって導き出された法則が定理であるとすれば，その内容が真であることが証明される命題が定理であることになる[1]．上述の例で見たように，定理の逆は必ずしも真であるとは限らない．逆は必ずしも真ならず[2]である．

‘〰〰ならば……’という形の命題に対して‘……でないならば〰〰でない’をその**対偶**という．たとえば，第三の直線と相異なる二点で交わる二直線 l と m に関する 37 ページの定理 22：‘錯角が等しければ l と m は交わらない’の対偶は‘l と m が交われば錯角は等しくない’である．この対偶が真であることは帰謬法によって明らかであろう．なぜなら，錯角が等しいとすれば，定理により，l と m は交わらないことになって，対偶の仮設に矛盾するからである．

このことは一般に成り立つ．すなわち，命題：‘〰〰ならば……’が真ならばその対偶：‘……でないならば〰〰でない’も真である．なぜなら，〰〰であるとすれば，命題により，……であることになって，対偶の仮設‘……でない’に矛盾するからである．

逆に[3]，対偶：‘……でないならば〰〰でない’が真ならばもとの命題：‘〰〰ならば……’も真である．なぜなら，……でないとすれば，対偶により，〰〰でないことになって命題の仮設に矛盾するからである．ゆえにある定理を証明するにはその対偶を証明すればよい．たとえば，35 ページで定理 20 の系：‘$\angle AOB=2\angle R$ ならば $\angle AOB$ は平角である’を帰謬法で証明するために，‘$\angle AOB$ が平角でないならば $\angle AOB=2\angle R$ で

1) ‘この定理は成り立たない’などという場合の定理はもちろん真である命題ではない．
2) 旧制中学ではこのような論理の法則を平面幾何を通して学んだのである．
3) ここで**逆に**といったのは‘対偶が真ならばもとの命題も真である’という命題が‘命題が真であるならばその対偶も真である’という命題の逆になっているからである．

ない' ことを証明した．すなわち，系を証明するためにその対偶を証明したのである．

このように，命題が真であることとその対偶が真であることは同値である．一般に二つの命題の真偽が一致するときその二つの命題は同値であるという．命題とその対偶はこの意味で同値である．

必要条件，十分条件　二つの直線 l と m が第三の直線と相異なる二点で交わっているとき，錯角が等しければ l と m は交わらない(定理 22)．ゆえに錯角が等しいためには l と m が交わらないことが必要である．一般に，〜〜ならば……であるとき，〜〜であるためには……であることが**必要**であるといい，……を〜〜であるための**必要条件**という．l と m が交わらないことは，すなわち，錯角が等しいための必要条件である．

つぎに，錯角が等しければ l と m は交わらないのであるから，l と m が交わらないためには錯角が等しければそれでよい．このことを l と m が交わらないためには錯角が等しいことが十分であるといい表わす．一般に，〜〜ならば……であるとき，……であるためには〜〜であることが**十分**であるといい，〜〜を……であるための**十分条件**という．錯角が等しいことは，すなわち，l と m が交わらないための十分条件である．

……が〜〜であるために必要であると同時に十分であるとき，……は〜〜であるために**必要にして十分である**[1]といい，……を〜〜であるための必要にして十分な条件，あるいは**必要十分条件**という．たとえば，$\triangle ABC$ において $AB=AC$ ならば $\angle B=\angle C$(30 ページ，定理 16)，逆に $\angle B=\angle C$ ならば $AB=AC$ である(31 ページ，定理 18)．ゆえに $\angle B=\angle C$ は $AB=AC$ であるための必要にして十分な条件である．また，たとえば，$\triangle ABC$ と $\triangle DEF$ において，$\angle B=\angle E$, $\angle C=\angle F$, $BC=EF$ ならば $\triangle ABC\equiv\triangle DEF$ である(一辺両端角の合同定理)．逆に $\triangle ABC\equiv\triangle DEF$

1) 現代語では '必要かつ十分である' というが，旧制中学の雰囲気を出すために '必要にして十分である' ということにする．

ならば $\angle B=\angle E$, $\angle C=\angle F$, $BC=EF$ であることは三角形の合同の定義によって明らかである．ゆえに $\angle B=\angle E$, $\angle C=\angle F$, $BC=EF$ であることは $\triangle ABC\equiv\triangle DEF$ であるための必要にして十分な条件である．

……が〰〰であるための必要にして十分な条件であるとき，条件……と〰〰は同値であるという．

外角と内角　$\triangle ABC$ の一つの辺，たとえば辺 AB の延長は二つの部分からなる．その二つを区別するために，点 A に関して B の反対側にある部分を**辺 BA の延長**，B に関して A の反対側にある部分を**辺 AB の延長**とよぶことにする[1]．半直線 AB 上の点は辺 AB 上にあるか，または辺 AB の延長上にある．同様に半直線 BA 上の点は辺 BA 上にあるかまたは辺 BA の延長上にある．ただし単に辺の延長といえばそれは辺の延長の二つの部分を合わせたものを意味する．たとえば頂点 C の対辺の延長は辺 AB の延長と辺 BA の延長を合せたものである．

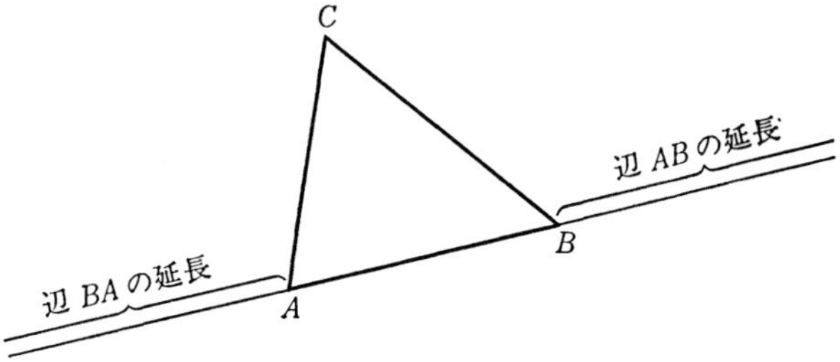

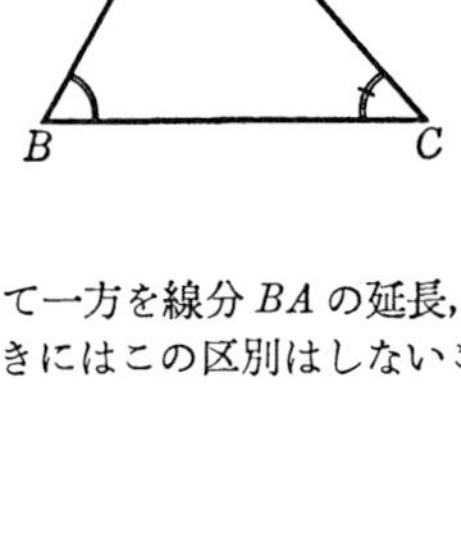

$\triangle ABC$ の辺 BA の延長上に点 E をとったとき，$\angle CAE$ を $\triangle ABC$ の**外角**という．外角 $\angle CAE$ は内角

1)　線分 AB の延長についてもその二つの部分を区別して一方を線分 BA の延長，他を線分 AB の延長とよぶことがあるが，本書では線分というときにはこの区別はしないことにする．

$\angle A = \angle CAB$ の補角である．ゆえに

$$\angle CAE = 2\angle R - \angle A.$$

辺 CA の延長上に点 F をとれば $\angle BAF$ も外角である．A を頂点とする二つの外角 $\angle CAE$ と $\angle BAF$ が等しいことは明らかであろう．$\angle B$ と $\angle C$ を A を頂点とする外角の**内対角**という．

定理 24　$\triangle ABC$ の辺 BA の延長上に点 E をとる．点 D が直線 AB に関して C と同じ側にあって

$$\angle EAD = \angle ABC$$

ならば D は外角 $\angle CAE$ の内部にある．

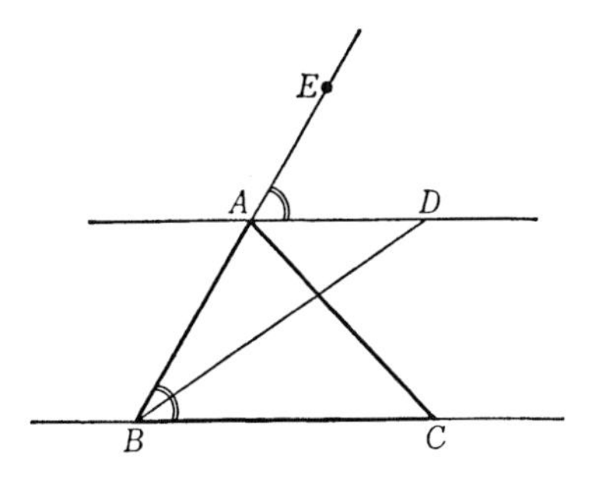

証明　仮設により D と C は直線 AE の同じ側にあるから，D が $\angle CAE$ の内部にあることを証明するには D と E が直線 AC の同じ側にあることをいえばよい．このためには D と B が直線 AC の反対側にあることを示せばよい．

このために点 C が $\angle BAD$ の内部にあることを証明する．直線 AD と直線 BC は直線 AB と相異なる二点 A と B で交わっていて，仮設により，同位角 $\angle EAD$ と $\angle EBC$ は等しい．ゆえに直線 AD と直線 BC は交わらない(39 ページ，定理 22 の系)．したがって C と B は直線 AD の同じ側にある．一方，仮設により，C と D は直線 AB の同じ側にある．ゆえに C は $\angle BAD$ の内部にある．

C が $\angle BAD$ の内部にあるから，定理 5(15 ページ)により，半直線 AC は線分 BD と交わる．ゆえに D と B は直線 AC の反対側にある(証明終)．

この定理において D が $\angle CAE$ の内部にあるから

$$\angle CAE > \angle DAE = \angle B.$$

辺 CA の延長上に点 F をとれば，同様に，$\angle BAF > \angle C$ であるが，外

角 $\angle BAF$ と $\angle CAE$ は等しい．ゆえにつぎの系を得る：

系1　三角形の外角はその内対角のいずれよりも大きい．

系2　P を $\triangle ABC$ の内部の一点とすれば $\angle BPC > \angle BAC$ である．

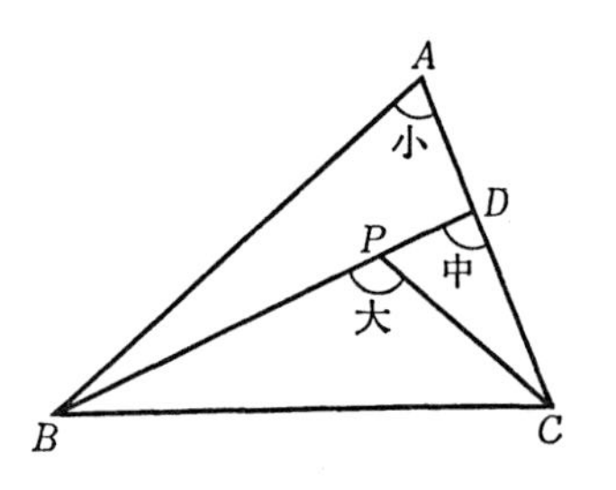

証明　定理8(19ページ)により直線 BP は辺 AC と A と C の間の一点 D で交わり P は B と D の間にある．したがって $\angle BPC$ は $\triangle PDC$ の外角，$\angle BDC$ は $\triangle DAB$ の外角である．ゆえに系1により

$$\angle BPC > \angle BDC > \angle BAC$$

である(証明終)．

§4　三角形における辺と角の大小

本節では三角形における辺の大小と角の大小の関係について述べる．

定理25　$\triangle ABC$ において

$AC < AB$　ならば　$\angle B < \angle C$

$AC > AB$　ならば　$\angle B > \angle C$

である．

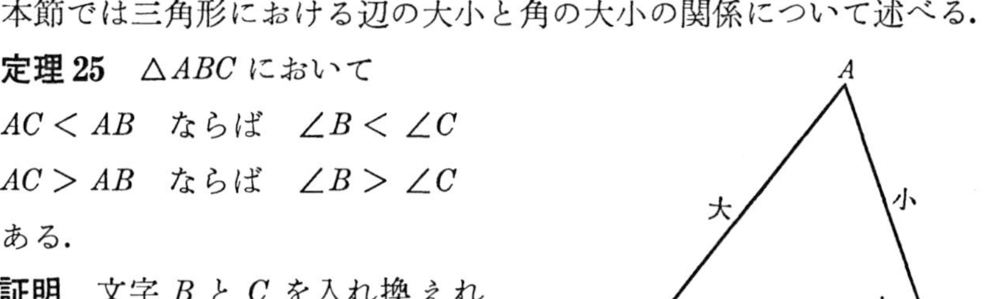

証明　文字 B と C を入れ換えれば $AC > AB$ である場合は $AC < AB$ である場合に帰するから，$AC < AB$ ならば $\angle B < \angle C$ であることを証明する．半直線 AB 上に点 D を

$$AD = AC$$

となるように定める．$AD = AC < AB$ であるから，D は A と B の間にある．$\triangle ADC$ は二等辺三角形であるから，その底角 $\angle ADC$ と $\angle ACD$ は等しい(30ページ，定理16)．A と B の間の点 D は $\angle ACB$ の内部にある(15ページ，定理4)．ゆえに

$$\angle ACD < \angle ACB = \angle C.$$

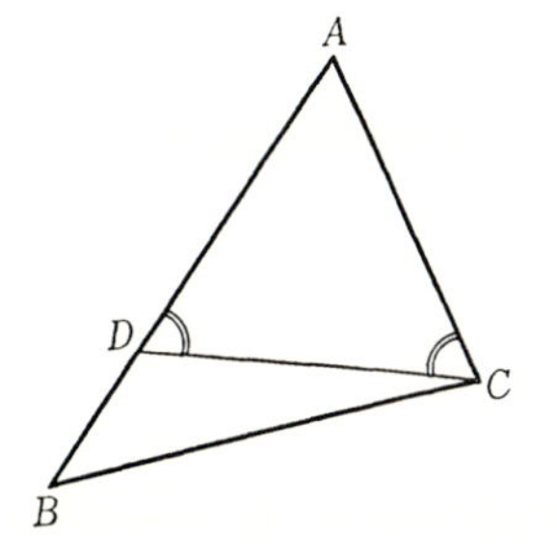

定理 24 の系 1 により，$\triangle DBC$ の外角 $\angle ADC$ はその内対角 $\angle B$ より大きい．ゆえに

$$\angle B < \angle ADC = \angle ACD < \angle C$$

である(証明終).

$\triangle ABC$ において $\angle C, \angle A, \angle B$ をそれぞれ辺 AB, BC, CA に対する角，辺 AB, BC, CA を $\angle C, \angle A, \angle B$ に対する辺という．定理 25 によれば，三角形の大きな辺に対する角は小さな辺に対する角より大きい．

定理 26　$\triangle ABC$ において

$$\angle B < \angle C \quad ならば \quad AC < AB,$$
$$\angle B > \angle C \quad ならば \quad AC > AB$$

である．

証明　$\angle B<\angle C$ ならば $AC<AB$ であることを証明する．証明は帰謬法による．$AC<AB$ でないと仮定すれば $AC=AB$ または $AC>AB$ であるが，$AC=AB$ ならば，定理 16 により，$\angle B=\angle C$ となって仮設：$\angle B<\angle C$ に矛盾し，$AC>AB$ ならば，定理 25 により，$\angle B>\angle C$ となってやはり仮設に矛盾する．ゆえに $AC<AB$ である(証明終).

この定理によれば，三角形の大きな角に対する辺は小さな角に対する辺より大きい．

この定理からつぎの基本的な定理が導かれる．

定理 27　$\triangle ABC$ において

$$AB+BC > AC$$

である．すなわち，三角形の二辺の和は第三辺より大きい．

証明　$\triangle ABC$ の辺 AB の延長上に点 D を

$$BD = BC$$

となるように定める．そうすれば

$$AB+BC=AD$$

となるから，

$$AD > AC$$

であることを証明すればよい．

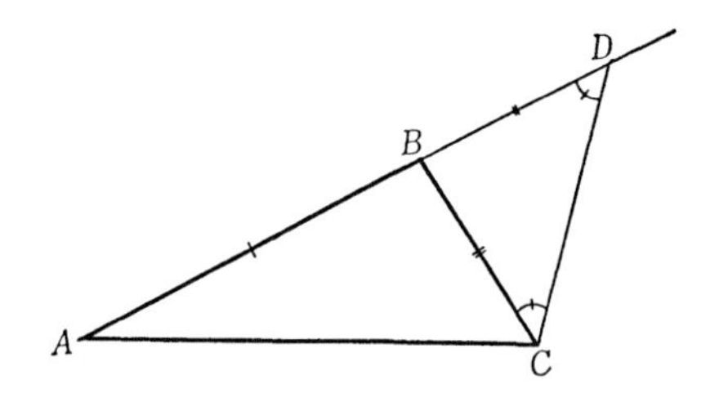

$\triangle BDC$ は二等辺三角形であるから $\angle D=\angle BCD$ である．A と D の間の点 B は $\angle ACD$ の内部にある．ゆえに

$$\angle ACD > \angle BCD,$$

したがって，$\triangle ACD$ において

$$\angle C > \angle BCD = \angle D$$

である．ゆえに，定理 26 により，$AD>AC$ である(証明終).

読者は‘三角形の二辺の和は第三辺より大きい’というのが証明を要する定理であること，さらにそれをこの段階に到ってはじめて証明したことに奇異の感を抱かれるかも知れない．しかし，われわれの公理的構成においては，線分の長さに関する公理 3 は同一直線上にある三つの線分の長さの関係を規定しているだけである．ゆえに‘三角形の二辺の和が第三辺より大きい’ことを公理 5(27 ページ)に基づいて証明しなければならなかったのである．

上に述べた定理 27 の証明は結局定理 24 の系 1(45 ページ)に基づく．定理 25, 26 を通らないで定理 27 を直接つぎのように証明することもできる．

証明　$\triangle ABC$ の辺 AB の延長上に点 D, 半直線 AB 上に点 C' を $BD=BC$, $AC'=AC$ となるように定めたとき，$AC'<AD$ となること，すなわち点 C' が A と D の間にあることを証明すればよい．

このために C' が A と D の間にないと仮定すれば，D は C' と一致するかまたは A と C' の間にある．ゆえに

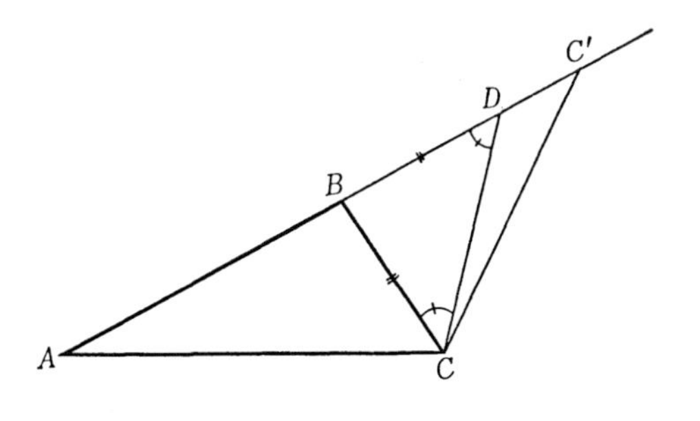

$$\angle ACC' \geqq \angle ACD > \angle BCD = \angle BDC.$$

D が C' と一致すれば $\angle BDC = \angle AC'C$ である．D が A と C' の間にあれば，$\angle BDC$ は $\triangle DCC'$ の外角となるから，定理24の系1により，$\angle BDC > \angle AC'C$. いずれにしても $\angle BDC \geqq \angle AC'C$ である．ゆえに

$$\angle ACC' > \angle AC'C.$$

これは $AC' = AC$ であることに矛盾する．ゆえに C' は A と D の間にある(証明終).

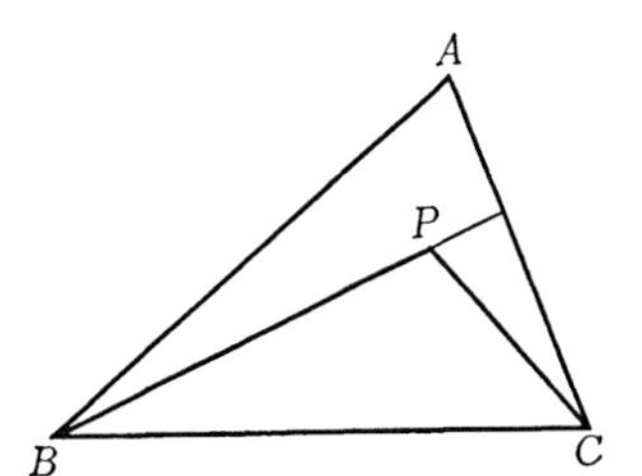

問題1　P を $\triangle ABC$ の内部の一点とすれば

$$AB + AC > PB + PC$$

である．このことを証明せよ．

つぎに二辺がそれぞれ等しい二つの三角形について考察する．

定理28　$\triangle ABC$ と $\triangle DEF$ において

$$AB = DE, \qquad AC = DF$$

であるとき

$$\angle A < \angle D$$

ならば

$$BC < EF$$

である．

証明　$AB=DE$ であるから，定理14(28ページ)により，直線 DE に関して F と同じ側に点 C' を

$$\triangle DEC' \equiv \triangle ABC$$

となるように定める．このとき $EC'<EF$ であることを証明すればよい．仮設により

$$\angle EDC' = \angle A < \angle EDF$$

であるから，点 C' は $\angle EDF$ の内部にある．なぜなら，C' が $\angle EDF$ の内部にないとすれば，定理6(16ページ)により，C' が半直線 DF 上にあるかまたは F が$\angle EDC'$ の内部にあることになり，

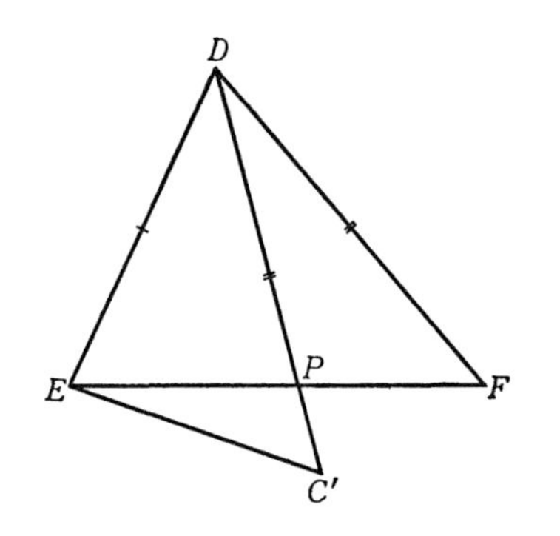

$$\angle EDC' \geqq \angle EDF$$

となって不等式 $\angle EDC' < \angle EDF$ に反するからである．

C' が $\angle EDF$ の内部にあるから定理5(15ページ)により，半直線 DC' は線分 EF と E と F の間の一点で交わる．その点を P とすれば，P は D と C' の間にあるか，C' が D と P の間にあるか，または P は C' と一致する．

P が D と C' の間にある場合，定理27により，

$$EC' < EP+PC', \qquad DF < PF+DP$$

である．$EP+PF=EF, DP+PC'=DC'$ であるから，上の二つの不等式を辺々加えれば

$$EC'+DF < EF+DC'$$

となるが，仮設により $DC'=AC=DF$ である．ゆえに $EC'<EF$ である．

C' が D と P の間にある場合，定理27により

$$EC' < EP+PC',$$

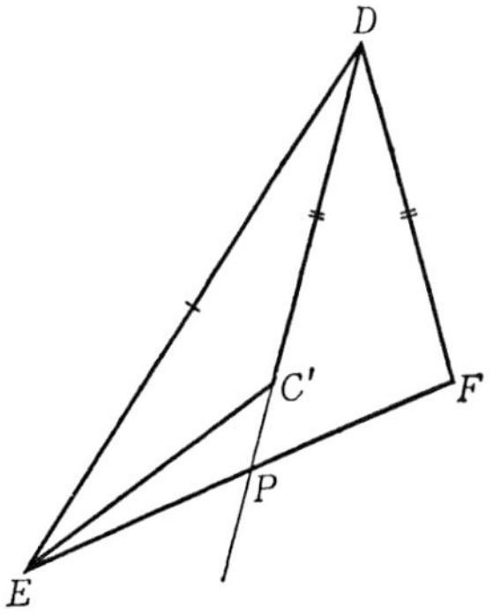

$$PD < PF + FD,$$

したがって

$$EC' + C'D < EP + PC' + C'D$$
$$= EP + PD < EP + PF + FD$$
$$= EF + FD$$

となるが，$C'D = FD$ である．ゆえに $EC' < EF$ となる．

P が C' と一致する場合，$EC' = EP < EF$ であることは明らかである(証明終)．

定理 29　$\triangle ABC$ と $\triangle DEF$ において $AB = DE$, $AC = DF$ であるとき

$$\angle A < \angle D \quad ならば \quad BC < EF,$$
$$\angle A = \angle D \quad ならば \quad BC = EF,$$
$$\angle A > \angle D \quad ならば \quad BC > EF$$

である．

証明　定理 28 により，$\angle A < \angle D$ ならば $BC < EF$, $\angle A > \angle D$ ならば $BC > EF$ である．$\angle A = \angle D$ ならば，二辺夾角の合同定理により $\triangle ABC \equiv \triangle DEF$ となるから，$BC = EF$ である(証明終)．

この定理からつぎの定理が従う．

定理 30　$\triangle ABC$ と $\triangle DEF$ において $AB = DE$, $AC = DF$ であるとき

$$BC < EF \quad ならば \quad \angle A < \angle D,$$
$$BC = EF \quad ならば \quad \angle A = \angle D,$$
$$BC > EF \quad ならば \quad \angle A > \angle D$$

である．

証明　$BC < EF$ ならば $\angle A < \angle D$ であることの証明を述べる．$BC = EF$ ならば $\angle A = \angle D$, $BC > EF$ ならば $\angle A > \angle D$ であることの証明も同様である．

証明は帰謬法による．$\angle A < \angle D$ でないとすれば $\angle A \geqq \angle D$ であるか

ら，定理29により，$BC \geqq EF$ であって $BC < EF$ ではないことになる．ゆえに $BC < EF$ ならば $\angle A < \angle D$ である(証明終)．

転換法 定理29は AB と DE が等しく AC と DF が等しい二つの三角形 $\triangle ABC$ と $\triangle DEF$ に関する三つの定理：

$$\angle A < \angle D \quad \text{ならば} \quad BC < EF,$$
$$\angle A = \angle D \quad \text{ならば} \quad BC = EF,$$
$$\angle A > \angle D \quad \text{ならば} \quad BC > EF$$

をまとめたものである．この三つの定理の逆が成り立つというのが定理30である．三つの定理の論理的な関係はつぎのようになっている：仮設 $\angle A < \angle D$, $\angle A = \angle D$, $\angle A > \angle D$ はすべての場合をつくしていて，終結 $BC < EF$, $BC = EF$, $BC > EF$ はそのどの二つも両立しない．三つの定理の逆が成り立つことの証明はこの論理的な関係だけに基づいているのであって，定理の内容とは無関係である．

このことを明らかにするために，一般に‘〰〰ならば……’という形の定理をギリシャ文字を用いて‘Γ ならば Δ’と表わすこととし，三つの定理：

$$\Gamma_1 \quad \text{ならば} \quad \Delta_1,$$
$$\Gamma_2 \quad \text{ならば} \quad \Delta_2,$$
$$\Gamma_3 \quad \text{ならば} \quad \Delta_3$$

が成り立っているとする．このとき仮設 $\Gamma_1, \Gamma_2, \Gamma_3$ がすべての場合をつくしていて終結 $\Delta_1, \Delta_2, \Delta_3$ のいずれの二つも両立しないならば三つの定理の逆

$$\Delta_1 \quad \text{ならば} \quad \Gamma_1,$$
$$\Delta_2 \quad \text{ならば} \quad \Gamma_2,$$
$$\Delta_3 \quad \text{ならば} \quad \Gamma_3$$

が成り立つ．**証明** Δ_1 ならば Γ_1 であることを帰謬法によって証明する．このために Γ_1 でないと仮定する．$\Gamma_1, \Gamma_2, \Gamma_3$ がすべての場合をつくして

いるのであるから，Γ_1 でないとすれば Γ_2 であるかまたは Γ_3 である．Γ_2 ならば Δ_2, Γ_3 ならば Δ_3 であるから，したがって Δ_2 であるかまたは Δ_3 であるが，Δ_2 と Δ_1 は両立せず，Δ_3 と Δ_1 も両立しない，すなわち，Δ_2 であれば Δ_1 でなく，Δ_3 であれば Δ_1 でない．ゆえに Δ_1 ではない．このように Γ_1 でないとすれば Δ_1 でない．ゆえに Δ_1 ならば Γ_1 である．

全く同様に Δ_2 ならば Γ_2 であり，Δ_3 ならば Γ_3 である(証明終)．

この証明の方法を**転換法**という．上記の定理30の証明は転換法の一例である．

本節のはじめの定理25の仮設を見ると $AC=AB$ である場合が抜けている．これを補えば，定理16(30ページ)により，定理25はつぎのようになる．

定理 25′　$\triangle ABC$ において

$$\begin{cases} AC < AB & \text{ならば} \quad \angle B < \angle C, \\ AC = AB & \text{ならば} \quad \angle B = \angle C, \\ AC > AB & \text{ならば} \quad \angle B > \angle C \end{cases}$$

である．——

この定理から，転換法により，つぎの定理を得る．

定理 26′　$\triangle ABC$ において

$$\begin{cases} \angle B < \angle C & \text{ならば} \quad AC < AB, \\ \angle B = \angle C & \text{ならば} \quad AC = AB, \\ \angle B > \angle C & \text{ならば} \quad AC > AB \end{cases}$$

である．——

これは定理26と定理18(31ページ)をまとめたものに他ならない．

以上三つの定理をまとめた定理について転換法を説明したが，転換法は二つまたは四つ以上の定理をまとめた定理についてもそのまま成り立つ．

§5　中点，垂線，直角三角形

中点　線分 AB 上の点 M が A と B から等距離にあるとき，すなわち $AM=BM$ であるとき，M を線分 AB の**中点**という．

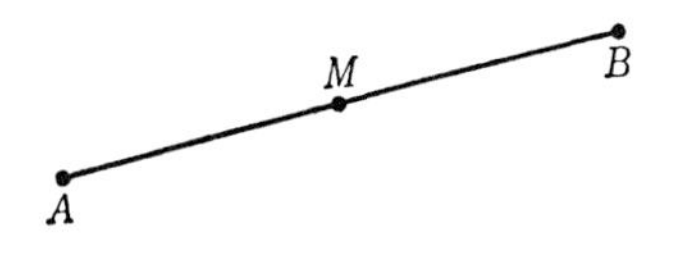

公理 3 により，M が線分 AB の中点ならば

$$AM = BM = \frac{1}{2}AB$$

である．ゆえに，定理 10(23 ページ)により，線分 AB の中点 M が存在すれば M はただ一通りに定まる．

定理 31　任意の線分 AB に対してその中点が存在する．

証明　直線 AB 外にある一点 C をとり，定理 14 により，直線 AB に関して C と反対側にある点 C' を

$$\triangle BAC' \equiv \triangle ABC$$

となるように定める．C と C' を結ぶ線分 CC' は直線 AB と交わる．その交点を M とする．この M が線分 AB の中点であることを証明するのであるが，まず M が A と B の間にあることを示す．

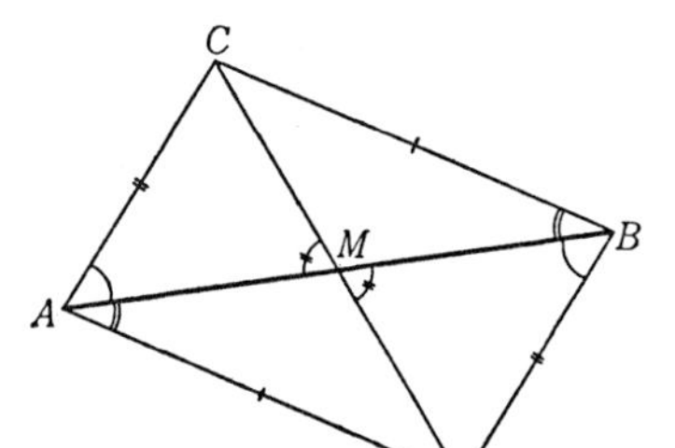

$\triangle BAC' \equiv \triangle ABC$ であるから，直線 $C'A$ と直線 CB が直線 AB と交わってなす錯角 $\angle C'AB$ と $\angle CBA$ は等しい．ゆえに，定理 22 により，直線 $C'A$ と直線 CB は交わらない．したがって直線 CB に関して C' は A と同じ側にある．同様に，直線 $C'B$ と直線 CA は交わらないから，直線 CA に関して C' は B と同じ側にある．ゆえに点 C' は $\angle ACB$ の内部にある．したがって，定理 5 により，半直線 CC' は線分 AB と A と B の間の一点で交わる．すなわち M は A と B の間にある．

M が A と B の間にあるから，$AM=BM$ であることを証明するには

$$\triangle AMC \equiv \triangle BMC'$$

であることをいえばよい．$\triangle BAC' \equiv \triangle ABC$ であるから，$AC=BC'$，$\angle MAC=\angle MBC'$，そして対頂角 $\angle AMC$ と $\angle BMC'$ は等しい．ゆえに二角一対辺の合同定理(39ページ，定理23)により，$\triangle AMC \equiv \triangle BMC'$ である(証明終)．

すでに述べたように，線分の中点が存在すればそれはただ一通りに定まる．ゆえに，この定理により，線分には必ずただ一つの中点が存在する．線分 AB の中点 M は線分 AB を二等分するという．

線分の中点が存在することは証明しないでもはじめから明らかであると思われるかも知れない．しかし，われわれの公理的構成では，線分の長さについてはじめから明らかなことは，線分 AB の長さ AB が正の実数であること，および線分 AB 上に A, B と異なる点 C をとったとき等式 $AC+CB=AB$ が成り立つことだけであって，線分の長さは二等分できるけれども，線分 AB 上にちょうど $AM=\frac{1}{2}AB$ となる点 M が存在することは証明を要するのである．

直角，垂直，垂線　平角の大きさの半分 $\angle R$ に等しい角が存在すればそれを直角ということはすでに述べた(35ページ)．直角の存在は証明を要する．

二つの直線 l と m が一点 O で交わっているとして，l 上に O に関して反対側にある二点 A と B をとり，m 上に O に関して反対側にある二点 C と D をとる．l と m が交わってなす四つの角 $\angle AOC$, $\angle COB$, $\angle BOD$, $\angle DOA$ のうち，その任意の一つ，たとえば $\angle AOC$ が直角ならば他の三つも直角である．なぜなら，$\angle AOC$ の対頂角 $\angle BOD$ は $\angle AOC$ に等しく，

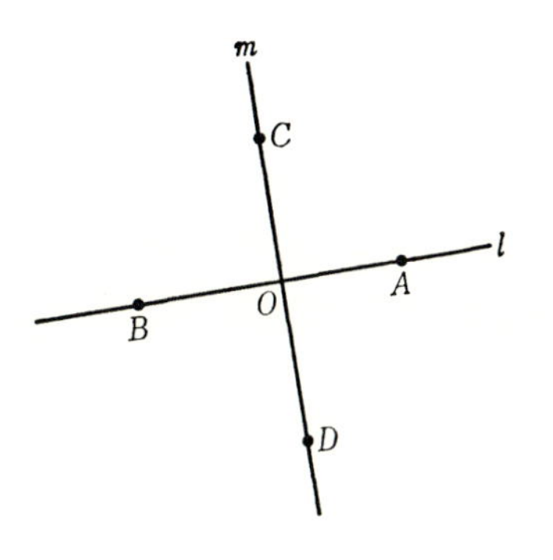

補角 $\angle COB$ および $\angle DOA$ は

$$2\angle R-\angle AOC$$

に等しいからである．$\angle AOC=\angle BOC$ ならば $\angle AOC=\angle R$ であることも明らかである．$\angle AOC=\angle R$ であるとき，すなわち l と m が交わってなす角が直角であるとき，l と m は**直交する**，あるいは l と m は**垂直**であるといい，$l\perp m$ と書く．また，このとき，線分 AB と線分 CD は直交する，線分 AB と線分 CD は垂直である，直線 m は線分 AB に垂直である，などという．直線 m が直線 l に垂直であるとき m を l の**垂線**といい，m と l の交点 O を垂線 m の**足**という．垂線は‘垂直な直線’の略である．

定理 32　直線 l と l 外にある点 C が与えられたとき，C を通って l に垂直な直線がただ一つ存在する．

証明　直線 l 上に二点 A, B をとり，定理 14(28 ページ)により，l に関して C と反対側にある点 C' を

$$\triangle ABC'\equiv\triangle ABC$$

となるように定めたとき，C と C' を結ぶ直線 CC' が l に垂直であることを証明する．線分 CC' は l と交わる．その交点を O とする．

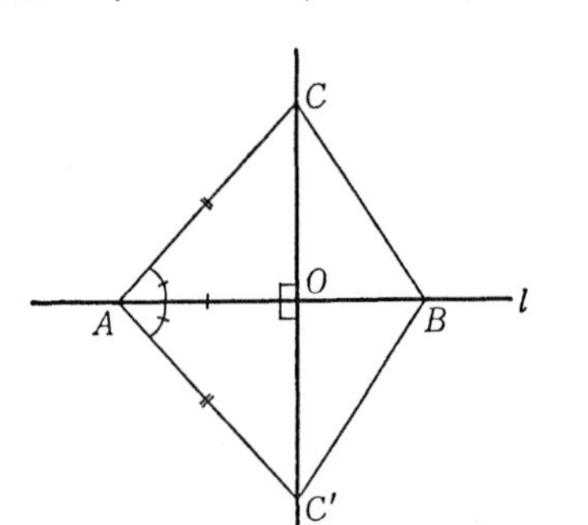

O が A と一致した場合には $\triangle OBC'\equiv\triangle OBC$ であるから　$\angle COB=\angle C'OB$，ゆえに $\angle COB=\angle R$ となる．

O が A と一致しない一般の場合，直線 l 上で A に関して O は B と同じ側にあるか B の反対側にあるかのいずれかである．

$\triangle ABC'\equiv\triangle ABC$ であるから $\angle BAC'=\angle BAC, AC'=AC$ であるが，O と B が A の同じ側にあれば $\angle BAC'$ は $\angle OAC'$，$\angle BAC$ は $\angle OAC$ である．したがって $\triangle AOC'$ と $\triangle AOC$ において

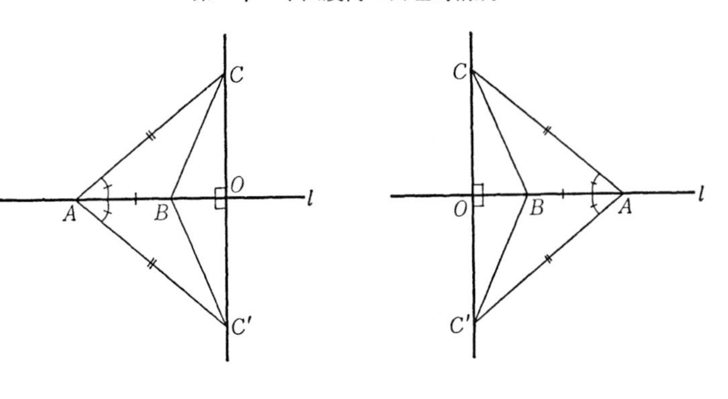

$$\angle OAC' = \angle OAC, \quad AC' = AC, \quad AO = AO$$

である．ゆえに二辺夾角の合同定理により

$$\triangle AOC' \equiv \triangle AOC,$$

したがって $\angle AOC' = \angle AOC = \angle R$ となる．すなわち直線 CC' は l に垂直である．

O と B が A の反対側にあれば O と A が B の同じ側にあるから，同様にして

$$\triangle BOC' \equiv \triangle BOC,$$

したがって直線 CC' は l に垂直である．

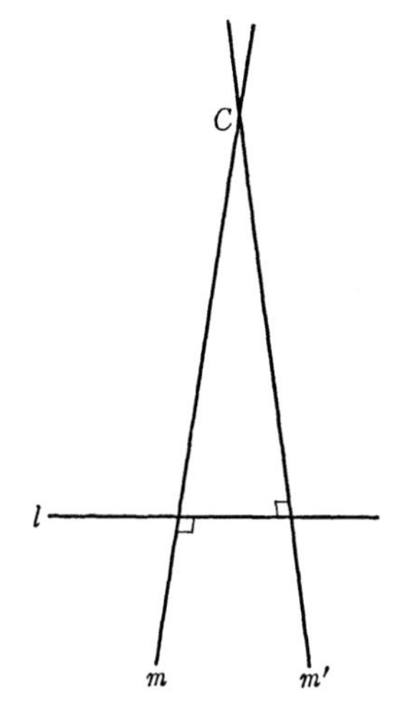

これで C を通って l に垂直な直線が存在することはわかったから，つぎに C を通って l に垂直な直線がただ一つしかないことを帰謬法によって証明する．C を通る相異なる二直線 m と m' が l に垂直であると仮定する．m と m' が l と同一の点で交わるとすれば，公理1により，m と m' は同一の直線であることになっ

て仮定に反する．ゆえに m と m' は l と相異なる二点で交わる．そして錯角が等しい．ゆえに，定理 22(37 ページ)により，m と m' は交わらない．これは m と m' が同じ点 C を通ることに矛盾する(証明終)．

系 1　直角は存在する．

系 2　直線 l と l 上の一点 O が与えられたとき，O を通って l に垂直な直線がただ一つ存在する．

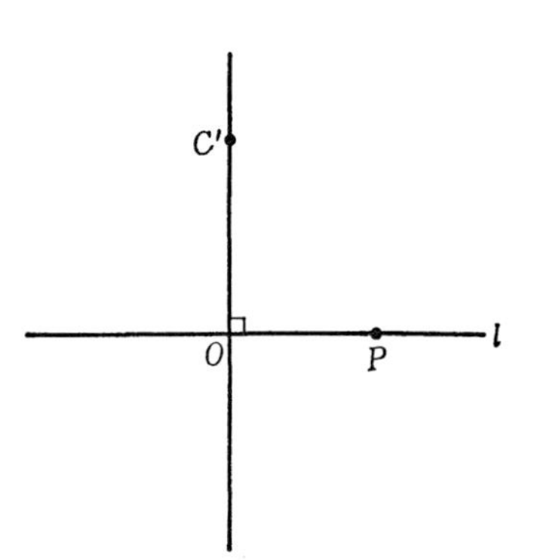

証明　P を直線 l 上の O と異なる点とする．系 1 により直角 $\angle CAB$ が存在する．定理 13(28 ページ)により，l 上にない点 C' を

$$\angle C'OP = \angle CAB$$

となるように定める．そうすればもちろん $\angle C'OP = \angle R$，すなわち直線 $C'O$ は O を通って l に垂直である．O を通って l に垂直な直線がただ一つしかないことは定理 11(24 ページ)によって明らかである(証明終)．

角の二等分線　点 M が $\angle BOC$ の内部にあって

$$\angle MOB = \angle MOC$$

であるとき，直線 OM を $\angle BOC$ の**二等分線**といい，直線 OM は $\angle BOC$ を二等分するという．

$\angle BOC$ の辺 OB の延長上に点 D，辺 OC の延長上に点 E をとったとき，$\angle BOC$ の二等分線はその対頂角 $\angle DOE$ の二等分線である．このことは対頂角が等しいことから明らかであろう．

定理 33　二等辺三角形 $\triangle ABC$ の頂点 A と底辺 BC の中点 M を結ぶ直線 AM は底辺 BC に垂直で頂角 $\angle A$ を二等分する．

証明　$\triangle ABM$ と $\triangle ACM$ において

$$AB = AC, \qquad BM = CM,$$
$$AM = AM$$

であるから，三辺合同定理により，

$$\triangle ABM \equiv \triangle ACM,$$

したがって

$$\angle AMB = \angle AMC,$$
$$\angle MAB = \angle MAC$$

である．すなわち直線 AM は底辺 BC に垂直で $\angle BAC$ を二等分する(証明終)．

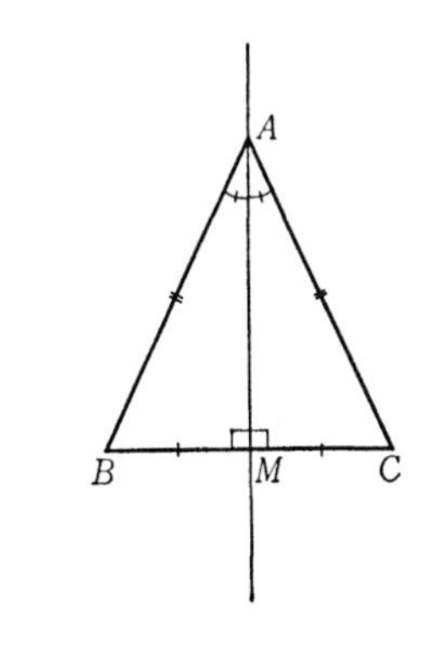

系1　任意の角に対してその二等分線が存在する．

証明　$\angle AOB$ が平角でない場合，辺 OA 上に点 C を $CO=BO$ となるように定め，線分 BC の中点を M とすれば，定理により，直線 OM が $\angle AOB$ の二等分線である．

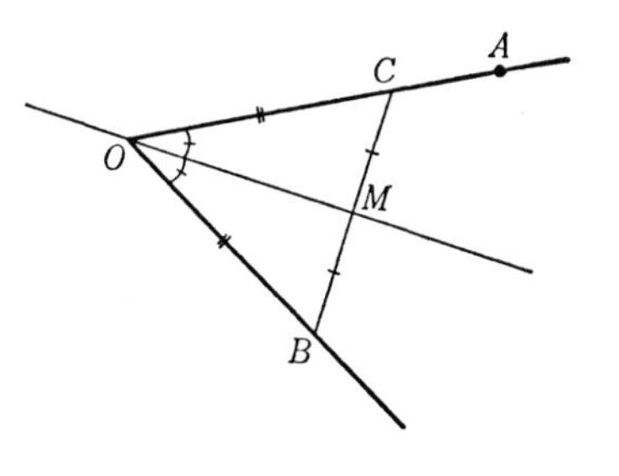

$\angle AOB$ が平角である場合には O を通って直線 AB に垂直な直線が $\angle AOB$ の二等分線である(証明終)．

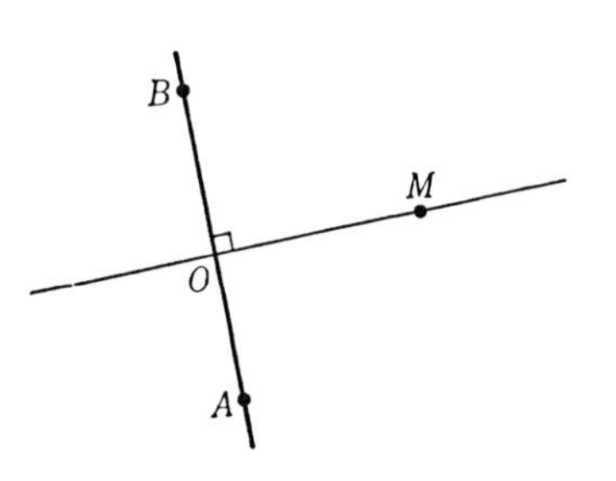

与えられた角の二等分線がただ一つしかないことは定理11(24ページ)によって明らかである．

系2　二等辺三角形の頂角の二等分線は底辺の中点を通って底辺に垂直である．

系3　二等辺三角形の頂点を通って底辺に垂直な直線は底辺を二等分する．

直角三角形　一つの角が直角に等しい三角形を**直角三角形**といい，その直角に等しい角の対辺を**斜辺**という．$\triangle ABC$ において $\angle C=\angle R$ ならば辺 AB が直角三角形 ABC の斜辺である．直角より小さい角を**鋭角**といい，直角より大きくて平角より小さい角を**鈍角**という．

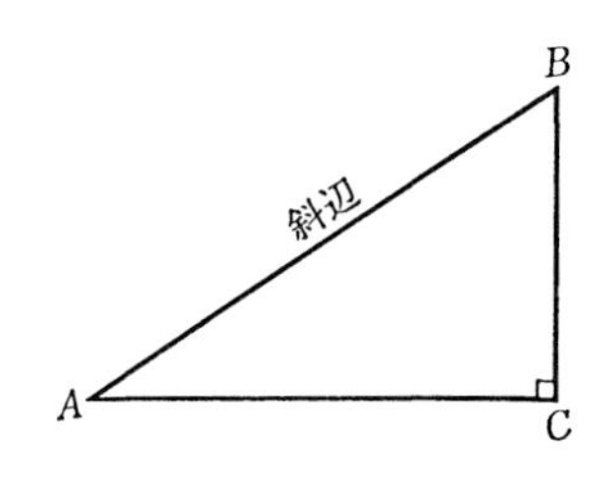

定理 34　$\triangle ABC$ において $\angle C=\angle R$ ならば

$$\angle A < \angle R, \quad \angle B < \angle R, \quad AC < AB, \quad BC < AB$$

である．すなわち，直角三角形の直角でない角は鋭角であって，その斜辺は他の二辺のいずれよりも大きい．

証明　$\angle C=\angle R$ であるから $\triangle ABC$ の頂点 C における外角は $\angle R$ に等しい．ゆえに，定理 24 の系 1(45 ページ)により，その内対角 $\angle A$ と $\angle B$ はいずれも $\angle R$ より小さい．したがって，三角形の辺と角の大小に関する定理 26(46 ページ)により，$BC<AB$, $AC<AB$ である(証明終)．

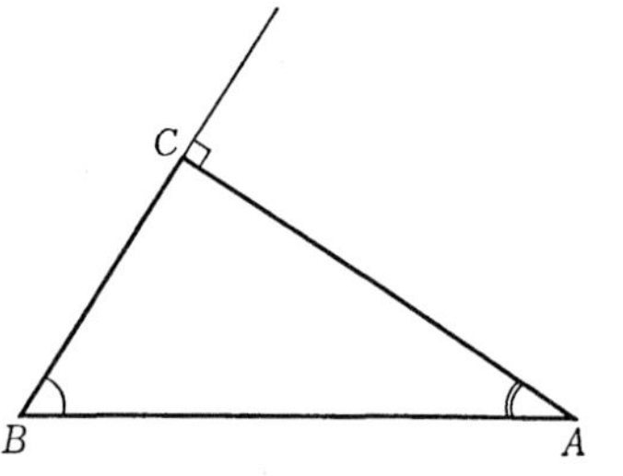

二角と一対辺がそれぞれ等しい三角形は合同である(39 ページ，定理 23)．二辺と一対角がそれぞれ等しい三角形についてはつぎの定理が成り立つ．

定理 35　$\triangle ABC$ と $\triangle DEF$ において

$$\angle C = \angle F, \quad AB = DE, \quad AC = DF$$

ならば

$$\triangle ABC \equiv \triangle DEF$$

であるか，または

$$\angle B + \angle E = 2\angle R$$

である．

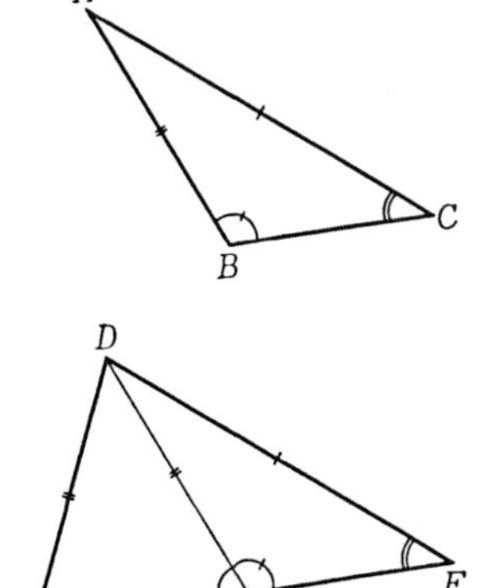

証明　仮設により $AC=DF$ であるから，定理14(28ページ)により，直線 DF に関して E と同じ側にある点 B' を

$$\triangle DB'F \equiv \triangle ABC$$

となるように定める．仮設により $\angle C=\angle F$ であるから

$$\angle B'FD=\angle EFD,$$

したがって点 B' は半直線 EF 上にある(24ページ，定理11)．B' が E と一致すれば $\triangle DB'F$ は $\triangle DEF$ と一致し，したがって $\triangle ABC \equiv \triangle DEF$ である．

B' が E と一致しなければ B' が E と F の間にあるか，E が B' と F の間にあるか，のいずれかである．いずれの場合も同様であるから，B' が E と F の間にあるとする．仮設により $AB=DE$ であるから $DB'=DE$，すなわち $\triangle DB'E$ は二等辺三角形である．ゆえにその底角 $\angle DEB'$ と $\angle DB'E$ は等しい(30ページ，定理16)．$\angle B=\angle DB'F$ であるから，したがって

$$\angle B+\angle E = \angle DB'F+\angle DB'E = \angle FB'E = 2\angle R$$

となる(証明終)．

この定理から直角三角形に関するつぎの合同定理が従う．

定理 36(斜辺と一辺の合同定理)　$\triangle ABC$ と $\triangle DEF$ において

$$\angle C = \angle F = \angle R, \qquad AB = DE, \qquad AC = DF$$

ならば

$$\triangle ABC \equiv \triangle DEF$$

である．

証明　$\angle C=\angle F=\angle R$ であるから，定理 34 により，$\angle B<\angle R$，$\angle E<\angle R$，したがって

$$\angle B+\angle E<2\angle R$$

である．ゆえに，定理 35 により，$\triangle ABC\equiv\triangle DEF$ である(証明終)．

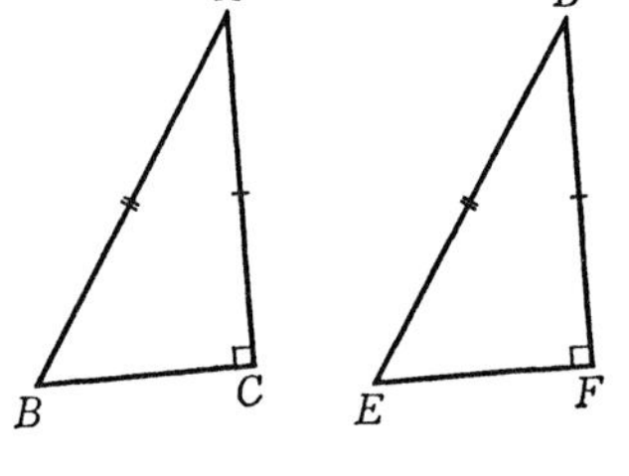

垂直二等分線　定理 32 の系 2(57 ページ)により，線分 AB の中点 M を通ってその線分に垂直な直線がただ一つ存在する．その直線を線分 AB の**垂直二等分線**という．

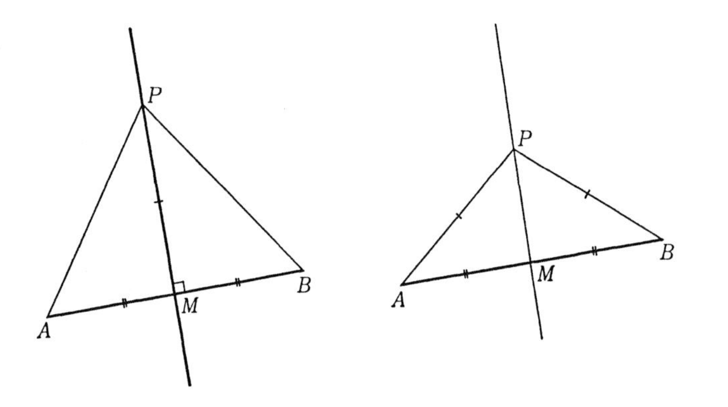

線分 AB の垂直二等分線上の点 P は A と B から等距離にある．なぜなら，P が M と一致しないとき，二辺夾角の合同定理により，

$$\triangle AMP\equiv\triangle BMP,$$

したがって $PA=PB$ となるからである．

逆に A と B から等距離にある点 P はすべて線分 AB の垂直二等分線上にある．なぜなら，P が M と一致しないとき，定理 33(57 ページ)により，二等辺三角形 PAB の頂点 P と底辺 AB の中点 M を結ぶ直線は底辺 AB に垂直であるからである．以上の結果をまとめればつぎの定理を

得る:

定理 37 点 P が二点 A と B から等距離にあるための必要にして十分な条件は P が線分 AB の垂直二等分線上にあることである.

点と直線の距離 定理 32(55 ページ)によれば,直線 l と l 外にある点 C に対して,C を通って l に垂直な直線がただ一つ存在する.その直線を **C から l に下した垂線**という.C から l に下した垂線の足を H,P を l 上の H と異なる任意の点とすれば,定理 34(59 ページ)により,$\angle CPH$ は鋭角で

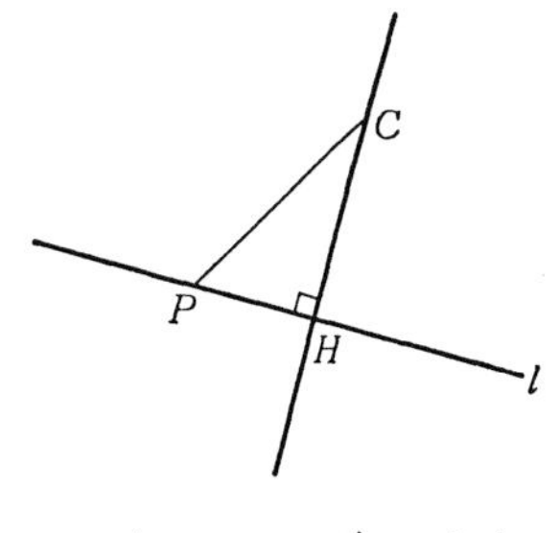

$$CP > CH,$$

すなわち,CH は点 C から l 上の点に到る最短距離である.線分 CH の長さ CH を**点 C と直線 l の距離**という.

$\triangle ABC$ の辺 BC に直線 BC 外の一点 P から下した垂線といえば,それは P から直線 BC へ下した垂線を意味する.

定理 38 $\triangle ABC$ の頂点 A からその対辺 BC へ下した垂線の足を H とする.$\triangle ABC$ の角 $\angle B$ が鋭角であるとき,$\angle C$ が鋭角ならば H は B と C の間にあり,$\angle C$ が鈍角ならば H は辺 BC の延長上にある.

証明 まず直線 BC 上で点 B に関して H と C が同じ側にあることを証明する.$\angle B$ が鋭角であるから H

はBと異なる．したがって，点Bに関して，H は C と同じ側にあるかまたは C の反対側にある．上に述べたように，$\angle ABH$ は鋭角である．いま B に関して H が C の反対側にあるとすれば $\angle B$ は $\angle ABH$ の補角となるが，これは $\angle B$ が鋭角であることに反する．ゆえに H は C と同じ側にある．

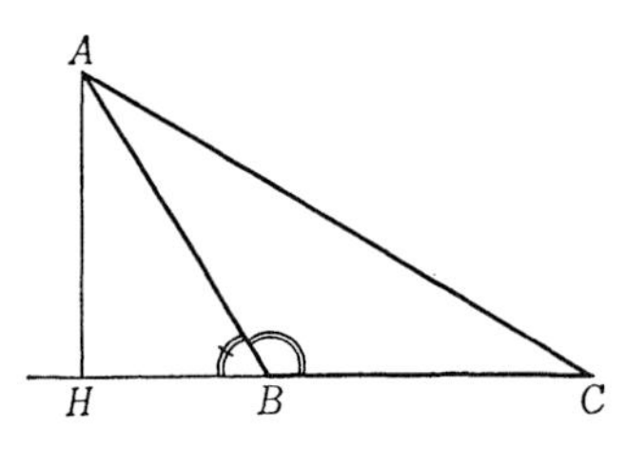

点 B に関して H と C が同じ側にあるから，H は B と C の間にあるか，C と一致するか，辺 BC の延長上にあるか，のいずれかである．H が B と C の間にあれば $\angle C$ は $\angle ACH$ と一致するから鋭角である．H が C と一致すれば $\angle C$ はもちろん直角である．H が辺 BC の延長上にあれば $\angle C$ は $\angle ACH$ の補角となるから鈍角である．

ゆえに，転換法により，$\angle C$ が鋭角ならば H は B と C の間にあり，$\angle C$ が鈍角ならば H は辺 BC の延長上にある(証明終)．

系　直線 OB 外の点 A から直線 OB へ下した垂線の足を H とする．$\angle AOB$ が鋭角ならば H は半直線 OB 上にある．$\angle AOB$ が鈍角ならば H は半直線 OB の延長上にある．——

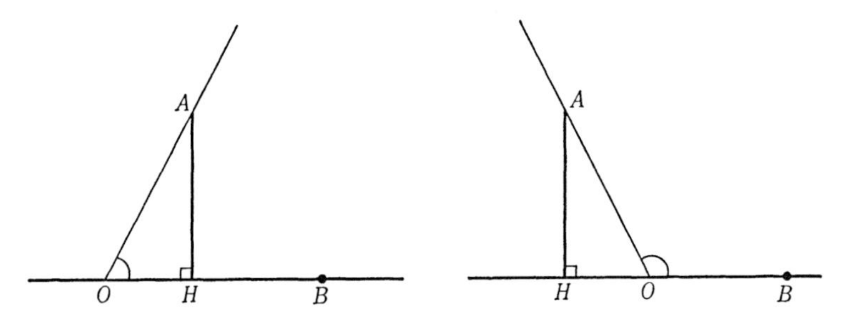

$\angle AOB$ についても，三角形の場合と同様に，直線 OB 外の点 P から直線 OB へ下した垂線を P から辺 OB へ下した垂線ということにする．

定理 39 $\angle AOB$ は平角でないとして，$\angle AOB$ の内部の点 P から辺 OA および辺 OB に下した垂線の足をそれぞれ H および K とする．このとき

$$PH = PK$$

であるための必要にして十分な条件は P が $\angle AOB$ の二等分線上にあることである．

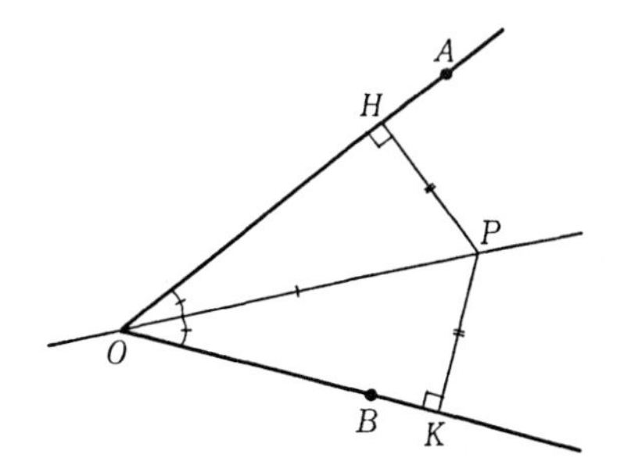

証明 まず条件が十分であること，すなわち P が $\angle AOB$ の二等分線上にあれば $PH=PK$ であることを証明する．

仮設により $\angle AOB<2\angle R$ で，直線 OP が $\angle AOB$ の二等分線であるから

$$\angle POA = \frac{1}{2}\angle AOB < \angle R,$$

すなわち $\angle POA$ は鋭角である．ゆえに，上の定理 38 の系により，垂線 PH の足 H は辺 OA 上にあって O と異なる．同様に K は辺 OB 上にあって O と異なる．$\triangle POH$ と $\triangle POK$ を比べると

$$\angle POH = \angle POK, \qquad \angle H = \angle K, \qquad PO = PO$$

である．ゆえに，二角一対辺の合同定理(39 ページ)により，

$$\triangle POH \equiv \triangle POK,$$

ゆえに $PH=PK$ である．

つぎに条件が必要であること，すなわち $PH=PK$ ならば P は $\angle AOB$ の二等分線上にあることを証明する．このために，まず，$PH=PK$ ならば P から直線 OA へ下した垂線の足 H は辺 OA 上にあって O と異なることを帰謬法によって確める．

H が辺 OA の延長上にあったとすれば，直線 OB に関して P が A と同じ側にあり A が H の反対側にあるから P は H の反対側にある，す

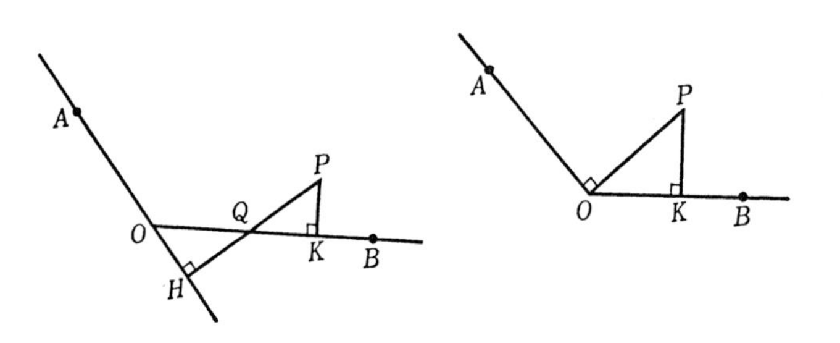

なわち線分 PH は直線 OB と交わる．その交点を Q とすれば

$$PH > PQ \geqq PK$$

となる．ゆえに $PH=PK$ ならば H は辺 OA 上にある．このとき，H が O と一致したとすれば，$\angle AOB$ が平角でないから K は O と一致せず，したがって

$$PH = PO > PK$$

となる．ゆえに $PH=PK$ ならば H は O と一致しない．

$PH=PK$ ならば，このように，H は辺 OA 上にあって O と異なり，同様に K は辺 OB 上にあって O と異なる．そして，$\triangle POH$ と $\triangle POK$ において

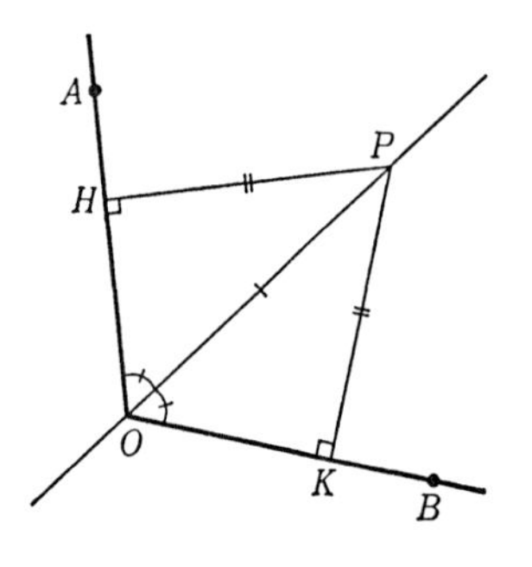

$$\angle H = \angle K = \angle R,$$

$$PO = PO, \quad PH = PK$$

であるから，斜辺と一辺の合同定理 (60 ページ)により

$$\triangle POH \equiv \triangle POK$$

である．ゆえに

$$\angle POH = \angle POK,$$

すなわち P は $\angle AOB$ の二等分線上にある(証明終)．

この定理 39 を普通つぎのようにいい表わす．

定理 39′ 平角でない角 $\angle AOB$ の内部の点 P が $\angle AOB$ の二辺から等

距離にあるための必要にして十分な条件は P が $\angle AOB$ の二等分線上にあることである.

§6　平行線の公理

本節では平行線の公理とそれから導かれるいくつかの基本的な定理について述べる.

定義6　二つの直線 l と m が交わらないとき l と m は**平行**であるという. ——

平行線は平行な二つの直線を意味する.

二つの直線 l と m が第三の直線と相異なる二点 A と B で交わっているとして, l と m が平行であるための条件について考察する. C と F は l 上の点, D と E は m 上の点で, 直線 AB に関して D は C と同じ側に,

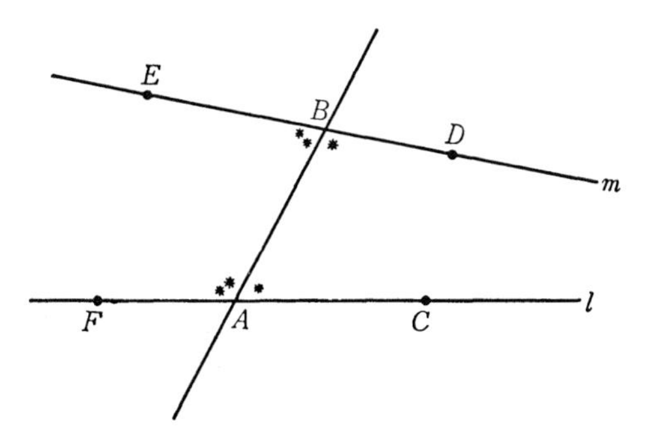

E と F は C の反対側にあるとする. このとき $\angle ABD$ と $\angle BAC$(上図の*) および $\angle BAF$ と $\angle ABE$(上図の**)をそれぞれ一組の**同傍内角**という.

$$\angle ABD + \angle ABE = 2\angle R$$

であるから

$$2\angle R - \angle ABD - \angle BAC = \angle ABE - \angle BAC.$$

ゆえに, <u>同傍内角 $\angle ABD$ と $\angle BAC$ の和が $2\angle R$ に等しいことと錯角 $\angle ABE$ と $\angle BAC$ が等しいことは同値, $\angle ABD$ と $\angle BAC$ の和が $2\angle R$ よ</u>

り小さいことは $\angle ABE$ が $\angle BAC$ より大きいことと同値である．同様に

$$2\angle R-\angle BAF-\angle ABE=\angle BAC-\angle ABE$$

である．ゆえに同傍内角 $\angle BAF$ と $\angle ABE$ の和が $2\angle R$ に等しいことは錯角 $\angle ABE$ と $\angle BAC$ が等しいことと同値，$\angle BAF$ と $\angle ABE$ の和が $2\angle R$ より小さいことは $\angle ABE$ が $\angle BAC$ より小さいことと同値である．

定理 22(37 ページ)とその系をいい換えればつぎの定理と系を得る:

定理 40 二つの直線 l と m が第三の直線と相異なる二点で交わっているとき，錯角が等しければ l と m は平行である．

系 1 二つの直線 l と m が第三の直線と相異なる二点で交わっているとき，同位角が等しければ l と m は平行である．

系 2 一つの直線に垂直な二つの直線は平行である．——

上図において $\angle ABE$ と $\angle BAC$ が等しければ，定理 40 により，l と m は平行である．ゆえに同傍内角 $\angle ABD$ と $\angle BAC$ の和が $2\angle R$ に等しければ l と m は平行である．しかし，後で述べるように，同傍内角の和が $2\angle R$ に等しくない場合に l と m が交わるか否かはいままでの結果からはわからない．そこでつぎの公理を導入する:

公理 6 同傍内角 $\angle ABD$ と $\angle BAC$ の和が $2\angle R$ より小さければ直線 l と m は直線 AB に関して C と同じ側にある一点で交わる．——

錯角 $\angle ABE$ と $\angle BAC$ が等しくない場合，$\angle ABE$ が $\angle BAC$ より大きければ同傍内角の和 $\angle ABD+\angle BAC$ は $2\angle R$ より小さい．ゆえに，公理 6 により，l と m は直線 AB に関して C と同じ側にある一点で交わる．$\angle ABE$ が $\angle BAC$ より小さければ $\angle ABE$ と $\angle BAF$ の和は $2\angle R$ より小

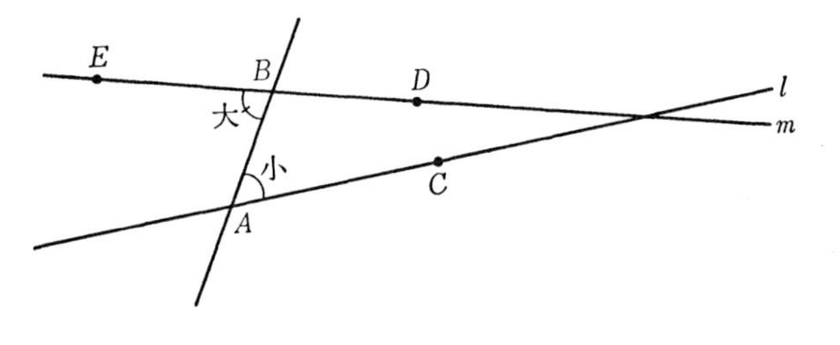

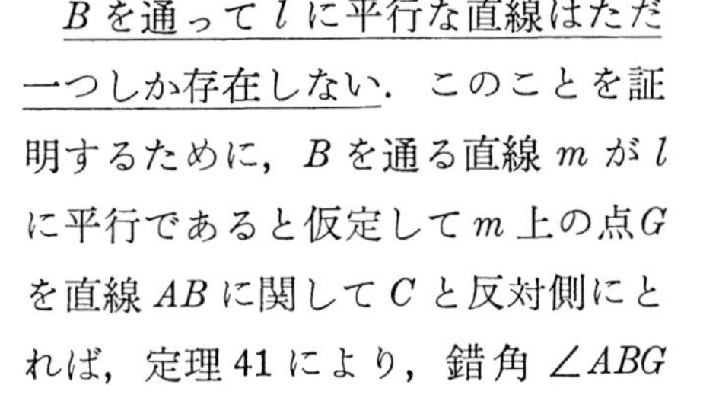

さい．ゆえに公理6を同傍内角 $\angle ABE$ と $\angle BAF$ に適用すれば，l と m は直線 AB に関して E と同じ側にある一点で交わることがわかる．いずれにしても錯角 $\angle ABE$ と $\angle BAC$ が等しくなければ l と m は交わる．ゆえに l と m が平行ならば錯角 $\angle ABE$ と $\angle BAC$ は等しい．すなわち：

定理 41　二つの直線 l と m が第三の直線と相異なる二点で交わっているとき，l と m が平行ならば錯角は等しい．

系　平行な二直線が第三の直線と交わってなす同位角は等しい．——

直線 l と l 外の点 B が与えられたとき，l 上に二点 A, C をとり，定理13(28ページ)により，直線 AB に関して C と反対側に点 E を

$$\angle ABE = \angle BAC$$

となるように定めれば，定理40により，直線 BE と l は平行である．このように，点 B を通って l に平行な直線は必ず存在する．

<u>B を通って l に平行な直線はただ一つしか存在しない</u>．このことを証明するために，B を通る直線 m が l に平行であると仮定して m 上の点 G を直線 AB に関して C と反対側にとれば，定理41により，錯角 $\angle ABG$

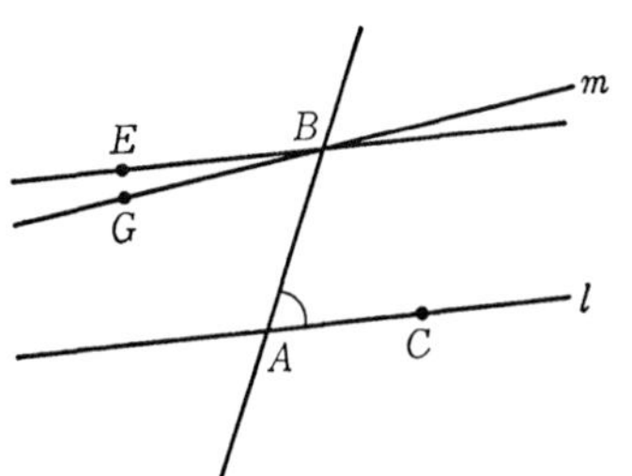

と $\angle BAC$ は等しい．ゆえに

$$\angle ABG = \angle ABE,$$

したがって，定理 11(24 ページ)により，直線 m は直線 BE と一致する．すなわち，B を通って l に平行な直線は直線 BE しかない．

普通平面幾何では点 B を通って l に平行な直線がただ一つしかないことを公理と考える．すなわち:

平行線の公理　直線 l と l 外の一点 B が与えられたとき，B を通って l に平行な直線はただ一つしかない．——

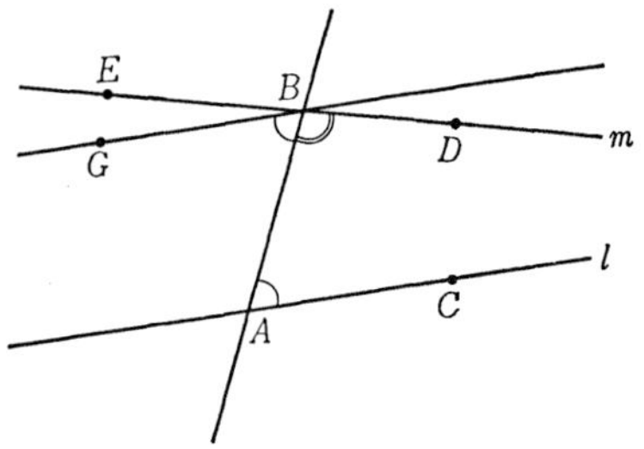

この平行線の公理は公理 6 と同値である．すでにわれわれは公理 6 を仮定して平行線の公理を証明した．ゆえに平行線の公理と公理 6 が同値であることを示すには平行線の公理を仮定して公理 6 を証明すればよい．

二つの直線 l と m が第三の直線と相異なる二点 A と B で交わっていて l 上の点 C と m 上の点 D が直線 AB に関して同じ側にあるとする．証明すべきことは同傍内角 $\angle ABD$ と $\angle BAC$ の和が $2\angle R$ より小さければ l と m が直線 AB に関して C と同じ側にある一点で交わることである．直線 AB に関して C の反対側にある点 G を

$$\angle ABG = \angle BAC$$

となるように定めれば，定理 40(67 ページ)により，直線 BG と l は平行である．同傍内角 $\angle ABD$ と $\angle BAC$ の和が $2\angle R$ より小さいとすれば $\angle ABE$ は $\angle BAC$ より大きい(66-67 ページ)．したがって

$$\angle ABE > \angle ABG,$$

ゆえに m は直線 BG とは異なる直線である．直線 BG が l に平行であるから，平行線の公理により，m と l は平行でない．すなわち l と m はある一点で交わる．その点を P とする．直線 AB に関して P が C と同じ

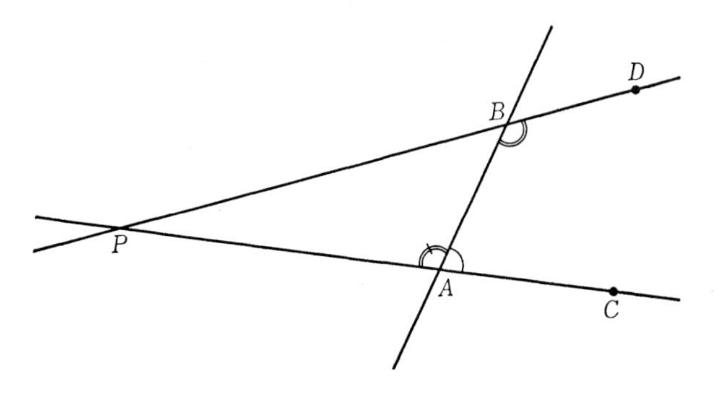

側にあることを帰謬法によって証明するために，P が C の反対側にあったとする．そうすれば，定理 24 の系 1(45 ページ)により，$\triangle BPA$ の外角 $\angle ABD$ はその内対角 $\angle BAP$ より大きい．したがって

$$\angle ABD + \angle BAC > \angle PAB + \angle BAC = \angle PAC = 2\angle R$$

となって，同傍内角 $\angle ABD$ と $\angle BAC$ の和が $2\angle R$ より小さいという仮定に反する．ゆえに P は直線 AB に関して C と同じ側にある．すなわち公理 6 が成り立つ．これで平行線の公理と公理 6 が同値であることが証明されたのである．

定理 40 と定理 41 を組合せればつぎの定理が得られる：

定理 42　二つの直線 l と m が第三の直線と相異なる二点 A, B で交わってなす錯角が等しければ第四の直線と相異なる二点 C, D で交わってなす錯角も等しい．

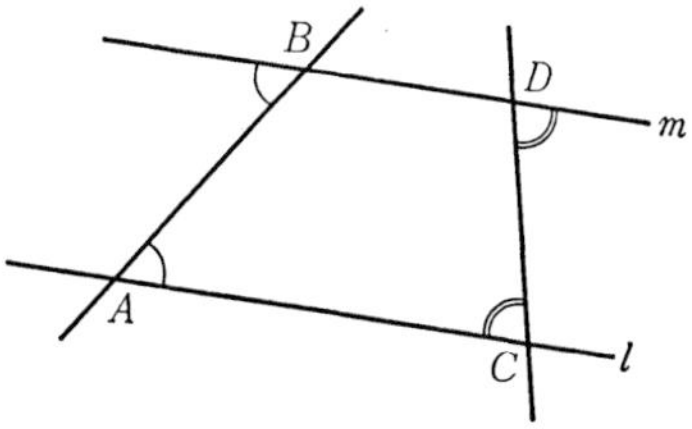

証明　l と m が直線 AB と交わってなす錯角が等しいから，定理 40 により，l と m は平行である．ゆえに，定理 41 により，l と m が直線 CD と交わってなす錯角は等しい(証明終)．

定理 43　三角形の内角の和は $2\angle R$ に等しい．

証明　$\triangle ABC$ が与えられたとき，直線 AB に関して C と反対側にある

点 D を

$$\angle DAB = \angle ABC$$

となるように定め，半直線 AD の延長上に点 E をとる．そうすれば，直線 DE と直線 BC が直線 AB と交わってなす錯角が等しいから，定理 42 により，直線 AC と交わってなす錯角も等しい．すなわち

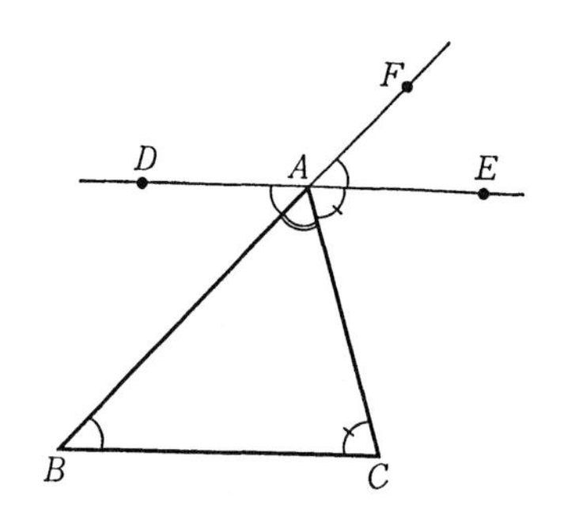

$$\angle ACB = \angle CAE.$$

ゆえに

$$\angle B + \angle A + \angle C = \angle DAB + \angle BAC + \angle CAE = \angle DAE = 2\angle R.$$

すなわち $\triangle ABC$ の内角 $\angle A$, $\angle B$, $\angle C$ の和は $2\angle R$ に等しい(証明終).

$\triangle ABC$ の辺 BA の延長上に点 F をとる．対頂角 $\angle FAE$ と $\angle BAD$ が等しいから $\angle FAE = \angle ABC$ である．ゆえに，定理 24(44 ページ)により，点 E は外角 $\angle CAF$ の内部にある．したがって

$$\angle CAF = \angle CAE + \angle FAE = \angle ACB + \angle ABC.$$

すなわち：

系 1 三角形の外角はその内対角の和に等しい．

系 2 直角三角形の直角でない二つの内角の和は $\angle R$ に等しい．——

和が $\angle R$ に等しい二つの角を**余角**という．系 2 によれば，$\triangle ABC$ において $\angle C = \angle R$ ならば $\angle A + \angle B = \angle R$, すなわち $\angle A$ と $\angle B$ は余角である．

定理 16 の系(30 ページ)により正三角形の三つの角は等しい．ゆえに

系 3 正三角形の三つの角はそれぞれ $\frac{2}{3}\angle R$ に等しい．——

ユークリッドの原論[1]にははじめに諸々の定義に続いて五つの公準

1) 中村幸四郎・寺阪英孝・伊東俊太郎・池田美恵訳・解説：ユークリッド原論，共立出版，1970 年．以下これを「ユークリッド原論」として引用する．

(公理)が掲げてある．その五番目が公理6である．ゆえに公理6を**ユークリッドの第五公準**という．第五公準は複雑で定理のように見えたため，古来多くの学者がこれを定理として証明しようと試みたが，その試みは遂に成功しなかった．19世紀にいたって，第五公準が成立しない非ユークリッド幾何が構成されて，第五公準を定理として証明することは不可能であることが明らかになったのである．

幾何学は古代のエジプトやバビロニアにおける天体の観測，土地の測量，建築などから始まったという．幾何学の原語 geometry は‘測地’を意味するギリシャ語からでている．平行線の公理と公理6は論理的には同値であるが，測地学という見地からは平行線の公理は抽象的，公理6は具体的である．点 A を通って直線 l と交わらない直線 m はただ一つしかない，といっても l と m が交わらないことを無限の遠方まで行って検証することはできないからである．

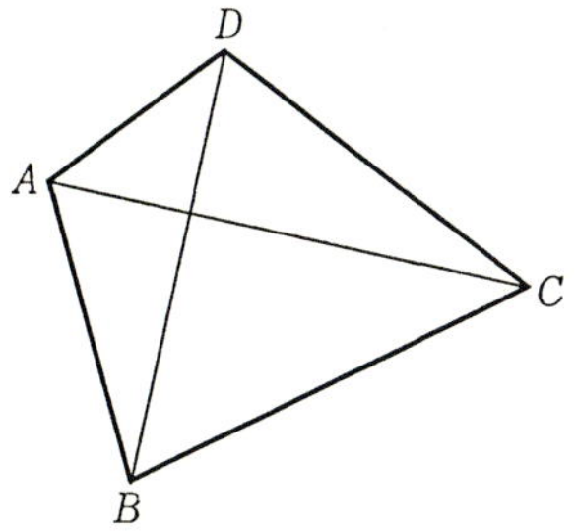

四辺形　四点 A, B, C, D のどの三つも一直線上にないとして，A, B, C, D を順次に結んで得られる四つの線分 AB, BC, CD, DA を考える．線分 AB と線分 CD が交わらず，線分 BC と線分 DA が交わらないとき，この四つの線分 AB, BC, CD, DA からなる図形を**四辺形** $ABCD$ といい，点 A, B, C, D をその**頂点**，線分 AB, BC, CD, DA をその**辺**という．また，線分 AC と線分 BD を四辺形 $ABCD$ の**対角線**という．四辺形 $ABCD$ の任意の一辺，たとえば辺 AB に対してそれと交わらない辺 CD を辺 AB の**対辺**という．辺 CD の対辺は辺 AB，辺 BC の対辺は辺 DA である．

四辺形には凸四辺形と凹四辺形がある．四辺形 $ABCD$ において，頂点 C と D が直線 AB の同じ側にあり，D と A が直線 BC の同じ側に，A と

B が直線 CD の同じ側に，B と C が直線 DA の同じ側にあるとき，四辺形 $ABCD$ は**凸**である，あるいは**凸四辺形**であるという．凸でない四辺形が**凹四辺形**である．

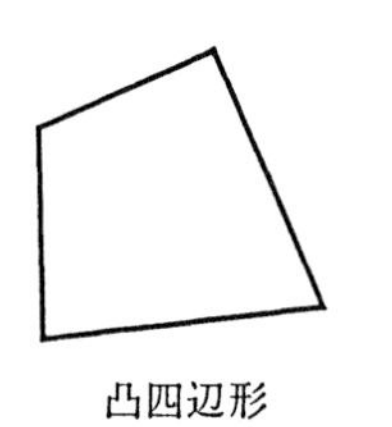

凸四辺形

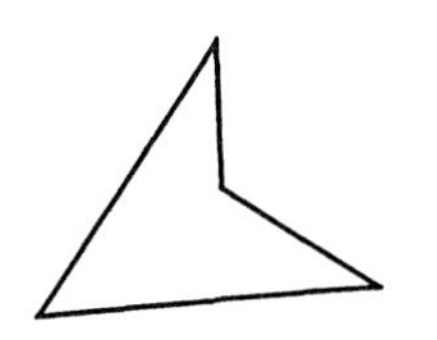

凹四辺形

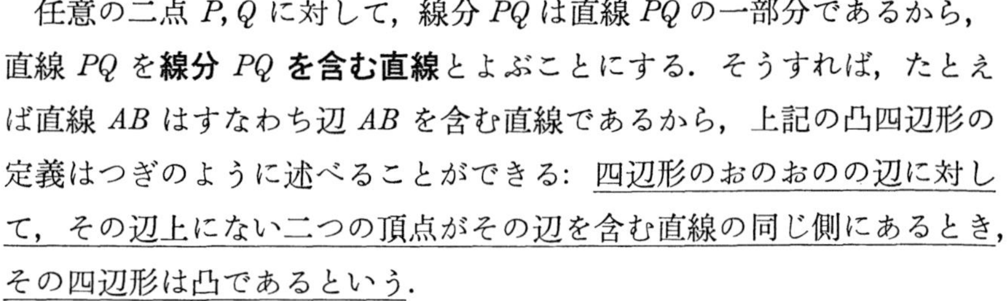

任意の二点 P, Q に対して，線分 PQ は直線 PQ の一部分であるから，直線 PQ を**線分 PQ を含む直線**とよぶことにする．そうすれば，たとえば直線 AB はすなわち辺 AB を含む直線であるから，上記の凸四辺形の定義はつぎのように述べることができる：四辺形のおのおのの辺に対して，その辺上にない二つの頂点がその辺を含む直線の同じ側にあるとき，その四辺形は凸であるという．

凸四辺形の内部は三角形の内部(18 ページ)と同様に定義される．

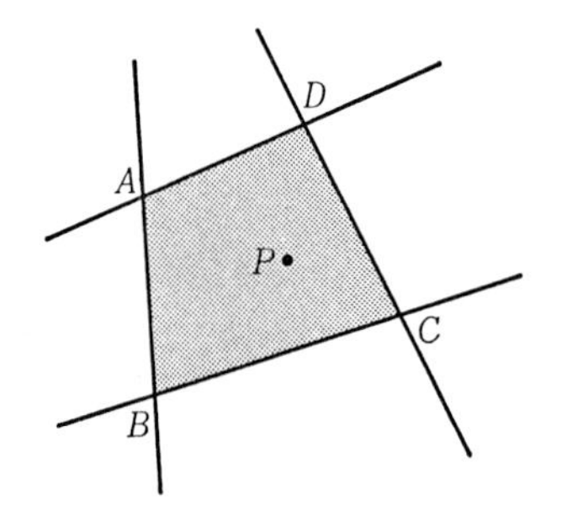

定義 7　点 P が凸四辺形の各辺を含む直線に関してその辺上にない頂点と同じ側にあるとき，P はその四辺形の**内部**にあるという．すなわち，凸四辺形 $ABCD$ について，点 P が直線 AB に関して頂点 C, D と同じ側にあり，直線 BC に関しては D, A と同じ側に，直線 CD に関しては A, B と同じ側に，直線 DA に関して B, C と同じ側にあるとき，P は凸四辺形 $ABCD$ の内部にあるという．凸四辺形の内部はその内部にある点の全体である．——

平面から凸四辺形の辺と内部を除いた残りをその凸四辺形の**外部**という．

P が直線 AB に関して D と同じ側に，直線 AD に関して B と同じ側にあるとき P は $\angle DAB$ の内部にある．ゆえに凸四辺形 $ABCD$ の内部は四つの角 $\angle DAB, \angle ABC, \angle BCD, \angle CDA$ の内部の共通部分である．こ

の四つの角 $\angle DAB, \angle ABC, \angle BCD, \angle CDA$ を凸四辺形 $ABCD$ の**角**または**内角**といい，しばしば $\angle A, \angle B, \angle C, \angle D$ と略記する．凸四辺形 $ABCD$ の内部は $\angle A$ の内部と $\angle C$ の内部の共通部分である．それは，また，$\angle B$ の内部と $\angle D$ の内部の共通部分である．

凸四辺形 $ABCD$ において，頂点 C は $\angle BAD$ の内部にあって $\angle BAD$ は平角でない．ゆえに，定理5(15ページ)により，半直線 AC は線分 BD と交わる．同様に半直線 BD が線分 AC と交わるから，線分 AC と線分 BD は交わる．すなわち四辺形 $ABCD$ が凸四辺形ならばその対角線 AC と BD は交わる．

逆に，四辺形 $ABCD$ の対角線 AC と BD が交われば四辺形 $ABCD$ は凸である．このことを証明するために，対角線 AC と BD の交点を O とする．線分 AC 上の点 O は A と C の間にある．なぜなら O が A または C と一致すれば三点 B, A, D または B, C, D が一直線上にあることになって仮定に反するからである．同様に O は B と D の間にある．直線 AC 上の点 O が A と C の間にあるから，C と O は直線 AB の同じ側にある(14ページ)．同様に D と O は直線 AB の同じ側にある．ゆえに頂点 C と D は直線 AB の同じ側にある．同様に D と A は直線 BC の同じ側に，A と B は直線 CD の同じ側に，B と C は直線 DA の同じ側にある．ゆえに四辺形 $ABCD$ は凸である．そして対角線 AC と BD の交点 O は凸四辺形 $ABCD$ の内部にある．

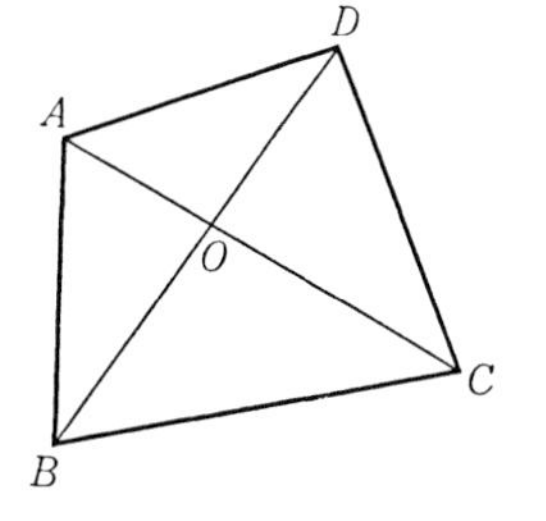

簡明のため，どの三つも一直線上にない四点 A, B, C, D に対して，四つの線分 AB, BC, CD, DA からなる図形を $ABCD$ で表わすことにする．

そうすれば，線分 AB と線分 CD が交わらず，線分 BC と線分 DA が交わらないとき $ABCD$ は四辺形であることになる．

線分 AC と線分 BD が交われば $ABCD$ は凸四辺形である．なぜなら，線分 AC と線分 BD が交われば，直線 AC に関して B は D の反対側にあるから，線分 AB 上の A と異なる任意の点 P も D の反対側にある．ゆえに線分 AB と線分 CD は交わらない．同様に線分 BC と線分 DA も交わらない．すなわち $ABCD$ は四辺形で，その対角線 AC と BD が交わっているからである．

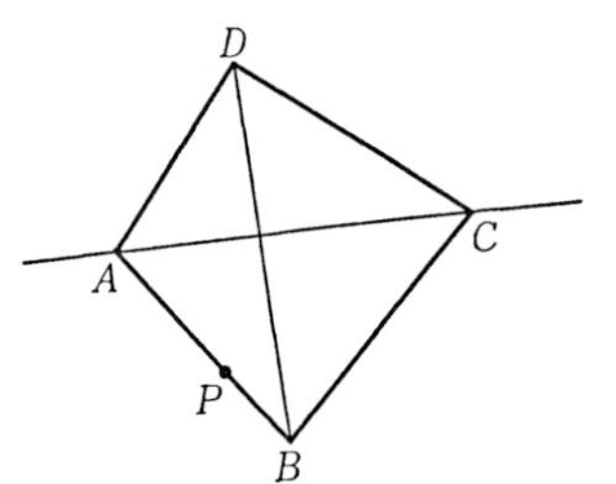

凸四辺形 $ABCD$ の対角線 AC が対角線 BD と交わるから，頂点 A と C は直線 BD に関して反対側にある．したがって，P を凸四辺形 $ABCD$ の内部の任意の点とすれば，P は直線 BD 上にあるか，直線 BD に関して A と同じ側にあるか，C と同じ側にあるか，のいずれかである．ゆえに凸四辺形 $ABCD$ の内部から直線 BD の上にある点をすべて除いた残りは直線 BD に関して A と同じ側にある部分と C と同じ側にある部分の二つの部分に分割される．

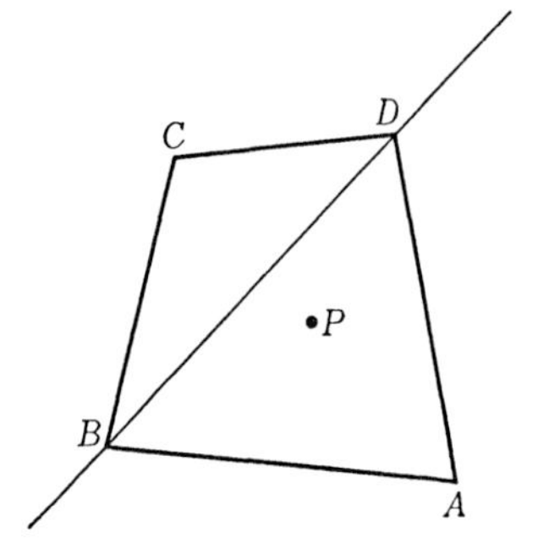

凸四辺形 $ABCD$ の内部の直線 BD に関して A と同じ側にある部分は $\triangle ABD$ の内部であることを証明する．P を凸四辺形 $ABCD$ の内部の点とすれば P は $\angle BAD$ の内部にある．ゆえに P が直線 BD に関して A と同じ側にあれば P は $\triangle ABD$ の内部にある．逆に P を $\triangle ABD$ の内部の点とすれば直線 AP は辺 BD と B と D の間の一点で交わる．その交点

を E とすれば P は A と E の間にある．B と D の間の点 E は $\angle BCD$ の内部にある．A も $\angle BCD$ の内部にあるから線分 AE は $\angle BCD$ と交わらない．ゆえに A と E の間の点 P は $\angle BCD$ の内部にあるが，凸四辺形 $ABCD$ の内部は $\angle BCD$ と $\angle BAD$ の内部の共通部分であった．ゆえに P は四辺形 $ABCD$ の内部にある（証明終）．

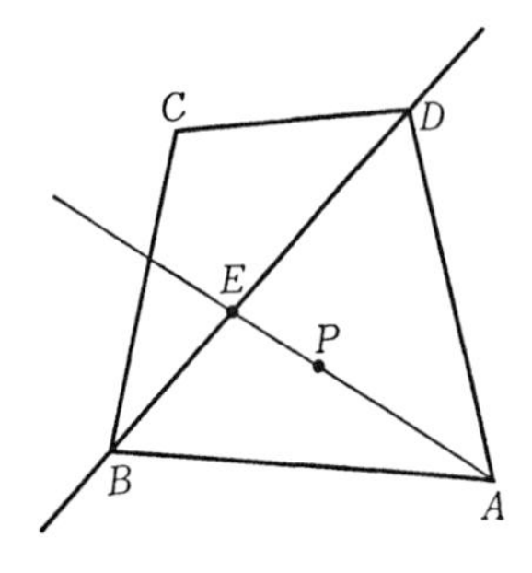

このように凸四辺形 $ABCD$ の内部の直線 BD に関して A と同じ側にある部分は $\triangle ABD$ の内部，C と同じ側にある部分は $\triangle CBD$ の内部，直線 BD 上にある部分は対角線 BD の B と D の間にある部分である．ゆえに凸四辺形 $ABCD$ の内部から対角線 BD 上の点を除けば残りは $\triangle ABD$ の内部と $\triangle CBD$ の内部の二つの部分に分割される．このことを凸四辺形 $ABCD$ は対角線 BD によって二つの三角形 $\triangle ABD$ と $\triangle CBD$ に分割されるといい表わす．凸四辺形 $ABCD$ の内部は対角線 BD の B と D の間にある部分と $\triangle ABD$ の内部と $\triangle CBD$ の内部の合併集合である．

凹四辺形　凹四辺形 $ABCD$ については頂点 A と C が直線 BD の反対側にある場合と同じ側にある場合の二つの場合があるが，A と C が直線

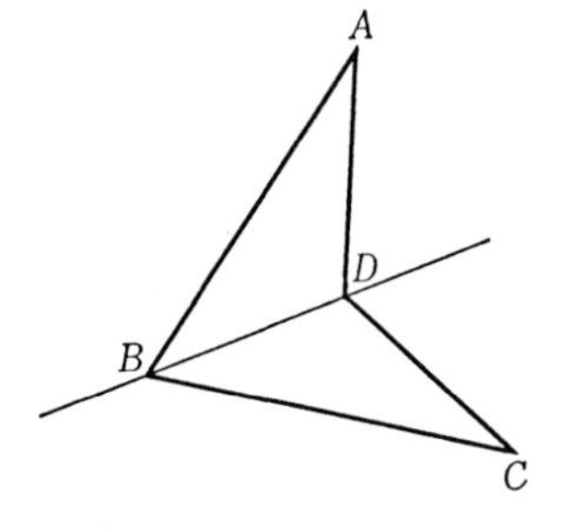

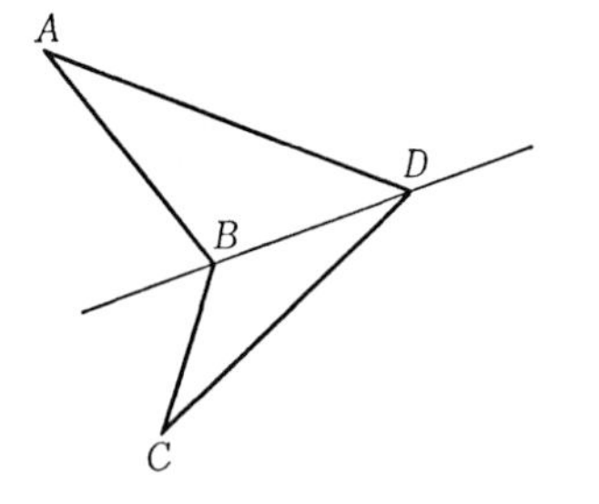

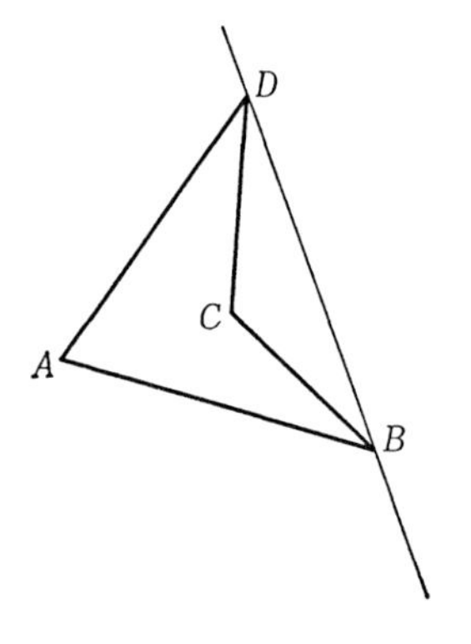

BD の同じ側にある場合には頂点 B と D が直線 AC の反対側にある.

証明　A と C が直線 BD の同じ側にあるから，定理 6(16 ページ)により，点 C が $\angle DBA$ の内部にあるか，点 A が $\angle DBC$ の内部にあるか，のいずれかである．いずれの場合も同様であるから，C が $\angle DBA$ の内部にあるとする．そうすれば，定理 5(15 ページ)により，半直線 BC は線分 DA と交わる．その交点を E とすれば，四辺形 $ABCD$ の辺 BC はその対辺 DA と交わらないから，点 C は B と E の間にある．ゆえに C は $\angle BAE$ の内部にあるが，$\angle BAE$ はすなわち $\angle BAD$ である．したがって半直線 AC は線分 BD と交わり，その交点は B と D の間にある．ゆえに B と D は直線 AC の反対側にある(証明終).

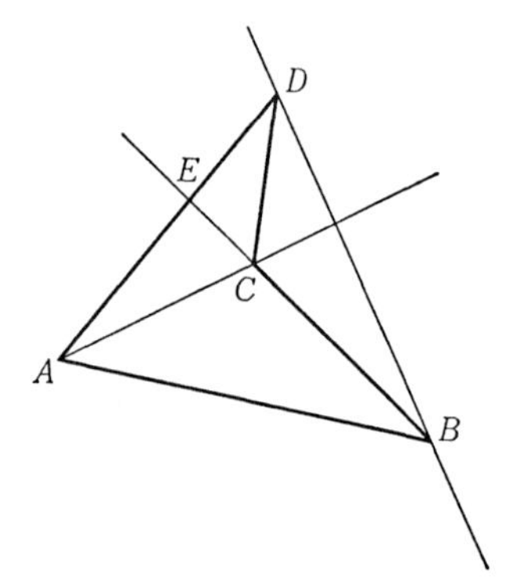

このように，凹四辺形 $ABCD$ においては，i) 頂点 A と C が直線 BD の反対側にあるか，または，ii) 頂点 B と D が直線 AC の反対側にある．ii) の場合は頂点 A, B, C, D を改めて D, A, B, C とよぶことにすれば i) の場合に帰着するから，凹四辺形 $ABCD$ の性質を調べるには i) の場合

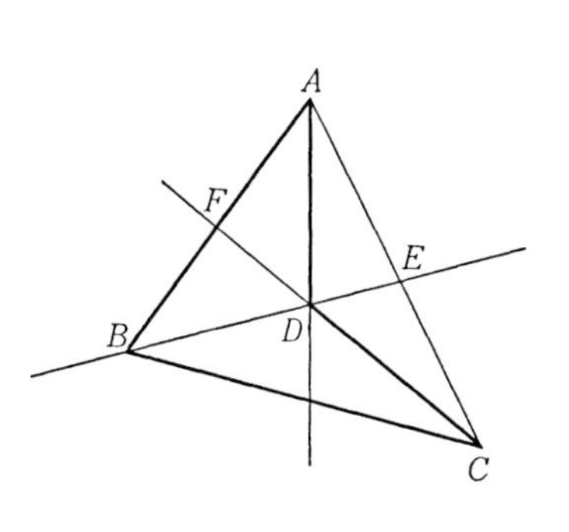

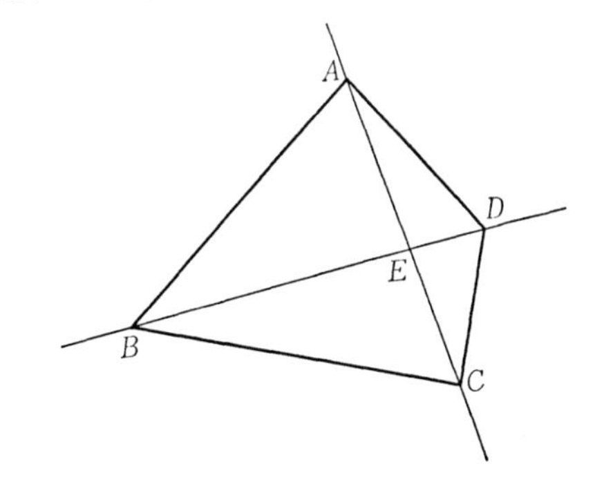

を考えればよい．この場合，対角線 AC が直線 BD と交わるから，その交点を E とする．E が B と D の間にあれば四辺形 $ABCD$ は凸である(74 ページ)ことになって仮定に反する．ゆえに D が B と E の間にあるか，B が D と E の間にあるか，のいずれかである．いずれの場合も同様であるから，D が B と E の間にあるとする．そうすれば D は $\triangle ABC$ の内部にある(18 ページ，定理 7)．したがって，定理 8(19 ページ)により直線 CD は辺 AB と交わり，その交点 F は A と B の間にある．三角形の辺の場合(43 ページ)と同様に，直線 BD の D に関して B の反対側の部分を**対角線 BD の延長**とよぶことにすれば，すなわち，凹四辺形 $ABCD$ において，対角線 AC が対角線 BD の延長と交わっているとき，辺 AB はその対辺 CD の延長と交わる．同様に，このとき，辺 BC はその対辺 AD の延長と交わる．

対角線 AC が対角線 DB の延長と交わっているときには辺 CD が対辺

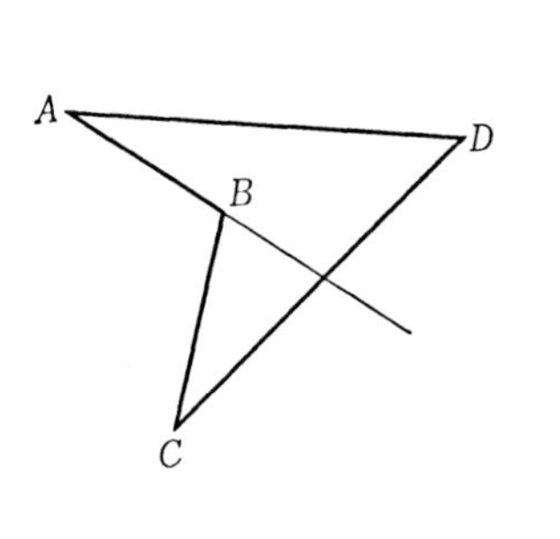

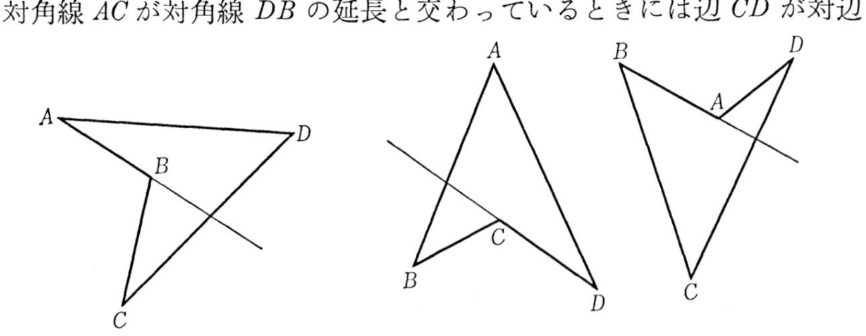

AB の延長と交わる．また，対角線 BD が対角線 AC の延長と交わっているときには辺 AB が対辺 DC の延長と交わり，対角線 BD が対角線 CA の延長と交わっているときには辺 CD が辺 BA の延長と交わる．ゆえに四辺形 $ABCD$ が凹ならば直線 AB と直線 CD は必ず交わる．直線 BC と直線 DA も必ず交わる．

凸四辺形の内部の定義(73 ページ)を凹四辺形に適用することはできない．ここでは凹四辺形の内部をつぎのように定義する．

定義 8 凹四辺形 $ABCD$ において対角線 AC が対角線 BD の延長と交わっているとき，$\angle ABC$ の内部と $\angle ADC$ の外部の共通部分を凹四辺形 $ABCD$ の**内部**とよぶ．——

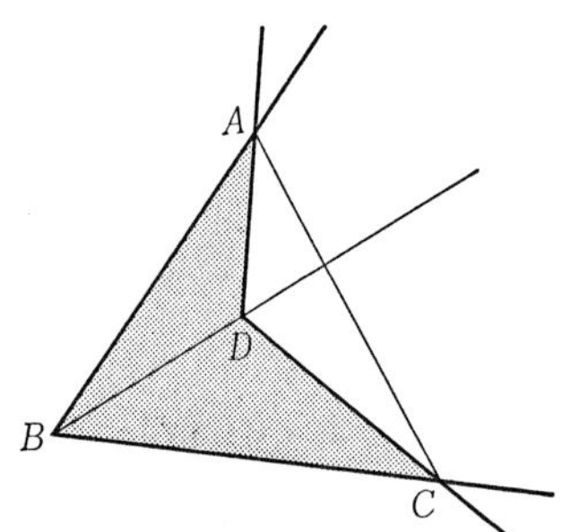

このとき，凸四辺形の場合(76 ページ)と同様に，凹四辺形 $ABCD$ は対角線 BD によって二つの三角形 $\triangle ABD$ と $\triangle CBD$ に分割される．平面から凹四辺形の辺と内部を除いた残りをその凹四辺形の**外部**という．

問 凹四辺形 $ABCD$ の対角線 AC が対角線 BD の延長と交わっているとき，凹四辺形 $ABCD$ は対角線 BD によって二つの三角形 $\triangle ABD$ と $\triangle CBD$ に分割されることを証明せよ．

優角，劣角 凹四辺形 $ABCD$ の対角線 AC が対角線 BD の延長と交わっているとき，凹四辺形 $ABCD$ の内部は $\angle ABC$ の内部と $\angle ADC$ の外部の共通部分である．ゆえに凹四辺形 $ABCD$ の B を頂点とする内角は $\angle ABC$ であると考えられるが，D を頂点とする内角としては $\angle ADC$ の外部を内部とする角を考えなければならない．

一般に任意の平角ではない角 $\angle AOB$ に対して，$\angle AOB$ の外部を内部とする角を考え，これを二つの半直線 OA と OB を辺とする**優角**とよび，

同じ記号 $\angle AOB$ で表わす．これに対してもとの角 $\angle AOB$ を**劣角**という．優角 $\angle AOB$ も劣角 $\angle AOB$ も共に二つの半直線 OA と OB からなる図形であるが，優角 $\angle AOB$ の内部は劣角 $\angle AOB$ の外部，優角 $\angle AOB$ の外部は劣角 $\angle AOB$ の内部である．ただし優角であるか劣角であるかを断わらないで $\angle AOB$ と書いたときには $\angle AOB$ は劣角を表わすものとする．

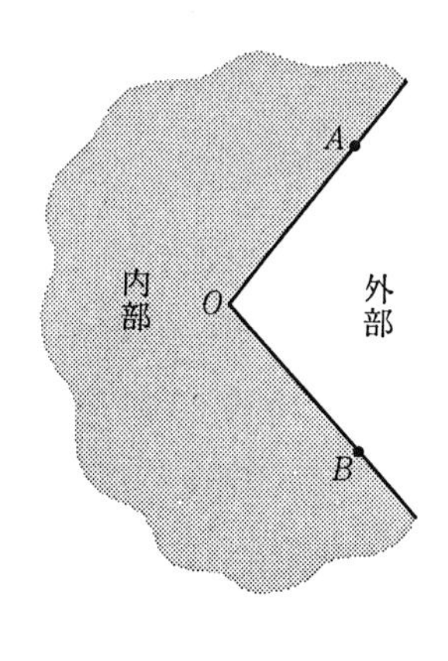

優角についてもその大きさは正の実数であるとし，優角 $\angle AOB$ の大きさを同じ記号 $\angle AOB$ で表わす．そして優角についても公理4(24ページ)がそのまま成り立つものとする．すなわち

公理4　点 C が優角 $\angle AOB$ の内部にあって $\angle AOC$ の内部と $\angle COB$ の内部が共に $\angle AOB$ の内部に含まれているとき，等式

$$\angle AOB = \angle AOC + \angle COB$$

が成り立つ．――

この公理4の等式の右辺の $\angle AOC$, $\angle COB$ が平角でない場合，それが

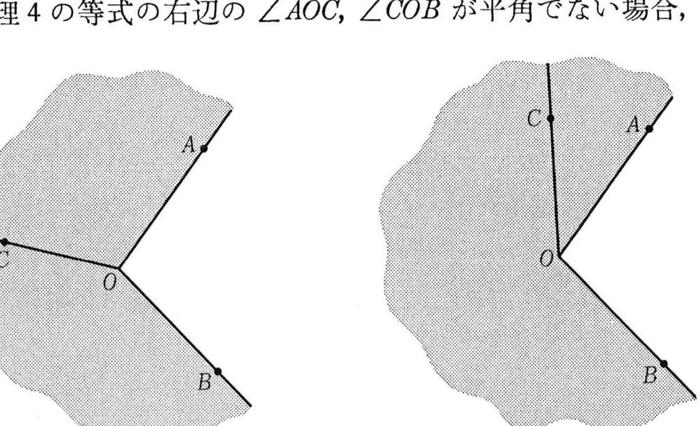

劣角であるか優角であるかはその内部が $\angle AOB$ の内部に含まれているという条件によって定まる.

優角 $\angle AOB$ の外部に一点 D をとり，半直線 OD の延長上に点 C をとれば，C は $\angle AOB$ の内部にあり，劣角 $\angle AOC$ の内部と劣角 $\angle COB$ の内部は共に $\angle AOB$ の内部に含まれる.

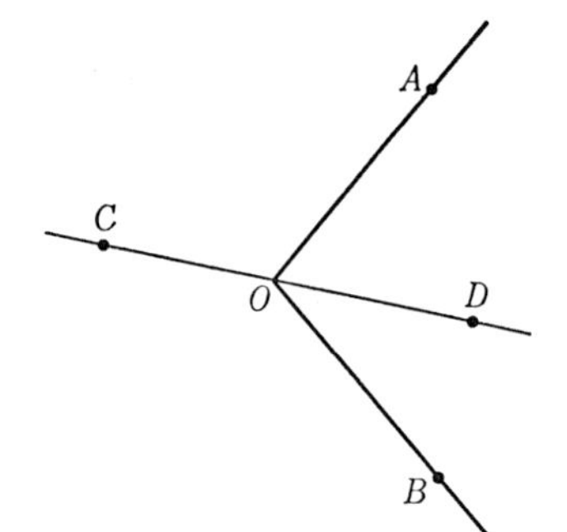

ゆえに

$$\angle AOB = \angle AOC + \angle COB.$$

一方，D は劣角 $\angle AOB$ の内部にあるから

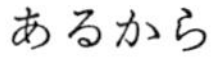

$$\text{劣角 } \angle AOB = \angle AOD + \angle DOB.$$

$\angle AOC + \angle AOD = 2\angle R$, $\angle COB + \angle DOB = 2\angle R$ であるから，したがって

$$\text{優角 } \angle AOB + \text{劣角 } \angle AOB = 4\angle R,$$

すなわち

$$\text{優角 } \angle AOB = 4\angle R - \text{劣角 } \angle AOB.$$

劣角 $\angle AOB$ はつねに正で $2\angle R$ より小さい．ゆえに優角 $\angle AOB$ はつねに $2\angle R$ より大きく $4\angle R$ より小さい.

凹四辺形 $ABCD$ の対角線 AC が対角線 BD の延長と交わっているとき，劣角 $\angle DAB$, $\angle ABC$, $\angle BCD$ および優角 $\angle ADC$ を**凹四辺形** $ABCD$ **の内**

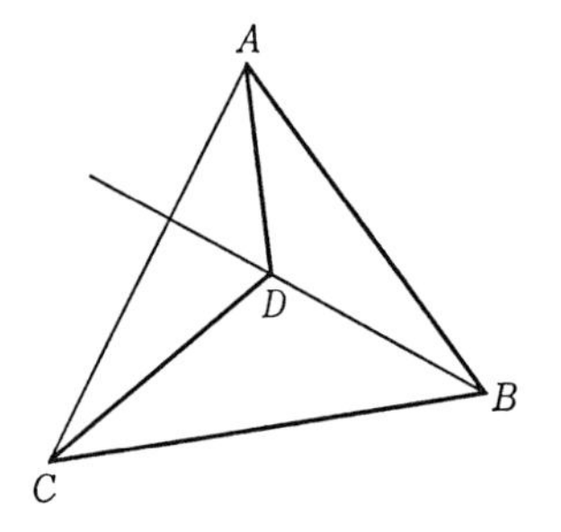

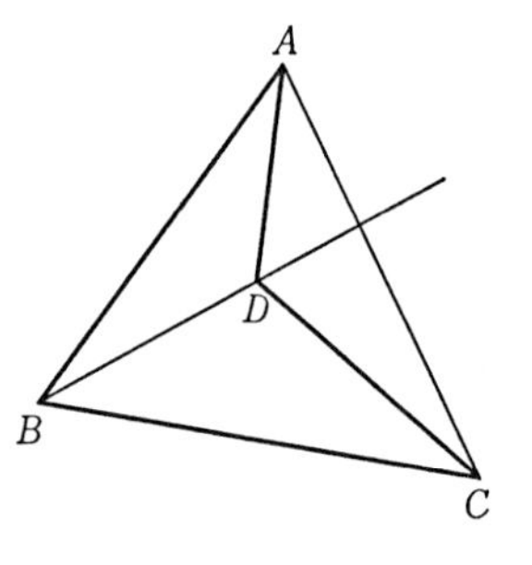

角といい，$\angle A, \angle B, \angle C, \angle D$ と略記する.

定理 44　四辺形の内角の和は $4\angle R$ に等しい.

証明　四辺形 $ABCD$ は凸であるか凹であるかのいずれかであるが，凹である場合には対角線 AC が対角線 BD の延長と交わっているとする.

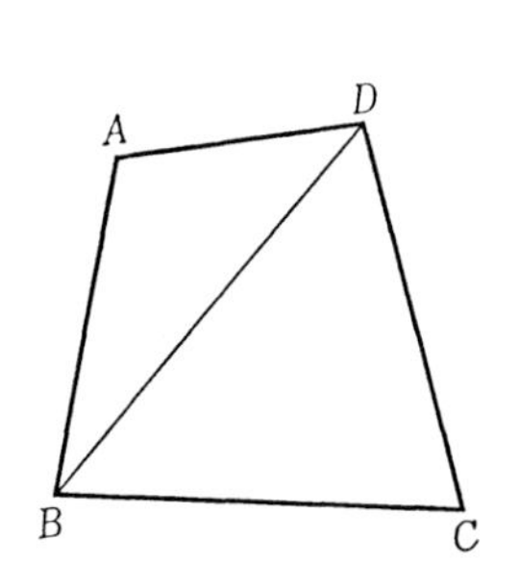

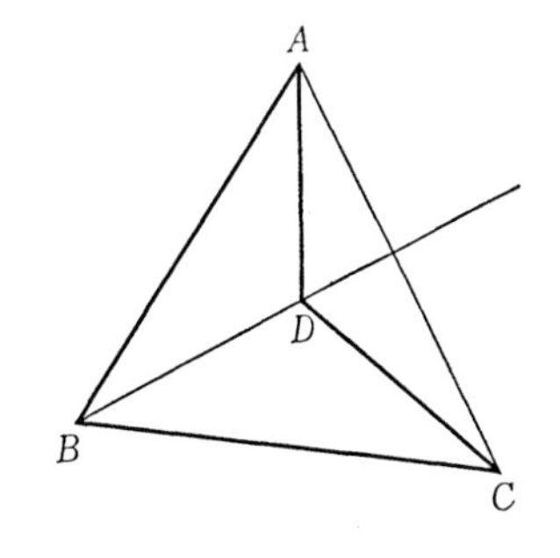

そうすれば，いずれの場合にも，四辺形 $ABCD$ の頂点 B は内角 $\angle D$ の内部にあり，頂点 D は内角 $\angle B$ の内部にある. したがって，公理4により，

$$\angle D = \angle BDA + \angle BDC, \qquad \angle B = \angle ABD + \angle CBD.$$

ゆえに内角の和は

$$\begin{aligned}&\angle A + \angle B + \angle D + \angle C \\ &\quad = \angle A + \angle ABD + \angle BDA + \angle CBD + \angle BDC + \angle C\end{aligned}$$

となるが，定理43(70ページ)により，三角形の内角の和は $2\angle R$ に等しいから，

$$\angle A + \angle ABD + \angle BDA = \angle CBD + \angle BDC + \angle C = 2\angle R.$$

ゆえに

$$\angle A + \angle B + \angle C + \angle D = 4\angle R$$

である(証明終).

平行四辺形　二つの直線 l と m が平行であることを，記号 // を用いて，$l /\!/ m$ と表わす. $AB /\!/ CD$ は，したがって，直線 AB と直線 CD が平行であることを意味する.

四辺形 $ABCD$ において $AB//CD$ であるとき，四辺形 $ABCD$ の辺 AB と辺 CD は平行であるという．辺 AB と辺 CD は四辺形 $ABCD$ の一組の対辺である．一組の対辺が平行な四辺形を**台形**という．

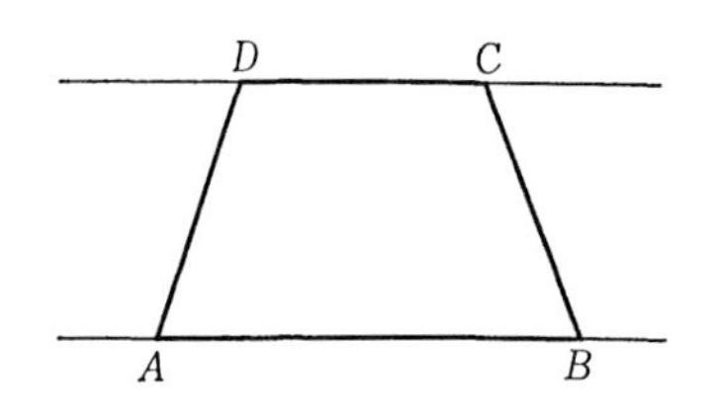

台形は凸四辺形である．なぜなら，四辺形 $ABCD$ が凹四辺形ならば直線 AB と直線 CD は必ず交わる(79 ページ)からである．

二組の対辺が平行な四辺形を**平行四辺形**という．平行四辺形 $ABCD$ を，記号▱を用いて，▱$ABCD$ と表わす．

平行四辺形の基本的な性質について考察する．任意の四辺形において辺を共有しない二つの頂角を対角という．四辺形 $ABCD$ の $\angle A$ と $\angle C$ は対角，$\angle B$ と $\angle D$ も対角である．平行四辺形について，まず，その対角が等しく，また，その対辺も等しいことを証明する．台形と同様に，平行四辺形は凸四辺形である．ゆえに，平行四辺形 $ABCD$ において頂点 A と C は直線 BD に関して反対側にある．したがって $\angle ABD$ と $\angle CDB$ は二つの直線 AB と CD が直線 BD と交わってなす錯角である．$AB//CD$ であるから，定理41(68 ページ)により，$\angle ABD$ と $\angle CDB$ は等しい．$AD//BC$ であるから，同様に，錯角 $\angle ADB$ と $\angle CBD$ は等しい．$\triangle ABD$ と $\triangle CDB$ について見れば，$BD=DB$ で

$$\angle ABD = \angle CDB, \qquad \angle ADB = \angle CBD$$

である．ゆえに，一辺両端角の合同定理(30 ページ)により

$$\triangle ABD \equiv \triangle CDB,$$

したがって

$$\angle A = \angle C, \quad AB = CD, \quad AD = CB.$$

ゆえに $\square ABCD$ において対角 $\angle A$ と $\angle C$ は等しい．また対辺 AB と CD は等しく，AD と BC も等しい．すなわち

定理 45　1°)　平行四辺形の対角は等しい．

2°)　平行四辺形の対辺は等しい．——

つぎに平行四辺形の対角線は互いに他を二等分することを証明する．

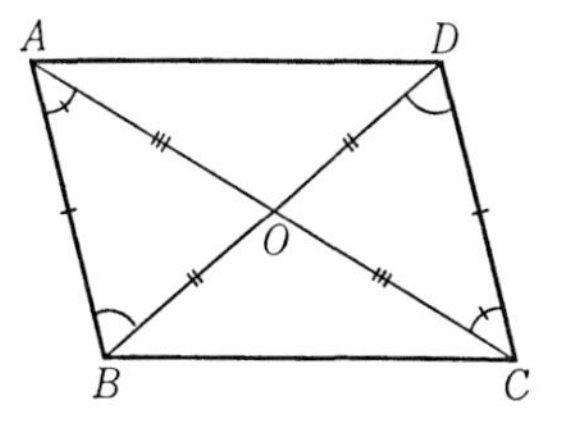

$\square ABCD$ は凸四辺形であるから，その対角線 AC と BD は $\square ABCD$ の内部の一点 O で交わる(74 ページ)．対角線が互いに他を二等分する，すなわち $OB=OD, OA=OC$ であることを証明するには $\triangle OAB$ と $\triangle OCD$ が合同であることをいえばよい．上で述べたように $\angle ABD=\angle CDB$，同様に $\angle BAC=\angle DCA$，また対辺 AB と CD は等しい．$\triangle OAB$ と $\triangle OCD$ について見れば

$$\angle A = \angle C, \quad \angle B = \angle D, \quad AB = CD.$$

ゆえに，一辺両端角の合同定理により，

$$\triangle OAB \equiv \triangle OCD,$$

したがって $OB=OD, OA=OC$ である．ゆえに

定理 46　平行四辺形の対角線は互いに他を二等分する．——

四辺形が平行四辺形であるための条件について考察する．定理 45 により，四辺形が平行四辺形ならばその二組の対辺は等しい．このことの逆が成り立つ．すなわち

定理 47　二組の対辺が等しい四辺形は平行四辺形である．

証明　四辺形 $ABCD$ を二組の対辺が等しい四辺形とする．四辺形 $ABCD$ が凸である場合には A と C は直線 BD の反対側にある．凹であ

る場合には A と C が直線 BD の反対側にあるか，または B と D が直線 AC の反対側にある(77 ページ)．いずれの場合も同様であるから，A と C が直線 BD の反対側にあるとする．仮定により $AB=CD$, $AD=CB$ であるから，三辺合同定理により，

$$\triangle ABD \equiv \triangle CDB,$$

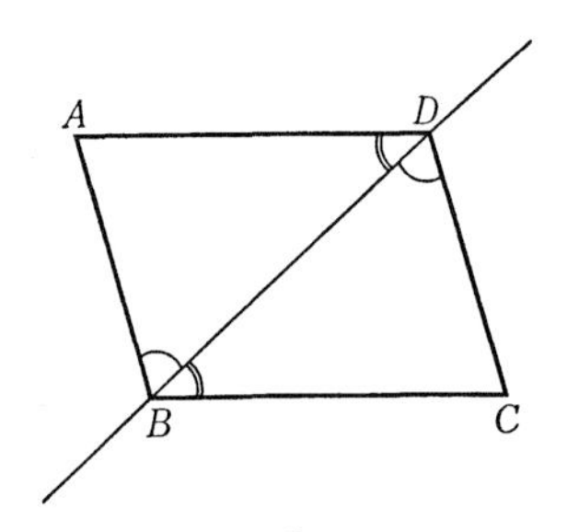

したがって

$$\angle ABD = \angle CDB,$$

$$\angle ADB = \angle CBD$$

である．A と C が直線 BD の反対側にあるから，$\angle ABD$ と $\angle CDB$ は直線 AB と直線 CD が直線 BD と交わってなす錯角である．ゆえに定理 40 により，$AB//CD$，同様に $AD//BC$ である(証明終)．

定理 48 一組の対辺が平行で等長な四辺形は平行四辺形である．

証明 四辺形 $ABCD$ において $AB//CD$ で $AB=CD$ ならば $AD//BC$ であることを証明すればよい．$AB//CD$ ならば，四辺形 $ABCD$ は台形であるから凸である(83 ページ)．したがって，頂点 A と C は直線 BD の反対側にある．ゆえに $\angle ABD$ と $\angle CDB$ は二つの直線 AB と CD が直線 BD と交わってなす錯角である．したがって，$AB//CD$ であるから，$\angle ABD = \angle CDB$，一方，仮定により，$AB=CD$ である．ゆえに，二辺夾角の合同定理により，

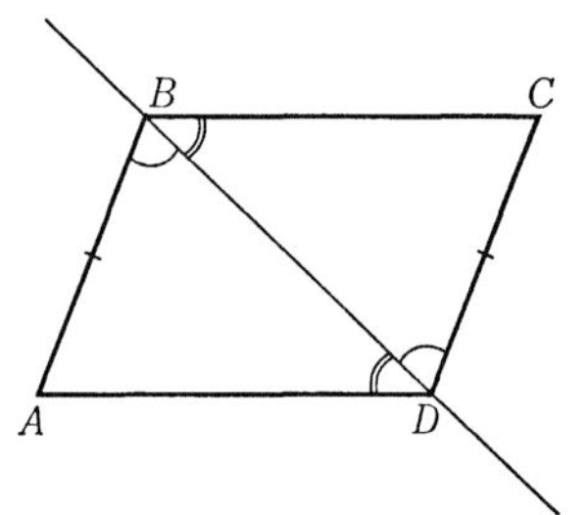

$$\triangle ABD \equiv \triangle CDB,$$

したがって $\angle ADB=\angle CBD$，すなわち直線 AD と直線 BC が直線 BD と交わってなす錯角は等しい．ゆえに $AD//BC$ である(証明終)．

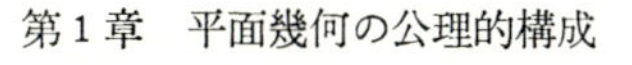

定理 49　対角線が互いに他を二等分する四辺形は平行四辺形である．

証明　四辺形 $ABCD$ の対角線が互いに他を二等分する，すなわち，対角線 AC と対角線 BD が点 O で交わって

$$OA = OC, \qquad OB = OD$$

であるとする．そうすれば O を頂点とする対頂角 $\angle AOB$ と $\angle COD$ は等しいから，二辺夾角の合同定理により，

$$\triangle AOB \equiv \triangle COD$$

である．したがって $\angle BAO = \angle DCO$，すなわち $\angle BAC = \angle DCA$ であるが，D と B が直線 AC の反対側にあるから，$\angle BAC$ と $\angle DCA$ は直線 AB と直線 CD が直線 AC と交わってなす錯角である．ゆえに $AB//CD$，同様に $AD//BC$ である(証明終)．

三角形と平行線　三角形と平行線の関係について基本的な事実を述べる．三角形 ABC の辺 AB の中点を D，辺 AC の中点を E とすれば

$$DE \,//\, BC,$$

$$DE = \frac{1}{2}BC$$

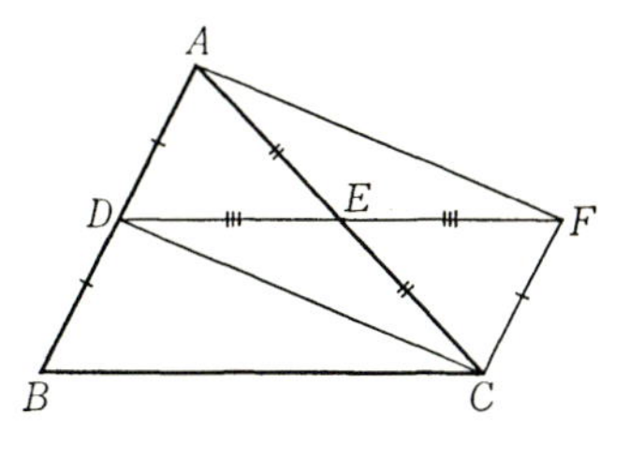

である．$DE//BC$ であるとき線分 DE は辺 BC に平行であるということにすれば，すなわち

定理 50　三角形の二辺の中点を結ぶ線分は第三辺に平行で，その長さは第三辺の長さの半分に等しい．

証明　この定理を証明するには一寸工夫を要する．半直線 DE 上に点 F を E が線分 DF の中点となるよう定めて，四点 D, C, F, A を順次に線分で結べば四辺形 $DCFA$ を得る．なぜなら，点 F と D は直線 AC の反対側にあるから，線分 CF と線分 AD は交わらない．同様に線分 DC と

線分 FA も交わらないからである．また，線分 CF と線分 DB は交わらず，公理 $2^{\triangle}$ により，$\triangle ABC$ と二点 D, E で交わる直線 DF は辺 BC と交わらない．ゆえに $BCFD$ は四辺形をなす．

仮設により E は線分 AC の中点で，F の定義により，E は線分 DF の中点である．すなわち四辺形 $DCFA$ の対角線は互いに他を二等分する．ゆえに，前定理 49 により，四辺形 $DCFA$ は平行四辺形である．したがって $CF/\!/DA$，そして定理 45(84 ページ)により，$CF=DA$ であるが，仮定により $DA=BD$ である．ゆえに $CF=BD$，そして $CF/\!/BD$ である．ゆえに，定理 48(85 ページ)により，四辺形 $BCFD$ は平行四辺形で，したがって，定理 45 により，$DF=BC$ である．ゆえに線分 DE は辺 BC に平行で

$$DE=\frac{1}{2}DF=\frac{1}{2}BC$$

である(証明終)．

平行線の公理により，$\triangle ABC$ の辺 AB の中点 D を通って辺 BC に平行な直線はただ一つしかない．ゆえにこの定理から直ちにつぎの系が従う．

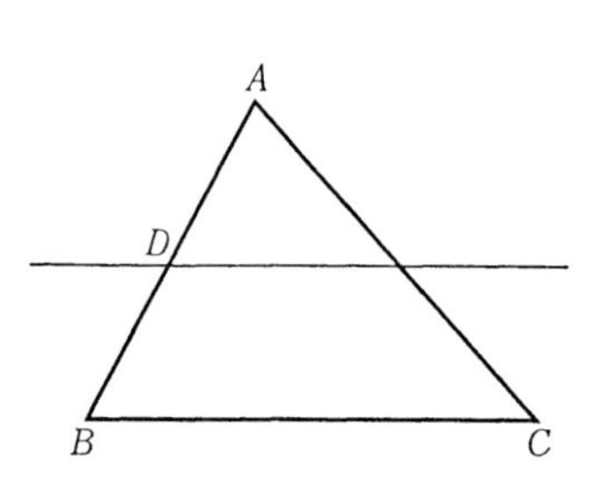

系　$\triangle ABC$ の辺 AB の中点を通って辺 BC に平行な直線は辺 AC を二等分する．——

この系は，また，つぎのようにして直接証明することもできる．辺 AB の中点 D を通って辺 BC に平行な直線は，公理 $2^{\triangle}$ により，辺 AC と交わる．その交点を E とする．E はもちろん A と C の間にある．同

様に，D を通って辺 AC に平行な直線と辺 BC の交点を F とする．平行な二つの直線 DE と BC が直線 DB と交わってなす同位角 $\angle ADE$ と $\angle DBC$ は等しい．すなわち

$$\angle ADE = \angle DBF.$$

同様に

$$\angle DAE = \angle BDF$$

であるが，仮定により $AD=DB$ である．ゆえに，一辺両端角の合同定理により

$$\triangle ADE \equiv \triangle DBF,$$

したがって $AE=DF$ である．一方，四辺形 $DFCE$ は平行四辺形である．ゆえに，定理45により，$DF=EC$，したがって

$$AE = EC,$$

すなわち E は辺 AC の中点である(証明終)．

この証明において，平行四辺形 $DFCE$ の対辺 DE と FC は等しく，$\triangle ADE\equiv\triangle DBF$ であるから，辺 DE と辺 BF は等しい．ゆえに

$$DE = \frac{1}{2}BC,$$

そして E は辺 AC の中点で $DE/\!/BC$ である．これで定理50の別証明が得られたのである．

問題2　$\triangle ABC$ の辺 AC の中点を D，線分 BD の中点を E とし，直線 AE が辺 BC と交わる点を F とすれば

$$FC = 2BF$$

である．このことを証明せよ．

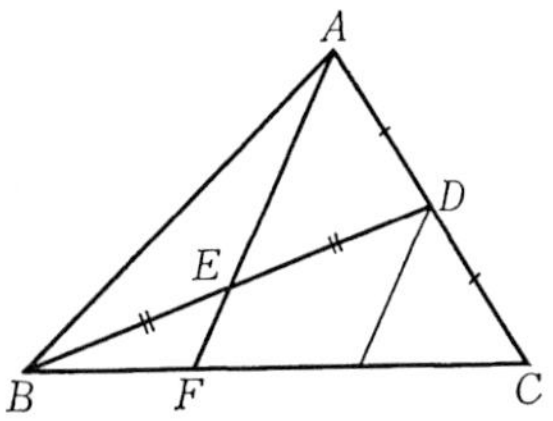

問題3　四辺形の四辺の中点を順次に線分で結んで得られる四辺形は平行四辺形である．これを証明せよ．

A
D
E
B
F
C

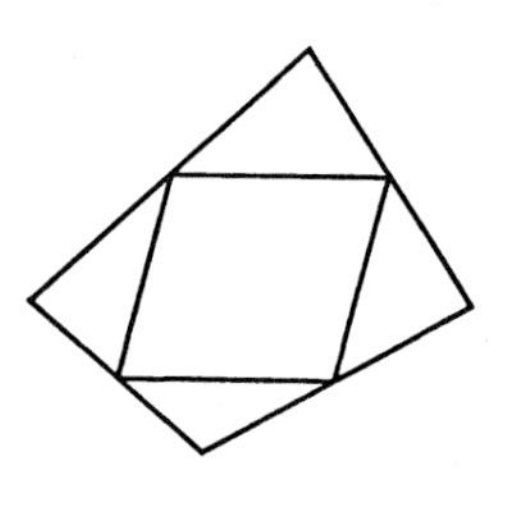

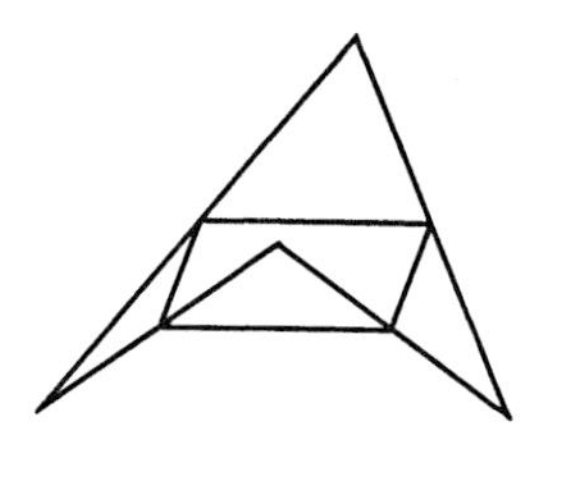

平行線　二つの直線 l と l' が平行であるとき，l と交わる第三の直線 m は必ず l' と交わる．なぜなら，l と点 A で交わる直線 m が l' と交わらないとすれば，A を通って l' に平行な直線が二つ存在することになって

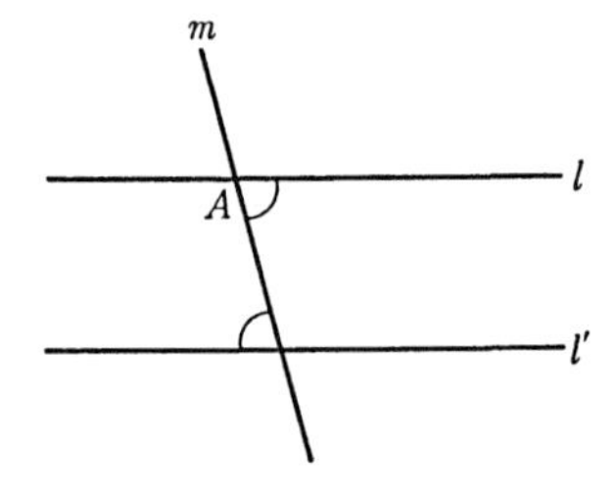

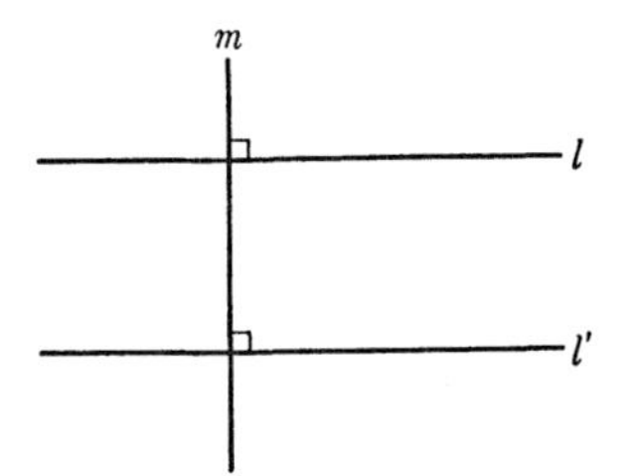

平行線の公理に矛盾するからである．このとき l と l' が m と交わってなす同位角は等しい(68 ページ，定理 41 の系)．特に l が m に垂直ならば l' も m に垂直である．すなわち，二直線 l と l' が平行ならば，l と直交する直線 m は l' とも直交する．逆に一つの直線 m と直交する二直線 l と l' は平行である．

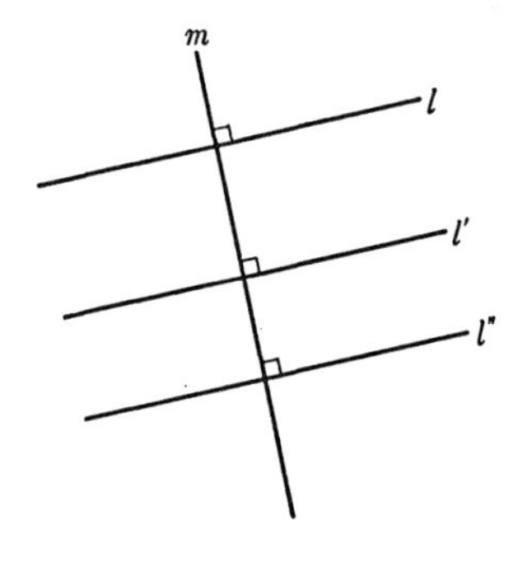

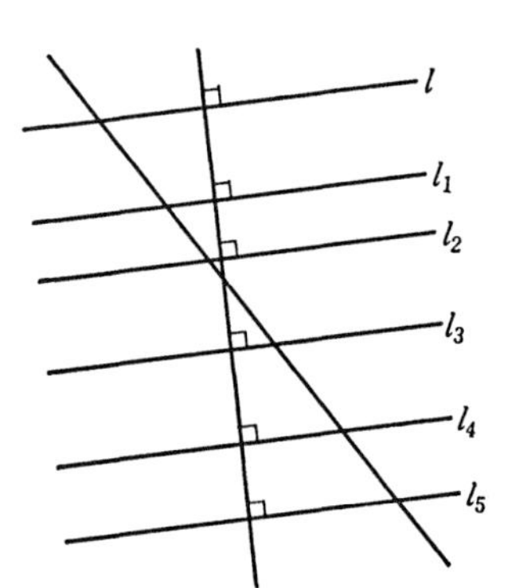

このことから直線 l と l' が平行，l' と l'' が平行ならば l と l'' も平行であることが従う．なぜなら，l と直交する直線 m は l' と直交し，したがって l'' とも直交するからである．

同様に，いくつかの直線 $l, l_1, l_2, l_3, \cdots$ があって $l_1/\!/l, l_2/\!/l_1, l_3/\!/l_2, \cdots$ ならば $l, l_1, l_2, l_3, \cdots$ のいずれの二つも平行である．このとき直線 $l, l_1, l_2, l_3, \cdots$ を**平行線**という．平行線は，すなわち，互いに平行ないくつかの直線を意味する．平行線 $l, l_1, l_2, l_3, \cdots$ の一つ，たとえば l と交わる直線は $l_1, l_2, l_3, \cdots$ のいずれとも交わる．l と直交する直線は $l_1, l_2, l_3, \cdots$ のいずれとも直交する．

平行線の距離　平行線 l と m の上にそれぞれ点 A と点 B を任意にとったとき，A と直線 m の距離は B と直線 l の距離に等しい．**証明**　A から m へ下した垂線の足を H，B から l へ下した垂線の足を K とすれば，A と m の距離は線分 AH の長さ AH，B と l の距離は線分 BK の長さ BK である(62 ページ)．m に垂直な直線 AH は l にも垂直であるから，定理 40 の系 2(67 ページ)により，$AH/\!/BK$，したがって四辺形 $AHBK$ は平行四辺形である．ゆえに，定理 45(84 ページ)により，$AH=BK$ である(証明終)．

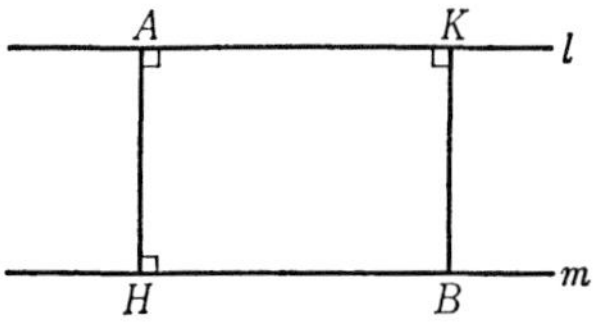

この結果により点 A を l 上どこにとっても A と m の距離 AH は一定であり，点 B を m 上どこにとっても B と l の距離 BK は一定で AH に等しいことがわかる．この一定の距離を**平行線 l と m の距離**という．平行線 l と m の距離は l 上の点から m 上の点に到る最短距離である．

四つの角がみな $\angle R$ に等しい平行四辺形を**長方形**という．上図の四辺形 $AHBK$ は長方形である．四つの辺が等しい長方形を**正方形**という．

等分点　線分 AB の中点を A_1 とすれば，A_1 は線分 AB を二等分する．すなわち

$$AA_1 = A_1B = \frac{1}{2}AB$$

A　A_1　B

である．線分 AB 上に二点 A_1 と A_2 があって，A_1 が線分 AA_2 の中点，A_2 が線分 A_1B の中点ならば

$$AA_1 = A_1A_2 = A_2B = \frac{1}{3}AB$$

A　A_1　A_2　B

となる．ゆえにこのとき二点 A_1 と A_2 は線分 AB を**三等分**するといい，A_1 と A_2 を線分 AB の**三等分点**という．

一般に線分 AB 上に $n-1$ 個の点 $A_1, A_2, A_3, \cdots, A_{n-1}$ があって，A_1 が線分 AA_2 の中点，A_2 が線分 A_1A_3 の中点，……，A_{n-1} が線分 $A_{n-2}B$ の中点であるとき，点 $A_1, A_2, \cdots, A_{n-1}$ は線分 AB を n **等分**するといい，$A_1, A_2, A_3, \cdots, A_{n-1}$ を線分 AB の n **等分点**という．このとき

A　A_1　A_2　A_3　A_4　B

$$AA_1 = A_1A_2 = A_2A_3 = \cdots = A_{n-1}B = \frac{1}{n}AB$$

となる．上図は $n=5$ の場合を示す．

定理 51　平行線 l, l', l'' が直線 a および直線 b と交わっているとして，その交点をそれぞれ A, A', A'' および，B, B', B'' とする．このとき B' が線分 BB'' の中点ならば A' は線分 AA'' の中点である．

証明　A と B が一致した場合にはこの定理は定理 50 の系(87 ページ)に帰する．

A と B が異っている場合，A と B'' を結ぶ線分 AB'' の中点を M とする．定理 50 の系により，$\triangle B''BA$ の辺 $B''B$ の中点 B' を通って辺 BA に平行な直線 l' は辺 $B''A$ の中点 M を通る．同様に $\triangle AB''A''$ の辺 AB'' の中点

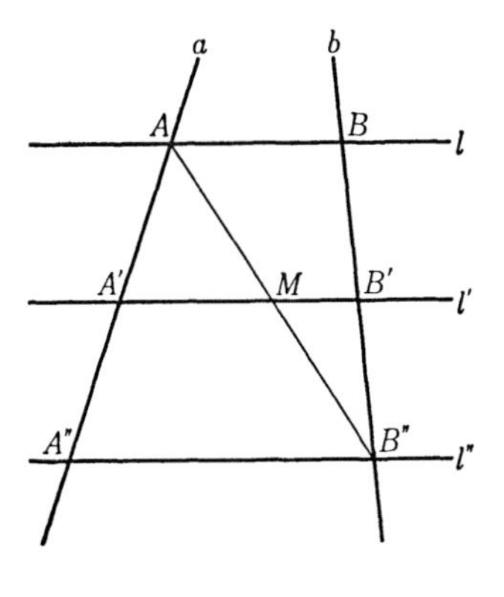

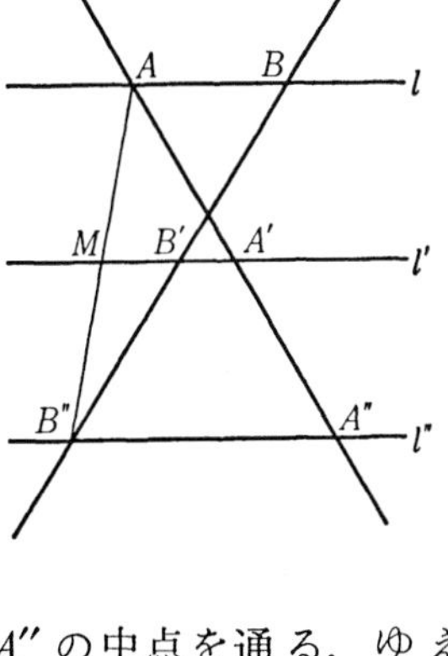

M を通って辺 $B''A''$ に平行な直線 l' は辺 AA'' の中点を通る．ゆえに A' は線分 AA'' の中点である(証明終)．

定理 52　平行線 $l, l_1, l_2, \cdots, l_n$ が直線 a および b と交わっていてその交点がそれぞれ $A, A_1, A_2, \cdots, A_n$ および $B, B_1, B_2, \cdots, B_n$ であるとき，$B_1, B_2, \cdots, B_{n-1}$ が線分 BB_n を n 等分するならば $A_1, A_2, \cdots, A_{n-1}$ は線分 AA_n を n 等分する．

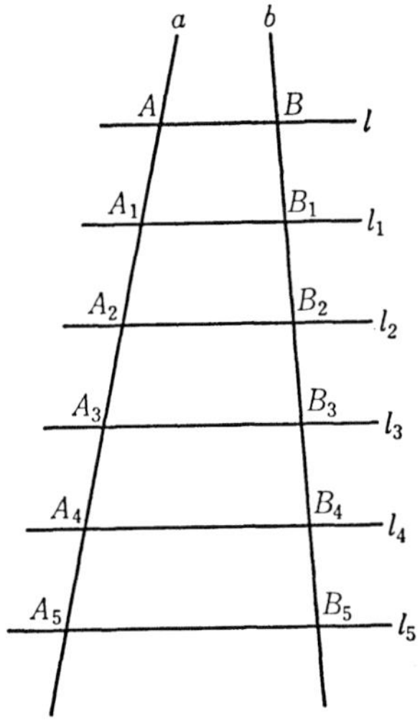

証明　仮設により B_1 が線分 BB_2 の中点であるから，前定理 51 により，A_1 は線分 AA_2 の中点である．B_2 が線分 B_1B_3 の中点であるから，A_2 は線分 A_1A_3 の中点である．以下同様にして A_3 は線分 A_2A_4 の中点，A_4 は線分 A_3A_5 の中点，…… であることがわかる．ゆえに $A_1, A_2, \cdots, A_{n-1}$ は線分 AA_n の n 等分点である(証明終)．

平行線 $l_1, l_2, \cdots, l_{n-1}$ が線分 AB と交わっていてその交点 $A_1, A_2, \cdots, A_{n-1}$

が線分 AB を n 等分しているとき，平行線 $l_1, l_2, \cdots, l_{n-1}$ は線分 AB を n 等分するという．上の定理 52 は A と B が一致している場合にも成り立つ．ゆえにつぎの系を得る．

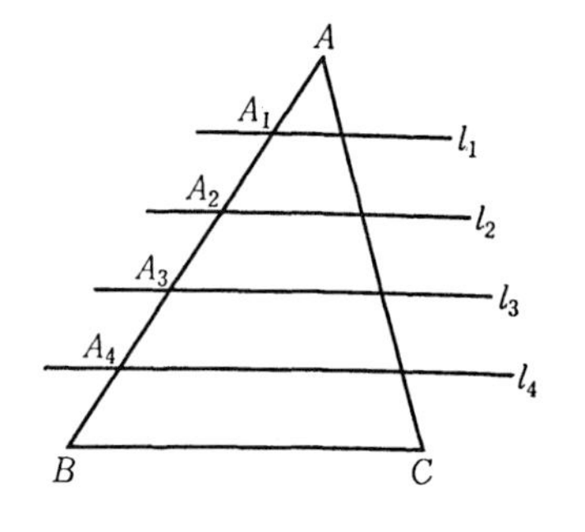

系　$\triangle ABC$ の辺 BC に平行な直線 $l_1, l_2, \cdots, l_{n-1}$ が辺 AC を n 等分するならば $l_1, l_2, \cdots, l_{n-1}$ は辺 AB を n 等分する．——

線分の中点の存在は証明を要した(53 ページ，定理 31)．線分の n 等分点の存在も証明を要する．

定理 53　任意の自然数 $n \geqq 2$ に対して任意の線分 AB の n 等分点が存在する．

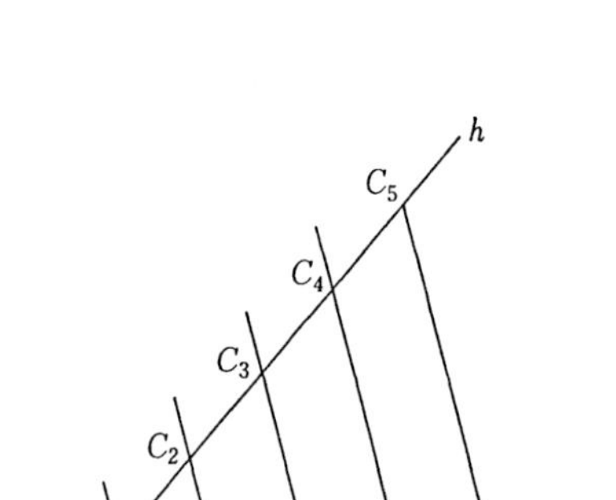

証明　$n=5$ の場合について証明を述べるが，証明はそのまま一般の場合に通用する．

C_1 を直線 AB 外の一点として半直線 AC_1 を h で表わす．定理 12(28 ページ)により，h 上の点 C_2 を C_1 に関して A と反対側にあって

$$C_2C_1 = C_1A$$

となるように定める．そうすれば C_1 は線分 AC_2 の中点となる．同様にして h 上の点 C_3, C_4, C_5 を C_2 が線分 C_3C_1 の中点，C_3 が線分 C_4C_2 の中点，C_4 が線分 C_3C_5 の中点となるように定める．そうすれば C_1, C_2, C_3, C_4 は $\triangle AC_5B$ の辺 AC_5 の五等分点となる．五等分点 C_1, C_2, C_3, C_4 のおのおのを通って $\triangle ABC_5$ の辺 C_5B に平行な直線を引き，それが辺 AB と交わる点を A_1, A_2, A_3, A_4 とすれば，上の系により，A_1, A_2, A_3, A_4 は辺 AB の五

等分点である(証明終).

長さの単位　線分の n 等分点の存在に関連して長さの**単位**について述べる．線分 AB の長さ AB の値はもちろん長さを測る単位の選び方による．線分 OE を一つ定めてその長さ OE を単位としてすべての線分の長さを測ることにすればもちろん線分 OE の長さ OE は1となる．このことを公理として掲げておく．

公理7　長さが1に等しい線分 OE が存在する．——

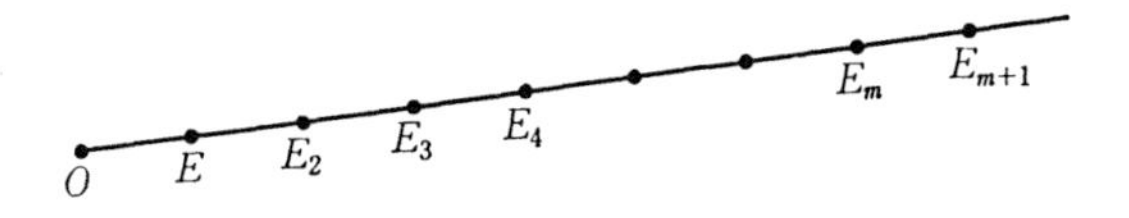

半直線 OE 上の点 $E_2, E_3, E_4, \cdots, E_m, E_{m+1}, \cdots$ を，上記の定理53の証明で述べたようにして，E が線分 OE_2 の中点，E_2 が線分 EE_3 の中点，E_3 が線分 E_2E_4 の中点，……となるように順次に定めていく．そうすれば線分 OE_m の長さは

$$OE_m = m$$

となる．さらに，任意の自然数 $n \geqq 2$ に対して，定理53により，線分 OE_m の n 等分点が存在する．それを $A_1, A_2, \cdots$ とすれば

$$OA_1 = \frac{1}{n}OE_m = \frac{m}{n}$$

である．ゆえにつぎの定理を得る．

定理54　任意の正の有理数 r に対して長さが r に等しい線分が存在する．

§7　円

定義9　一点 O から一定の距離にある点の全体を**円**といい，O を円の**中心**，O と円の任意の点 A を結ぶ線分 OA をその円の**半径**という．——

Oを中心とし線分OAを半径とする円は，すなわち，$OP=OA$となる点Pの全体からなる図形である．

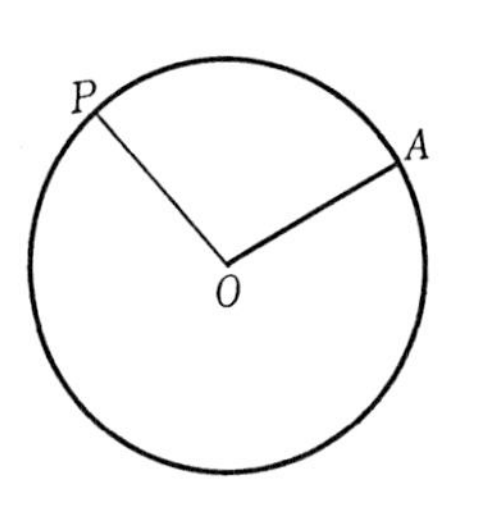

直線は点とは異なる一つのものであって点の集合ではない，と考える立場に徹すれば，円は点とも直線とも異なる一つのものであると考えるべきであろう．しかし「幾何学の基礎」においても円は点の集合として定義されている[1]のである．

円の半径の長さ$r=OA$も円の半径とよばれる．Oを中心とする半径rの円は$PO=r$となる点Pの全体である．半径rは上記の円の定義における一定の距離に他ならない．円を**円周**ともいい，円の点を**円周上の点**，**円の上にある点**，などという．円をその中心Oを用いて円Oとよぶのが伝統である．本書では円をしばしばギリシャ文字γなどで表わす[2]．

半径$r=OA$は正の実数であるが，任意の正の実数rに対して$OA=r$となる二点OとAが存在するか否かは今までに掲げた公理からはわからない．したがって半径がrに等しい円が存在するかどうかもわからないことになる．定理54により，任意の点Oと任意の有理数rに対してOを中心とする半径rの円が存在する．

前に述べたように(11ページ)，図形は点集合であって，二つの図形が共通点をもつときその二つの図形は交わるといい，共通点をその二つの図形の交点という．

円γの中心Oから出る任意の半直線hはγとただ一つの点で交わる．すなわちhとγはただ一つの共通点をもつ．なぜなら，Aをγの上の一点としたとき，定理12(28ページ)と定理10(23ページ)により，半直線h上に

$$OC = OA$$

となる点Cがただ一つ存在するからである．

1)　「幾何学の基礎」29ページ．
2)　「ユークリッド原論」では円はその上の三点A, B, Cを用いて円ABCと表わされている．

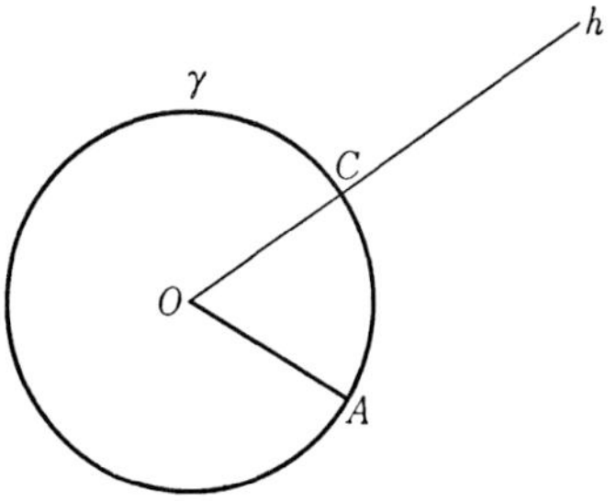

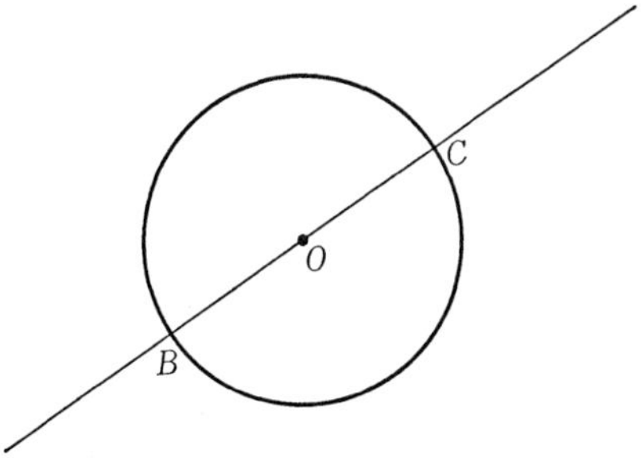

したがって円γの中心Oを通る直線はγとちょうど二つの点で交わる．その二つの点をB, CとすればOは線分BCの中点である．線分BCを円γの**直径**という．円の直径の長さはその半径の2倍に等しい．直径の長さも円の直径とよばれる．

円の内部と外部をつぎのように定義する．

定義10　γをOを中心とする半径rの円とする．点Pについて，$OP<r$ならばPは円γの**内部**にあるといい，$OP>r$ならばPは円γの**外部**にあるという．——

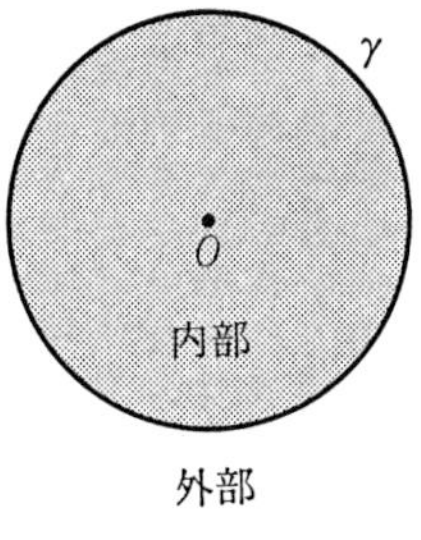

ここでPがOと一致した場合にはOとPの距離OPは0に等しいとする．したがって中心Oは円γの内部にある．円γの内部はγの内部にある点の全体，円γの外部はγの外部にある点の全体である．$OP=r$ならばPはγの上にあるから，点Pは円γの内部にあるか，γの上にあるか，γの外部にあるか，のいずれかである．

円と直線　円と直線の位置の関係について考察するために，まずつぎの定理を証明する．

定理 55 $\triangle ABC$ の辺 BC 上に点 D をとったとき，D が B と C の間にあって

$$AD \geqq AC$$

ならば

$$AB > AD$$

である．

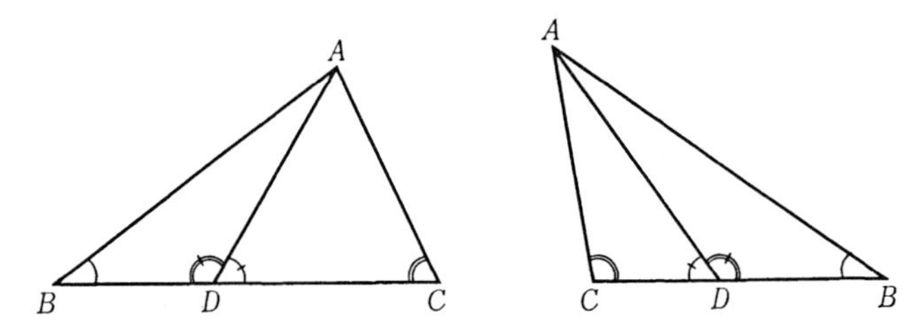

証明 $\triangle ABD$ において $AB>AD$ であることを証明するには，定理 26 (46 ページ)により，$\angle ADB>\angle ABD$ であることを示せばよい．定理 24 の系 1(45 ページ)により，三角形の外角はその内対角よりも大きい．したがって

$$\angle ADB > \angle ACD, \qquad \angle ADC > \angle ABD$$

であるが，仮設により $AD\geqq AC$ であるから，定理 25′(52 ページ)により

$$\angle ACD \geqq \angle ADC$$

である．ゆえに

$$\angle ADB > \angle ABD$$

となる(証明終)．

系 $\triangle ABC$ の辺 BC 上の点 D を B と C の間にとれば AD は AB と AC の少なくとも一方より小さい．

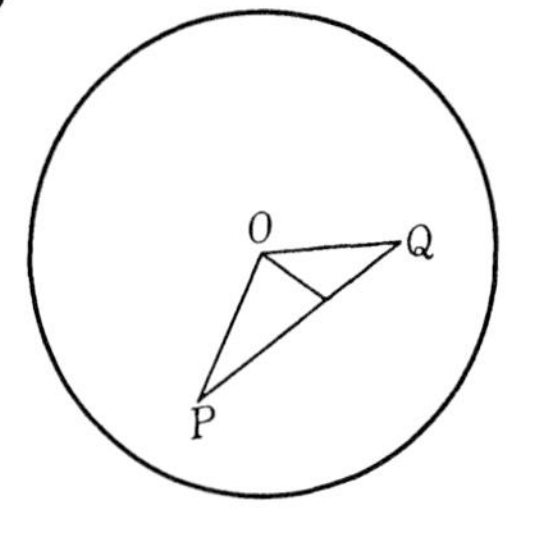

この系から円 γ の内部の二点 P

とQを結ぶ線分PQ上の点はすべてγの内部にあることが従う．

直線lが円γの上の二点BとCを通っているとして，Dをl上のBとCのいずれとも異なる点とする．このときDがBとCの間にあればDは円γの内部にあり，DがBとCの間になければDはγの外部にある．なぜなら，DがBとCの間にあれば，上の系により，$OD<OB=OC$となる．DがBとCの間になければBがDとCの間にあるか，またはCがDとBの間にあるが，いずれの場合にも，上の定理55により，$OD>OB=OC$となるからである．

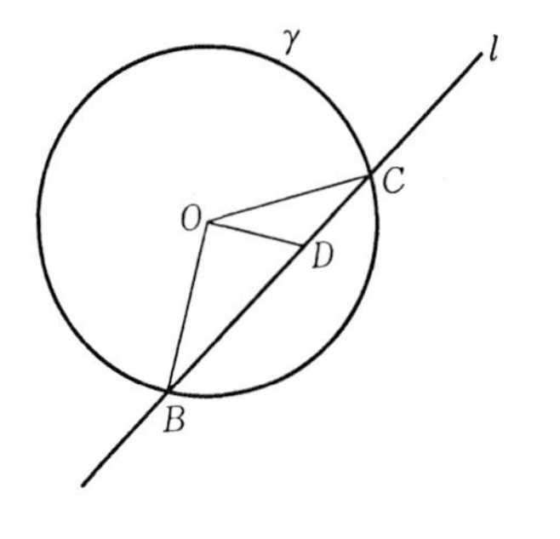

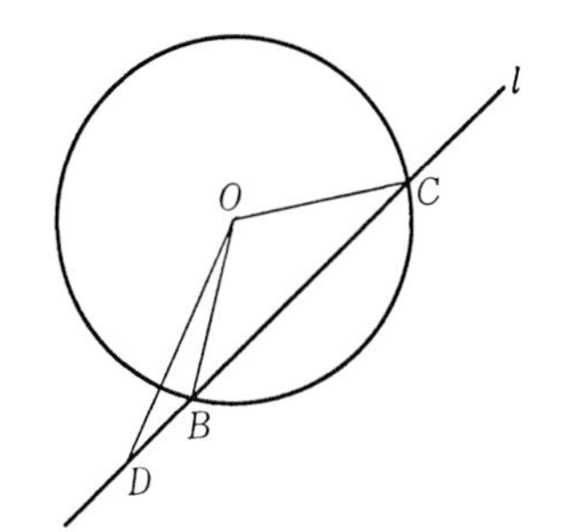

このように円γと直線lが二点BとCで交わるならばl上のBとC以外の点はγ上にない，すなわちγとlの交点はBとCの二つだけである．ゆえに円と直線は交わらないか，一点で交わるか，二点で交わるか，のいずれかであって，円と直線が三つ以上の点で交わることはない．

直線lと円γが二点B, Cで交わっているとき，l上の点Dがγの内部にあればDはBとCの間にある．なぜなら，DがBとCの間にないとすればDはγの外部にあることになるからである．同様にl上の点Dがγの外部にあればDはBとCの間にはない．

円と円　二つの円γとγ'を考え，その中心をそれぞれO, O'，その半径をr, r'とする．二つの円が交わる様子を調べるために，γとγ'が少なくとも一つの交点をもつと仮定してその交点をBとする．このとき中心

O と O' が一致したとすれば γ と γ' は同一の円となるが，二つの円は二つの相異なる円を意味する．ゆえに O と O' は相異なる点である．簡明のため $r \geqq r'$ と仮定する．交点 B が直線 OO' の上にある場合と上にない場合を別々に考える．

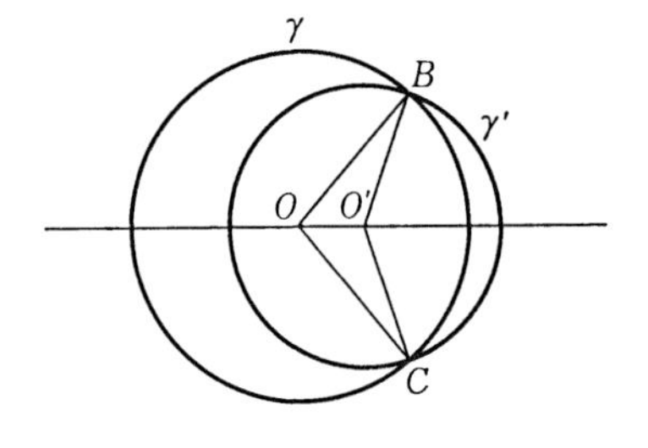

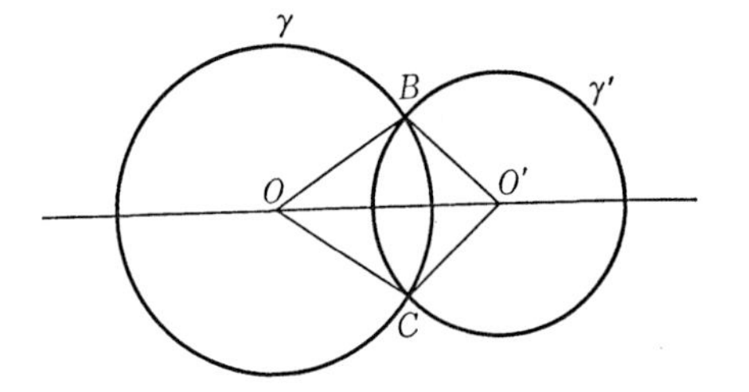

B が直線 OO' 外にある場合，定理 14 により，直線 OO' に関して B と反対側にある点 C を

$$\triangle OO'C \equiv \triangle OO'B$$

となるように定める．そうすれば

$$OC = OB = r,$$
$$O'C = O'B = r'$$

であるから，C は γ と γ' のもう一つの交点である．γ と γ' の交点は B と C の二つだけである．なぜなら，P を γ と γ' の任意の交点とすれば，三辺合同定理により

$$\triangle O'OP \equiv \triangle O'OB \equiv \triangle O'OC,$$

したがって

$$\angle O'OP = \angle O'OB = \angle O'OC, \qquad OP = OB = OC$$

である．ゆえに，定理 11(24 ページ)と定理 10(23 ページ)により，P は B または C と一致するからである．この場合，定理 27(46 ページ)により，$\triangle OO'B$ において

$$OO' < OB + O'B, \qquad OB < OO' + O'B,$$

すなわち

$$OO' < r+r', \qquad r < OO'+r',$$

ゆえに

$$r-r' < OO' < r+r'$$

である．

B が直線 OO' の上にある場合，O が O' と B の間にあるとすれば，$r=OB<O'B=r'$ となって仮定に反する．ゆえに B が O と O' の間にあるか，O' が O と B の間にあるか，のいずれかである．B が O と O' の間にある場合には

$$OO' = r+r'$$

であって，B 以外の γ' 上の点 P はすべて円 γ の外部にある．なぜなら，$\triangle POO'$ において

$$OP+O'P > OO' = r+r',$$

したがって $OP>r$ となるからである．同様に B 以外の γ 上の点はすべて γ' の外部にある．ゆえに γ と γ' の交点は B だけである．O' が O と B の間にある場合には

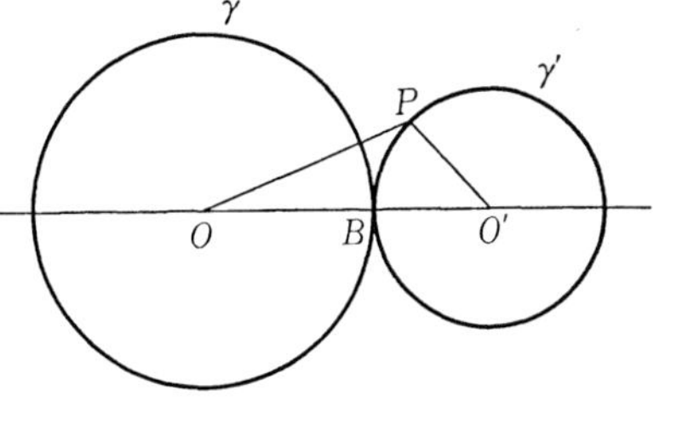

$$OO' = r-r'$$

であって，B 以外の γ' 上の点 P はすべて円 γ の内部にある．なぜなら

$$OP < OO'+O'P = r$$

となるからである．また B 以外の γ 上の点 Q はすべて円 γ' の外部にある．なぜなら

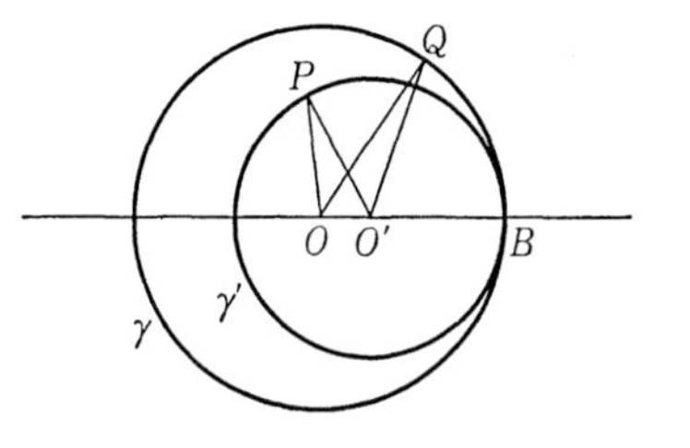

$$OO'+O'Q > OQ,$$

したがって

$$O'Q > OQ-OO' = r'$$

となるからである．ゆえにこの場合にも γ と γ' の交点は B だけである．

以上述べたことをまとめればつぎの結果を得る: 二つの円 γ と γ' は交わらないか，その中心を結ぶ直線 OO' 上の一点で交わるか，直線 OO' 外の二点で交わるか，のいずれかであって，二つの円が三つ以上の点で交わることはない．γ と γ' が交わるならば

$$r-r' \leqq OO' \leqq r+r'$$

である．

つぎの目的は，O と O' が一致しないとき，逆に，$r-r'\leqq OO'\leqq r+r'$ ならば γ と γ' が交わることの証明である(O と O' が一致しているときには $r'=r$ ならば γ と γ' は同一の円となり，$r'<r$ ならば γ と γ' は交わらない)．まず $OO'=r+r'$ または $OO'=r-r'$ である場合には，半直線 OO' と円 γ の交点を B とすれば $O'B=r'$ となるから，B は γ' 上にある，すなわち，γ と γ' は点 B で交わる．ゆえに

$$r-r' < OO' < r+r'$$

ならば γ と γ' が交わることを証明すればよいことになるが，今までに掲げた公理からこのことを導くことはできない[1]．そこでつぎの公理を置く．

公理 8　二つの円 γ と δ が交わらないとき，δ は円 γ の内部にあるか，または円 γ の外部にある．——

ここで円 δ が円 γ の内部にあるというのは δ 上の点がすべて γ の内部にあることを意味する．δ が γ の外部にあるという意味も同様である．

問　円 δ が円 γ の内部にあれば γ は δ の外部にあることを証明せよ．

---

1)　何故できないかという理由は難かしいが，この点に興味ある読者は「幾何学の基礎」107 ページを参照されたい．

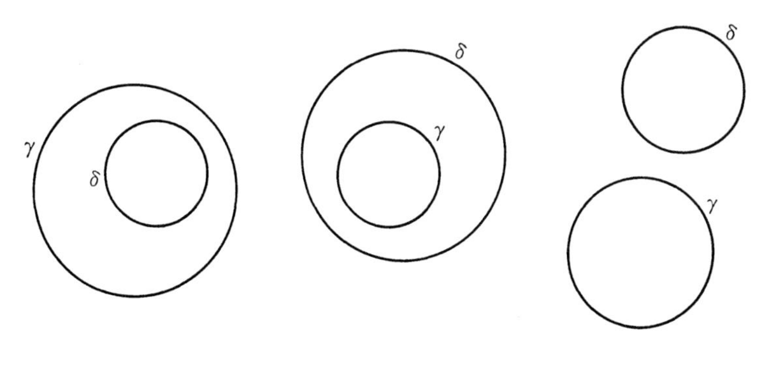

$r-r'<OO'<r+r'$ ならば γ と γ' が交わることを帰謬法によって証明する．このために γ と γ' が交わらないと仮定して見る．そうすれば，公理8により，γ' は γ の内部にあるか，または γ の外部にある．直線 OO' と円 γ の交点を B, C とし，O に関して B は O' と同じ側に，C は O' の反対側にあるとする．同様に直線 OO' と円 γ' の交点を B', C' とし，O' に関して B' は O と同じ側に，C' は O の反対側にあるとする．

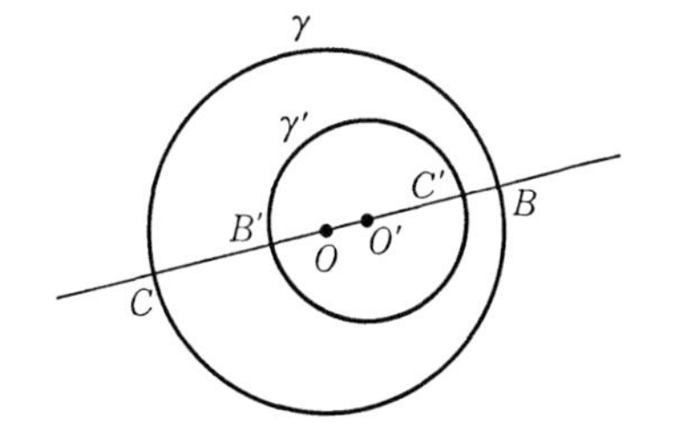

円 γ' が円 γ の内部にある場合，B' も C' も B と C の間にある．したがって線分 $B'C'$ の中点 O' も B と C の間にあるが，O に関して O' と B は同じ側にあり，O' に関して C' は O の反対側にある．ゆえに O' は O と B の間にあり，C' は O' と B の間にある．したがって

$$OO'+r' = OO'+O'C' = OC' < OB = r,$$

ゆえに

$$OO' < r-r'$$

となって $r-r'<OO'$ であることに矛盾する．

円 γ' が円 γ の外部にある場合には B' も C' も B と C の間にない．したがって B' に関しても C' に関しても B と C は同じ側にある．ゆえに

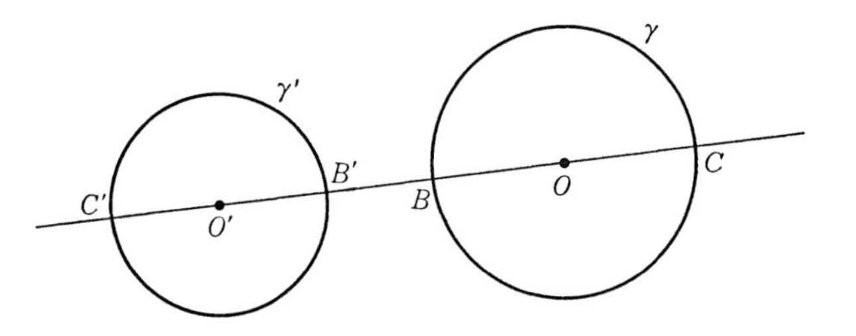

B が B' と C' の間にあるとすれば C も B' と C' の間にあることになり，

$$2r = BC < B'C' = 2r'$$

となるが，これは仮定：$r' \leqq r$ に反する．ゆえに B は B' と C' の間にない．同様に C も B' と C' の間にない．このように B', C' は B と C の間になく，B, C は B' と C' の間にないが，B, C, B', C' は相異なる点である．ゆえに線分 BC と線分 $B'C'$ は共通点をもたない．一方，O' に関して B' は O と同じ側にあり，O に関して B は O' と同じ側にある．ゆえに B は O' と O の間にあり，B' は O' と B の間にある．したがって

$$OO' > O'B' + OB = r + r'$$

となって $OO' < r + r'$ であることに矛盾する．

ゆえに $r - r' < OO' < r + r'$ ならば γ と γ' は交わる(証明終)．

これで $r - r' \leqq OO' \leqq r + r'$ ならば γ と γ' は交わることが証明されたのであるが，既に述べたように，γ と γ' は交わらないか，一点で交わるか，二点で交わるか，のいずれかで，一点で交わるならば $OO' = r \pm r'$，二点で交わるならば $r - r' < OO' < r + r'$ である．ゆえにつぎの定理を得る：

定理 56　二つの円 γ, γ' の中心を O, O'，半径を r, r' とし，$r' \leqq r$ とする．このとき

$$OO' = r \pm r'$$

ならば γ と γ' はただ一つの点で交わる．

$$r - r' < OO' < r + r'$$

ならば γ と γ' は二点で交わる．

系　三つの線分の長さ r, s, t が与えられたとき，

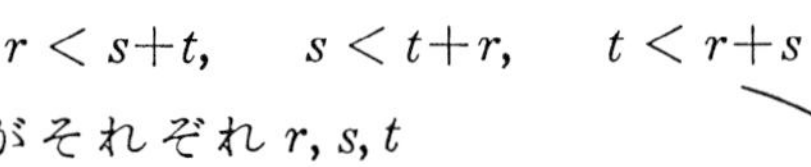

$$r < s+t, \quad s < t+r, \quad t < r+s$$

ならば三辺の長さがそれぞれ r, s, t に等しい三角形が存在する．

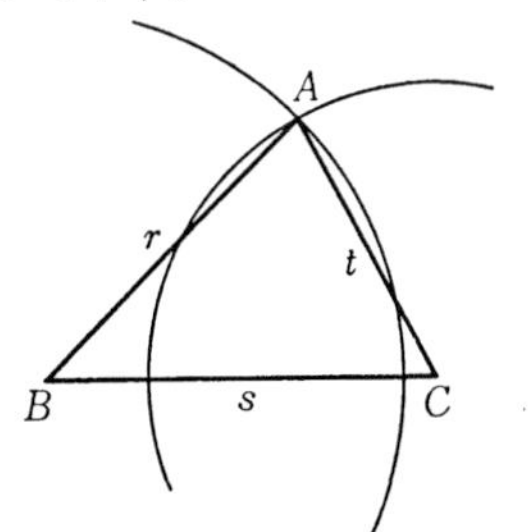

証明　$r \geqq t$ とすれば，仮設により

$$r-t < s < t+r$$

となる．ゆえに線分 BC を

$$BC = s$$

となるように定めれば，定理により B を中心とする半径 r の円と C を中心とする半径 t の円は二点で交わる．その交点の一つを A とすれば $\triangle ABC$ の三辺 AB, BC, CA の長さはそれぞれ r, s, t に等しい(証明終)．

この系において r, s, t は任意の正の実数ではなく線分の長さでなければならない．なぜなら今までに掲げた公理から任意の正の実数に対して長さがその実数に等しい線分の存在を導くことはできないからである．

この系により正三角形が存在することがわかる．

定理 57　円 γ と円 γ' が二点 B と C で交わっているとき，円 γ と γ' の中心 O と O' を結ぶ直線 OO' は線分 BC を垂直に二等分する．

証明　既に述べたように，B と C は直線 OO' に関して反対側にあって

$$\triangle OO'C \equiv \triangle OO'B$$

である(99ページ)．したがって直線 OO' は線分 BC と交わる．その交点を H とする．O と O' は異なる点であるから，その少なくとも一つは H と異なる．ゆえに O と H は異なるとしてよい．点 O に関して O' と H は同じ側にあるか反対側にあるか，のいずれかである．

O' が H と同じ側にある場合，$\triangle OO'C \equiv \triangle OO'B$ であるから $\angle COO'$

$=\angle BOO'$, すなわち $\angle COH=\angle BOH$ であるが, γ の半径 CO と BO は等しい. ゆえに, 二辺夾角の合同定理により

$$\triangle COH \equiv \triangle BOH,$$

したがって $CH=BH$ で $\angle CHO=\angle R$ である. すなわち直線 OO' は線分 BC を垂直に二等分する.

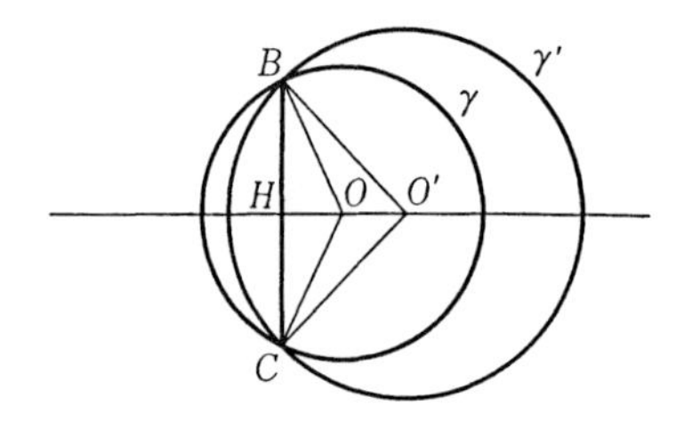

O' が H と反対側にある場合には O' に関して O と H が同じ側にある. ゆえに O と O' を入れ換えて考えれば, 直線 OO' が線分 BC を垂直に二等分することがわかる(証明終).

円と直線(続き)　既に述べたように, 円 γ と直線 l は交わらないか, 一点で交わるか, 二点で交わるかのいずれかである(98 ページ). 直線 l が円 γ の中心 O を通れば l は γ と二点で交わる(96 ページ). そこで直線 l は円 γ の中心 O を通らないとして, O から l に下した垂線の足を H とする. いうまでもなく H は円 γ の上にあるか, 内部にあるか, 外部にあるか, のいずれかである.

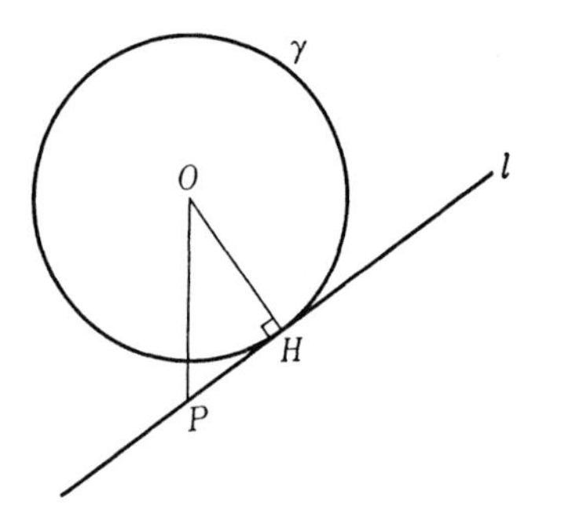

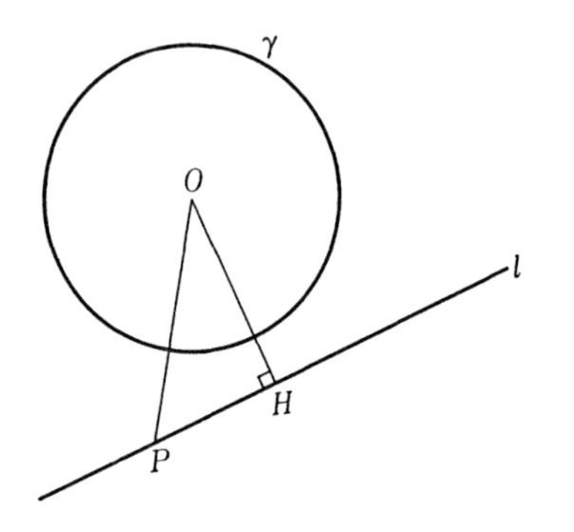

H が γ の上にある場合, P を l 上の H と異なる点とすれば, $\triangle OPH$ において $\angle H=\angle R$ であるから, $OP>OH$ である(59 ページ, 定理 34). すなわち直線 l 上の点は H を除いてすべて円 γ の外部にある. ゆえに l

と γ はただ一つの点 H で交わる.

H が円 γ の外部にある場合には, l 上の点 P に対して $OP \geqq OH$ で OH は円 γ の半径より大きいから, l 上のすべての点は γ の外部にある. したがって l は γ と交わらない.

H が円 γ の内部にある場合についてはつぎの定理が成り立つ:

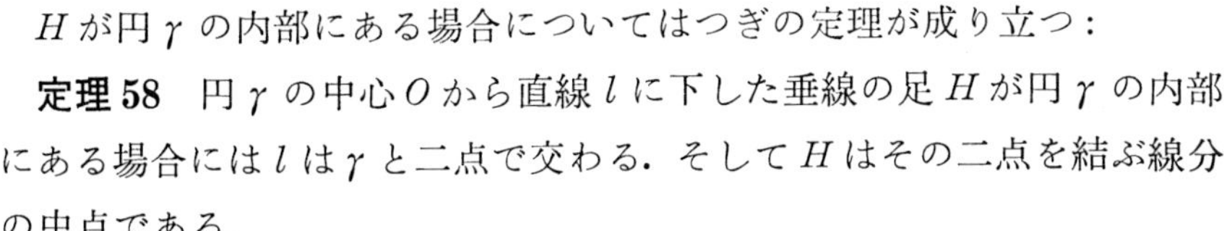

定理 58　円 γ の中心 O から直線 l に下した垂線の足 H が円 γ の内部にある場合には l は γ と二点で交わる. そして H はその二点を結ぶ線分の中点である.

証明　円 γ の半径を r とする. 半直線 OH 上に l に関して O と反対側にある点 O' を

$$O'H = OH$$

となるように定め, γ' を O' を中心とする半径 r の円とする. そうすれば

$$r-r = 0 < OO' = OH+O'H < r+r$$

であるから, 上の定理 56 により, γ と γ' は二点で交わる. その二点を B, C とする. γ の半径と γ' の半径が等しいから, $\triangle BOO'$ は二等辺三角形で, 点 O' の定義により, H はその底辺 OO' の中点である. ゆえに, 定理 33(57 ページ)により, 頂点 B と H を結ぶ直線 BH は底辺 OO' に垂直であるが, 点 H を通って直線 OO' に垂直な直線はただ一つしか存在し

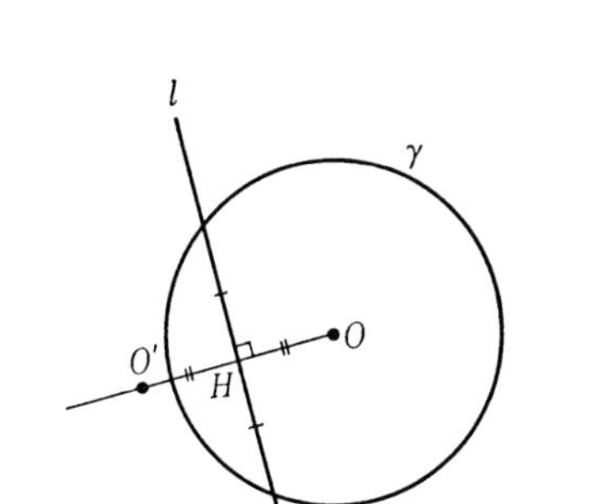

ない(24 ページ，定理 11)．ゆえに直線 l は直線 BH と一致し，したがって l は円 γ 上の点 B を通る．同様に l は γ 上の点 C を通る．すなわち l と γ は二点 B, C で交わる．H が線分 BC の中点であることは定理 57 によって明らかである(証明終)．

系 1　円 γ の内部の一点を通る直線は γ と二点で交わる．

証明　l を γ の内部の一点 D を通る直線とし，γ の中心 O から l に下した垂線の足を H とすれば，

$$OH \leqq OD$$

であるから，H は γ の内部にある．ゆえに l は γ と二点で交わる(証明終)．

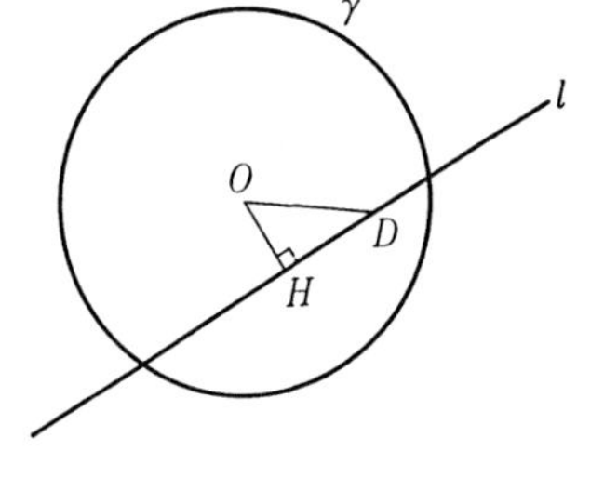

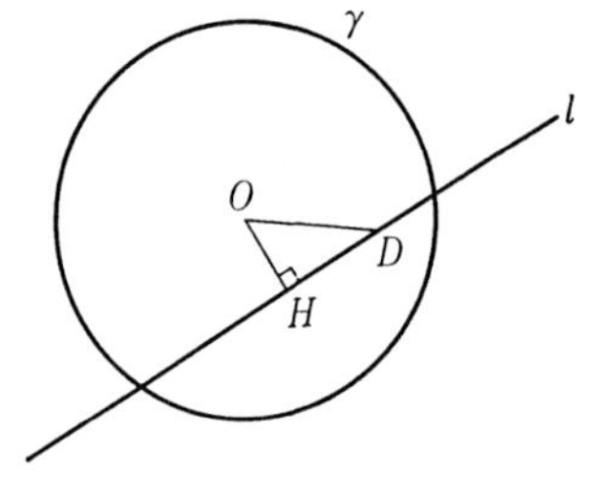

系 2　円 γ の内部の点 P と外部の点 Q を結ぶ線分 PQ は γ とただ一つの点で交わる．

証明　系 1 により，直線 PQ は円 γ と二点で交わる．その二点を B, C とすれば P は B と C の間にあって Q は B と C の間にない(98 ページ)．ゆえに線分 PQ と γ はただ一つの点で交わる(証明終)．

系 3　円 γ の上にない二点 P と Q を結ぶ線分 PQ が γ と交わらないならば，P と Q は両方共 γ の内部にあるか，または両方共 γ の外部にある．

接線　直線 l が円 γ とただ一つの点で交わるとき，l は γ に**接する**といい，l を γ の**接線**，l と γ の交点を

接点という．また，このとき円γは直線lに接するという．上記の結果によれば，lがγの接線ならばγの中心Oからlに下した垂線の足Hがその接点である．したがって接線lは半径OHに垂直である．逆に，γの上の任意の点Hを通ってγの半径OHに垂直な直線lはγの接線である．接点Hを明示したい場合にはlは点Hにおいてγに接するといい，γはHにおいてlに接するという．lをHにおけるγの接線とよぶ．接線l上の点は接点Hを除いてすべて円γの外部にある(106ページ)．接点Hを通って接線lに垂直な直線はγの中心Oを通る．なぜならHを通ってlに垂直な直線はただ一つしかないからである．

定理 59 一つの円γとγの外部の一点Aに対して，Aを通ってγに接する直線が二つ存在する．

証明 円γの中心をO，半径をrとする．まず，Aを通るγの接線が存在したとしてその接点をHとし，半直線OH上に点BをHが線分OBの中点となるように定める．そうすれば接線HAは線分OBの垂直二等分線となるから，定理37(62ページ)により，

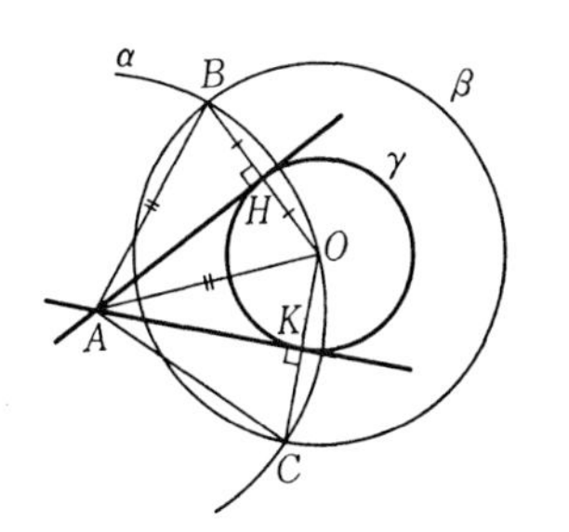

(1) $$BA = OA,$$

そして

(2) $$BO = 2r$$

である．

以上Aを通るγの接線が存在したとして(1)と(2)を導いたが，点Bを(1)と(2)が成り立つように定めたとして線分BOとγの交点をHとすれば，Hは線分BOの中点となるから，定理33(57ページ)により，直線HAは線分BOに垂直，したがってγの接線である．ゆえにAを通る

γ の接線が存在することを証明するには(1)と(2)が成り立つように点 B を定めればよい.

そこで A を中心とし半径が AO に等しい円を α, O を中心とする半径 $2r$ の円を β とする. α と β は二点で交わる. なぜなら, 仮設により $AO>r$ であるから, α と β の中心の距離 AO と半径について不等式

$$AO-2r < AO < AO+2r,$$
$$2r-AO < AO < AO+2r$$

が成り立つからである(103 ページ, 定理 56). α と β の交点の一つを B, 線分 BO と γ の交点を H とすれば, B について(1)と(2)が成り立つから, 直線 AH は γ の接線である. α と β のもう一つの交点を C, 線分 CO と γ の交点を K とすれば, 直線 AK も γ の接線である. すなわち A を通る γ の接線が二つ存在する. A を通る γ の接線がこの二つに限ることは(1)と(2)から明らかであろう(証明終).

点 A を通る円の接線を A からその**円へ引いた接線**という.

定理 60 円 γ の外部の点 A から γ へ引いた二つの接線の接点を H, K とすれば, $AH=AK$ であって, A と γ の中心 O を結ぶ直線 AO は $\angle HAK$ を二等分する. 直線 AO は, また, 線分 HK を垂直に二等分する.

証明 接線 AH は γ の半径 OH に垂直であるから, $\triangle AOH$ は直角三角形, 同様に $\triangle AOK$ も直角三角形である. この二つの直角三角形を比べると, 斜辺 AO は共通で, 辺 OH と辺 OK は等しい. ゆえに, 斜辺と

一辺の合同定理により，

$$\triangle AOH \equiv \triangle AOK$$

である．したがって $AH=AK$ であって，$\angle HAO=\angle KAO$，すなわち直線 AO は $\angle HAK$ を二等分する．定理33の系2(58ページ)により，二等辺三角形 AHK の頂角 A の二等分線 AO は底辺 HK を垂直に二等分する(証明終)．

二つの円 γ と γ' がただ一つの点で交わるとき γ と γ' は**接する**といい，その交点を**接点**という．円 γ, γ' の中心を O, O'，半径を r, r'，$r' \leqq r$，とすれば，γ と γ' が接するとき，その接点 H は直線 OO' 上にあって

$$OO' = r \pm r'$$

である(100-101ページ)．逆に $OO'=r\pm r'$ ならば γ と γ' は接する(定理56)．

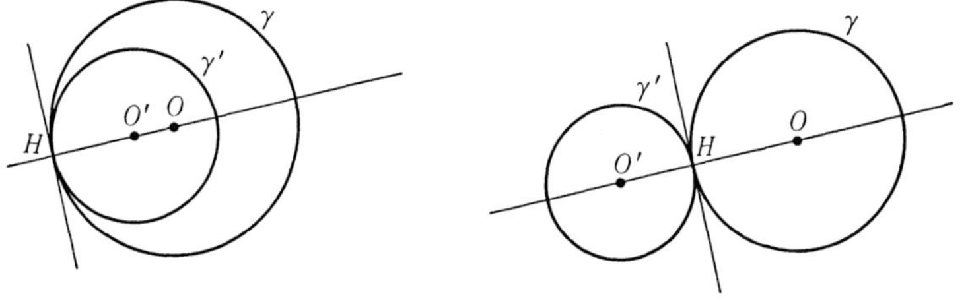

$OO'=r+r'$ であるとき円 γ と γ' は**外接**するといい，$OO'=r-r'$ であるとき γ と γ' は**内接**するという．γ と γ' が外接するとき，接点 H を除けば γ' 上の点はすべて γ の外部にあり，γ 上の点はすべて γ' の外部にある(100ページ)．γ と γ' が内接するとき，γ' 上の接点 H 以外の点はすべて γ の内部にあり，γ 上の H 以外の点はすべて γ' の外部にある(100-101ページ)．ゆえに，二円 γ と γ' が接しているとき，γ' 上の一つの点が γ の内部にあれば γ' は接点を除いて γ の内部にあって γ' の半径 r' は γ の半径 r より小さい．したがって γ' の中心 O' は接点 H と γ の中心 O の間にある．

γ と γ' が接するとき，その接点 H を通って直線 OO' に垂直な直線は γ と γ' に共通な接線である．

弦 円の上の二点を結ぶ線分をその円の**弦**という．A と B を円 γ の上の二点とすれば，弦 AB はすなわち線分 AB である．弦 AB 上の A と B 以外の点はすべて円 γ の内部にある．弦 AB の延長上の点は円 γ の外部にある(98 ページ)．ゆえに弦 AB は直線 AB の A と B の間にある部分と A と B からなる．

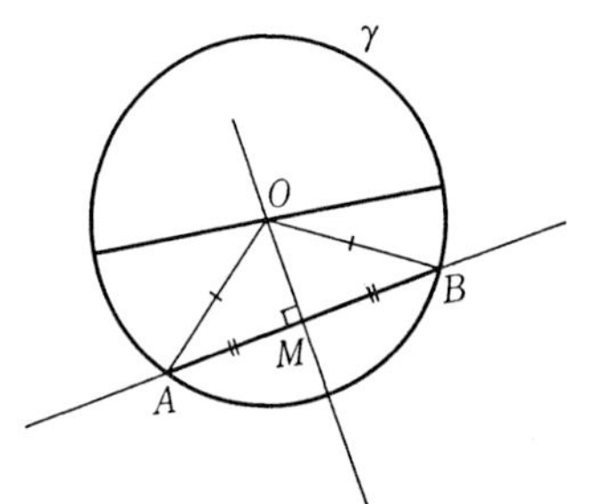

円 γ の中心 O を通る弦は γ の直径である．弦 AB が中心 O を通らないとき，O は A と B から等距離にあるから，定理 37(62 ページ)により，O は弦 AB の垂直二等分線上にある．したがって，中心 O から弦 AB に下した垂線の足は弦 AB の中点 M である．

A, B, C, D を円 γ 上の四点として弦 AB と弦 CD の位置の関係について考察する．弦 CD が直線 AB と交われば弦 CD は弦 AB と交わる．なぜなら，弦 CD と直線 AB の交点を Q とすれば，Q は C と D の間にあるから γ の内部にある．したがって Q は A と B の間にあるからである．いいかえれば，C と D が直線 AB に関して反対側にあれば弦 CD は弦 AB と交わる．ゆえに弦 CD が弦 AB と交わらなければ C と D は直線

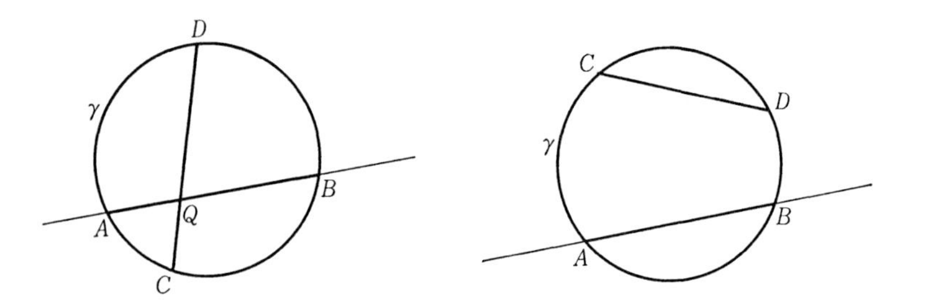

AB に関して同じ側にある．弦 AB と弦 CD が交わればその交点が円 γ の内部にあることはもはや明らかであろう．

ここでつぎの基本的な定理を証明しておく．

定理 61　三点 A, B, C が一直線上にないとき，その三点 A, B, C を通る円がただ一つ存在する．

証明　線分 AB の垂直二等分線を l，線分 BC の垂直二等分線を m とする．l と m が交わっているとして，その交点を O とすれば，定理 37 (62 ページ)により，

$$OA = OB = OC$$

である．ゆえに中心が O で半径が OB に等しい円を γ とすれば，γ は三点 A, B, C を通る．

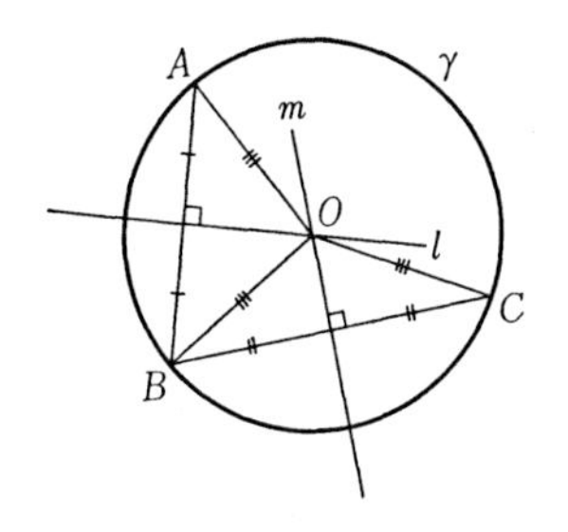

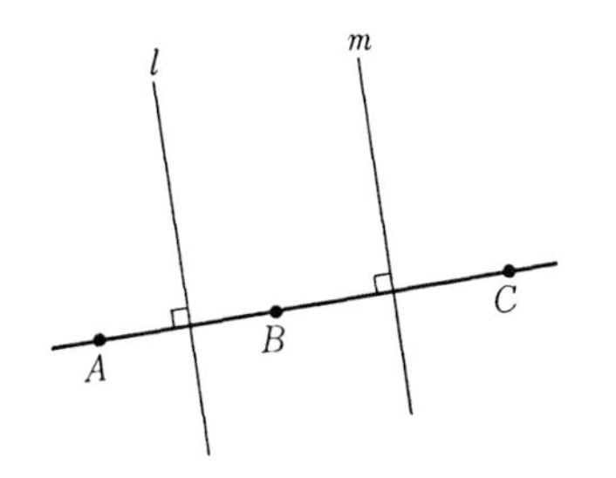

三点 A, B, C を通る円が存在することを証明するには，したがって，l と m が交わることを示せばよい．このために，l と m が交わらない，すなわち，l と m が平行であると仮定してみる．そうすれば l と直交する直線 AB は m とも直交する(89 ページ)，すなわち直線 AB は B を通って m に垂直な直線であるが，定理 32(55 ページ)により，B を通って m に垂直な直線はただ一つしかない．ゆえに直線 AB と直線 BC は一致し，A, B, C が一直線上にあることになって仮設に反する．ゆえに l と m は交わる．

三点 A, B, C を通る円がただ一つしかないことは二つの円が三つ以上

の点で交わることはない(101 ページ)ことから明らかである(証明終).

弧　円 γ の中心を O, B と C を γ 上の二点とする. 円 γ の $\angle BOC$ の内部および辺の上にある部分を**弧**といい, 記号 $\overset{\frown}{BC}$ で表わす. 円 γ を明示する必要がある場合には $\overset{\frown}{BC}$ を**円** γ の**弧**とよぶ. $\angle BOC$ の辺と γ の交点は B と C だけであるから, 弧 $\overset{\frown}{BC}$ は $\angle BOC$ の内部にある γ の点の全体と B と C からなる図形である. 点 B と C を弧 $\overset{\frown}{BC}$ の**端**といい, $\angle BOC$ を弧 $\overset{\frown}{BC}$ の**中心角**という.

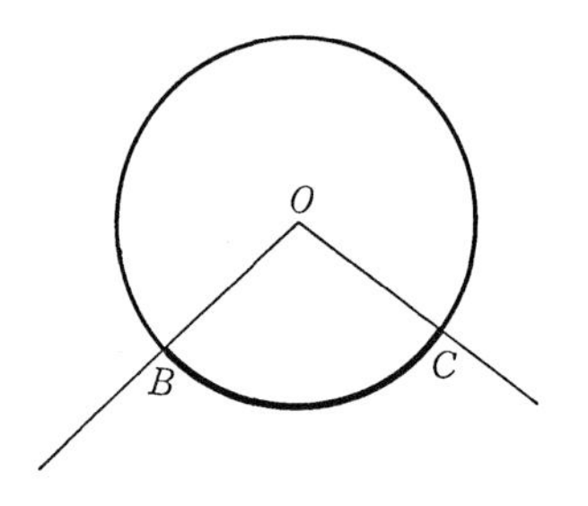

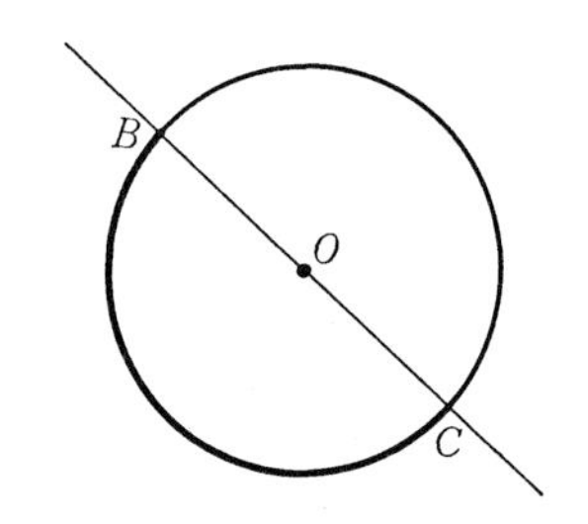

$\angle BOC$ が平角である場合には弧 $\overset{\frown}{BC}$ を**半円**という. この場合平角 $\angle BOC$ の内部は直線 BC が定める二つの半平面の一つである(13 ページ). したがって半円 $\overset{\frown}{BC}$ はこの半平面内にある γ の点の全体と B と C からなる図形である.

<u>$\angle BOC$ が平角でない一般の場合, 弧 $\overset{\frown}{BC}$ は直線 BC に関して O の反対側にある γ の点の全体と B と C からなる図形である.</u> **証明**　γ の $\angle BOC$ の内部にある部分が γ の直線 BC に関して O の反対側にある部分であることを証明すればよい. このために P を γ 上の B と C 以外の点とする. P が $\angle BOC$ の内部にあれば, 定理 5(15 ページ)により, 半直線 OP は弦 BC と交わり, その交点 Q は

B と C の間にある．ゆえに Q は円 γ の内部にある，すなわち P と O の間にある．したがって直線 BC に関して P は O の反対側にある．逆に直線 BC に関して P が O の反対側にあれば半径 OP は直線 BC と交わり，その交点 Q は γ の内部にある．ゆえに Q は B と C の間にある(98ページ)．したがって，定理 4(15ページ)により，P は $\angle BOC$ の内部にある(証明終)．

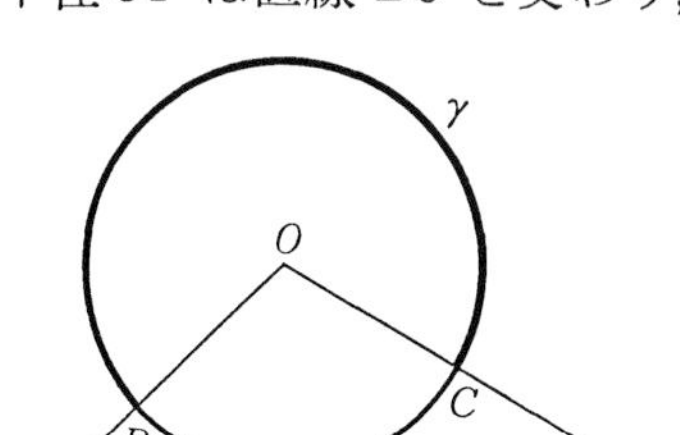

平角でない $\angle BOC$ に対して $\angle BOC$ の外部を内部とする角を優角 $\angle BOC$ といい，もとの $\angle BOC$ を劣角ということは既に述べた(79-80ページ)．これに応じて，円 γ の優角 $\angle BOC$ の内部および辺上にある部分を**優弧**といい，もとの弧 $\overset{\frown}{BC}$ を**劣弧**という．優弧も記号 $\overset{\frown}{BC}$ を用いて優弧 $\overset{\frown}{BC}$ と表わす．そして優角 $\angle BOC$ を優弧 $\overset{\frown}{BC}$ の中心角という．B と C を優弧 $\overset{\frown}{BC}$ の端ということは劣弧の場合と同様である．記号 $\angle BOC$ は優角であると特に断わらない限り劣角を表わすが(80ページ)，$\overset{\frown}{BC}$ は劣弧を表わすことも優弧を表わすこともある．劣弧 $\overset{\frown}{BC}$ と優弧 $\overset{\frown}{BC}$ は**共役**であるといい，優弧 $\overset{\frown}{BC}$ を劣弧 $\overset{\frown}{BC}$ の**共役弧**，劣弧 $\overset{\frown}{BC}$ を優弧 $\overset{\frown}{BC}$ の共役弧という．円 γ から弧 $\overset{\frown}{BC}$ を除いた残りの部分に二点 B と C を付け加えたものが弧 $\overset{\frown}{BC}$ の共役弧である．

上に述べたように，劣弧 $\overset{\frown}{BC}$ は円 γ の直線 BC に関して O の反対側にある部分と B と C からなる．ゆえに優弧 $\overset{\frown}{BC}$ は γ の直線 BC に関して O と同じ側にある部分と B と C からなる．したがって弧 $\overset{\frown}{BC}$ とその共役弧は，両端 B と C を除けば，直線 BC に関して反対側にある．ゆえに，γ 上に B と C のいずれとも異なる二点 P と Q をとったとき，P が弧 $\overset{\frown}{BC}$

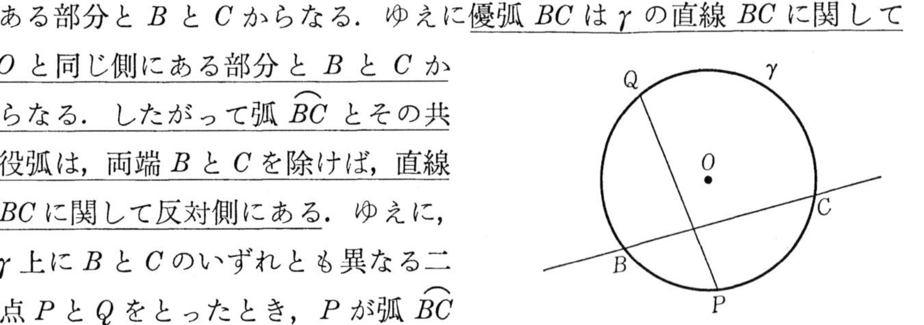

上に，Q がその共役弧の上にあれば，弦 PQ と弦 BC は交わる(111 ページ)．その交点はもちろん円 γ の内部にある．逆に，弦 PQ と弦 BC が交われば，P と Q の一方は弧 $\overset{\frown}{BC}$ 上に，他はその共役弧の上にある．

$\angle BOC$ が平角である場合には半円 $\overset{\frown}{BC}$ は円 γ の直線 BC が定める一つの半平面内および直線 BC 上にある部分である．この場合，円 γ の直線 BC が定めるもう一つの半平面内および直線 BC 上にある部分を半円 $\overset{\frown}{BC}$ の共役弧とよぶ．半円の共役弧はもちろん半円である．半円 $\overset{\frown}{BC}$ とその共役弧は，両端 B と C を除けば，直線 BC に関して反対側にある．

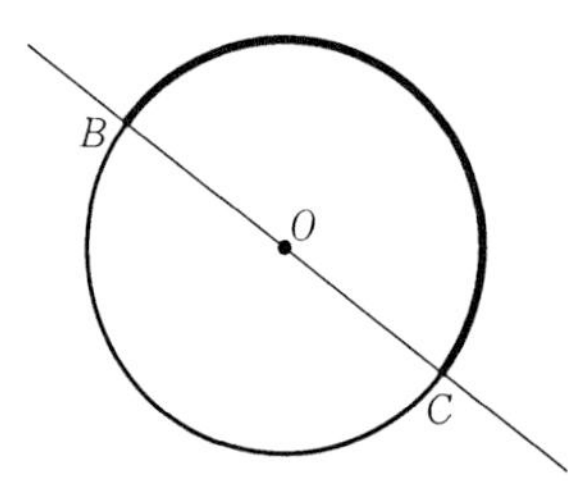

円周角　B と C を円 γ 上の二点とする．点 P が γ 上にあって B と C のいずれとも異なるとき，$\angle BPC$ を**円周角**という．円周角 $\angle BPC$ というときには $\angle BPC$ と同時に三点 B, P, C を通る円 γ を考えているものとする．円 γ の直線 BC に関して P と反対側にある部分と B と C からなる弧 $\overset{\frown}{BC}$ を**円周角** $\angle BPC$ **に対する弧**といい，$\angle BPC$ を**弧** $\overset{\frown}{BC}$ **に対する円周角**という．すなわち，P が弧 $\overset{\frown}{BC}$ の共役弧の上にあるとき $\angle BPC$ は弧 $\overset{\frown}{BC}$ に対する円周角である．円周角に対する弧の定義から明らかなように，γ 上の二点 P と Q が直線 BC に関して同じ側にあれば $\angle BPC$ と $\angle BQC$ は同じ弧 $\overset{\frown}{BC}$ に対する円周角である．

円周角 $\angle BPC$ に対する弧 $\overset{\frown}{BC}$ は円 γ の $\angle BPC$ の内部および辺の上にある部分であること，すなわち，γ 上の B と C のいずれとも異なる点 Q が弧 $\overset{\frown}{BC}$ 上にあるためには Q が $\angle BPC$ の内部にあることが必要にして十分であることを証明する．まず，Q が弧 $\widehat{BC}$ の上にあれば，上に述べたように，弦 PQ は弦 BC と交わり，その交点は B と C の間にある．ゆえに Q は $\angle BPC$ の内部にある．逆に，Q が $\angle BPC$ の内部にあれば半直線 PQ は弦 BC と B と C の間の一点で交わる．ゆえに弦 PQ と弦 BC は交わるが(111 ページ)，P は弧 $\widehat{BC}$ の共役弧の上にある．したがって Q は弧 $\widehat{BC}$ 上にある(証明終)．

円 γ の中心を O とする．

定理 62　円周角 $\angle BPC$ はそれに対する弧 $\widehat{BC}$ の中心角 $\angle BOC$ の半分に等しい：

$$\angle BPC = \frac{1}{2}\angle BOC.$$

証明　線分 PO の延長が円 γ と交わる点を Q とする．点 P は γ 上にあって弧 $\widehat{BC}$ 上にない．ゆえに P は中心角 $\angle BOC$ の外部にある．点 Q は中心角 $\angle BOC$ の内部にあるか，辺の上にあるか，外部にあるかのいずれかである．

Q が中心角 $\angle BOC$ の内部にある場合，Q は弧 $\widehat{BC}$ 上にあって B と C のいずれとも異なる．ゆえに Q は円周角 $\angle BPC$ の内部にある．したがって

$$(1)\qquad \angle BPC = \angle BPQ + \angle QPC.$$

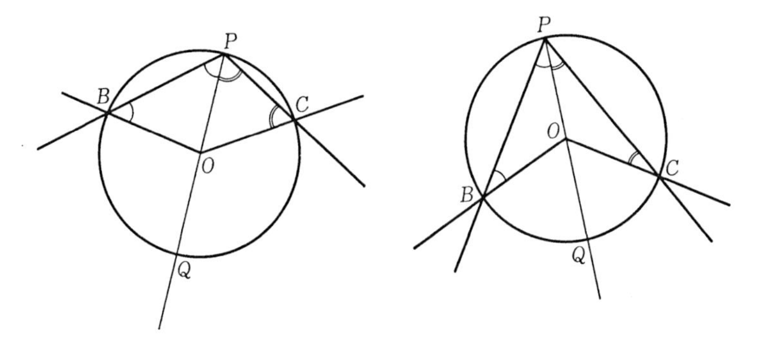

円 γ の半径 OB と OP は等しいから，$\triangle OBP$ は二等辺三角形である．ゆえにその底角 $\angle B$ と $\angle P$ は等しい．一方，$\triangle OBP$ の外角 $\angle BOQ$ はその内対角 $\angle B$ と $\angle P$ の和に等しい．ゆえに

$$\angle BOQ = \angle B + \angle P = 2\angle P = 2\angle BPQ.$$

同様に

$$\angle QOC = 2\angle QPC$$

である．Q が中心角 $\angle BOC$ の内部にあるから

$$\angle BOC = \angle BOQ + \angle QOC,$$

したがって，(1)を用いて，

$$\angle BOC = 2\angle BPQ + 2\angle QPC = 2\angle BPC$$

を得る．ゆえに円周角 $\angle BPC$ は中心角 $\angle BOC$ の半分に等しい．

Q が中心角 $\angle BOC$ の辺 OB 上にある場合，Q は B と一致し，中心角 $\angle BOC$ の外部の点 P がその辺 OB の延長上にあることになる．このことから中心角 $\angle BOC$ が劣角であることが従う．なぜなら，$\angle BOC$ が平角ならば辺 OB の延長上の点は辺 OC 上にあり，$\angle BOC$ が優角ならば，辺 OB の延長上の点は優角 $\angle BOC$ の内部にあるからである．$\angle BOC$ は二等辺三角形 $\triangle OCP$ の外角であるから

$$\angle BOC = \angle C + \angle P = 2\angle P = 2\angle BPC.$$

ゆえに円周角 $\angle BPC$ は中心角 $\angle BOC$ の半分に等しい．

Q が中心角 $\angle BOC$ の外部にある場合，中心角 $\angle BOC$ は劣角である．なぜなら，P も中心角 $\angle BOC$ の外部にあるから，中心角 $\angle BOC$ が優角であるとすれば，劣角 $\angle BOC$ の内部の二点 P と Q を結ぶ線分 PQ が頂点 O を通ることになって矛盾を生じる(22 ページ)．そして中心角 $\angle BOC$

が平角であると仮定しても同様な矛盾を生じるからである．Q が $\angle BOC$ の外部にあるから半直線 OQ は線分 BC と交わらない．同様に半直線 OP も線分 BC と交わらない．ゆえに直線 PQ は線分 BC と交わらない．すなわち点 B と C は直線 PQ の同じ側にある．ゆえに，定理 6(16 ページ)により，点 B が $\angle QPC$ の内部にあるか，点 C が $\angle QPB$ の内部にあるかのいずれかである．いずれの場合も同様であるから，B が $\angle QPC$ の内部にあるとする．そうすれば B は円周角 $\angle QPC$ に対する弧 $\overset{\frown}{QC}$ 上にあって Q と C のいずれとも異なる．ゆえに B は $\angle QOC$ の内部にある．したがって

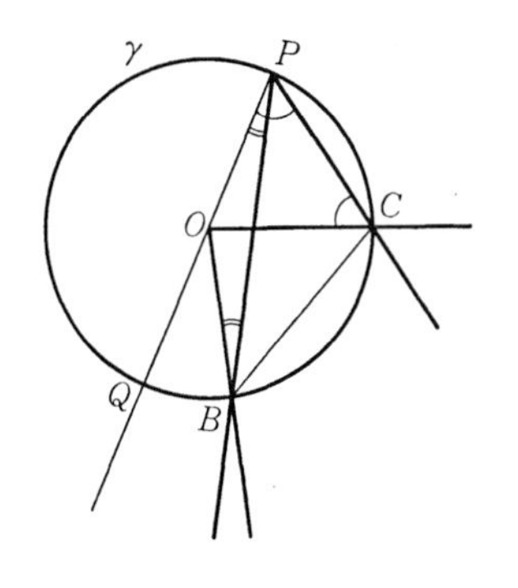

$$\angle BOC = \angle QOC - \angle QOB.$$

$\angle QOC$ は二等辺三角形 $\triangle OCP$ の外角であるから

$$\angle QOC = 2\angle QPC,$$

同様に

$$\angle QOB = 2\angle QPB.$$

B が $\angle QPC$ の内部にあるから，したがって

$$\angle BOC = 2\angle QPC - 2\angle QPB = 2\angle BPC.$$

ゆえに円周角 $\angle BPC$ は中心角 $\angle BOC$ の半分に等しい(証明終).

定理 63(円周角不変の定理)　A, B, C, P を円 γ 上の四点とする．このとき P と A が直線 BC に関して同じ側にあれば円周角 $\angle BPC$ と $\angle BAC$ は等しい．

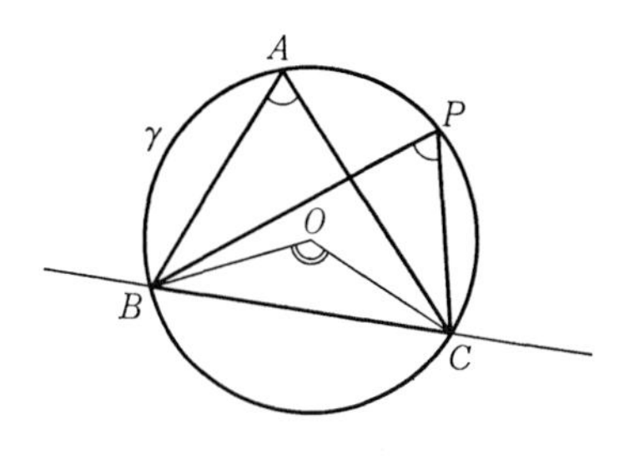

証明　P と A が直線 BC に関して

同じ側にあるから，$\angle BPC$ と $\angle BAC$ は同じ弧 $\overset{\frown}{BC}$ に対する円周角である．ゆえに，γ の中心を O，弧 $\overset{\frown}{BC}$ の中心角を $\angle BOC$ とすれば，前定理 62 により，

$$\angle BPC = \frac{1}{2}\angle BOC = \angle BAC$$

である(証明終)．

この定理は点 P が γ の上をどう動いても直線 BC に関して同じ側にある限り円周角 $\angle BPC$ は変わらないことを示す．ゆえにこれを**円周角不変の定理**という．

系 1　円 γ 上の四点 A, B, C, D に対して弦 AD と弦 BC が交わらないならば

$$\angle BDC = \angle BAC.$$

証明　弦 AD と弦 BC が交わらないから，A と D は直線 BC に関して同じ側にある(111-112 ページ)．ゆえに円周角 $\angle BDC$ と $\angle BAC$ は等しい(証明終)．

系 2　円 γ 上の四点 A, B, C, D に対して直線 AD と直線 BC が平行であるかまたは γ の外部の一点で交わるならば

$$\angle BDC = \angle BAC$$

である．

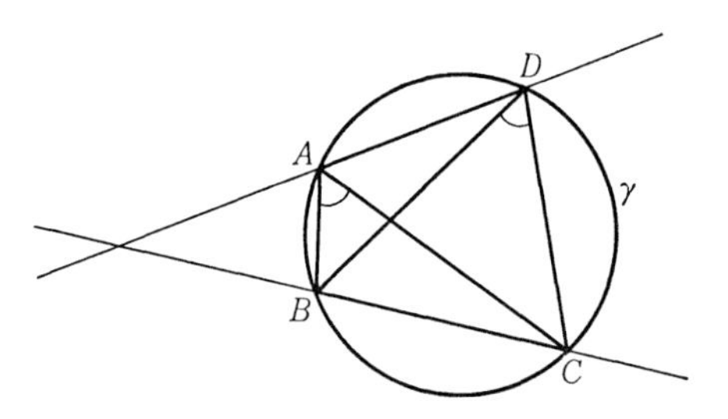

系 3　円 γ 上の四点 A, B, C, D に対して弦 AC と弦 DB が交わるなら

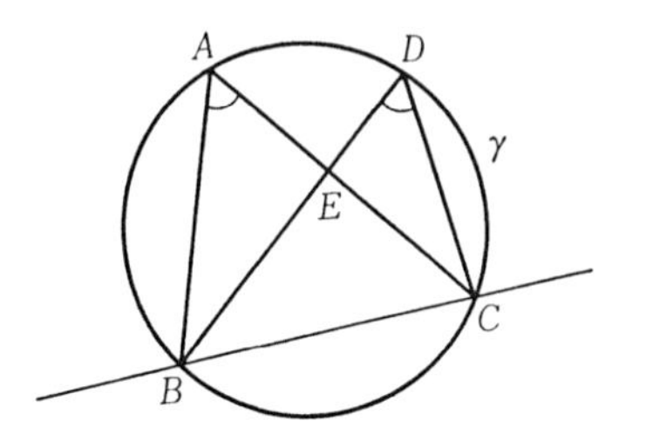

ば

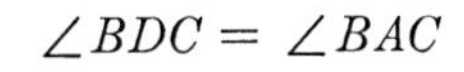

$$\angle BDC = \angle BAC$$

である.

証明　弦 AC と弦 DB の交点を E とすれば直線 BC に関して A も D も E と同じ側にある．ゆえに，定理63により，円周角 $\angle BDC$ と $\angle BAC$ は等しい(証明終).

以下この系1，系2，系3も円周角不変の定理として引用する.

定理64　A, B, C を円 γ 上の三点，P を直線 BC に関して A と同じ側にある点とする．このとき

$$\begin{cases} P \text{が} \gamma \text{の上にあれば} & \angle BPC = \angle BAC, \\ P \text{が} \gamma \text{の内部にあれば} & \angle BPC > \angle BAC, \\ P \text{が} \gamma \text{の外部にあれば} & \angle BPC < \angle BAC \end{cases}$$

である.

証明　i)　P が γ の上にあれば $\angle BPC = \angle BAC$ であることは，すなわち，円周角不変の定理であって，

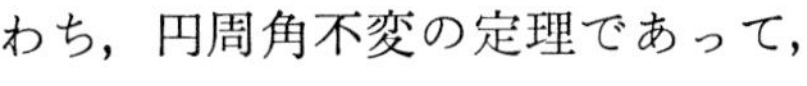

既に証明した.

ii)　P が γ の内部にある場合，直線 CP は円 γ と二点で交わる(107ページ，定理58の系1)．その一つはもちろん C である．もう一つの交点を D とすれば P は C と D の間にある．したがって，直線 BC に関して P が A と同じ側にあるから D も A と同じ側にある．ゆえに，円周角不変の定理により

$$\angle BDC = \angle BAC$$

であるが，$\triangle BPD$ の外角 $\angle BPC$ はその内対角 $\angle BDC$ より大きい.

ゆえに

$$\angle BPC > \angle BAC.$$

iii) P が γ の外部にある場合，

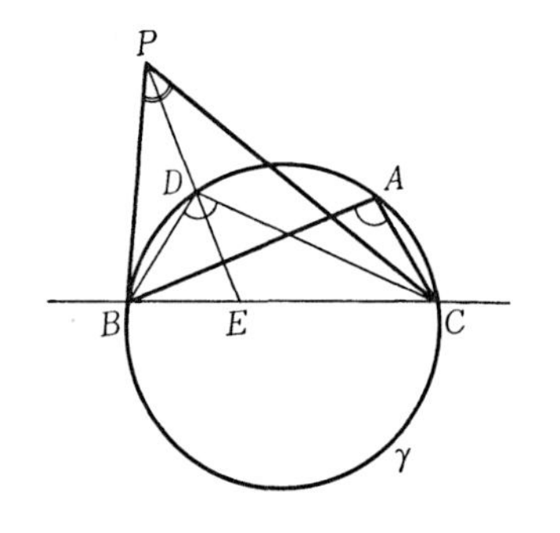

E を直線 BC 上の B と C の間の一点とすれば，E は γ の内部にあるから，線分 PE は γ とただ一つの点で交わる(107 ページ，定理 58 の系 2)．その点を D とすれば，直線 BC に関して P が A と同じ側にあるから D も A と同じ側にある．ゆえに，円周角不変の定理により，

$$\angle BDC = \angle BAC.$$

E が $\angle BDC$ の内部にあるから

$$\angle BDC = \angle BDE + \angle EDC.$$

$\angle BDE$ は $\triangle BDP$ の外角，$\angle BPE$ はその内対角であるから $\angle BDE > \angle BPE$，同様に $\angle EDC > \angle EPC$，そして E は $\angle BPC$ の内部にある．ゆえに

$$\angle BDC > \angle BPE + \angle EPC = \angle BPC$$

である(証明終)．

この定理から，転換法(51-52 ページ)により，直ちにつぎの定理を得る．

定理 65 A, B, C を円 γ 上の三点，P を直線 BC に関して A と同じ側にある点としたとき

$$\begin{cases} \angle BPC = \angle BAC & \text{ならば} \quad P \text{ は } \gamma \text{ 上に,} \\ \angle BPC > \angle BAC & \text{ならば} \quad P \text{ は } \gamma \text{ の内部に,} \\ \angle BPC < \angle BAC & \text{ならば} \quad P \text{ は } \gamma \text{ の外部にある.} \end{cases}$$

系 1 四点 A, B, C, D があって直線 BC に関して A と D が同じ側にあるとき，

$$\angle BAC = \angle BDC$$

ならば四点 A, B, C, D は同一円周上にある．

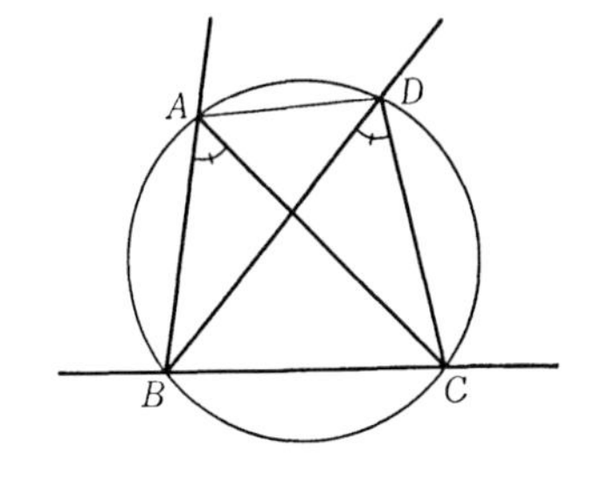

系 2　四点 A, B, C, D のいずれの三点も一直線上になく，直線 BC が $\angle ABD$ の内部を通らないとき，

$$\angle BAC = \angle BDC$$

ならば A, B, C, D は同一円周上にある．

証明　直線 BC が $\angle ABD$ の内部の点を通らないから線分 AD は直線 BC と交わらない．すなわち D と A は直線 BC の同じ側にある．ゆえに，上の系1により，$\angle BAC = \angle BDC$ ならば四点 A, B, C, D は同一円周上にある(証明終)．

上の定理 64, 65 において線分 BC が円 γ の直径である場合には，定理 62(116 ページ)により，

$$\angle BAC = \frac{1}{2}\angle BOC = \angle R$$

であるから，つぎの系を得る．

系 3　円 γ を線分 BC を直径とする円，P を直線 BC 外の一点とする．

$$\begin{cases} P \text{ が } \gamma \text{ の内部にあるための必要十分条件は} & \angle BPC > \angle R, \\ P \text{ が } \gamma \text{ の上にあるための必要十分条件は} & \angle BPC = \angle R, \\ P \text{ が } \gamma \text{ の外部にあるための必要十分条件は} & \angle BPC < \angle R \end{cases}$$

である．——

この系 3 は定理 64, 65 によらないで直接つぎのようにして証明することもできる．

証明　円 γ の中心を O，線分 PC の中点を M とする．OC が γ の半径であるから，P が γ の内部にあるか，γ の上にあるか，外部にあるかを見るには OP と OC の大小を比較すればよい．$\triangle MOP$ と $\triangle MOC$ において

辺 MO は共通で $MP=MC$ である.

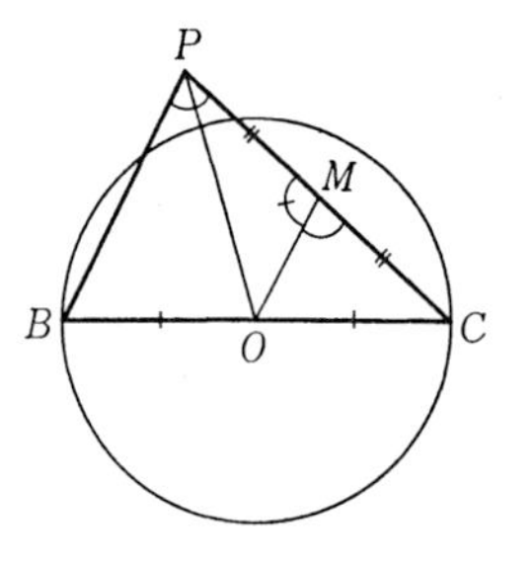

ゆえに，定理 29(50 ページ)により，OP と OC の大小は $\angle PMO$ と $\angle CMO$ の大小によって定まる.

$$\angle PMO + \angle CMO = 2\angle R$$

であるから

$$\angle PMO - \angle CMO = 2(\angle R - \angle CMO)$$

となるが，定理 50(86 ページ)により，$\triangle CBP$ の二辺の中点を結ぶ線分 OM は第三辺 BP に平行であるから

$$\angle CMO = \angle BPC,$$

したがって

$$\angle PMO - \angle CMO = 2(\angle R - \angle BPC)$$

となる. ゆえに

$$\begin{cases} \angle BPC > \angle R & \text{ならば} \quad OP < OC, \\ \angle BPC = \angle R & \text{ならば} \quad OP = OC, \\ \angle BPC < \angle R & \text{ならば} \quad OP > OC, \end{cases}$$

したがって，転換法により，

$$\begin{cases} OP < OC & \text{ならば} \quad \angle BPC > \angle R, \\ OP = OC & \text{ならば} \quad \angle BPC = \angle R, \\ OP > OC & \text{ならば} \quad \angle BPC < \angle R \end{cases}$$

である. すなわち系 3 が成り立つ(証明終).

系 4　直角三角形の斜辺の中点はその三つの頂点から等距離にある.

系 5　直角三角形 $\triangle ABC$, $C=\angle R$, の斜辺 AB の中点を M とすれば

$$\angle MAC = \angle MCA,$$
$$\angle MBC = \angle MCB$$

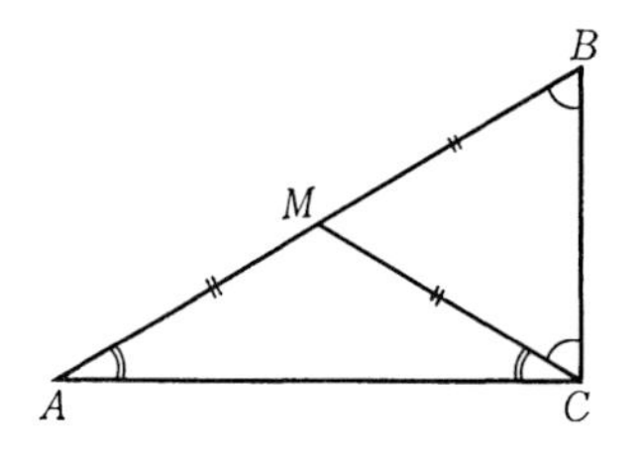

証明　系 4 により $MA=MC$ であ

るから，定理16(30ページ)により，$\angle MAC = \angle MCA$，同様に $MB = MC$ であるから $\angle MBC = \angle MCB$ である(証明終).

円に内接する四辺形　四辺形 $ABCD$ の頂点 A, B, C, D が一つの円 γ の上にあるとき，四辺形 $ABCD$ は円 γ に**内接**するといい，γ を四辺形 $ABCD$ の**外接円**という．三点 A, B, C を通る円はただ一つしかない(112ページ，定理61)．たまたま D がその円の上にある場合を除けば四辺形 $ABCD$ は円に内接しない．円に内接する四辺形は特殊な四辺形である．

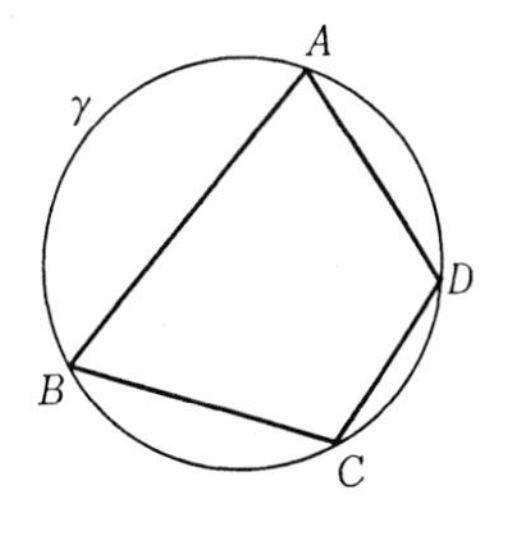

円に内接する四辺形は凸四辺形である．なぜなら，四辺形 $ABCD$ が円 γ に内接しているとき，γ の弦 CD と弦 AB は交わらない．ゆえに二点 C と D は直線 AB に関して同じ側にある(111-112ページ)．同様に，D と A は直線 BC の同じ側に，A と B は直線 CD の同じ側に，B と C は直線 DA の同じ側にあるからである．

このように円に内接する四辺形 $ABCD$ は凸四辺形で A と D は直線 BC の同じ側にある．ゆえに，円周角不変の定理により，四辺形 $ABCD$ が円に内接しているならば

$$\angle BAC = \angle BDC$$

である．

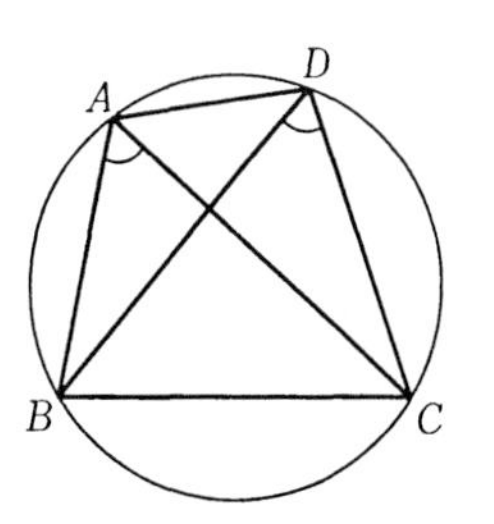

逆に，四辺形 $ABCD$ が凸四辺形で

$$\angle BAC = \angle BDC$$

ならばその四辺形 $ABCD$ は円に内接する．なぜなら，A と D が直線 BC の同じ側にあって $\angle BDC = \angle BAC$ であるから，前定理65により，D は三点 A, B, C を通る円周上にあるからである．

四辺形 $ABCD$ の内角 $\angle A$ と $\angle C$ をその四辺形の一組の**対角**という．対角は‘相対する内角’を意味する．$\angle B$ と $\angle D$ はもう一組の対角である．

定理 66　円に内接する四辺形の対角は補角をなす．

証明　四辺形 $ABCD$ が一つの円 γ に内接しているとき

$$\angle A+\angle C=2\angle R$$

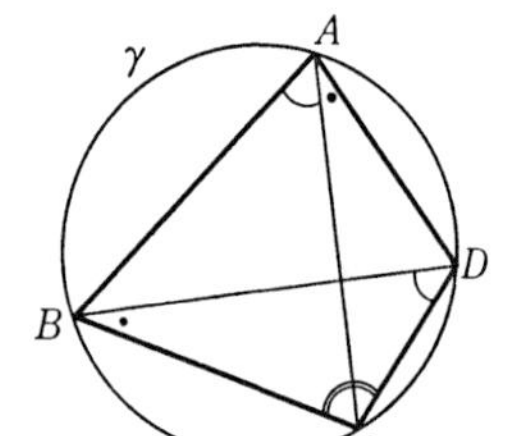

であることを証明すればよい．上に述べたように，四辺形 $ABCD$ は凸であるから，対角線 AC は対角線 BD と交わり，その交点は B と D の間にある．ゆえに C は $\angle BAD$ の内部にあり，したがって

$$\angle A=\angle BAC+\angle CAD$$

である．円周角不変の定理(119 ページ，定理 63 の系 3)により，$\angle BAC=\angle BDC$, $\angle CAD=\angle CBD$ であるが，$\triangle CBD$ の内角の和は $2\angle R$ に等しい．ゆえに

$$\angle A+\angle C=\angle BDC+\angle CBD+\angle C=2\angle R$$

である(証明終)．

逆に

定理 67　一組の対角が補角をなす四辺形は円に内接する．

証明　四辺形 $ABCD$ において $\angle A$ が $\angle C$ の補角ならば A, B, C, D は一つの円の上にあるというのがこの定理である．定理 44(82 ページ)により

$$\angle A+\angle B+\angle C+\angle D=4\angle R$$

であるから，$\angle A+\angle C=2\angle R$ ならば $\angle B+\angle D=2\angle R$，したがって $\angle A$, $\angle B$, $\angle C$, $\angle D$ はすべて劣角である．ゆえに四辺形 $ABCD$ は凸四辺形である(81-82 ページ)．

円 γ を三点 B, C, D を通る円，P を γ 上にあって直線 BD に関し C の反

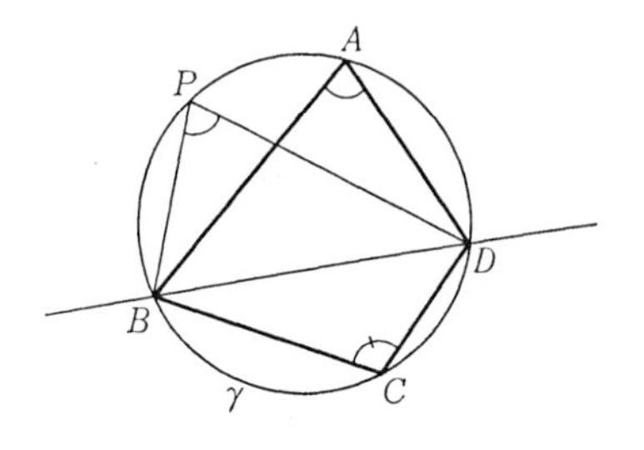

対側にある点とする．四辺形 $ABCD$ が凸であるから，直線 BD に関して A は C の反対側にある(75 ページ)．ゆえに A と P は直線 BD の同じ側にある．A が γ の上にあることを証明するには，したがって，定理 65 (121 ページ)により，$\angle A=\angle P$ であることをいえばよい．

四辺形 $PBCD$ は γ に内接しているから，前定理により，$\angle P$ は $\angle C$ の補角であるが，仮設により $\angle A$ も $\angle C$ の補角である．ゆえに $\angle A=\angle P$ である(証明終)．

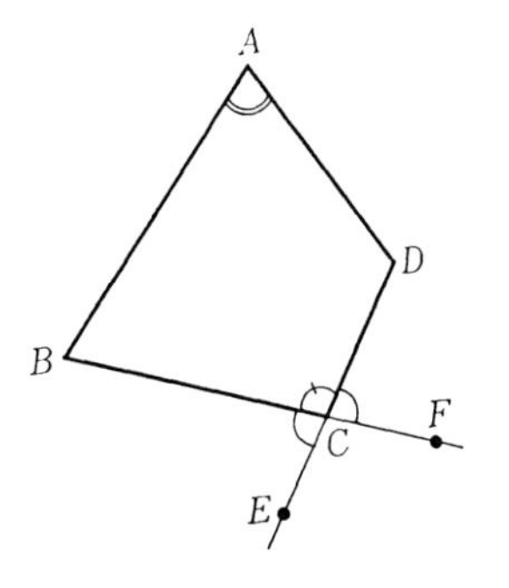

凸四辺形 $ABCD$ の外角を三角形の外角と同様に定義する．すなわち，四辺形 $ABCD$ の辺 DC の延長上に点 E をとったとき，$\angle BCE$ を四辺形 $ABCD$ の**外角**あるいは四辺形 $ABCD$ の頂点 C における外角という．辺 BC の延長上に点 F をとれば $\angle DCF$ も四辺形 $ABCD$ の C における外角である．外角 $\angle BCE$ あるいは $\angle DCF$ に対して内角 $\angle A$ をその内対角という．外角 $\angle BCE$ は内角 $\angle C$ の補角である．ゆえに上の定理 66 と定理 67 から直ちにつぎの定理を得る．

定理 68　円に内接する四辺形の外角はその内対角に等しい．逆に一つの外角がその内対角に等しい凸四辺形は円に内接する．——

円 γ に内接する四辺形 $ABCD$ の点 C が γ 上を動いて D に近づけば直線 DC は γ の点 D における接線に近づく．そしてその間外角 $\angle BCE$ はつねに $\angle A$ に等しい．ゆえに C が遂に D と一致した場合を考えれば，つぎの定理が成り立つであろうということは容易に想像される．

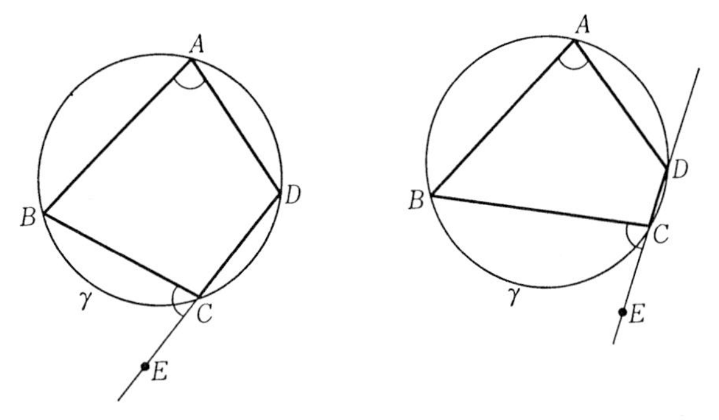

定理 69　$\triangle ABC$ の外接円 γ の接線 CE 上の点 E が直線 BC に関して A の反対側にあるとき，$\angle BCE$ は $\angle A$ に等しい：$\angle BCE = \angle A$.

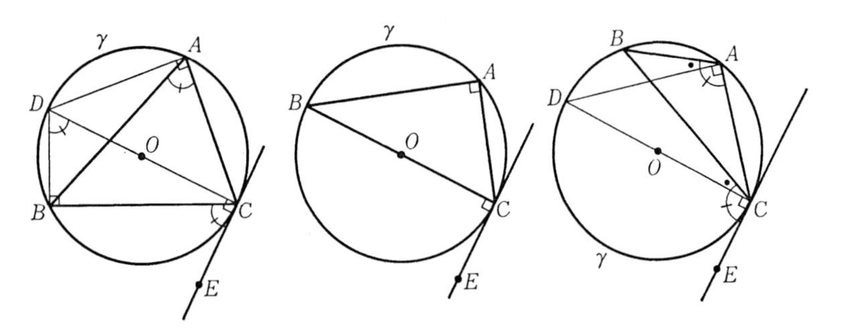

証明　円 γ の中心を O, 直線 CO が新しく γ と交わる点を D とする．接線 CE 上の C 以外の点はすべて γ の外部にある．ゆえに γ の弦 BD は接線 CE と交わらない，すなわち直線 CE に関して B と D は同じ側にある．したがって B が D と一致するか，B が $\angle ECD$ の内部にあるか，D が $\angle ECB$ の内部にあるか，のいずれかである(16 ページ，定理 6).

線分 CD が γ の直径であるから，定理 65 の系 3(122 ページ)により

$$\angle DAC = \angle DBC = \angle R,$$

また接線 CE は半径 OC に垂直であるから(108 ページ)，$\angle DCE$ も直角である．ゆえに B と D が一致した場合には $\angle BCE$ が $\angle A$ に等しいことは明らかである．

B が $\angle ECD$ の内部にある場合，直線 BC に関して D は E の反対側にあり，仮設により，A も E の反対側にあるから A と D は同じ側にある．ゆえに円周角不変の定理(118 ページ)により

$$\angle A = \angle BDC$$

である．B が $\angle ECD$ の内部にあるから

$$\angle DCB + \angle BCE = \angle DCE = \angle R,$$

一方 $\triangle DCB$ において $\angle B = \angle R$ であるから，定理 43 の系 2(71 ページ)により

$$\angle DCB + \angle BDC = \angle R,$$

ゆえに

$$\angle BCE = \angle R - \angle DCB = \angle BDC = \angle A$$

である．

D が $\angle ECB$ の内部にある場合，直線 BC に関して D は E と同じ側に，A は E の反対側にあるから，D と A は反対側にある．したがって γ の弦 AD と弦 BC は交わる．ゆえに，円周角不変の定理(119-120 ページ，定理 63 の系 2, 3)により

$$\angle BAD = \angle BCD$$

である．D が $\angle BAC$ の内部に，また $\angle BCE$ の内部にあり，$\angle DAC$ と $\angle DCE$ は共に $\angle R$ であるから，したがって

$$\angle BCE = \angle BCD + \angle R = \angle BAD + \angle R = \angle A$$

である(証明終)．

第2章
三角形，四辺形，円

§8　三角形の諸心

本節では三角形の内心，外心，垂心，などについて述べる．まず準備としてつぎの定理を証明しておく．

定理 70　$\triangle ABC$ について，E を辺 CA 上の C と A の間の一点，F を辺 AB 上の A と B の間の一点とすれば，線分 BE と線分 CF は $\triangle ABC$ の内部の一点で交わる．

証明　E が C と A の間にあり，F が A と B の間にあるから，直線 CF に関して E と A は同じ側に，B は A の反対側にある．ゆえに B と E は反対側にある，すなわち線分 BE は直線 CF と交わる．そしてその交点 P は B と E の間にある．同様に，直線 BE に関して C と F は反対側にあるから，P は C と F の間にある．ゆえに線分 BE と線分 CF が P で交わる．P が $\triangle ABC$ の内部にあることは明らかであろう（証明終）．

系　$\triangle ABC$ において D を辺 BC 上の B と C の間の一点，E を辺 CA 上の C と A の間の一点，F を辺 AB 上の A と B の間の一点とすれば，線分 AD と線分 EF は $\triangle ABC$ の内部の一点で交わる．

証明　$\triangle CAB$ と二点 D と E について見れば，定理により，線分 AD

と線分 BE は $\triangle CAB$ の内部の一点 Q で交わる. $\triangle BAE$ と二点 Q と F について見れば, 定理により, 線分 AQ と線分 EF は $\triangle BAE$ の内部の一点 P で交わる. P は E と F の間にあるから $\triangle ABC$ の内部にある(18 ページ, 定理7). ゆえに線分 AD と線分 EF は $\triangle ABC$ の内部の一点 P で交わる(証明終).

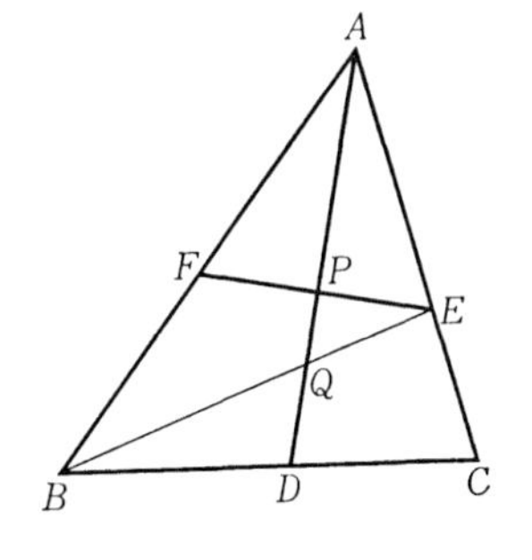

内心 まずつぎの定理を証明する.

定理 71 三角形の三つの内角の二等分線はその三角形の内部の一点で交わる.

証明 $\triangle ABC$ の内角 $\angle B$ の二等分線は, 定理33の系1の証明(58ページ)を見れば明らかなように, $\angle B$ の内部を通る. ゆえに, 定理5(15ページ)により, $\angle B$ の二等分線は辺 CA と C と A の間の一点で交わる. 同様に $\angle C$ の二等分線は辺 AB と A と B の間の一点で交わる. ゆえに, 上の定理70により, $\angle B$ の二等分線と $\angle C$ の二等分線は $\triangle ABC$ の内部の一点で交わる. その交点を I とする.

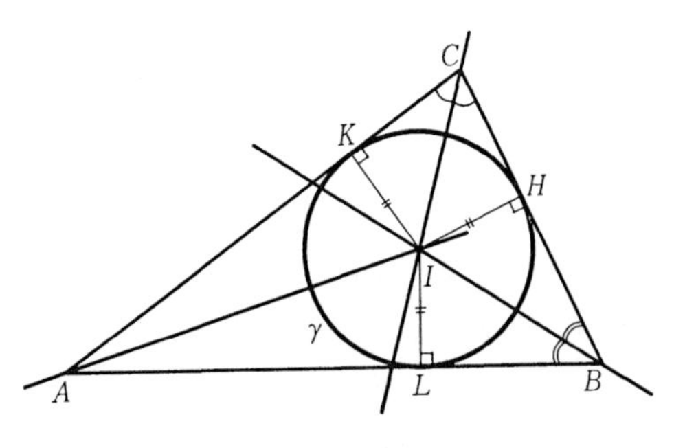

I から $\triangle ABC$ の三つの辺 BC, CA, AB へ下した垂線の足をそれぞれ H, K, L とする. I は $\angle B$ の二等分線上にあるから, 定理39(64ページ)により, $IL=IH$ である. I は $\angle C$ の二等分線上にあるから, 同様に,

$IH=IK$ である．したがって

$$IL = IK$$

であるが，$\triangle ABC$ の内部の点 I は $\angle A$ の内部にある．ゆえに，同じ定理 39 により，I は $\angle A$ の二等分線上にある(証明終)．

三角形の三つの内角の二等分線の交点をその三角形の**内心**という．$\triangle ABC$ の内心 I から三辺 BC, CA, AB へ下した垂線の足を H, K, L とすれば，上記の証明により，

$$IH = IK = IL$$

である．ゆえに中心が I で半径が IH に等しい円を γ とすれば，三点 H, K, L は γ の上にある．H を通って γ の半径に垂直な直線 BC は γ の接線，H はその接点である(108 ページ)．このことを円 γ は点 H において**辺 BC に接する**といい表わす．接線 BC 上の点は接点 H を除いてすべて円 γ の外部にある(108 ページ)．γ は点 K において辺 CA に接し，点 L において辺 AB に接する．γ はすなわち $\triangle ABC$ の三辺に接する円である．さらに，つぎに示すように，γ 上の点は三点 H, K, L を除けばすべて $\triangle ABC$ の内部にある．ゆえに γ を $\triangle ABC$ の**内接円**という．内心は内接円の中心を意味する．

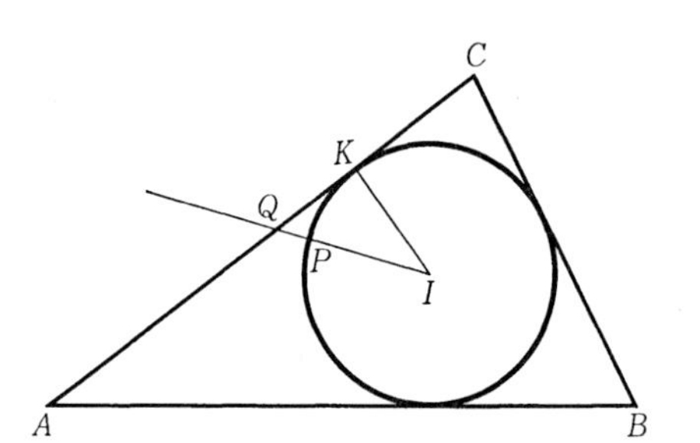

γ 上の H, K, L 以外の点 P はすべて $\triangle ABC$ の内部にあることを証明する．定理 8 の系 1(20 ページ)により，半直線 IP は $\triangle ABC$ とただ一つの点で交わる．その点を Q とすれば，Q は $\triangle ABC$ の一つの辺，たとえば

辺 CA の上にある．Q が K と一致すれば P も K と一致することになるから，Q は K と異なる．ゆえに

$$IQ > IK = IP.$$

したがって P は I と Q の間にある．ゆえに，定理 8 の系 2(20 ページ)により，P は $\triangle ABC$ の内部にある．

傍心　$\triangle ABC$ について E を辺 AB の延長上の一点，F を辺 AC の延長上の一点として，$\triangle ABC$ の外角 $\angle CBE$ の二等分線上に点 M，$\angle BCF$ の二等分線上に点 N をとる．そうすれば，公理 6 により，二等分線 BM と二等分線 CN は直線 BC に関して M と同じ側にある一点で交わる．

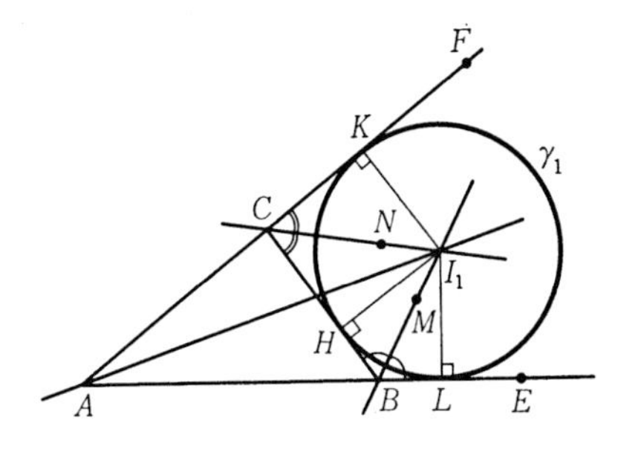

なぜなら，三角形の外角はその内対角の和に等しく，$\angle A+\angle B+\angle C=2\angle R$ であるから(71 ページ，定理 43 とその系 1)，

$$\angle CBE+\angle BCF = 2\angle A+\angle B+\angle C < 4\angle R,$$

したがって

$$\angle MBC+\angle NCB < 2\angle R$$

となるからである．

定理 72　$\triangle ABC$ の内角 $\angle A$ の二等分線は外角 $\angle CBE$ の二等分線と $\angle BCF$ の二等分線の交点を通る．

証明　$\angle CBE$ の二等分線 BM と $\angle BCF$ の二等分線 CN の交点を I_1 とする．I_1 は $\angle CBE$ の内部にあるから直線 BE に関して C と同じ側にあるが，直線 BE は直線 AB である．ゆえに I_1 は直線 AB に関して C と

同じ側にある．同様に，I_1 は直線 AC に関して B と同じ側にある．ゆえに I_1 は $\angle A$ の内部にある．

I_1 から $\triangle ABC$ の三つの辺 BC, CA, AB へ下した垂線の足をそれぞれ H, K, L とすれば，定理 39 により，

$$I_1L = I_1H = I_1K$$

となる．ゆえに，同じ定理 39 により，I_1 は $\angle A$ の二等分線上にある（証明終）．

この定理によれば，三角形の二つの頂点における外角と第三の頂点における内角のおのおのの二等分線は一点で交わる．その交点をその三角形の**傍心**という．三角形には三つの傍心がある．

上の証明の I_1 は $\triangle ABC$ の一つの傍心である．中心が I_1 で半径が I_1H に等しい円を γ_1 とすれば，γ_1 は三点 H, K, L で $\triangle ABC$ に接する．接点 H は辺 BC 上に，K は辺 AC の延長上に，L は辺 AB の延長上にある．γ_1 を $\triangle ABC$ の**傍接円**という．

外心　$\triangle ABC$ に対して，定理 61（112 ページ）により，三つの頂点 A, B, C を通る円 γ がただ一つ存在する．その円 γ を $\triangle ABC$ の**外接円**といい，γ の中心 O を $\triangle ABC$ の**外心**という．外心は外接する円の中心という意味である．外心 O は三つの頂点 A, B, C から等距離にある．定理 37（62 ページ）により，二点から等距離にある点はその二点を結ぶ線分の垂直二等分線上にある．ゆえにつぎの定理を得る．

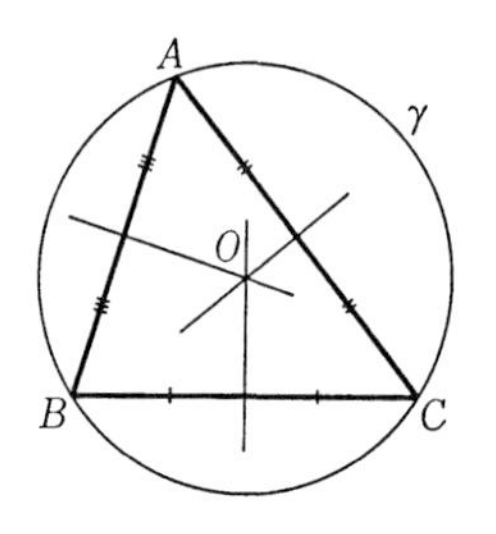

定理 73　三角形の各辺の垂直二等分線は一点で交わる．その交点はその三角形の外心である．——

$\triangle ABC$ の外接円 γ 上の A, B, C 以外の点 P は $\triangle ABC$ の外部にあって，内角 $\angle A$, $\angle B$, $\angle C$ のいずれか一つの内部にあることを証明する．

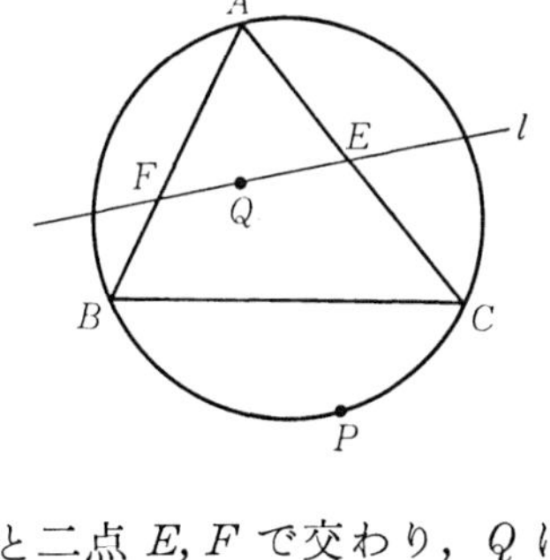

$\triangle ABC$ の辺 BC 上の B と C 以外の点はすべて γ の内部にある(98 ページ)．辺 CA，辺 AB についても同様である．ゆえに P が $\triangle ABC$ の外部にないとすれば P は $\triangle ABC$ の内部にあることになるが，内部の任意の点 Q を通って A, B, C のいずれをも通らない直線 l を引けば，l は $\triangle ABC$ と二点 E, F で交わり，Q は E と F の間にある(19 ページ，定理 8)．そして E と F が γ の内部にあるから Q も γ の内部にある(97–98 ページ)．ゆえに P は $\triangle ABC$ の外部にある．

$\triangle ABC$ の外部の点 P は直線 BC に関して A の反対側にあるか直線 CA に関して B の反対側にあるかまたは直線 AB に関して C の反対側にある．P が直線 BC に関して A の反対側にあれば P は円周角 $\angle BAC$ に対する弧 $\widehat{BC}$ の上にある(115 ページ)．ゆえに P は $\angle BAC$ の内部にある(115 ページ)．同様に P が直線 CA に関して B の反対側にあれば P は $\angle B$ の内部にあり，P が直線 AB に関して C の反対側にあれば P は $\angle C$ の内部にある．$\triangle ABC$ の二つの内角の内部の共通部分は $\triangle ABC$ の内部である(18 ページ)．ゆえに P は $\angle A, \angle B, \angle C$ のいずれか一つ，そしてただ一つの内部にある(証明終)．

三角形の外心はその三角形の内部にあることも辺上にあることも外部にあることもある．内角が三つとも鋭角である三角形を**鋭角三角形**といい，一つの内角が鈍角である三角形を**鈍角三角形**という．ここで鋭角は直角より小さい角，鈍角は直角より大きくて平角よりは小さい角を意味する(59 ページ)．三角形の一つの内角が鈍角ならば他の二つの内角は鋭角である．なぜなら，$\triangle ABC$ において $\angle A$ が鈍角であるとして辺 BA の延長上に点 E をとれば，外角 $\angle CAE$ は鋭角で，定理 24 の系 1

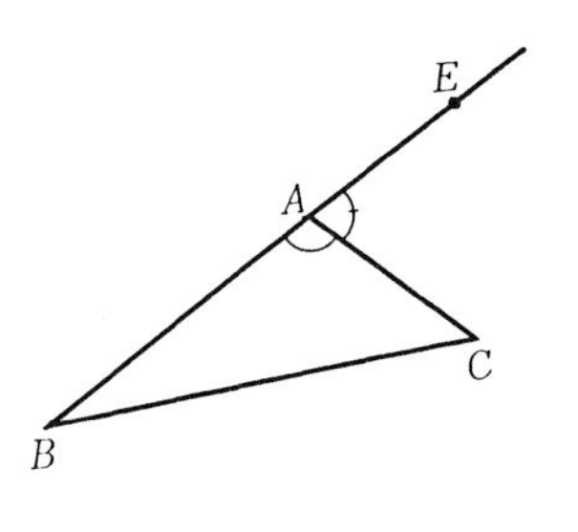

(45ページ)により，$\angle B$ と $\angle C$ は共に $\angle CAE$ より小さいからである．

定理 74　三角形が鋭角三角形であるか直角三角形であるか鈍角三角形であるかにしたがってその外心は三角形の内部にあるか辺の上にあるか外部にある．

証明　$\triangle ABC$ の外接円を γ，外心を O とする．

i)　$\triangle ABC$ が鋭角三角形である場合，円周角 $\angle BAC$ に対する弧 $\overset{\frown}{BC}$ は γ の直線 BC に関して A の反対側にある部分と B と C からなるが(115ページ)，$\angle A$ が鋭角であるから，定理 62(116ページ)により，弧 $\overset{\frown}{BC}$ の中心角は

$$\angle BOC = 2\angle A < 2\angle R,$$

したがって弧 $\overset{\frown}{BC}$ は劣弧である．劣弧 $\overset{\frown}{BC}$ は γ の直線 BC に関して O の反対側にある部分と B と C からなる．ゆえに直線 BC に関して O は A と同じ側にある．同様に O と B は直線 CA の同じ側にあり，O と C は直線 AB の同じ側にある．ゆえに O は $\triangle ABC$ の内部にある．

ii)　$\triangle ABC$ が直角三角形である場合，定理 65 の系 4(123ページ)により，直角三角形の斜辺の中点はその三頂点から等距離にある．ゆえに $\triangle ABC$ において，$\angle A = \angle R$ ならば辺 BC の中点が $\triangle ABC$ の外心である．

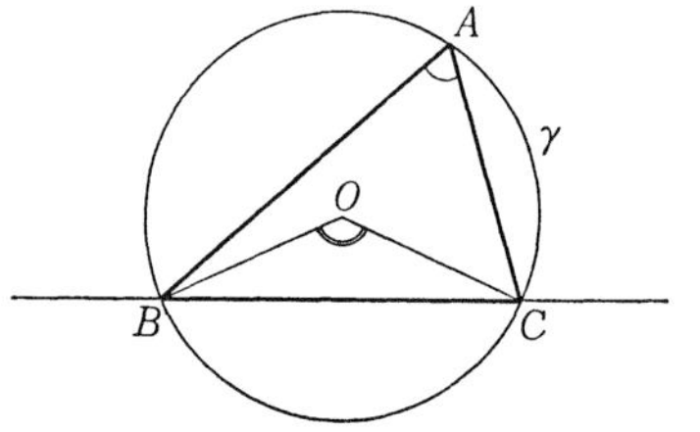

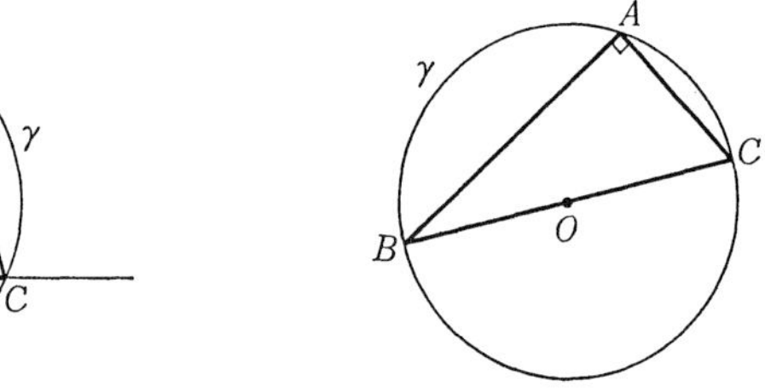

iii)　$\triangle ABC$ が鈍角三角形である場合，$\angle A$ が鈍角であるとする．そうすれば円周角 $\angle BAC=\angle A$ に対する弧 $\overset{\frown}{BC}$ の中心角は

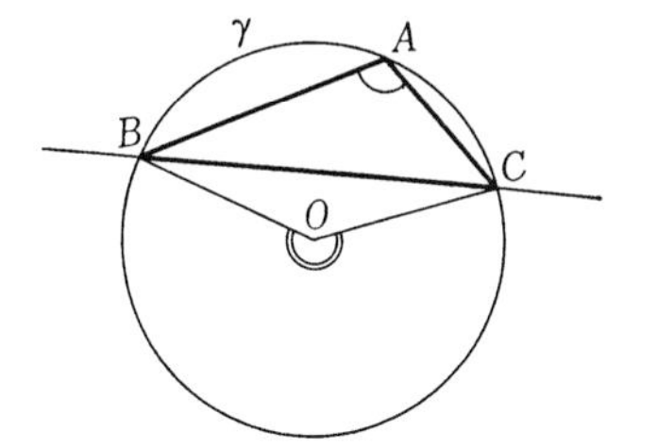

$$\angle BOC = 2\angle A > 2\angle R,$$

したがって弧 $\overset{\frown}{BC}$ は優弧である．A は劣弧 $\overset{\frown}{BC}$ の上にあるから，直線 BC に関して A と O は反対側にある．ゆえに外心 O は $\triangle ABC$ の外部にある(証明終)．

例題 1　$\triangle ABC$ の内心を I，外接円を γ とし，直線 AI が新しく γ と交わる点を M とすれば

$$MB = MI = MC$$

である．

証明　内心 I は $\triangle ABC$ の内部にあるから直線 AI は弦 BC と B と C の間の一点で交わる．その交点を D とすれば I は D と A の間にあり，D は M と A の間にある．

MB と MI が等しいこと，すなわち $\triangle MIB$ が二等辺三角形であることを証明するには $\angle MIB$ と $\angle MBI$ が等しいことをいえばよい．$\triangle BIA$ の外角 $\angle MIB$ はその内対角の和に等しい，すなわち

$$\angle MIB = \angle IBA + \angle IAB.$$

D が M と I の間にあるから

$$\angle MBI = \angle IBC + \angle MBC.$$

I が $\triangle ABC$ の内心であるから $\angle IBA=\angle IBC$ である．ゆえに $\angle MIB$ と $\angle MBI$ が等しいことを証明するには $\angle IAB=\angle MBC$ であることを示せばよい．$\angle IAB=\angle MAC$ であるが，γ の弦 BC と弦 AM が交わっているから，円周角不変の定理(119-120ページ，定理63の系3)により $\angle MAC=\angle MBC$，ゆえに $\angle IAB=\angle MBC$ である．

B と C を入れ換えて同様に考えれば $MC=MI$ であることがわかる．

$MB=MC$ であることは

$$\angle MBC = \angle MAC = \angle MAB = \angle MCB$$

であることからも明らかである（証明終）．

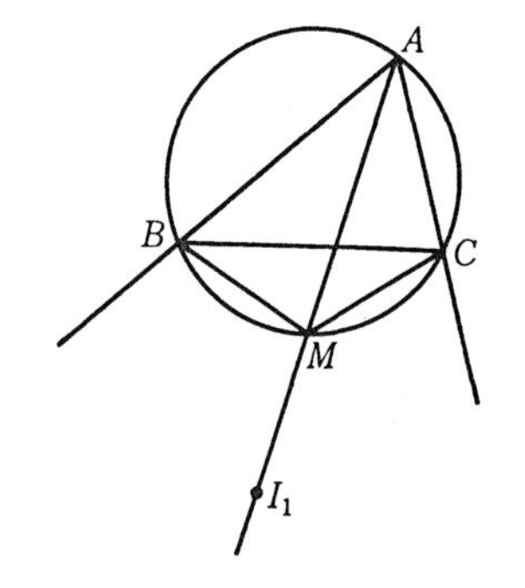

問題 4　$\triangle ABC$ の $\angle BAC$ の内部にある傍心を I_1, 直線 AI_1 が新しく $\triangle ABC$ の外接円と交わる点を M とすれば $MB=MI_1=MC$ である．このことを証明せよ．

垂心　$\triangle ABC$ の一つの頂点，たとえば A からその対辺を含む直線 BC へ下した垂線を，簡明のため，頂点 A からその対辺 BC へ下した垂線とよぶことにする．

定理 75　三角形の三つの頂点からそれぞれその対辺に下した三つの垂線は一点で交わる．

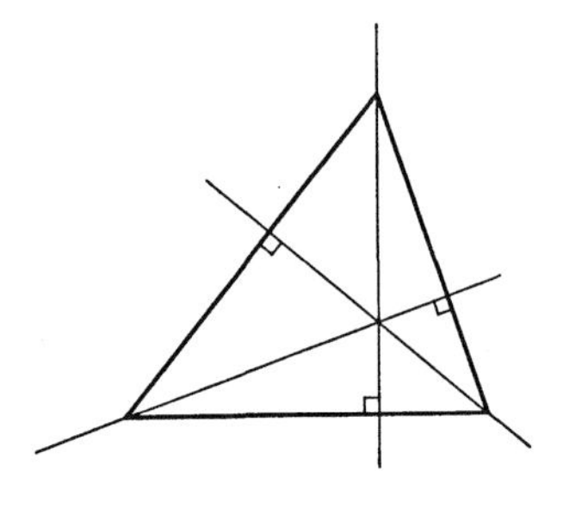
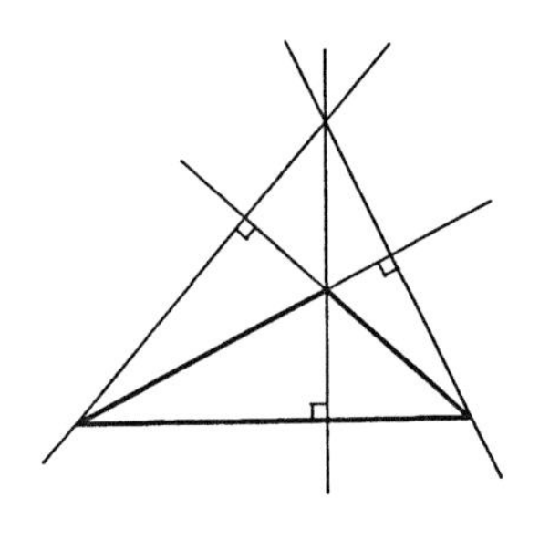

証明　$\triangle ABC$ の頂点 A から辺 BC へ下した垂線の足を H, B から辺 CA へ下した垂線の足を K, C から辺 AB へ下した垂線の足を L としたとき，三つの垂線 AH, BK, CL が一点で交わることを証明する．

A を通って辺 BC に平行な直線を l, B を通って辺 CA に平行な直線を m, C を通って辺 AB に平行な直線を n とし，m と n の交点を D, n と l の交点を E, l と m の交点を F とする．そうすれば A は $\triangle DEF$ の

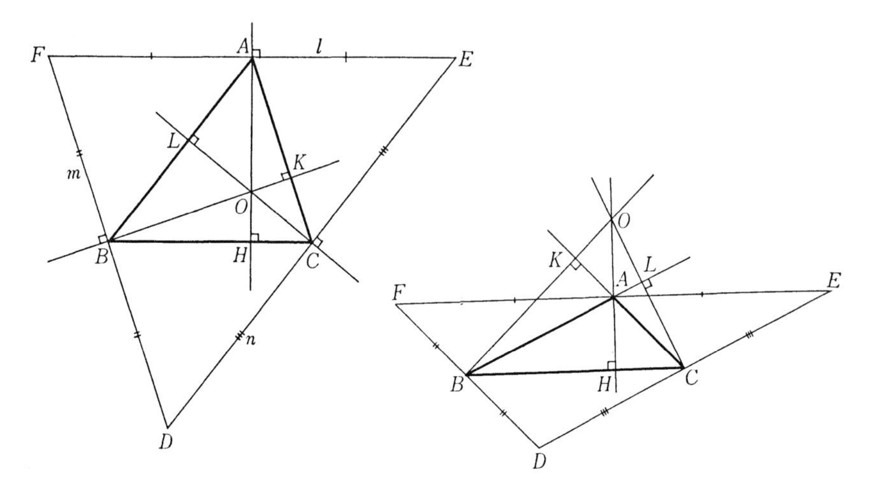

辺 EF の中点となる．なぜなら，四辺形 $ABCE$ が平行四辺形であるから，定理 45(84 ページ)により，$AE=BC$，同様に四辺形 $ACBF$ が平行四辺形であるから $FA=BC$，ゆえに

$$FA = AE$$

となるからである．辺 EF は辺 BC に平行であるから，A から辺 BC に下した垂線 AH は辺 EF に垂直である．A が辺 EF の中点であるから，したがって垂線 AH は $\triangle DEF$ の辺 EF の垂直二等分線である．

同様に垂線 BK は辺 FD の垂直二等分線，垂線 CL は辺 DE の垂直二等分線である．定理 73(133 ページ)により，$\triangle DEF$ の三辺の垂直二等分線は一点で交わる．ゆえに $\triangle ABC$ の三つの頂点から対辺に下した三つの垂線は一点で交わる．

これで定理は証明できたのであるが，厳密にいえばはじめに E と F が A の反対側にあることを確めておかなければならない．直線 AC に関して平行四辺形 $ABCE$ の頂点 B と E は反対側にあり，平行四辺形 $ACBF$ の頂点 B と F は同じ側にある．ゆえに点 A に関して E と F は反対側にある(証明終)．

三角形の三つの頂点からそれぞれ対辺に下した三つの垂線の交点をその三角形の**垂心**という．$\triangle ABC$ に対して $\triangle DEF$ を A, B, C がそれぞれ辺 EF, FD, DE の中点となるように定めれば，定理 50(86 ページ)により $FE//BC, DF//CA, ED//AB$ となるから，上の証明から明らかなように，$\triangle ABC$ の垂心は $\triangle DEF$ の外心と一致する．

定理の理解を深めるには別な証明を考えて見るのが有効である．

定理 75 の別証　円周角不変の定理による証明を述べる．まず $\triangle ABC$ が鋭角三角形である場合を考察する．

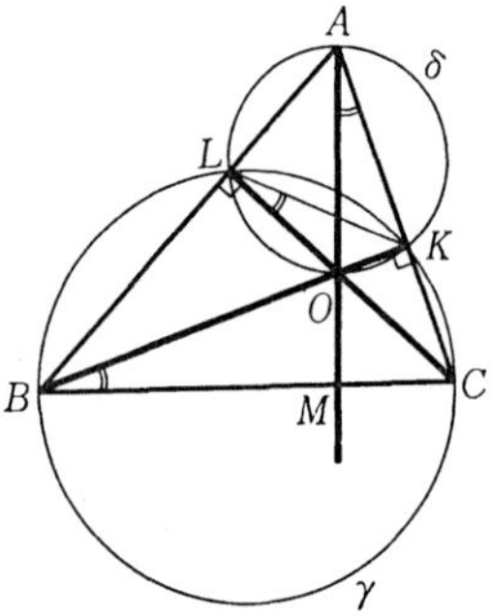

$\triangle ABC$ の頂点 B からその対辺 CA に下した垂線の足を K，C から対辺 AB に下した垂線の足を L とする．$\triangle ABC$ が鋭角三角形であるから，K は C と A の間に，L は A と B の間にある(62 ページ)．ゆえに垂線 BK と垂線 CL は $\triangle ABC$ の内部の一点で交わる(129 ページ，定理 70)．その交点を O とする．O が $\triangle ABC$ の内部にあるから，半直線 AO は辺 BC と B と C の間の一点で交わる．その交点を M とする．頂点 A から対辺 BC に下した垂線が O を通ることを証明するには $\angle AMC = \angle R$ であることをいえばよい．

線分 BC を直径とする円を γ とすれば，$\angle BKC = \angle BLC = \angle R$ であるから，定理 65 の系 3(122 ページ)により，K と L は γ の上にある．線分 AO を直径とする円を δ とすれば，同様に，K と L は δ の上にある．L が A と B の間にあり，A が直線 CK 上にあるから，B と L は直線 CK に関して同じ側にある．ゆえに，円周角不変の定理(118 ページ)により，円周角 $\angle CBK$ と $\angle CLK$ は等しい．同様に，L と A は直線 OK の同じ側にあるから，円周角 $\angle OLK$ と $\angle OAK$ は等しい．ゆえに，$\angle CLK$ と

$\angle OLK$ は同じ角，$\angle OAK$ と $\angle CAM$ は同じ角であるから

$$\angle CBK = \angle CAM$$

となる．$\triangle CAM$ と $\triangle CBK$ を比べると $\angle C$ は共通で $\angle CAM = \angle CBK$ である．三角形の内角の和は $2\angle R$ に等しいから，したがって

$$\angle AMC = \angle BKC = \angle R.$$

これで鋭角三角形については定理は証明されたのである．

直角三角形については定理は明らかである．$\triangle ABC$ において $\angle A = \angle R$ ならば A が $\triangle ABC$ の垂心である．

$\triangle ABC$ が鈍角三角形である場合，$\angle A$ が鈍角であるとして，B から対辺 CA に下した垂線の足を K，C から対辺 BA に下した垂線の足を L とすれば，K は辺 CA の延長上に，L は辺 BA の延長上にある(62 ページ)．$\triangle BCK$ において $\angle K = \angle R$ であるから，$\angle CBK$ は鋭角．同様に $\angle BCL$ も鋭角である．ゆえに，公理6により，垂線 BK と垂線 CL は直線 BC に関して K と同じ側にある一点で交わる．その交点を O とする．

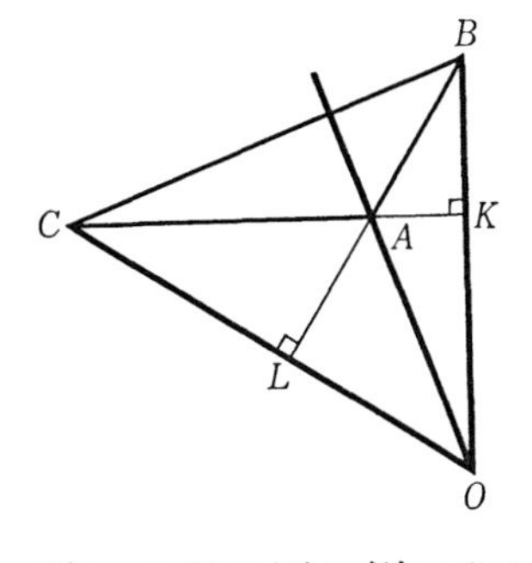

$\angle BOC$ が鋭角であることを確める．直線 CA に関して，O と L が同じ側に，L と B が反対側にあるから，O と B は反対側にある．したがって K は O と B の間にある．ゆえに $\angle BOC$ は $\angle KOC$ であるが，$\triangle COK$ において $\angle K = \angle R$ であるから $\angle KOC$ すなわち $\angle BOC$ は鋭角である．したがって $\triangle OBC$ は鋭角三角形である．

証明すべきことは $\triangle ABC$ の頂点 A から対辺 BC に下した垂線が点 O を通ることである．A は $\triangle OBC$ の頂点 B から対辺 CO に下した垂線 BL と C から対辺 OB に下した垂線 CK の交点である．鋭角三角形については既に定理が証明されているから，$\triangle OBC$ の頂点 O から対辺 BC に下

した垂線は A を通る．ゆえに A から辺 BC に下した垂線は O を通る(証明終)．

この別証から直ちにつぎの系が従う．

系　鋭角三角形の垂心はその三角形の内部にある．鈍角三角形の垂心はその三角形の外部にある．

例題 2　$\triangle ABC$ の頂点 A, B, C からその対辺 BC, CA, AB へ下した垂線の足を H, K, L としたとき，$\triangle HKL$ を $\triangle ABC$ の**垂足三角形**という．$\triangle ABC$ が鋭角三角形である場合，$\triangle ABC$ の垂心は垂足三角形の内心と一致する．

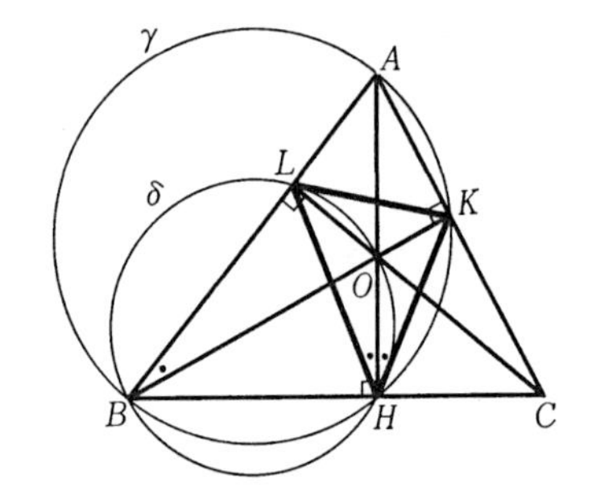

証明　$\triangle ABC$ の垂心を O とする．$\angle AHB = \angle AKB = \angle R$ であるから，定理 65 の系 3(122 ページ)により，H と K は線分 AB を直径とする円周 γ の上にある．仮設により $\angle ABC$ と $\angle ACB$ が鋭角であるから，A から辺 BC に下した垂線の足 H は B と C の間にある(62 ページ)．ゆえに点 C は B と H を通る円 γ の外部にある．直線 BH と直線 AK が γ の外部の点 C で交わっているから，円周角不変の定理(119 ページ，系 2)により，

$$(1)\qquad \angle AHK = \angle ABK.$$

同様に，$\angle OHB = \angle OLB = \angle R$ であるから，H と L は線分 OB を直径とする円 δ の上にある．直線 BH と直線 LO が δ の外部の点 C で交わっているから，円周角不変の定理により，

$$(2)\qquad \angle LBO = \angle LHO$$

であるが，$\angle AHK$ は $\angle OHK$，$\angle ABK$ は $\angle LBO$ である．ゆえに，(1)と(2)から

$$\angle OHK = \angle LHO$$

を得る．すなわち直線 HO は $\angle LHK$ の二等分線である．同様に直線 KO は $\angle HKL$ の二等分線，直線 LO は $\angle KLH$ の二等分線である．ゆえに O は $\triangle HKL$ の内心である（証明終）．

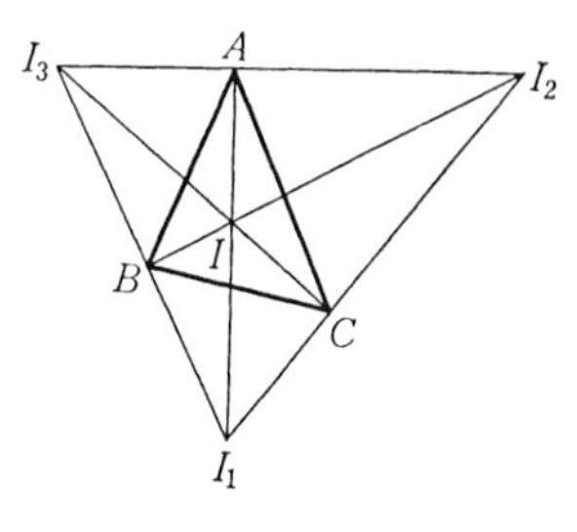
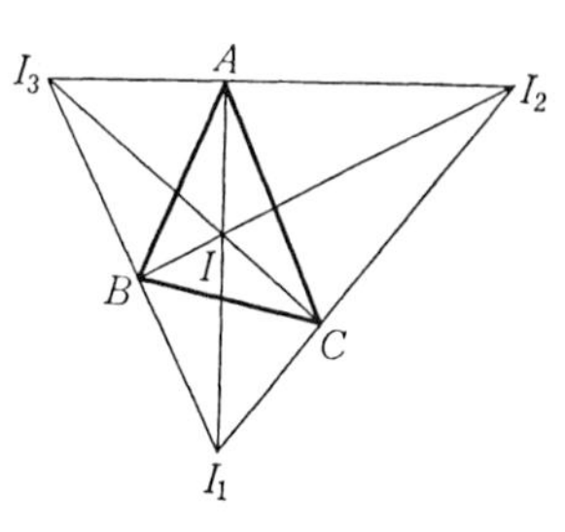
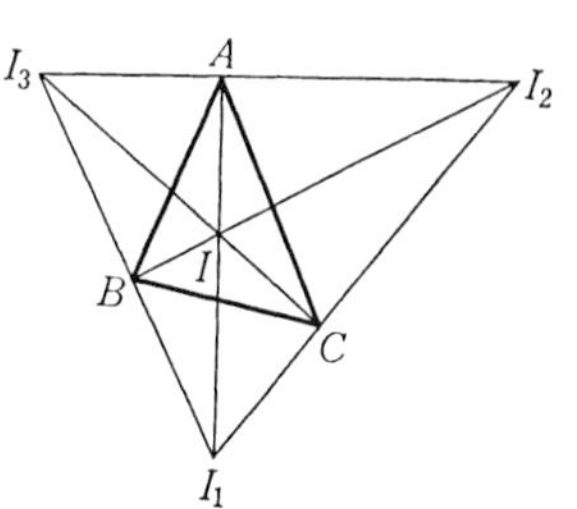

問題 5　$\triangle ABC$ の三つの傍心を I_1, I_2, I_3 とすれば，$\triangle ABC$ は $\triangle I_1I_2I_3$ の垂足三角形である．このことを証明せよ．

重心　三角形の頂点とその対辺の中点を結ぶ線分をその三角形の**中線**という．

定理 76　三角形の三つの中線はその三角形の内部の一点で交わる．

証明　$\triangle ABC$ の三つの辺 BC, CA, AB の中点をそれぞれ D, E, F とする．定理 70（129 ページ）により，中線 BE と中線 CF は $\triangle ABC$ の内部の一点で交わる．その点を G とする．第三の中線 AD が G を通ることを証明するには半直線 AG が D を通ることを示せばよい．

半直線 AG 上に点 H を G に関して H が A の反対側にあって

$$HG = AG$$

となるように定める．そうすれば，定理 50（86 ページ）により，$\triangle ABH$ の二辺 AB と AH の中点 F と G を結ぶ直線 FG は第三辺 BH に平行である．すなわち

$$GC \parallel BH.$$

同様に

$$GB \parallel CH$$

である．ゆえに四辺形 $BHCG$ は平行四辺形であって，したがって，定理46(84ページ)により，その対角線 GH は対角線 BC を二等分する．すなわち半直線 AG は辺 BC の中点 D を通る(証明終)．

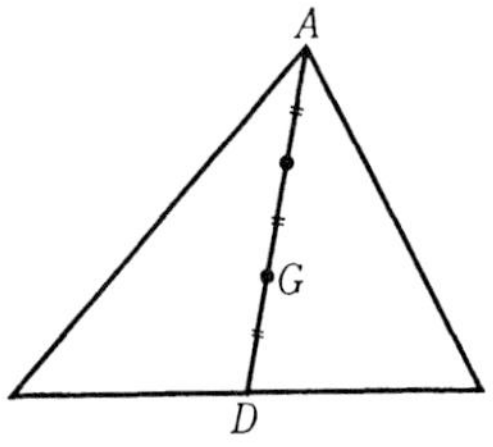

三角形の三つの中線の交点をその三角形の**重心**という．

上の証明において，D は対角線 HG の中点で $HG=AG$ である．ゆえにつぎの系を得る．

系　A を三角形の一つの頂点，AD を中線とすれば，その三角形の重心 G は中線 AD 上にあって

$$GD = \frac{1}{3}AD$$

である．

定理 76 の別証　$\triangle ABC$ の三つの中線が一点で交わることを証明するには中線 BE と中線 CF の交点を G としたとき

$$GE = \frac{1}{3}BE$$

であることを示せばよい．なぜなら，中線 BE と中線 AD の交点を G' とすれば，同様に

$$G'E = \frac{1}{3}BE$$

となるから，G' は G と一致し，したがって三つの中線は点 G で交わることになるからである．

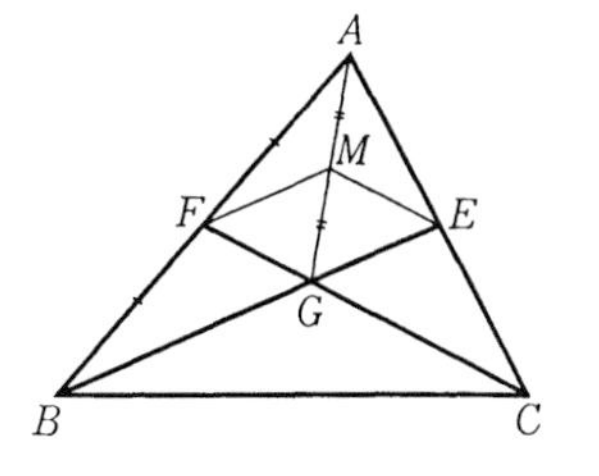

線分 AG の中点を M とする．定理50により，$\triangle ABG$ の二辺の中点 F と M を結ぶ線分 FM は辺 BG に平行で

$$FM=\frac{1}{2}BG$$

である．したがって $FM//GE$. $\triangle ACG$ について同様に考えれば $EM//GF$, ゆえに四辺形 $FMEG$ は平行四辺形である．したがって

$$GE=FM=\frac{1}{2}BG,$$

ゆえに

$$GE=\frac{1}{3}BE$$

である(証明終).

例題3　$\triangle ABC$ の辺 BC の中点を D とする．このとき

$$AB>AC$$

ならば

$$\angle BAD<\angle CAD$$

である．

証明　直線 AD 上の点 E を D に関して E と A が反対側にあって $ED=AD$ となるように定めれば，二辺夾角の合同定理により

$$\triangle DEC\equiv\triangle DAB,$$

したがって $\angle CED=\angle BAD$ で $EC=AB$ である．仮設により $AB>AC$ であるから $EC>AC$, ゆえに，定理25(45ページ)により $\angle CAE>\angle CEA$, すなわち

$$\angle CAD > \angle CED = \angle BAD$$

である(証明終).

問題 6　$\triangle ABC$ の重心を G，内心を O とする．$AB>BC$，$AC>BC$ ならば内心 O は $\triangle GBC$ の内部にあることを証明せよ．

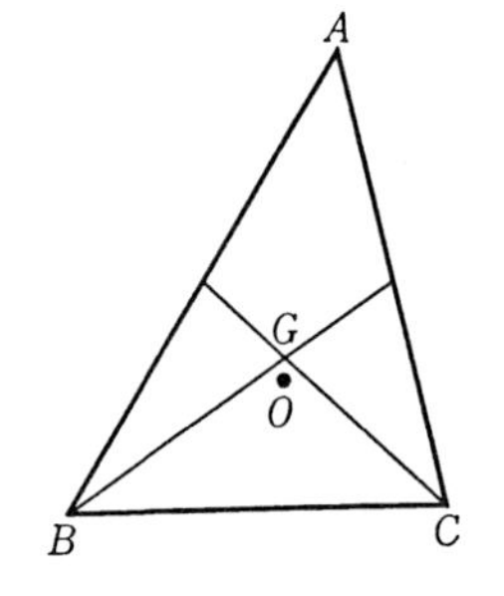

§9　三角形，四辺形，円

本節では三角形，四辺形と円の重要な関係について述べる．

定理 77　$\triangle ABC$ の頂点 A と垂心 H の距離はその外心 O と辺 BC の距離の 2 倍に等しい．

証明　$\triangle ABC$ の外心 O は辺 BC の垂直二等分線上にある(133 ページ，定理 73)．したがって，辺 BC の中点を M とすれば O と辺 BC の距離は OM に等しい．ゆえに

$$AH = 2\,OM$$

となることを証明すればよい．

$\triangle ABC$ の外接円を γ とする．$2\,OM$ に等しい線分をつくるために，γ 上に点 D を線分 CD が γ の直径となるように定める．そうすれば γ の中心 O は線分 CD の中点であって，定理 50 により，$\triangle CDB$ の二辺の中点 O と M を結ぶ線分 OM の長さは第三辺 DB の長さの半分に等しい．すなわち

$$DB = 2\,OM$$

である．ゆえに $AH=2\,OM$ となることを証明するには $AH=DB$ であることをいえばよい．このためには四辺形 $AHBD$ が平行四辺形であることを確めればよい．

線分 CD が円 γ の直径であるから，定理65の系3(122ページ)により，$\angle CAD = \angle R$，すなわち四辺形 $AHBD$ の辺 DA は線分 AC に垂直，また，H が $\triangle ABC$ の垂心であるから，辺 BH も線分 AC に垂直である．ゆえに $DA // BH$，同様に $DB // AH$，すなわち四辺形 $AHBD$ は平行四辺形である．これで定理は証明されたのである．

$\triangle ABC$ が鋭角三角形である場合の図を上に示した．

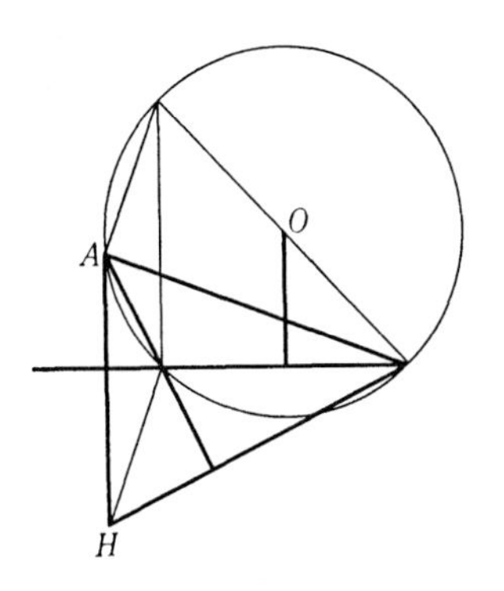

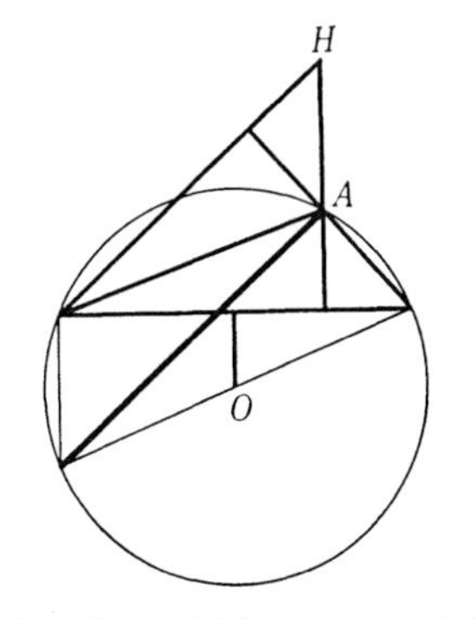

$\triangle ABC$ が鈍角三角形である場合には図の様子は異なるが，上記の証明はそのまま通用する(証明終)．

例題4　$\triangle ABC$ の垂心を H，頂点 A からその対辺 BC へ下した垂線の足を D，垂線 AD が $\triangle ABC$ の外接円 γ と新しく交わる点を K とすれば，D は線分 HK の中点である．

証明　$\triangle ABC$ が鋭角三角形である場合について証明を述べる．この場合 $\triangle ABC$ の垂心 H はその内部にあり(141ページ，定理75の系)，外接円 γ 上の点 K は $\triangle ABC$ の外部にある(133ページ)．ゆえに D は H と K の間にある．したがって HD と KD が等しいことを証明すればよいことになるが，このためには $\angle HBD$ と

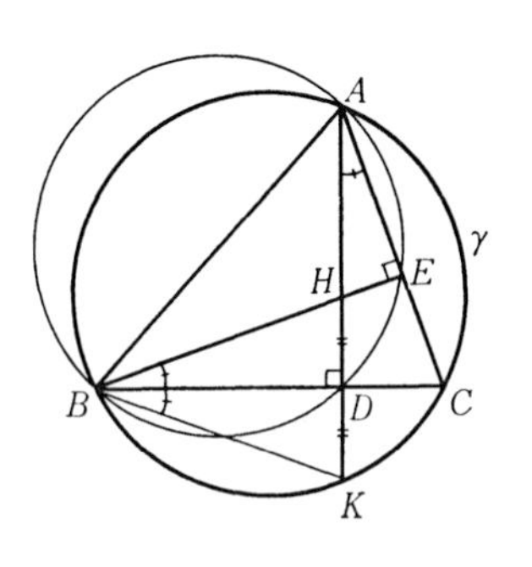

$\angle KBD$ が等しいことをいえばよい．なぜなら，一辺両端角の合同定理により，$\angle HBD = \angle KBD$ ならば

$$\triangle HDB \equiv \triangle KDB$$

となるからである．

D が A と K の間にあるから，γ の弦 BC と弦 AK は D で交わる．ゆえに，円周角不変の定理(119-120 ページ，系 3)により，

$$\angle KBC = \angle KAC.$$

$\angle AEB = \angle ADB = \angle R$ であるから，D と E は線分 AB を直径とする円の上にある．その弦 AD と BE が H で交わっているから，円周角不変の定理により

$$\angle DAE = \angle DBE.$$

ゆえに $\angle KBD = \angle HBD$ である(証明終)．

問　鈍角三角形 $\triangle ABC$ についてこの例題を証明せよ．

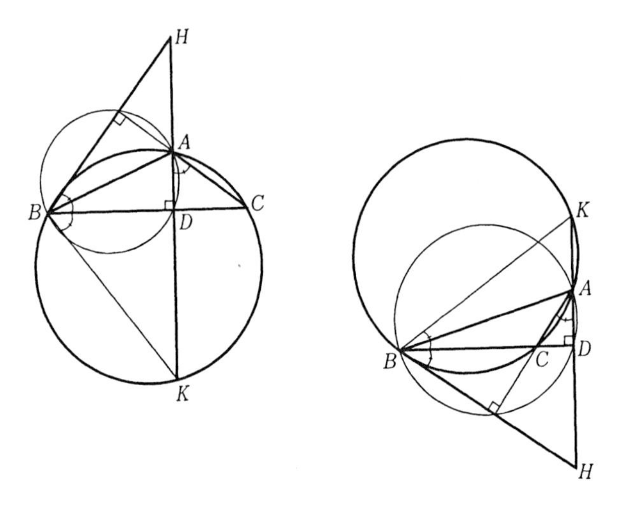

例題 5　$\triangle ABC$ の重心 G はその垂心 H と外心 O を結ぶ線分 HO 上にあって G と O の距離は H と O の距離の $\frac{1}{3}$ に等しい．

証明　上記の定理 77 の証明におけると同様に，点 D を線分 CD が

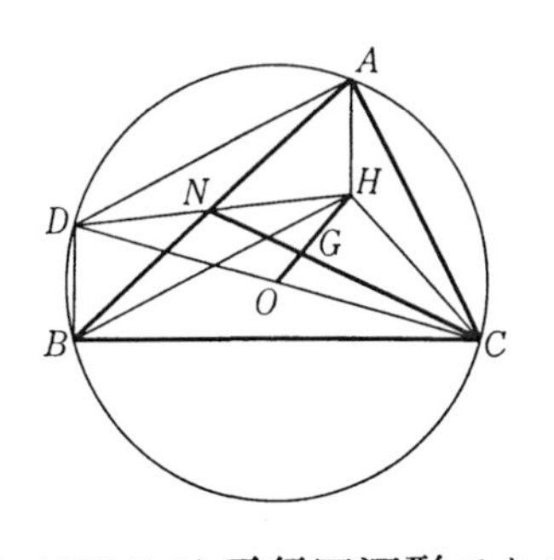

$\triangle ABC$ の外接円の直径となるように定めれば，線分 HO は $\triangle HCD$ の中線となる．ゆえに，G が線分 HO の上にあって $GO=\dfrac{1}{3}HO$ であることを証明するには，定理 76 の系(143ページ)により，G が $\triangle HCD$ の重心であることをいえばよい．

定理 77 の証明で示したように，四辺形 $AHBD$ は平行四辺形である．平行四辺形 $AHBD$ の対角線の交点を N とすれば，定理 46(84ページ)により，N は対角線 AB の中点であり，また対角線 DH の中点でもある．定理 76 の系により，$\triangle ABC$ の重心 G はその中線 CN 上にあって $GN=\dfrac{1}{3}CN$ であるが，また線分 CN は $\triangle HCD$ の中線である．ゆえに G は $\triangle HCD$ の重心である(証明終)．

$\triangle ABC$ が鈍角三角形である場合には図の様子は異なるが証明はそのまま通用する．

定理 78(九点円の定理)　$\triangle ABC$ の頂点 A, B, C からその対辺へ下した垂線の足を D, E, F，対辺 BC, CA, AB の中点を L, M, N とする．さらに

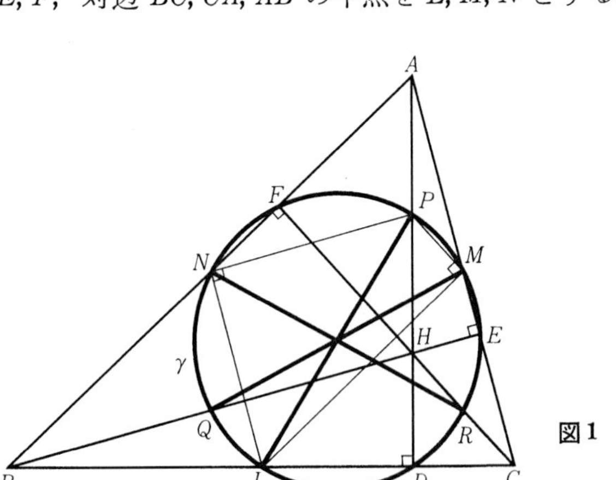

図 1

$\triangle ABC$ の垂心を H とし, 線分 AH, BH, CH の中点を P, Q, R とする. そうすれば 9 個の点 $D, E, F, L, M, N, P, Q, R$ は同一円周上にある. ——

この円周を $\triangle ABC$ の**九点円**という.

証明 定理は難かしそうに見えるが, 証明は案外易しい.

線分 PL を直径とする円 γ を描く. 仮設により $\angle PDL=\angle R$ であるから, 点 D は γ の上にある(122 ページ). つぎに, $\triangle ABH$ の二辺の中点 N と P を結ぶ線分 NP は第三辺 BH に平行, $\triangle BAC$ の二辺の中点 N と L を結ぶ線分 NL は第三辺 AC に平行であって, 仮設により, 直線 BH は辺 AC に垂直である. したがって $\angle PNL=\angle R$, ゆえに点 N は円 γ の上にある. 同様に $\angle PML=\angle R$ であるから M も円 γ の上にある. すなわち線分 PL を直径とする円 γ は $\triangle ABC$ の三辺の中点 L, M, N と二点 P と D を通る.

同様に線分 QM を直径とする円は三点 L, M, N と二点 Q と E を通るが, 三点 L, M, N を通る円はただ一つしかない. ゆえにこの円は γ と一致する. すなわち円 γ は Q と E を通る. さらに線分 RN を直径とする円も γ と一致する. ゆえに γ は R と F を通る.

このように円 γ は 9 個の点 $D, E, F, L, M, N, P, Q, R$ を通る. すなわ

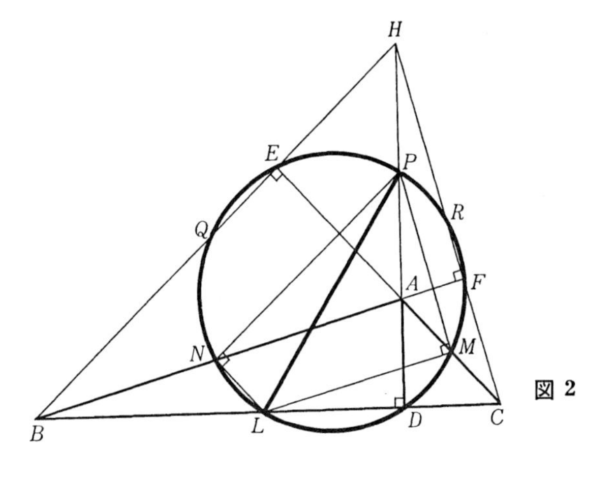

図 2

ち γ が $\triangle ABC$ の九点円である．

図1は $\triangle ABC$ が鋭角三角形である場合を示す．$\triangle ABC$ が鈍角三角形である場合には図の様子は異なるが，証明はそのまま通用する．図2は $\angle A$ が鈍角である場合を示す(証明終)．

図2は図1の A と H，N と Q，M と R，E と F を入れ換えたものであり，鈍角三角形 $\triangle ABC$ の九点円は鋭角三角形 $\triangle HBC$ の九点円と一致する．

例題6　$\triangle ABC$ の九点円の中心はその垂心 H と外心 O を結ぶ線分 HO の中点である．九点円の直径は外接円の半径 OA に等しい．

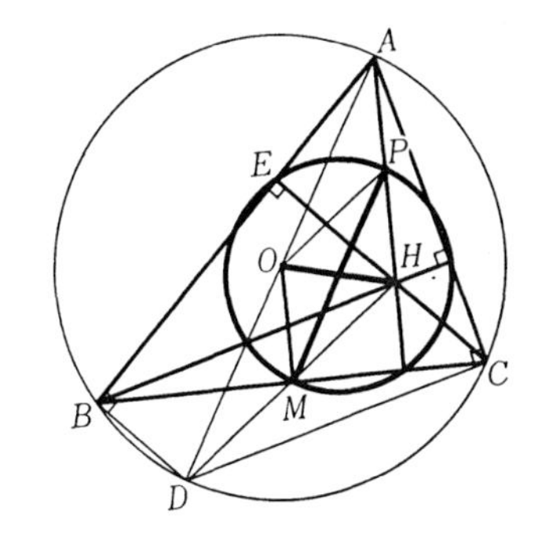

証明　線分 AH の中点を P，A の対辺 BC の中点を M とすれば，九点円の定理の上記の証明により，線分 PM は九点円の直径である．

まず $\triangle ABC$ の外接円の半径 AO の延長が新しく外接円と交わる点を D とし，D と H を結ぶ線分 DH の中点が M と一致することを示す．線分 AD が外接円の直径であるから，$\angle DBA=\angle R$ であるが，仮設により，直線 CE は辺 AB に垂直である．ゆえに $DB/\!/CH$，同様に $DC/\!/BH$，したがって四辺形 $DBHC$ は平行四辺形であって，その対角線は互いに他を二等分する．すなわち線分 DH の中点は辺 BC の中点 M と一致する．

$\triangle ADH$ の二辺の中点を結ぶ線分 OP は第三辺 DH に平行，同様に線分 OM は辺 AH に平行である．ゆえに四辺形 $POMH$ は平行四辺形であって，したがって対角線 PM の中点は対角線 HO の中点と一致する．すなわち九点円の中心は線分 HO の中点である．また，$\triangle HAD$ の二辺の中点を結ぶ線分 PM の長さは第三辺 AD の長さの半分に等しい(86ページ，定理50)．すなわち九点円の直径は外接円の半径に等しい(証明終）．

問題 7　$\triangle ABC$ の三つの傍心を I_1, I_2, I_3，内心を I とすれば，$\triangle ABC$ の外接円は六つの線分 $I_2I_3, I_3I_1, I_1I_2, I_1I, I_2I, I_3I$ のそれぞれの中点を通る．このことを証明せよ．

定理 79　$\triangle ABC$ の外接円上の任意の点 P から，直線 BC, CA, AB へ下した垂線の足 D, E, F は一直線上にある．ただし P は頂点 A, B, C のいずれとも異なるものとする．

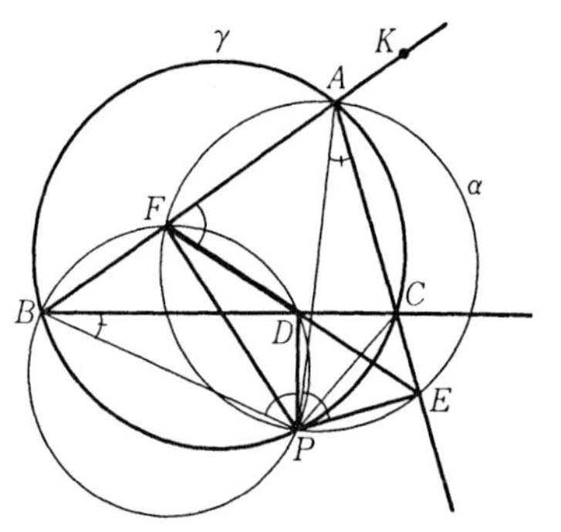

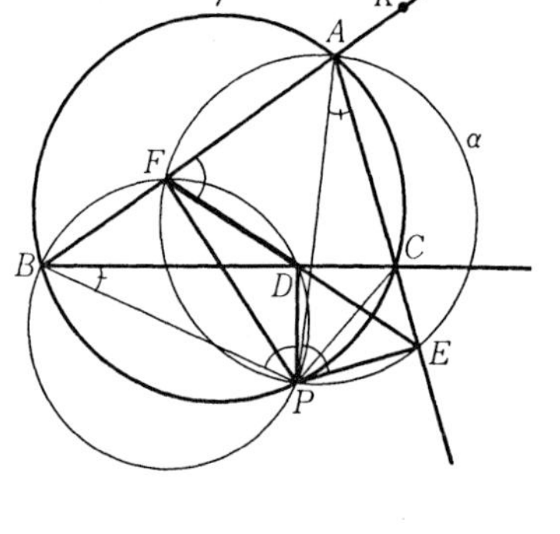

証明　図を一つ描いてその図についてこの定理を証明するのはやさしいが，図の様子は場合によって異なる．たとえば右上の図では垂線の足 D は $\triangle ABC$ の辺 BC の上に，F は辺 BA の上にあるが，右下の図では D は辺 BC の延長上に，F は辺 BA の延長上にある．すべての場合に通用する証明を与えることは簡単でない．つぎに述べる証明は秋山武太郎先生による[1]．

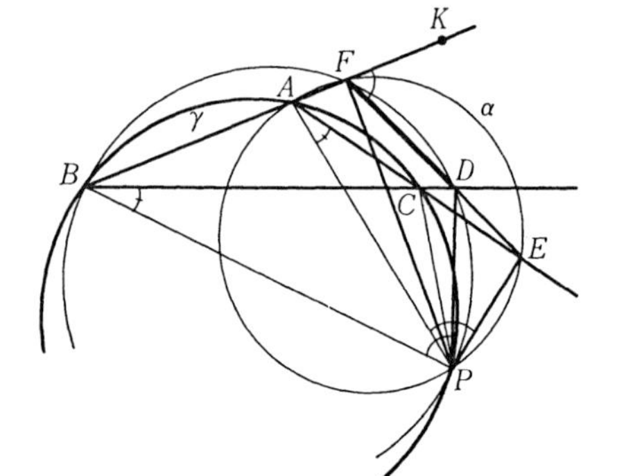

$\triangle ABC$ の外接円を γ で表わす．仮設により点 P は γ 上にあって A, B, C のいずれとも異なる．ゆえに P は $\triangle ABC$ の外部にあって $\triangle ABC$ の

1）　秋山武太郎：わかる幾何学，第 1 版，高岡本店，1920 年，校訂，日新出版，1959 年，137–138 ページ．

内角 $\angle A, \angle B, \angle C$ のいずれかの内部にある(133 ページ)．いずれの場合も同様であるから，P は $\angle A$ の内部にあるとする．

A と P が直線 BC の反対側にあるから，$ABPC$ は四辺形である．この四辺形 $ABPC$ は円 γ に内接しているから，対角 $\angle PBA$ と $\angle PCA$ は補角をなす(125 ページ，定理 66)．ゆえに $\angle PBA$ が直角である場合には $\angle PCA$ も直角となり，F は B と，E は C と一致する．したがって三点 D, E, F は直線 BC 上にある．

$\angle PBA$ が直角でない場合，$\angle PBA$ と $\angle PCA$ の一方は鋭角，他は鈍角であるから，$\angle PBA$ が鋭角であるとして定理を証明する．$\angle PCA$ が鋭角ならば B と C を入れ換えて同じように証明すればよい．

$\angle PBA$ が鋭角であるから，定理 38 の系(63 ページ)により，P から直線 AB に下した垂線の足 F は半直線 BA 上にある．点 C が鋭角 $\angle PBA$ の内部にあるから，$\angle PBC$ も鋭角である．ゆえに P から直線 BC へ下した垂線の足 D は半直線 BC 上にある．$\angle PCA$ が鈍角であるから，P から直線 CA に下した垂線の足 E は半直線 CA の延長上にある．すなわち E は半直線 AC 上にあって C に関して A の反対側にある．

半直線 BA 上に点 K を F と B が K の同じ側にあるようにとる．直線 AB に関して D は C と同じ側に，C は E と同じ側にあるから，D と E も同じ側にある．ゆえに三点 D, E, F が一直線上にあることを証明するには

$$\angle DFK = \angle EFK$$

となることをいえばよい．直線 BD に関して A は P の反対側にあるから F も P の反対側にある．ゆえに $DFBP$ は四辺形である．

$$\angle PDB = \angle PFB = \angle R$$

であるから，この四辺形 $DFBP$ は線分 BP を直径とする円に内接する．ゆえにその外角 $\angle DFK$ は内対角 $\angle BPD$ に等しい(126 ページ，定理 68)．$\triangle BPD$ において $\angle D = \angle R$ であるから $\angle BPD$ と $\angle PBD$ は余角である

が(71ページ)，$\angle PBD$ はすなわち $\angle PBC$ である．ゆえに

$$(1)\qquad \angle DFK = \angle R - \angle PBC.$$

A と P は直線 BC に関して反対側にあるから，円 γ の弦 AB と弦 PC は交わらない．ゆえに，円周角不変の定理(119ページ，定理63の系1)により

$$\angle PBC = \angle PAC$$

であるが，$\angle PAC$ はすなわち $\angle PAE$ で，$\triangle PAE$ において $\angle E = \angle R$ であるから，$\angle PAE$ と $\angle EPA$ は余角である．したがって

$$\angle PBC = \angle R - \angle EPA.$$

ゆえに，(1)により

$$\angle DFK = \angle EPA,$$

したがって $\angle DFK = \angle EFK$ であることを証明するには

$$(2)\qquad \angle EPA = \angle EFK$$

となることを確めればよい．

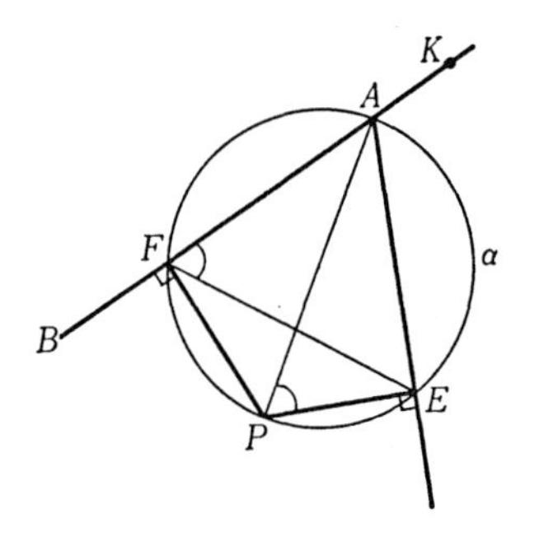

$\angle PEA = \angle PFA = \angle R$ であるから，E と F は線分 PA を直径とする円 α の上にある．F は半直線 BA 上にあって B と異なる．したがって，F が B と A の間にあるか，A が B と F の間にあるか，F と A が一致するか，のいずれかである．F が B と A の間にある場合には，P が $\angle BAE$ の内部にあるから，円 α の弦 PF と弦 AE は交わらない．ゆえに，円周角不変の定理により，$\angle EPA$ は $\angle EFA$ すなわち $\angle EFK$ に等しい．

A が B と F の間にある場合には直線 AE に関して P と F は反対側にある．ゆえに $PAFE$ は四辺形である．その四辺形 $PAFE$ は円 α に内

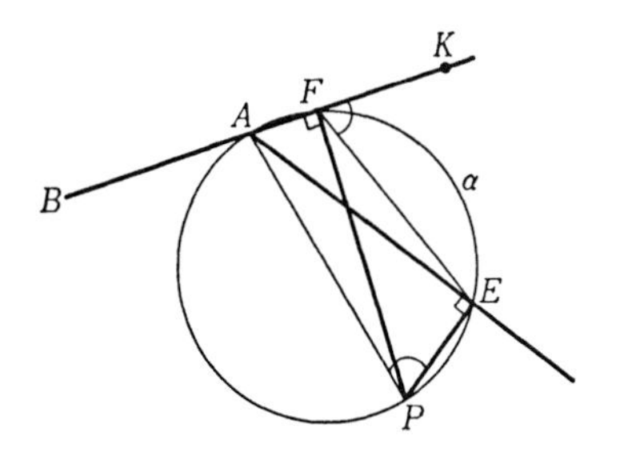

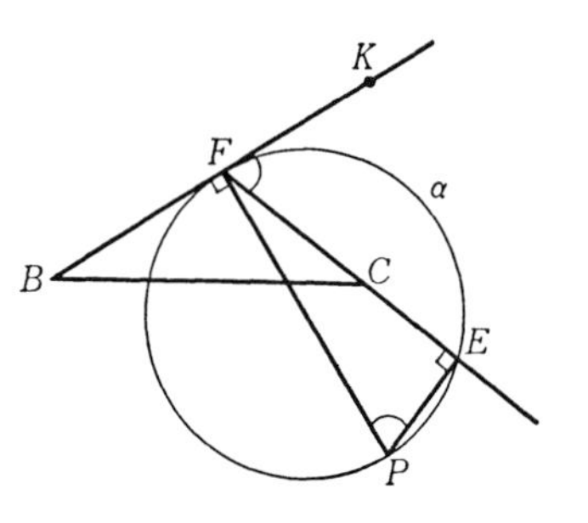

接している．ゆえにその外角 $\angle EFK$ は内対角 $\angle EPA$ に等しい．

F と A が一致した場合には $\triangle EPA$ は $\triangle EPF$ と一致し，したがって $\angle PEF = \angle R$ となる．ゆえに

$$\angle EPA = \angle R - \angle PFE. \tag{3}$$

一方，$\angle BFE$ の内部の点 P は直線 FE に関して K の反対側にあるから，E は直角 $\angle PFK$ の内部にある．したがって，(3) により，

$$\angle EPA = \angle R - \angle PFE = \angle EFK.$$

これですべての場合に(2)の等式 $\angle EPA = \angle EFK$ が成り立つことが証明されたのである(証明終)．

この定理 79 を**シムソン**(Simson)**の定理**という．また三つの垂線の足 D, E, F を通る直線を点 P の**シムソン線**という．

直線，半直線，線分，円，などをそれぞれ一つのものと考えるならば，本書で扱う図形はすべて有限個の点，線分，半直線，直線，円から構成されている．たとえば，シムソンの定理は 7 個の点 A, B, C, P, D, E, F，3 個の直線 BC, CA, AB，3 個の線分 PD, PE, PF と一つの円からなる図

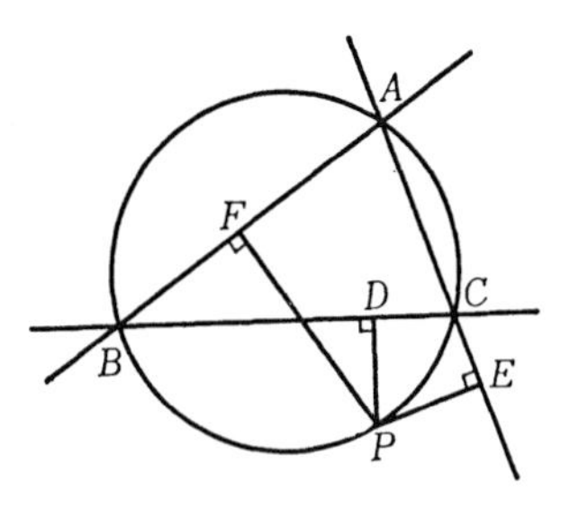

形に関する定理である．図形を構成する点，直線，半直線，線分，円の間の関係には二種類の性格の異なるものがある．その一は直線上の点の順序と結合の公理だけに基づく関係で§1で述べたもの，その二は計量の公理，など，その他の公理にもよるものである．たとえば'点Bが直線AC上のAとCの間にある'というのは第一種の関係，'Bが線分ACの中点である'は第二種の関係である．また，たとえば'直線lが線分ABと交わる'は第一種の関係，'直線lが線分ABの垂直二等分線である'は第二種の関係である．円はその定義が計量の公理に基づいているから，円と点，直線，他の円，などとの関係はすべて第二種である．たとえば'点Pが$\triangle ABC$の内部にある'は第一種の関係であるが，これに対して'点Pが円γの内部にある'は第二種の関係である．なぜなら，γの中心をO，半径をrとすれば，Pがγの内部にあることは，定義により，PとOの距離がrより小さいことに他ならないからである．

線分ABあるいは半直線ABは直線ABとその上の二点AとBによって定まる．したがって有限個の点，線分，半直線，直線，円からなる図形は結局有限個の点と直線と円からなる図形と考えられる．そこで一つの図形の点，線分，半直線，直線の間の第一種の関係をその図形の**点と直線の配列**ということにする．

上記のシムソンの定理のPが$\angle BAC$の内部にあって$\angle PBA$が鋭角である場合の証明を見ると，その大半は垂線の足Fは半直線BA上にあること，Dは半直線BC上にあること，Eは半直線CAの延長上にあること，DとEが直線ABの同じ側にあること，など，点と直線の配列が図が示す通りであることの証明に費やされている．点と直線の配列は図を見れば明らかであって，図が示す通りであることを証明する必要はないといわれるかも知れない．実際われわれが昔中学校で学んだ平面幾何では，多くの場合，点と直線の配列は図を見れば明らかであるとして，その証明には注意を払わなかった．しかし定理が成り立つことを厳密に証明するにはまず図の点と直線の配列を明らかにしなければならない．なぜなら，図を一つ描いたとき，その図は一つの特殊な場合を示しているのであって，そこに見られる点と直線の配列がたまたまそうなったのか，一般にそうなのか，わからないからである．

この辺の事情を説明するためにもう一度シムソンの定理について考えて見る．右の図1について垂線の足 D, E, F が一直線上にあることを証明するには D と E，D と F をそれぞれ線分で結んだとき，等式

(1)　$\angle CDE = \angle BDF$

が成り立つことをいえばよい．図1を見ると線分 PC を直径とする円の弦 DP と弦 CE が交わっていないから，円周角不変の定理により，$\angle CDE$ は $\angle CPE$ に等しいが，$\triangle CPE$ において $\angle E = \angle R$ であるから，$\angle CPE$ と $\angle PCE$ は余角である．ゆえに

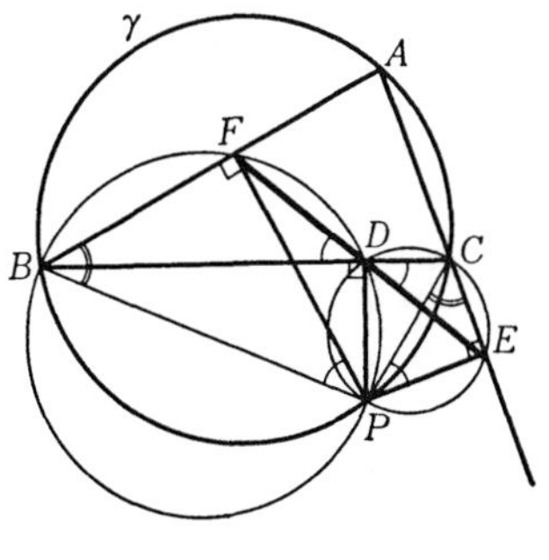

(2)　$\angle CDE = \angle R - \angle PCE.$

線分 PB を直径とする円の弦 DP と弦 BF について同様に考えれば等式

(3)　$\angle BDF = \angle R - \angle PBF$

を得る．(2)の右辺の $\angle PCE$ は四辺形 $ABPC$ の外角，(3)の右辺の $\angle PBF$ はその内対角であって，仮設により四辺形 $ABPC$ は円 γ に内接している．したがって

$$\angle PCE = \angle PBF.$$

ゆえに(2)と(3)から等式(1)が従う．

図2についても D, E, F が一直線上にあることを証明するには等式(1)が成り立つことをいえばよい．等式(2)と(3)が成り立つことは図1の場合と同様であるが，図2では $\angle PBF$ が γ に内接する四辺形 $ABPC$

図1

の外角，$\angle PCE$ がその内対角である．したがって

$$\angle PCE = \angle PBF.$$

ゆえに(2)と(3)から(1)が従う．

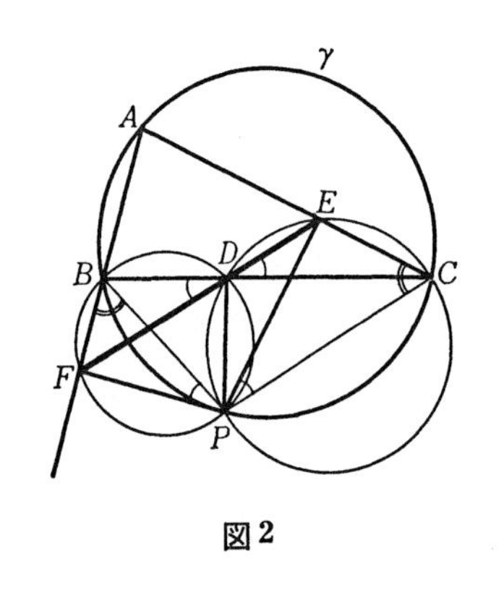

図 2

図 3 について D, E, F が一直線上にあることを証明するには，半直線 BD 上の点 H を D に関して B の反対側にとったとき，等式

$$(4) \quad \angle HDE = \angle BDF$$

が成り立つことをいえばよい．線分 PC を直径とする円に内接する四辺形 $CPED$ の外角 $\angle HDE$ はその内対角 $\angle CPE$ に等しい．そして $\triangle CPE$ において $\angle E = \angle R$ であるから，$\angle CPE$ と $\angle PCE$ は余角である．ゆえに

$$(5) \quad \angle HDE = \angle R - \angle PCE$$

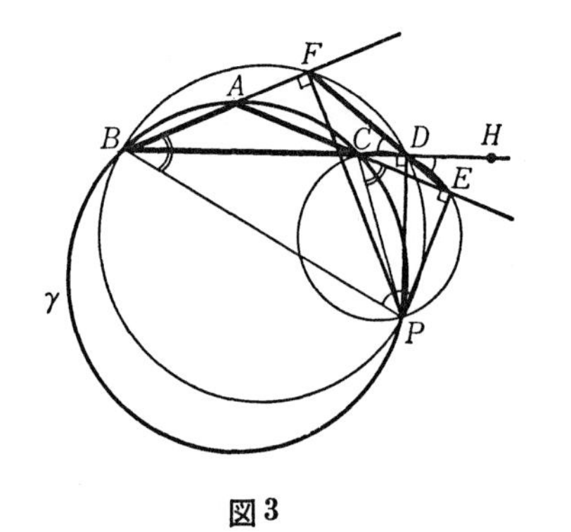

図 3

となる．(3)の等式

$$\angle BDF = \angle R - \angle PBF$$

が成り立つことは図 1 の場合と同様，γ に内接する四辺形 $ABPC$ の外角 $\angle PCE$ がその内対角 $\angle PBF$ に等しいことも図 1 の場合と同様である．ゆえに(5)と(3)から等式(4)が従う．

ここまでくれば，シムソンの定理をこの流儀で証明するにはどんな図についても図 1 についての証明を少し修整すればよいであろうということは容易に想像がつく．しかしいくつ図を描いてもそれですべての図についてシムソンの定理を証明できたことになるかどうか，疑問が残る．シムソンの定理がつねに成立することを厳密に証明するには矢張り，は

じめに述べた証明のように，図の点と直線の配列を必要に応じて明らかにしていかなければならない．

このように平面幾何の定理を厳密に証明するにはその図形の点と直線の配列を証明に必要な限り明らかにしなければならない．もちろん配列のすべてを明らかにすることは必ずしも必要であるとは限らない．たとえば，シムソンの定理のはじめの証明では半直線 BC 上の点 D が B と C の間にあるか否かは終りまで明らかにされていないのである．

シムソンの定理についてはその逆が成り立つ．すなわち：

定理 80　一点 P から $\triangle ABC$ の三辺またはその延長へ下した垂線の足 D, E, F が一直線上にあれば，P は $\triangle ABC$ の外接円の上にある．——

この定理を**シムソンの逆定理**という．シムソンの逆定理を証明するには定理をつぎのようにいい換えておくと考え易い[1]．

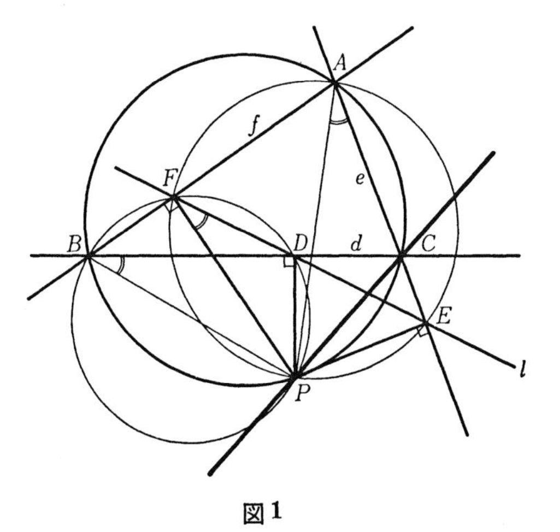

図1

定理 80′　一点 P が直線 l 外に，三点 D, E, F が l 上にあるとき，D, E, F を通って線分 PD，線分 PE，線分 PF に垂直な直線をそれぞれ d, e, f とし，e と f の交点を A，f と d の交点を B，d と e の交点を C とす

1)　秋山武太郎：わかる幾何学，138 ページ．

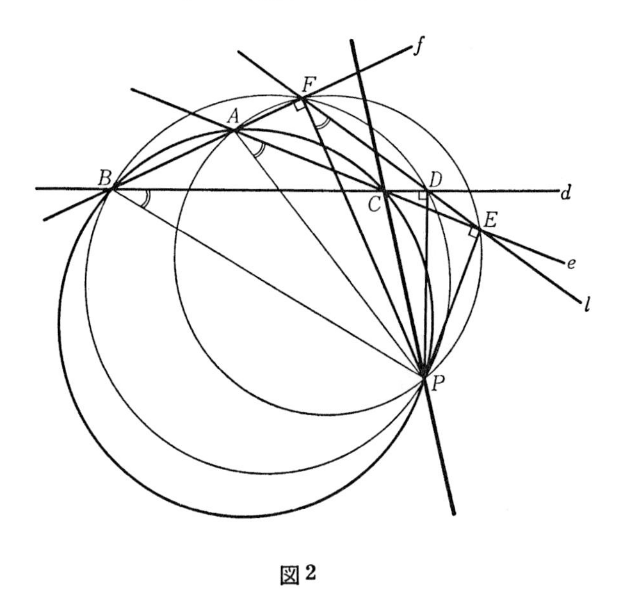

図 2

れば，四点 A, B, C, P は同一円周上にある．

証明　まず図 1 と図 2 について定理を証明する．つぎに図形の点と直線の配列を明らかにして，定理がつねに成り立つことを示す．

i)　図 1，図 2 を見ると，直線 CP は $\angle ACB$ の内部を通らない．ゆえに四点 A, B, C, P が同一円周上にあることを証明するには，定理 65 の系 2 (122 ページ) により

$$\angle CBP = \angle CAP$$

となることをいえばよい．仮設により $\angle BFP = \angle BDP = \angle R$ であるから四辺形 $BFDP$ は円に内接する．ゆえに円周角不変の定理により $\angle DBP = \angle DFP$ (124 ページ)，すなわち

$$\angle CBP = \angle EFP.$$

同様に $\angle AFP = \angle AEP = \angle R$ であるから，図 1 では四辺形 $AFPE$ が円に内接し，図 2 では四辺形 $AFEP$ が円に内接する．したがって，円周角不変の定理により，いずれの場合も $\angle EFP = \angle EAP$，すなわち

$$\angle EFP = \angle CAP.$$

ゆえに $\angle CBP = \angle CAP$ となる．これで図1と図2についての証明は終りである．

ii)　ここで線分 PD が l に垂直である特殊な場合を考える．この場合

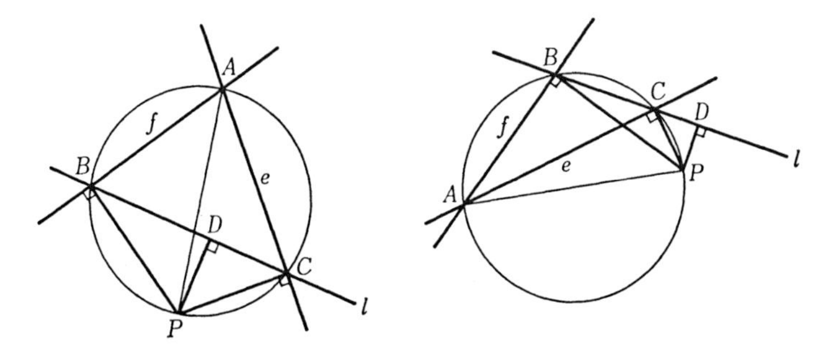

l は d と一致し，F は B と，E は C と一致する．したがって

$$\angle ABP = \angle ACP = \angle R,$$

ゆえに四点 A, B, C, P は同一円周上にある．線分 PE あるいは線分 PF が l に垂直な場合も同様である．

iii)　そこで線分 PD, PE, PF のいずれも l に垂直でない一般の場合の図形の点と直線の配列について考える．

直線 l 上の三点 D, E, F のいずれか一つが他の二つの間にある．いずれの場合も同様であるから，D が E と F の間にあるとする．C は直線 d と e の交点であるから

$$\angle CDP = \angle CEP = \angle R,$$

したがって D と E は線分 CP を直径とする円の上にある．その円を δ で表わす．まず，直線 l に関して C と P が同じ側にあるか反対側にあるかを見るために，P から l に下した垂線の足を N とする．仮定により N

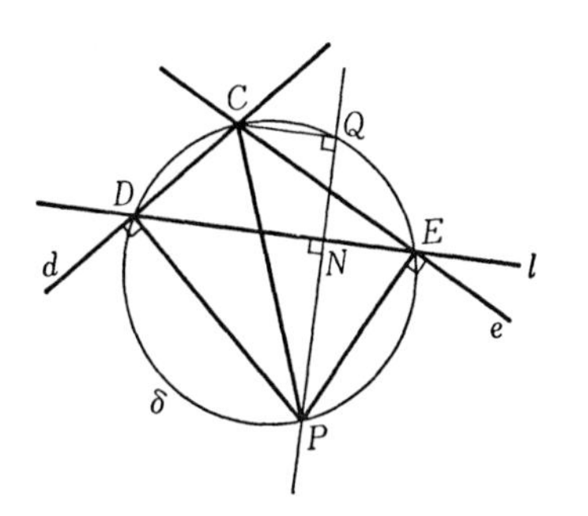

は D, E, F のいずれとも異なる．

補題[1]　N が D と E の間にあれば円 δ の直径 CP は弦 DE と交わり，$CDPE$ は δ に内接する四辺形である．

E が D と N の間にあれば直径 CP は直線 l と交わらない．そして $CDEP$ は δ に内接する四辺形である．——

この補題を証明するために，直線 PN と δ のもう一つの交点を Q とすれば $\angle CQP=\angle R$，したがって直線 CQ は l に平行である．

N が D と E の間にあれば N は P と Q の間にある．すなわち l は $\triangle PCQ$ の辺 PQ と交わるが辺 CQ には平行である．ゆえに l は辺 PC と交わるが，その交点は δ の内部にあるから D と E の間にある．すなわち直径 CP は弦 DE と交わる．したがって $CDPE$ は凸四辺形である(75 ページ)．四辺形 $CDPE$ が δ に内接することは明らかであろう．

E が D と N の間にあれば N は円 δ の外部にある．したがって N は P と Q の間にはない．すなわち，直線 l に関して P と Q は同じ側にある．直線 CQ が l に平行であるから C と Q も同じ側にある．ゆえに C と P は l の同じ側にある，すなわち直径 CP は l と交わらない．

直径 CP と弦 DE が交わらないから，$CDEP$ が四辺形であることを証明するには弦 CD と弦 PE が交わらないことを確めればよい．δ の中心 O は弦 DE の垂直二等分線上にあるから(111 ページ)，弦 DE の中点を M とすれば，直線 OM は l に垂直である．E が D と N の間にあるから，直線 OM に関して，E と N は同じ側にある．直線 PN が直線 OM に平行であるから，N と P も同じ側にある．ゆえに，直線 OM に関して，E

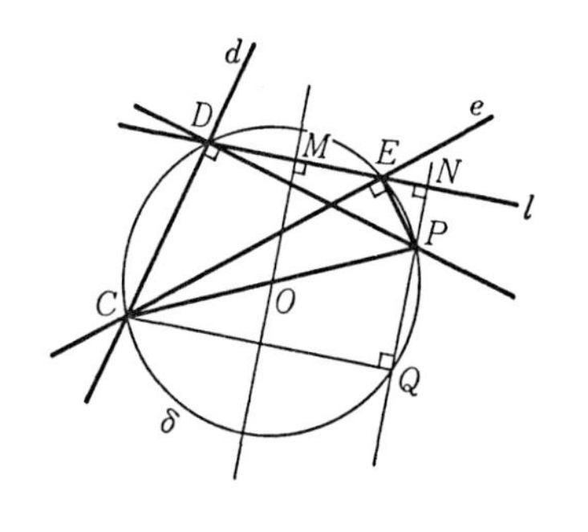

1)　証明に用いる補助的な定理を補題という．

と P は同じ側にあるが，D は E の反対側に，C は P の反対側にある．したがって弦 CD と弦 PE は交わらない(補題の証明終).

l 上の四点 D, E, F, N の順序については，仮定により D は E と F の間にある．すなわち，与えられた三点のうち他の二点の間にある点を D と名付けたのである．残りの二点のうちどちらを E，どちらを F とよぶかは自由であるから，結局 N が D と E の間にある場合と D, E, F が N の同じ側にあって E が D と N の間にある場合の二つの場合を考えればよいことになる．

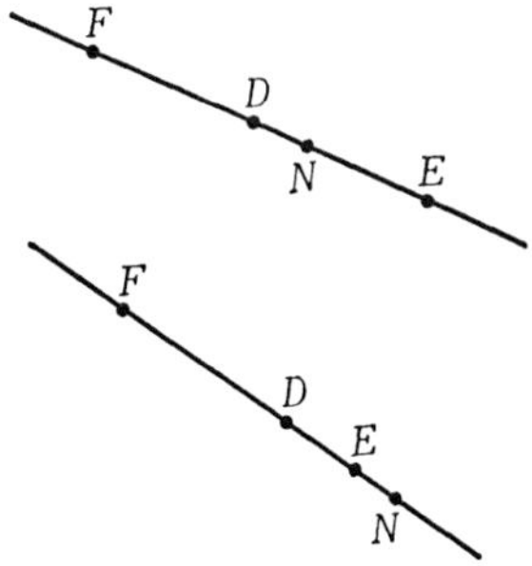

a)　N が D と E の間にある場合．補題により線分 CP は線分 DE と交わる．したがって直線 l に関して C は P の反対側にある．D と E の代りに F と E に補題を適用すれば，A が f と e の交点で N が F と E の間にあるから，線分 AP は線分 FE と交わることがわかる．したがって l に関して A は P の反対側にある．F と D に補題を適用すれば，今度は D が F と N の間にあるから，線分 BP は l と交わらないことがわかる．すなわち l に関して B と P は同じ側にある．ゆえに，l に関して，C は B の反対側にあり，A も B の反対側にある．したがって F は A と B の間にあり，D は C と B の間にある．

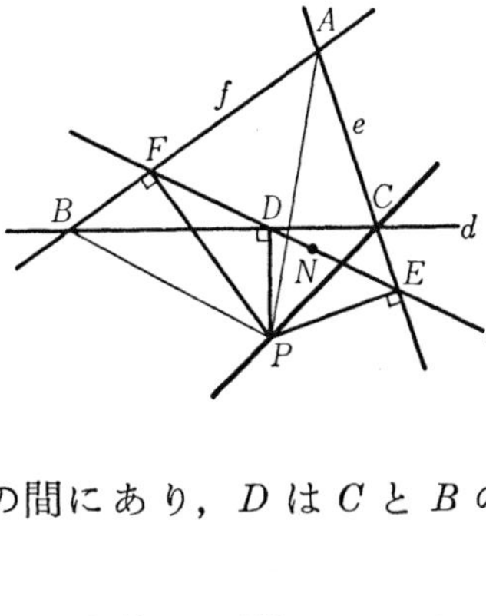

仮定により D が E と F の間にあるから，直線 d に関して E は F の反対側にあるが，F が A と B の間にあるから F と A は同じ側にある．ゆえに E と A は d の反対側にある，すなわち C は A と E の間にある．

線分 AP と線分 FE が交わるから P は $\angle BAC$ の内部にある. 線分 CP と線分 DE が交わるから, d に関して P と E は同じ側にあるが E と A は反対側にある. ゆえに線分 AP は $\triangle ABC$ の辺 BC と交わる. したがって P は $\triangle ABC$ の外部にある. ゆえに直線 CP は $\angle ACB$ の内部を通らない. なぜなら, 内部を通るとすれば, 直線 CP は辺 AB と交わるから, 直線 CP と直線 AP の交点 P は $\triangle ABC$ の内部にあることになって(129 ページ, 定理 70)矛盾を生じるからである.

これで N が D と E の間にある場合には点と直線の配列は図 1(158 ページ)が示す通りになっていることが明らかになった.

b) 三点 D, E, F が N の同じ側にあって E が D と N の間にある場合. 補題により線分 CP は直線 l と交わらない. D と E の代りに F と E に補題を適用すれば, E が F と N の間にあるから, 線分 AP は l と交わらないことがわかる. 同様に, 線分 BP も l と交わらない. ゆえに, l に関して, 三点 A, B, C はいずれも P と同じ側にある.

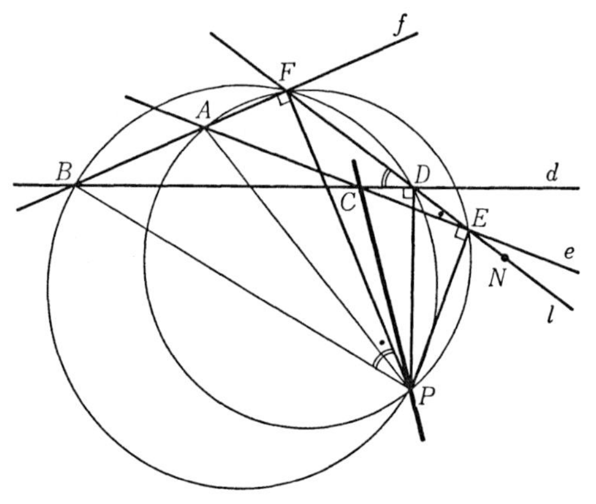

A が F と B の間にあることを証明するには

$$\angle APF < \angle BPF$$

となることを示せばよい. 補題により $AFEP$ は円に内接する四辺形で

ある．ゆえに，円周角不変の定理により，$\angle APF=\angle AEF$ であるが，A と C は直線 e 上にあって E に関して同じ側にあり，D は E と F の間にあるから $\angle AEF$ はすなわち $\angle CED$ である．したがって

$$\angle APF = \angle CED.$$

同様に $BFDP$ は円に内接する四辺形で，B と C は d 上にあって D に関して同じ側にある．ゆえに

$$\angle BPF = \angle CDF.$$

$\triangle CDE$ について見れば，F がその辺 ED の延長上にあるから，$\angle CDF$ は外角であってその内対角 $\angle CED$ より大きい．ゆえに $\angle APF<\angle BPF$，したがって A は F と B の間にある．

直線 d に関して，E は F の反対側に，A は F と同じ側にあるから，A と E は反対側にある．ゆえに C は A と E の間にある．直線 e に関しては，B は F の反対側に，D は F と同じ側にあるから，B と D は反対側にある．ゆえに C は B と D の間にある．

補題により $CDEP$ は円に内接する四辺形であるから，直線 CP は辺 CP の対辺 DE と交わらない．したがって直線 CP は $\angle ECD$ の内部を通らないが，$\angle ACB$ は $\angle ECD$ の対頂角である．ゆえに直線 CP は $\angle ACB$ の内部を通らない．

これで D, E, F が N の同じ側にあって E が D と N の間にある場合には点と直線の配列は図 2(159 ページ)が示す通りになっていることが明らかになった．

このように，線分 PD, PE, PF のいずれもが l に垂直でない一般の場合には点と直線の配列は図 1 または図 2 が示す通りになるが，図 1 と図 2 について定理が成り立つことは既に i) で証明した．また線分 PD, PE, PF のいずれかが l に垂直な場合に定理が成り立つことは ii) で証明した．ゆえにシムソンの逆定理はつねに成立する(証明終)．

シムソンの逆定理の図 1 を見ると，D と E は線分 PC を直径とする円

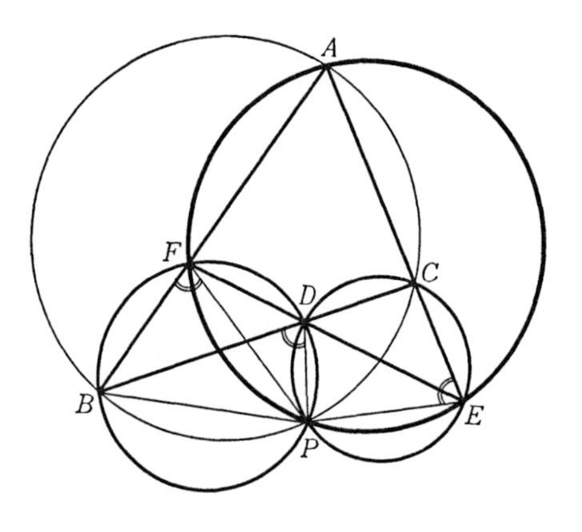

の上にあるから，四つの直線 AB, BC, CA, DE が交わってなす四つの三角形 $\triangle ABC, \triangle AEF, \triangle BDF, \triangle CDE$ の外接円が一点 P で交わっていることになる．このことは直線 DE がシムソン線でない一般の場合にも成り立つ．すなわち，四つの直線のいずれの二つも平行でなくいずれの三つも一点で交わらないとき，その四つの直線が交わってなす四つの三角形の外接円は一点で交わる．

問題 8　このことを証明せよ．

§10　相交わる二円

本節では相交わる二円に関する一つの基本的な定理とその応用について述べる．

定理 81　二つの円 γ と δ が二つの点 A と B で交わっているとき，A を通る一つの直線が新しく γ, δ と交わる点を P, Q，B を通る一つの直線が新しく γ, δ と交わる点を R, S とすれば，直線 PR と直線 QS は平行である：$PR /\!/ QS$. ——

図を一つ描いてその図についてこの定理を証明するのは易しい．たとえば，図 2 については，定理 68(126 ページ)により，円 γ に内接する四辺形 $APRB$ の外角 $\angle ABS$ はその内対角 $\angle APR$ に等しいが，円周角不

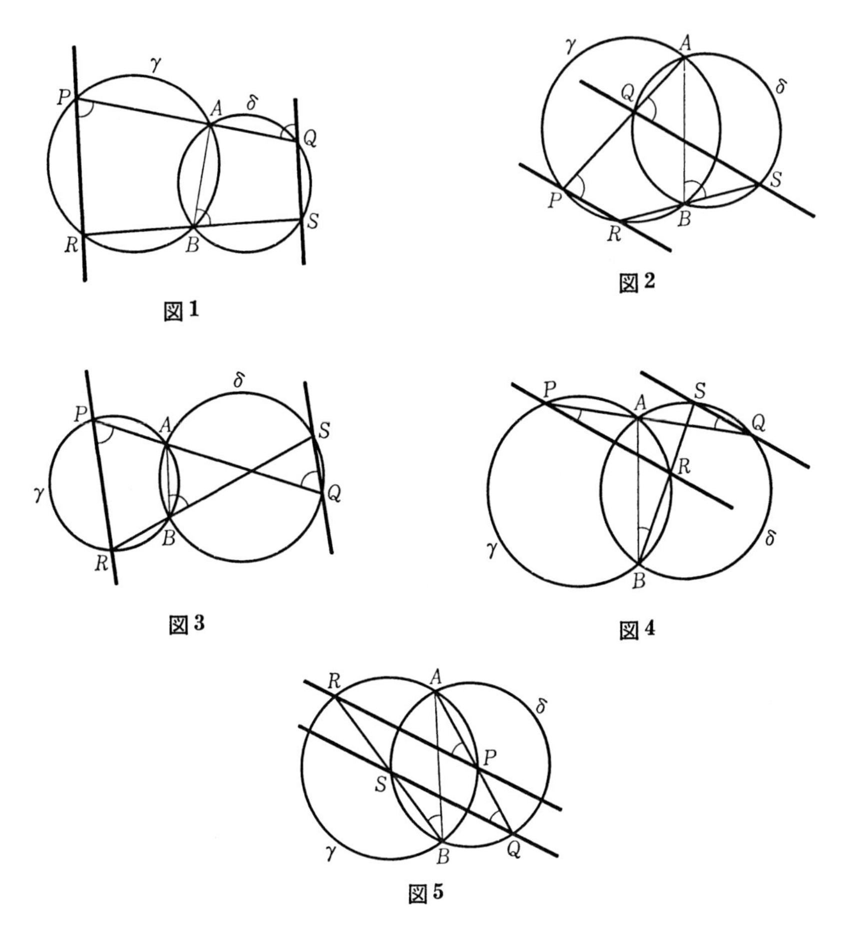

図1

図2

図3

図4

図5

変の定理により，円周角 $\angle ABS$ と $\angle AQS$ は等しい．したがって $\angle APR=\angle AQS$，すなわち二つの直線 PR と QS が直線 PQ と交わってなす同位角は等しい．ゆえに $PR/\!/QS$．

図3についても，同様に $\angle APR=\angle AQS$ となる．すなわち二つの直線 PR と QS が直線 PQ と交わってなす錯角が等しい．ゆえに $PR/\!/QS$．

図4については円周角 $\angle APR$ と $\angle ABR$ は等しく，円周角 $\angle ABS$ と $\angle AQS$ は等しいが，$\angle ABR$ は $\angle ABS$ と同じ角である．したがって

$\angle APR = \angle AQS$, ゆえに $PR /\!/ QS$ である．図1と図5についても同様にして $PR /\!/ QS$ であることが確められる．

このように一つの図について定理を証明することは易しいが，定理がつねに成り立つことを証明するには，さらにいくつかの図を描いて，点と直線の配列が必ずそのいずれかの図が示す通りとなることを明らかにしなければならない．それは難かしくはないが，多数の図を扱うことになるので煩わしい．それよりも，まずつぎの補題を証明して，それから定理を導く方が早い．

補題1　円 γ 上の四点 A, B, P, R に対して直線 AP と直線 BR が交わるとき，その交点を C とすれば

(1)　$$\angle ABC = \angle RPC$$

である．

証明　まず図形の点と直線の配列を明らかにする．点 C は円 γ の内部にあるか外部にあるかのいずれかである．C が γ の内部にあれば C は P と A の間にあり R と B の間にある(98ページ)．C が γ の外部にあれば，直線 CA 上で P と A は C に関して同じ側にあり，直線 CB 上で R と B は同じ側にある．ゆえに点と直線の配列にはつぎの五通りがある．

1)　C が P と A の間にあり，R と B の間にある．

2)　A が P と C の間にあり，B が R と C の間にある．

3)　P が A と C の間にあり，R が B と C の間にある．

4)　A が P と C の間にあり，R が B と C の間にある．

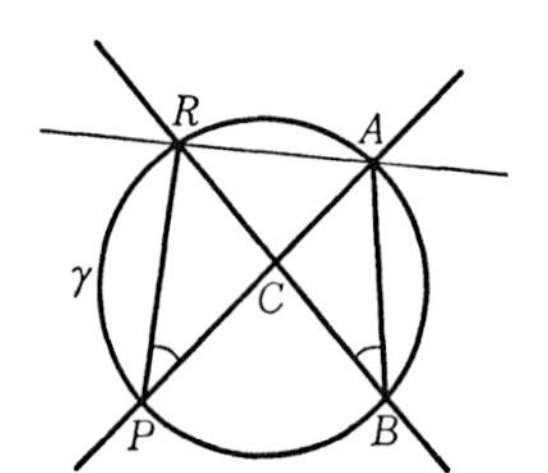

図1

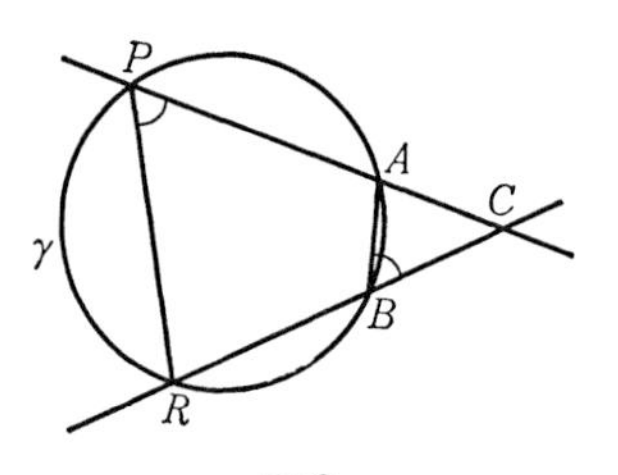

図2

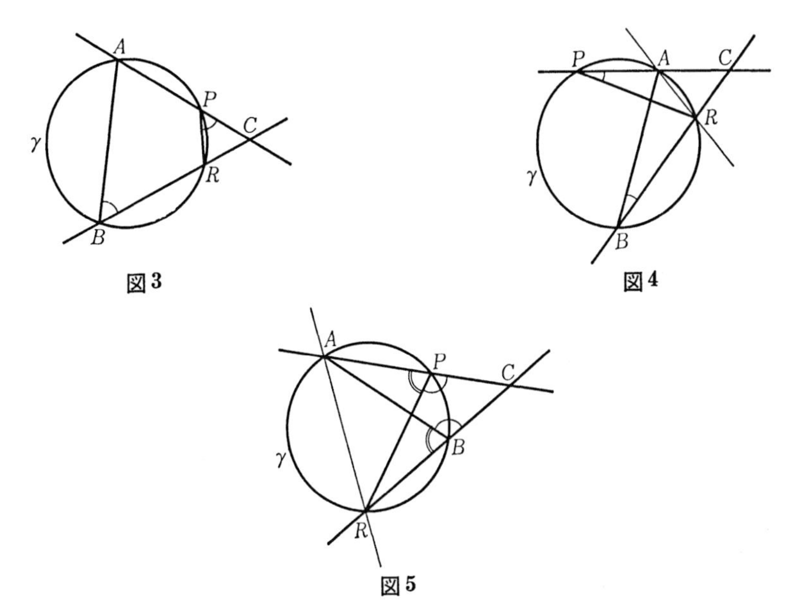

図3

図4

図5

5)　P が A と C の間にあり，B が R と C の間にある．

この 1)-5) の配列は図 1-5 が示す通りである．ゆえに図 1-5 について補題を証明すればよい．

図 1 については，円周角不変の定理により，円周角 $\angle ABR$ は $\angle APR$ に等しいが，$\angle ABR$ は $\angle ABC$ と同じ角，$\angle APR$ は $\angle RPC$ と同じ角である．ゆえに $\angle ABC=\angle RPC$ となる．

図 2 については，円 γ に内接する四辺形 $ABRP$ の外角 $\angle ABC$ はその内対角 $\angle RPA$ に等しいが，$\angle RPA$ は $\angle RPC$ と同じ角である．ゆえに $\angle ABC=\angle RPC$ である．

図 3 については，円 γ に内接する四辺形 $ABRP$ の外角 $\angle RPC$ はその内対角 $\angle ABR$ に等しいが，$\angle ABR$ は $\angle ABC$ であるから，$\angle ABC=\angle RPC$ である．

図 4 については，直線 AR に関して B と P が同じ側にあるから，円周角 $\angle ABR$ と $\angle APR$ は等しい．ゆえに $\angle ABC=\angle RPC$ である．

図5については直線 AR に関して B と P が同じ側にあるから，円周角 $\angle ABR$ と $\angle APR$ は等しいが，$\angle ABC$ は $\angle ABR$ の補角，$\angle RPC$ は $\angle APR$ の補角である．ゆえに $\angle ABC = \angle RPC$ である(証明終).

定理 81 の証明　直線 PQ と直線 RS の交点を C とすれば，補題1により

$$\angle ABC = \angle RPC$$

である．円 γ 上の四点 A, B, P, R の代りに円 δ 上の四点 A, B, Q, S に補題を適用すれば等式

$$\angle ABC = \angle SQC$$

を得る．ゆえに

$$\angle RPC = \angle SQC. \tag{2}$$

したがって，$PR // QS$ であることを証明するには，$\angle RPC$ と $\angle SQC$ が二直線 PR と QS が第三の直線 PQ と交わってなす同位角または錯角であることを証明すればよい．

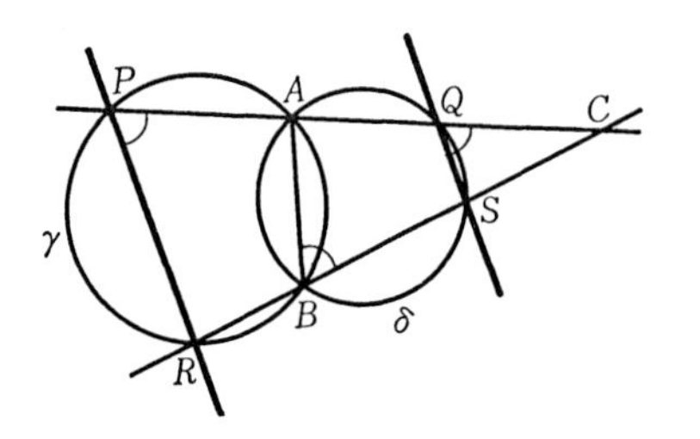

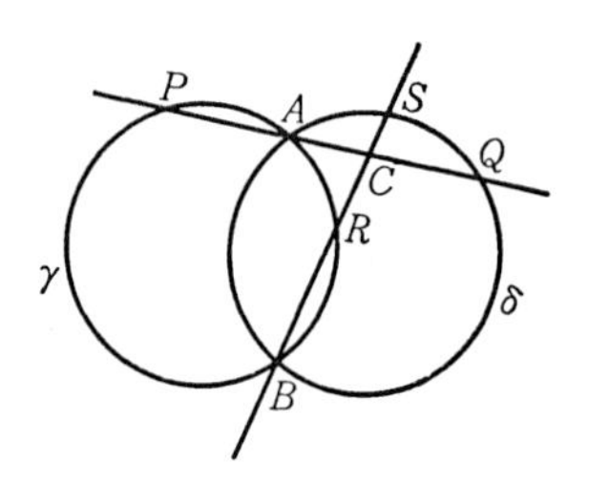

直線 PQ，直線 RS と点 P, Q, R, S, C の配列を明らかにするために，まず，C が P と Q の間にあれば C は R と S の間にあることを証明する．C が P と Q の間にあれば，直線 PQ 上の点 A は C に関して P と同じ側にあるか Q と同じ側にあるかのいずれかである．いずれの場合も同様であるから，A と P が C に関して同じ側にあるとする．そうすれば C は A と Q の間にあることになる．ゆえに C は円 δ の内部にある．円 γ と二点 A と P で交わる直線上の点 C が A と P の間にないのであるから，

C は円 γ の外部にある．このように C は δ の内部にあって γ の外部にある．したがって C は C を通る直線 RS が δ と交わる二点 B と S の間にあるが，直線 RS が γ と交わる二点 R と B は C に関して同じ側にある．ゆえに C は R と S の間にある．

このように，C が P と Q の間にあれば C は R と S の間にある．同様に，C が R と S の間にあれば C は P と Q の間にある．ゆえに C が P と Q の間にないときには C は R と S の間にない．

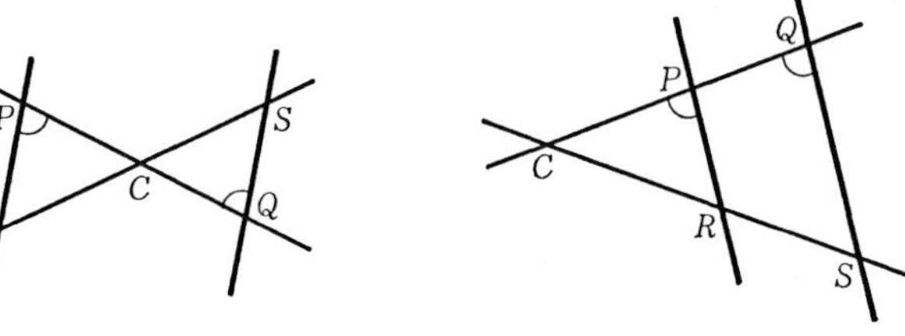

C が P と Q の間にある場合，C は R と S の間にあるから，直線 PQ に関して R と S は反対側にある．ゆえに $\angle RPC$ と $\angle SQC$ は二直線 PR と QS が直線 PQ と交わってなす錯角である．

C が P と Q の間にない場合には C は R と S の間にもない．いい換えれば，直線 PQ 上では P と Q は C に関して同じ側にあり，直線 RS 上では R と S は C に関して同じ側にある．ゆえに R と S は直線 PQ に関しても同じ側にある．したがって $\angle RPC$ と $\angle SQC$ は二直線 PR と QS が直線 PQ と交わってなす同位角である．

ゆえに，(2)により $\angle RPC$ と $\angle SQC$ は等しいから，直線 PR と直線 QS は平行である．

以上で定理 81 の直線 PQ と直線 RS が交わる場合の証明は終りである．

直線 PQ と RS が平行となる特殊な場合には上記の証明をつぎのように直せばよい．

補題 2　円 γ 上の四点 A, B, P, R に対して $AP/\!/BR$ であるとき，直線 AP 上の点 C と直線 BR 上の点 C' を直線 CC' に関して A, B, P, R が同

じ側にあるように定めれば

$$\angle ABC' = \angle RPC$$

である. ——

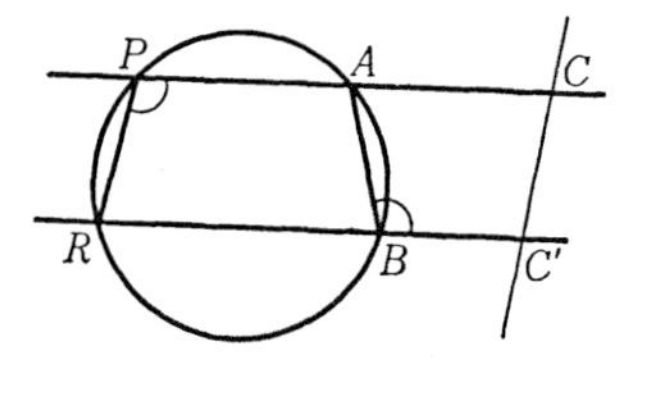

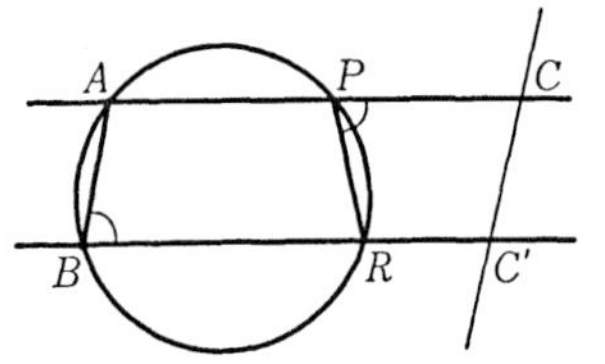

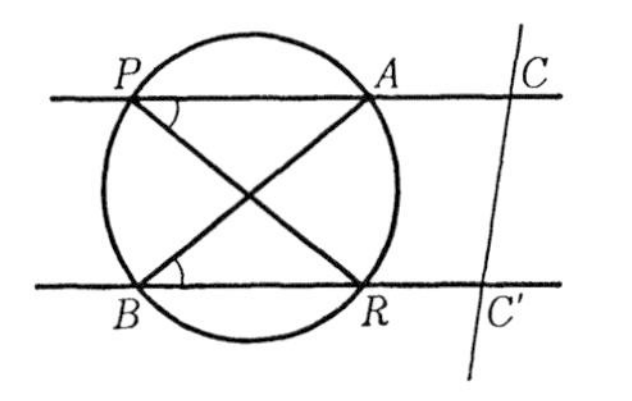

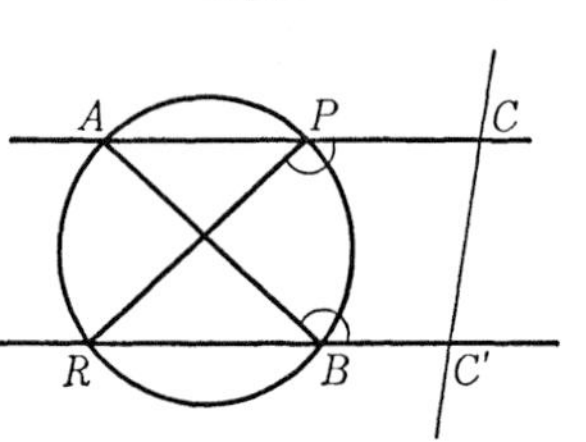

この補題の証明は補題1の図2-5についての証明と同様であるから省略する.

定理81の直線PQと直線RSが平行である場合, 直線PQ上の点Cと直線RS上の点C'を直線CC'に関して点A, B, P, Q, R, Sがすべて同じ側にあるように定める. そうすれば, 補題2により

$$\angle ABC' = \angle RPC$$

である. 円γ上の四点A, B, P, Rの代りに円δ上の四点A, B, Q, Sに補題2を適用すれば等式

$$\angle ABC' = \angle SQC$$

を得る. したがって

$$\angle RPC = \angle SQC,$$

すなわち，二直線 PR と QS が直線 PQ と交わってなす同位角は等しい．ゆえに直線 PR と直線 QS は平行である(証明終)．

問　補題2を証明せよ．

例題7　円 γ に内接する四辺形 $ABCD$ の二組の対辺の延長の交点を E, F とし，三点 A, E, F を通る円 δ が再び γ と交わる点を G とすれば，直線 GC は線分 EF を二等分する．

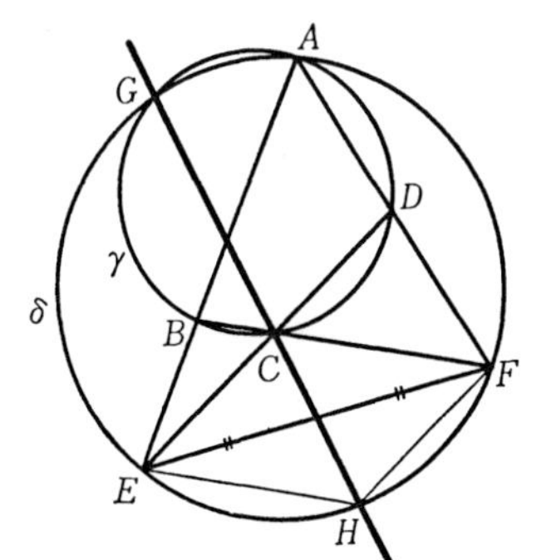

証明　円 γ と δ が二点 A と G で交わっていて，A を通る一つの直線が新しく γ, δ と交わる点が D, F であるから，直線 GC が新しく δ と交わる点を H とすれば，定理81により，$DC//FH$ である．同様に $BC//EH$ であるから，$FHEC$ は平行四辺形である．ゆえにその対角線 CH は対角線 EF を二等分する(証明終)．

問題9　$\triangle ABC$ の外接円上の一点 P から直線 BC へ下した垂線が再び外接円と交わる点を Q とすれば，A と Q を結ぶ直線 AQ は P のシムソン線に平行である．このことを証明せよ．

問題10　$\triangle ABC$ の外接円上の一点 P のシムソン線は P と $\triangle ABC$ の垂心 H を結ぶ線分 PH を二等分する．このことを証明せよ．——

$\triangle QBC$ の垂心を K とすれば，例題4(146ページ)により，シムソン線は線分 PK を二等分する．ゆえにシムソン線が線分 PH を二等分することを証明するには $HK//AQ$ であることをいえばよい．このためには定理77(145ページ)を用いるとよい．

つぎの定理は定理81の点 R が B と一致した場合と考えられる．

定理 82　二つの円 γ と δ が二点 A と B で交わっているとき，A を通る一つの直線が新しく γ, δ と交わる点を P, Q, 点 B における γ の接線が新しく δ と交わる点を S とすれば，直線 PB と直線 QS は平行である：$PB/\!/QS$.

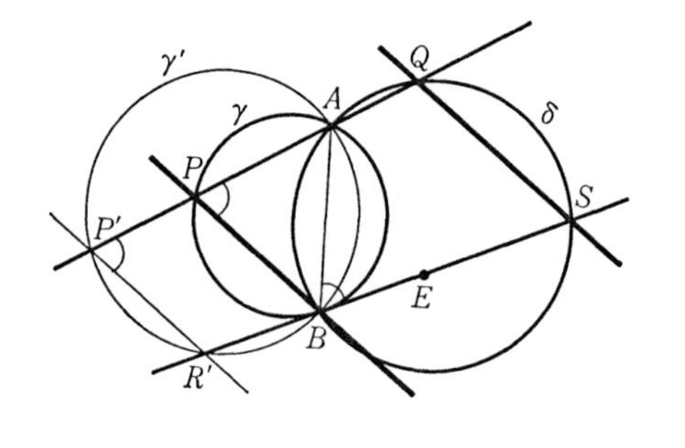

証明　直線 BS が円 γ の接線であるから，直線 AP が直線 BS と交わる場合にはその交点は γ の外部にある．ゆえに直線 AP 上の点 P' を P に関しては A の反対側にあって直線 BS に関しては A と同じ側にあるように定めることができる．このように定めた点 P' を通って直線 PB に平行な直線が直線 BS と交わる点を R' とする．

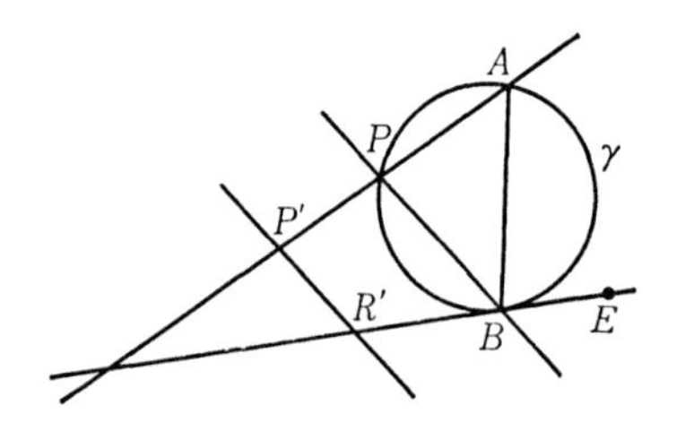

そうすれば，$PB/\!/P'R'$ であるから，$PB/\!/QS$ であることを証明するには四点 A, B, P', R' が同一円周上にあることを示せばよい．なぜなら P' と R' が A と B を通る円の上にあれば，定理 81 により，$P'R'/\!/QS$ となるからである．

直線 BS に関して A と P' が同じ側にあるから線分 AP' と線分 $R'B$ は交わらない．直線 PB に関して A は P' の反対側にあり R' は P' と同じ側にあるから線分 $P'R'$ と線分 BA も交わらない．すなわち $AP'R'B$ は四辺形を成す．その辺 $R'B$ の延長上に点 E をとれば，直線 AB に関

して P と P'，P' と R' は同じ側にあり R' と E は反対側にあるから P と E は反対側にある．ゆえに，定理69(127ページ)により

$$\angle ABE = \angle APB$$

であるが，平行線 PB と $P'R'$ が直線 AP と交わって成す同位角 $\angle APB$ と $\angle AP'R'$ は等しい．ゆえに

$$\angle ABE = \angle AP'R',$$

すなわち四辺形 $AP'R'B$ の外角 $\angle ABE$ はその内対角 $\angle AP'R'$ に等しい．したがって，定理68(126ページ)により四辺形 $AP'R'B$ は一つの円に内接する，すなわち四点 A, B, P', R' は同一円周上にある(証明終)．

問題11　二つの円 γ と δ が二点 A と B で交わっているとき，A と B における γ の接線が新しく δ と交わる点を Q, S とすれば直線 AB と直線 QS は平行である：$AB//QS$．このことを証明せよ．

定理81と82についてはその逆が成り立つ．このことを示すために，六個の点 A, B, P, Q, R, S があってその四点 A, B, Q, S は同一円周上にあり，P は直線 AQ 上に，R は直線 BS 上にあるとする．そして三点 A, B, P を通る円 γ を描く．γ が直線 BS に接しない場合には γ と直線 BS は二点，すなわち B ともう一つの点 R' で交わり，定理81により，$PR'//QS$ である．γ が直線 BS に接する場合には，定理82により，$PB//QS$ である．定理81によれば，四点 $A, B,$

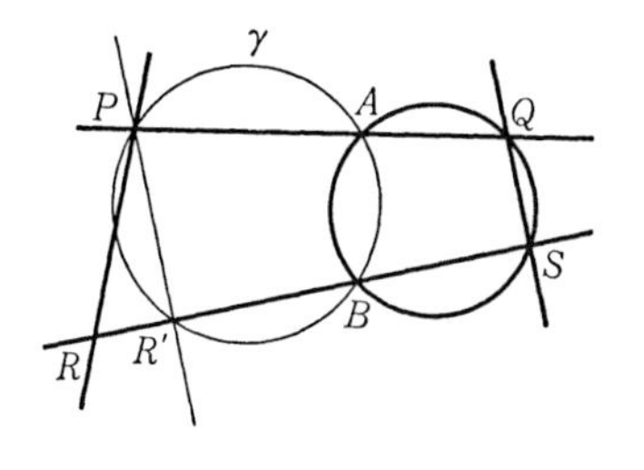

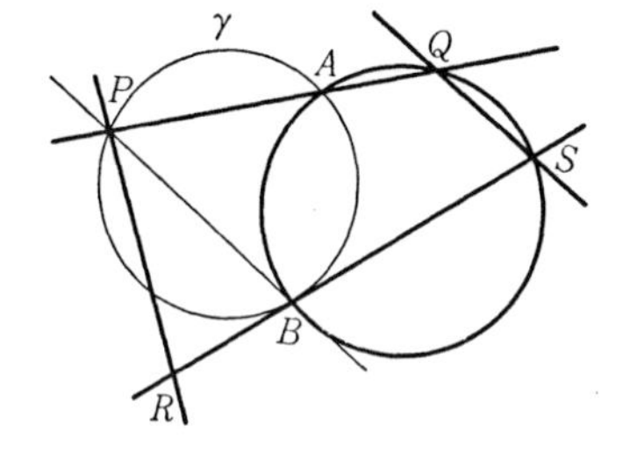

P, R が同一円周上にあれば $PR//QS$ である．逆に

定理 83 $PR//QS$ ならば四点 A, B, P, R は同一円周上にある．

証明 R と B は異なるとしているから，三点 A, B, P を通る円 γ が直線 BS に接するとすれば $PB//QS$ であって $PR//QS$ ではないことになる．ゆえに γ と直線 BS は二点 B と R' で交わり $PR'//QS$ である．仮設により $PR//QS$ で P を通って QS に平行な直線はただ一つしかないから，R は R' と一致する．すなわち四点 A, B, P, R は円周 γ の上にある(証明終).

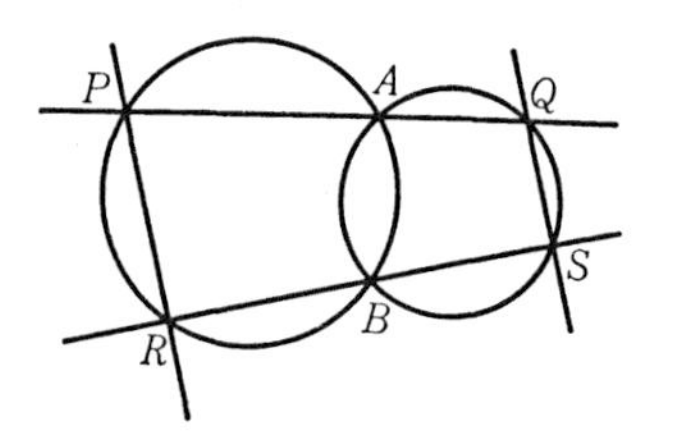

定理 82 によれば，γ が直線 BS に接すれば $PB//QS$ である．逆に

定理 84 $PB//QS$ ならば三点 A, B, P を通る円 γ は直線 BS に接する．

証明 帰謬法による．γ が直線 BS に接しないとすれば γ と直線 BS は二点 B と R' で交わり $PR'//QS$ であって $PB//QS$ に矛盾する(証明終).

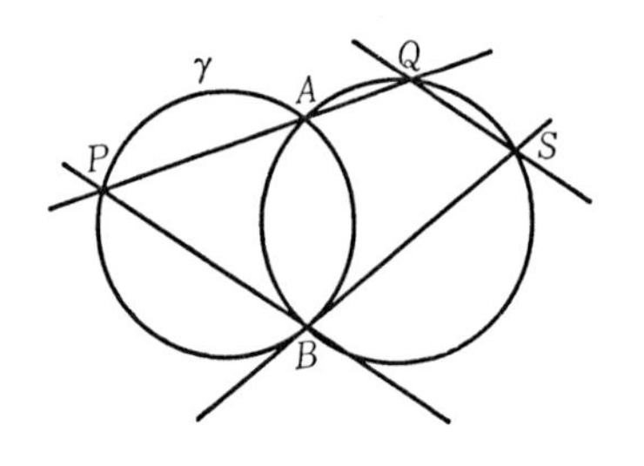

定理 82 をつぎのように読めばもう一つの逆定理が得られる．五つの点 A, B, P, Q, S があって，Q は直線 AP 上にあり，直線 BS は三点 A, B, P を通る円 γ の接線であるとする．このとき，四点 A, B, Q, S が同一円周上にあれば $QS//PB$ である．逆に

定理 85 $QS//PB$ ならば四点 A, B, Q, S は同一円周上にある．

証明 三点 A, B, Q を通る円 δ を描く．点 A と B を通って直線 BS に接する円はただ一つしかない．その

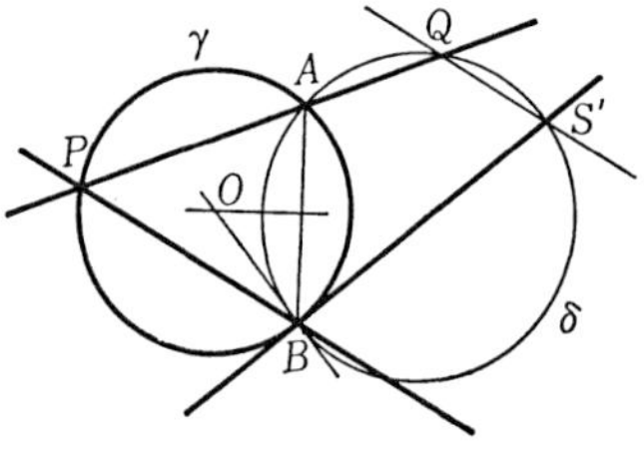

ただ一つの円が γ であるから, δ と直線 BS は二点 B と S' で交わる. そして $QS'//PB$ である. 仮設により $QS//PB$ であるから S は S' と一致する. すなわち四点 A, B, Q, S は円 δ の上にある.

A と B を通って直線 BS に接する円がただ一つしかないことはその中心 O が線分 AB の垂直二等分線と B を通って直線 BS に垂直な直線との交点であることから明らかであろう(証明終).

つぎの例題は定理81の Q と S が一致した特殊な場合であると考えられる.

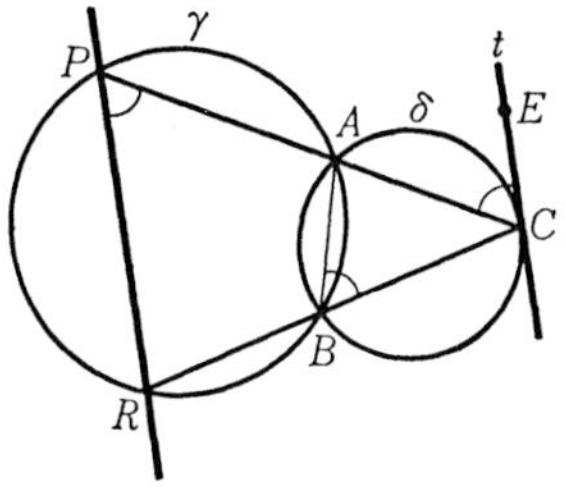

例題 8　二つの円 γ と δ が二点 A と B で交わっているとき, δ 上に A と B のいずれとも異なる点 C をとって, 直線 CA が新しく γ と交わる点を P, 直線 CB が新しく γ と交わる点を R とすれば直線 PR は C における δ の接線 t に平行である.

証明　接線 t 上に直線 AC に関して B の反対側にある点 E を定めれば, 定理69(127ページ)により

$$\angle ECA = \angle ABC,$$

一方, 定理81の証明のための補題1(167ページ)により $\angle ABC = \angle RPC$ である. ゆえに

$$\angle ECA = \angle RPC.$$

したがって $PR//t$ を証明するには $\angle RPC$ と $\angle ECA$ は二直線 PR と t が直線 PC と交わってなす錯角または同位角であることを確めればよい.

C が円 γ の外部にある場合, 直線 AC に関して R と B が同じ側にあり E と B が反対側にあるから E と R は反対側にある. そして直線 AC 上では P と A が C の同じ側にある. ゆえに $\angle ECA$ と $\angle RPC$ は錯角である.

C が円 γ の内部にある場合には直線 AC に関して R が B の反対側に

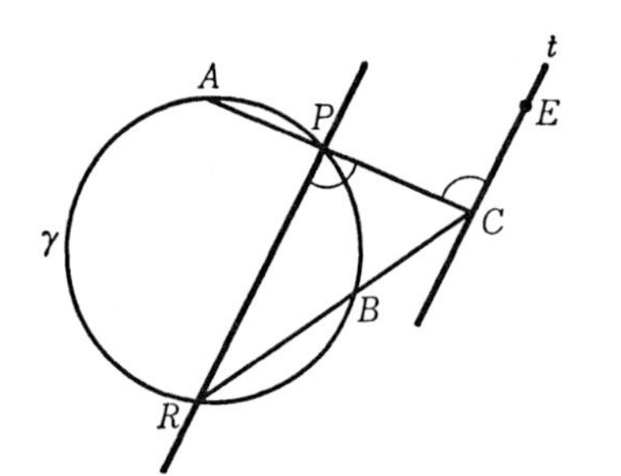

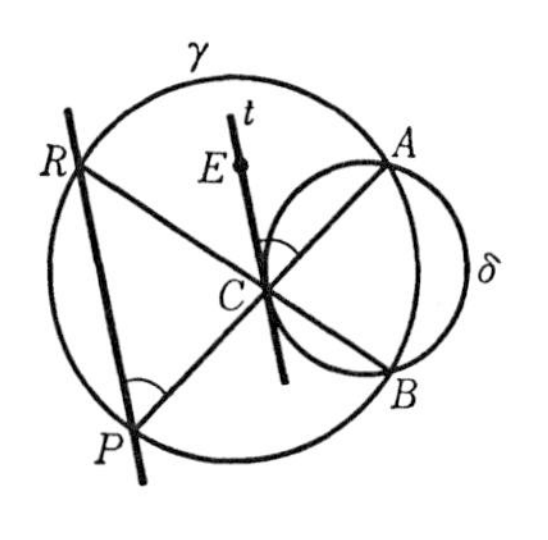

あるから E と R は同じ側にある．そして直線 AC 上では C と P が A の同じ側にある．ゆえに $\angle ECA$ と $\angle RPC$ は同位角である(証明終)．

例題 9　円に内接する四辺形 $ABDE$ の対角線が直交しているとき，対角線の交点から辺 DE に下した垂線は辺 AB を二等分する．

証明　仮設により四点 A, B, D, E は一つの円の上にある．その円を γ で表わす．対角線の交点を C とすれば，仮設により，$\angle ACB$ が直角であるから，C は辺 AB を直径とする円の上にある．その円を δ とする．そうすれば γ と δ が A と B で交わっていて，直線 CA と γ が D で，直線 CB と γ が E で交わるから，上の例題 8 により，辺 DE は C における δ の接線 t に平行である．ゆえに C から辺 DE に下した垂線は t に垂直であって，したがって円 δ の中心 O を通る，すなわち辺 AB を二等分する(証明終)．

この例題をブラーマグプタ (Brahmagupta，紀元 600 年頃のインド人) の定理という．

問　ブラーマグプタの定理を例題 8 を用いないで直接証明せよ．

例題 10　六個の点 A, B, C, D, E, F のうち三点 A, C, E が直線 l 上に，

残りの三点 B, D, F が直線 m 上にあるとき，

$$AB \parallel DE, \qquad BC \parallel EF$$

ならば

$$CD \parallel FA$$

である．ただし直線 l と m は相異なるものとする．

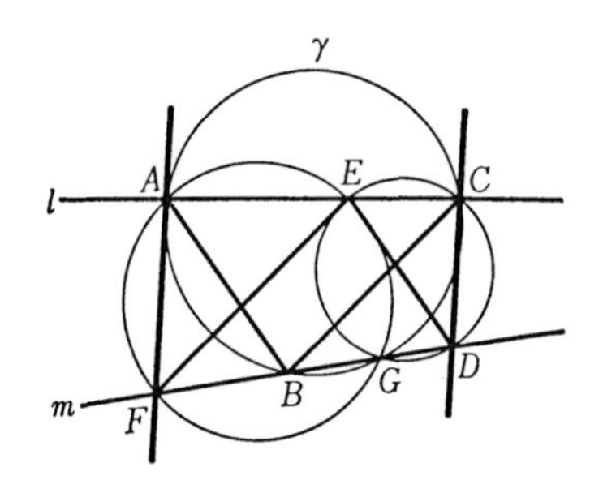

証明[1]　三点 A, B, C を通る円 γ を描き，m が γ の接線でないとき，γ が m と新しく交わる点を G とする．まず m が γ の接線でなく G が D と F のいずれとも一致しない一般の場合について考える．

四点 C, G, A, B が円周 γ 上にあり，E が直線 CA 上に，D が直線 GB 上にあって，仮設により $ED/\!/AB$ であるから，定理83により，四点 C, G, D, E は同一円周上にある．その円周を δ とする．

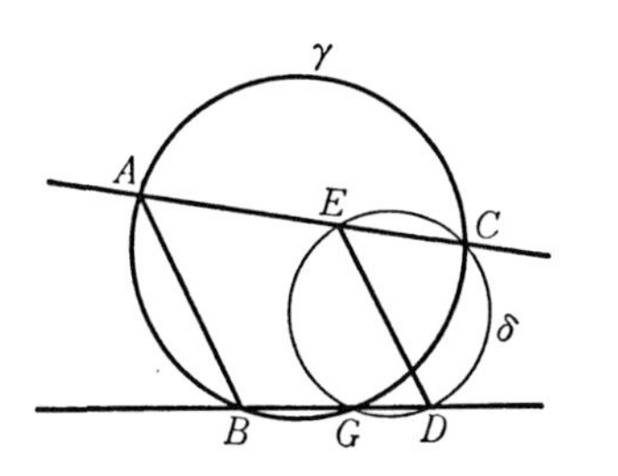

同様に，四点 A, G, C, B が円周 γ 上にあり，E が直線 CA 上に，F が直線 GB 上にあって，仮設により $EF/\!/CB$ であるから，定理83により，四点 A, G, E, F は同一円周上にある．その円周を β とする．

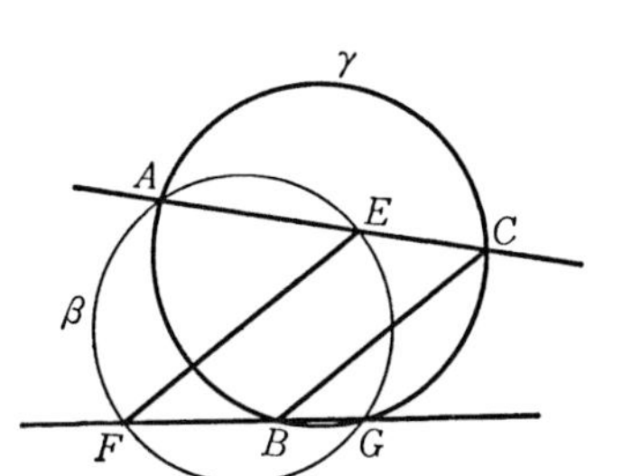

そうすれば β と δ は二つの点 E と G で交わり，E を通る直線 l が新しく β, δ と交わる点が A, C であり，G を通る直線 m が新しく β, δ と交わる点が F, D である．ゆえに，定理81により，$AF/\!/CD$ である．一般

1)　秋山武太郎：幾何学つれづれ草，221ページ，例9.

の場合，すなわち m が γ の接線でなく G が D と F のいずれとも一致しない場合についてはこれで証明は終りである．

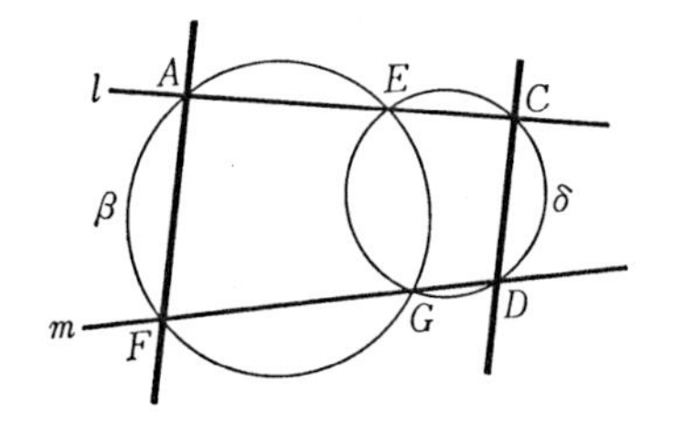

m が γ の接線である場合，五点 C, B, A, E, D に着目すれば，E は直線 CA 上にあり，直線 BD は三点 C, B, A を通る円 γ の接線で，$ED//AB$ である．ゆえに，定理 85 により，四点 C, B, E, D は同一円周上にある．その円周を δ とする．五点 C, A, B, E, F に着目して同様に考えれば四点 A, B, E, F が同一円周上にあることがわかる．その円周を β とする．そうすれば β と δ が二点 E と B で交わり，E を通る直線が β, δ と A, C で，B を通る直線が β, δ と F, D で交わっている．ゆえに，定理 81 により，$AF//CD$ である．

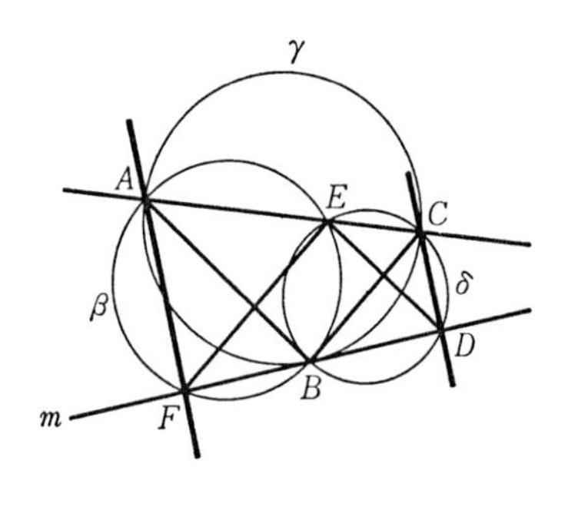

G が D と一致した場合，まず四点 A, D, E, F が同一円周上にあることは一般の場合と同じであるから，その円周を β とする．つぎに，四点 C, D, A, B が同一円周上にあり，E が直線 CA 上にあって $AB//ED$ である．ゆえに，定理 84 により，三点 C, D, E を通る円は直線 BD に接する．その円を δ とする．

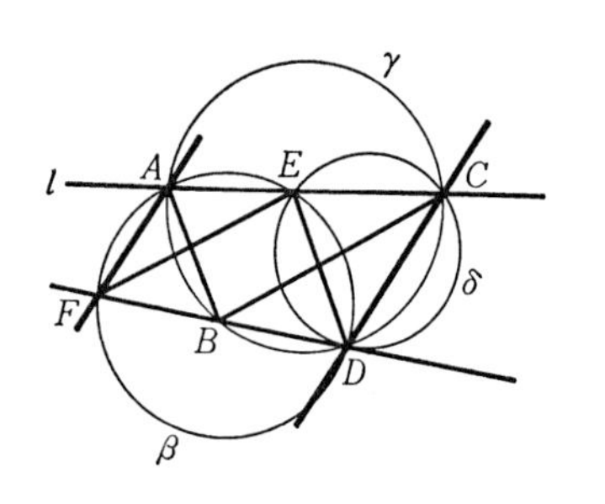

そうすれば δ と β が二点 E と D で交わり，E を通る直線 l が新しく δ, β と交わる点が C, A，点 D における δ の接線が新しく β と交わる点

が F である．ゆえに，定理 82 により，$AF//CD$ である．

G が F と一致した場合は F と D を入れ換え A と C を入れ換えれば G が D と一致した場合に帰する(証明終)．

この例題の図はいろいろな配列をとるが，上記の証明はどんな配列の図にもそのまま通用する．なぜなら証明に用いた定理 81-85 が図の点と直線の配列の如何に関せずつねに成り立つからである．

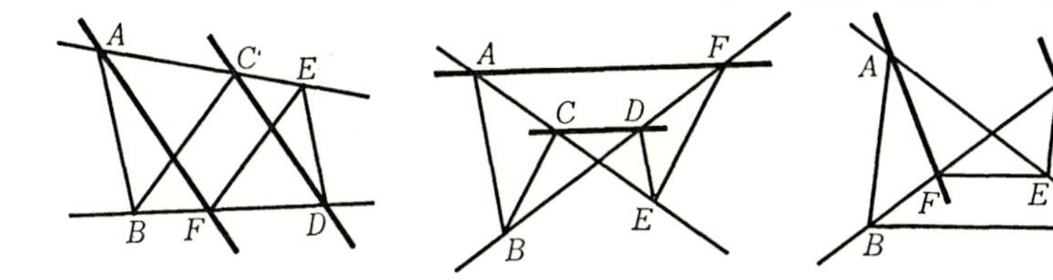

上の例題 10 をパップス(Pappus)の定理という．パップスの定理は後章で述べる比例を用いればもっと簡単に証明できる．

例題 11　$\triangle ABC$ の辺 BC の中点を M，D を辺 AB 上の一点，E を辺 AC 上の一点とする．このとき $DE//BC$ ならば中線 AM は線分 DE を二等分する．

証明[1]　後章で述べる比例を用いれば極めて簡単に証明できるが，ここでは上の例題を応用して証明する．

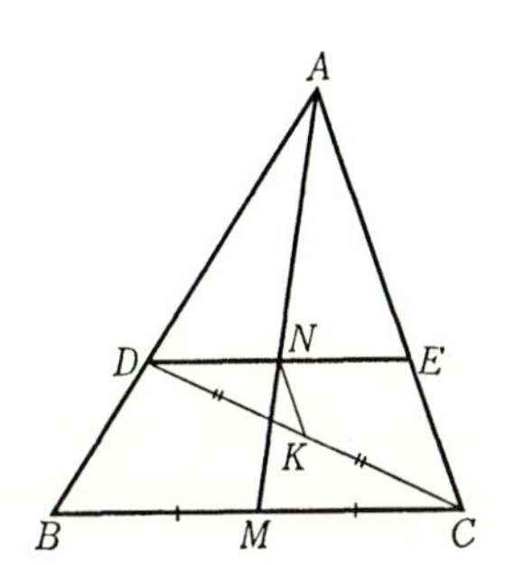

中線 AM と線分 DE の交点を N，D と C を結ぶ線分 DC の中点を K とする．$\triangle DCE$ の辺 DC の中点 K を通って辺 CE に平行な直線は辺 DE を二等分する．ゆえに $KN//CA$ であることを証明すればよい．

1)　秋山武太郎：幾何学つれづれ草，222 ページ，例 10．この証明は田向初三郎氏の考案であるという．

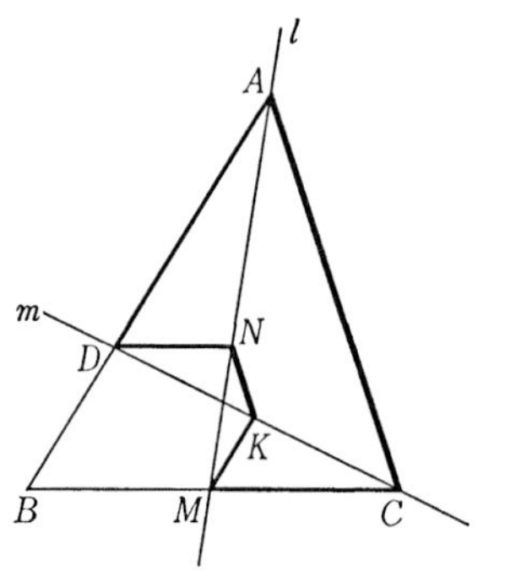

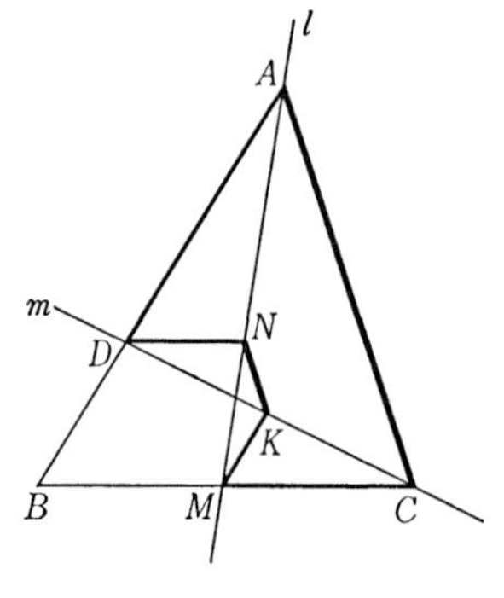

直線 AM を l, 直線 CD を m とし, 6個の点 A, D, N, K, M, C に上の例題10を適用する. $\triangle CDB$ の二辺の中点 K と M を結ぶ線分 KM は第三辺 DB に平行である. したがって三点 A, N, M が直線 l 上に, 残りの三点 D, K, C が直線 m 上にあって $AD//KM$, $DN//MC$ である. ゆえに, 上の例題10により, $NK//CA$ となる(証明終).

今までに述べた三角形, 四辺形と円に関する定理だけに基づく平面幾何の理論を円論という. 昔の平面幾何では比例あるいは面積を用いれば簡単に証明できる命題も比例や面積によらないで円論の範囲で証明することが一つの興味の中心であった. 証明問題の解としては比例および面積を避けた円論による証明が名解とされた[1]. 上の例題の証明は円論による証明である.

定理 86 凸四辺形 $ABCD$ の二組の対辺の延長の交点を E, F, 対角線 BD の中点を L, 対角線 AC の中点を M, 線分 EF の中点を N とすれば, 三点 L, M, N は一直線上にある. ——

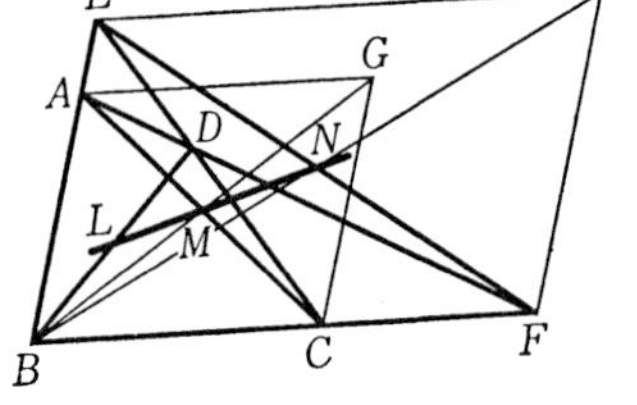

この定理を**ニュートン**(Newton)**の定理**という.

文字 A, B, C, D を適当に入れ換えればこの定理の図形の点と直線の配列が上の図のようになることは明らかであろう.

問 このことを証明せよ.

平行四辺形の対角線は互いに他を二等分する. ゆえに平行四辺形

1) 秋山武太郎: 幾何学つれづれ草, 284ページ.

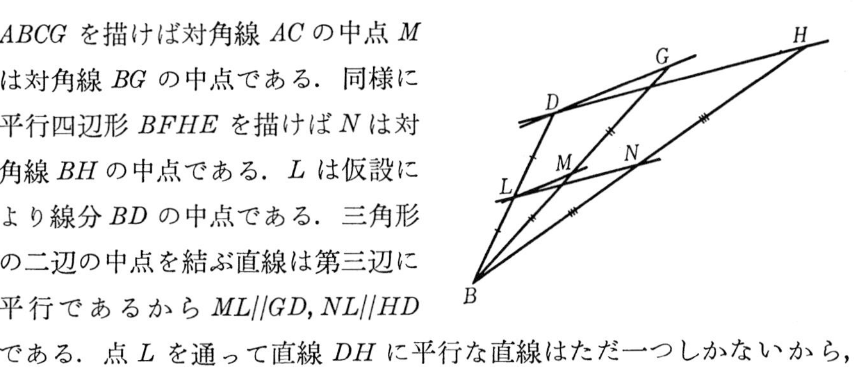

$ABCG$ を描けば対角線 AC の中点 M は対角線 BG の中点である．同様に平行四辺形 $BFHE$ を描けば N は対角線 BH の中点である．L は仮設により線分 BD の中点である．三角形の二辺の中点を結ぶ直線は第三辺に平行であるから $ML//GD, NL//HD$ である．点 L を通って直線 DH に平行な直線はただ一つしかないから，したがって，G が直線 DH 上にあれば M は直線 LN 上にある．ゆえに三点 L, M, N が一直線上にあることを証明するには三点 D, G, H が一直線上にあることを示せばよい，すなわち，つぎの定理を証明すればよい．

定理 87　平行四辺形 $EBFH$ の辺 EB 上に点 A，辺 BF 上に点 C をとり，A を通って辺 BF に平行な直線と C を通って辺 BE に平行な直線の交点を G，線分 AF と線分 EC の交点を D とすれば，三点 D, G, H は一直線上にある．

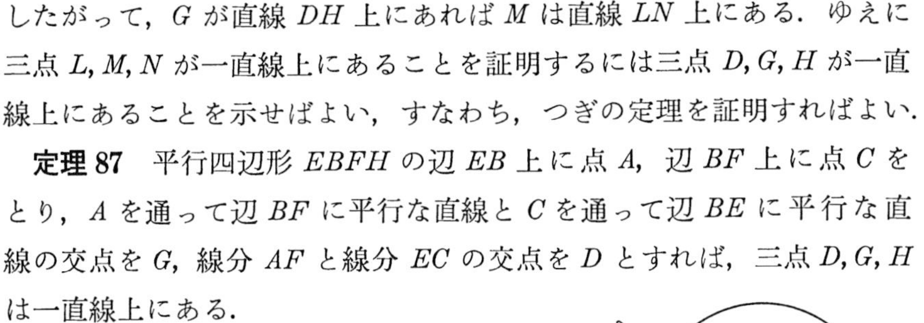

証明　後章で述べる比例あるいは面積を用いれば簡単に証明できるが，ここでは秋山武太郎先生の円論による巧妙な証明[1)]を紹介する．

三点 D, A, E を通る円 δ を描き，δ が新しく直線 AG と交わる点を P，直線 EH と交わる点を Q とし，P と Q を結ぶ直線 PQ が直線 BF と交わる点を R とする．

---

1)　秋山武太郎：幾何学つれづれ草，231–232 ページ．この証明に附記された秋山先生のコメントが当時の雰囲気を伝えて興味深いと思うので，その一部を引用する：‘さて，これから述べる証明は今日までただの一人にも明かさずして深く秘し置きたる会心の秘蔵の解である．今これを発表するのは如何にも惜しいが本書の愛読者に呈する微意として掌中の玉を手放すことにした．一，二年の後にはこの愛児が下らぬ俗書に載せられることもあろうかと暗涙を禁ぜざるを得ない.’

まず，定理83を用いて，五つの点 D, C, G, P, R が同一円周上にあることを証明する.

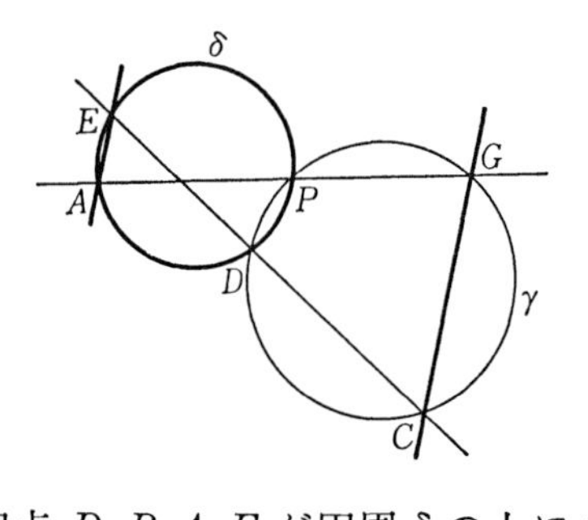

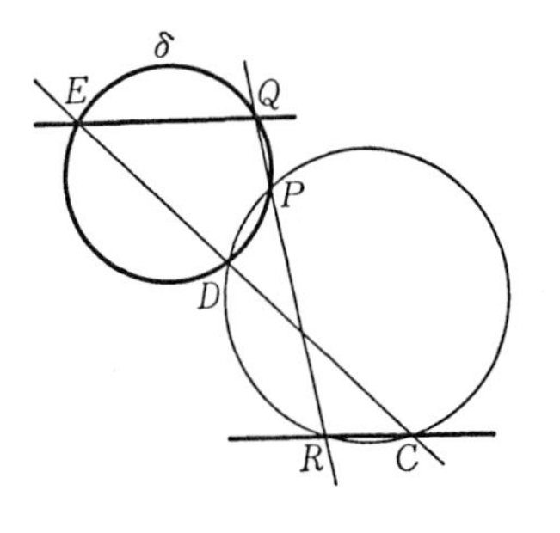

四点 D, P, A, E が円周 δ の上にあり，点 C が直線 DE 上に，G が直線 PA 上にあって $CG//EA$ である. ゆえに，定理83により，四点 D, P, C, G は同一円周上にある. その円周を γ とする. また，四点 D, P, E, Q が δ 上にあり，C が直線 DE 上に，R が直線 PQ 上にあって $CR//EQ$ である. ゆえに，定理83により，四点 D, P, C, R は同一円周上にあるが，三点 D, C, P を通る円はただ一つしかないから，この円周は γ と一致する. すなわち，五点 D, C, G, P, R は同一円周 γ の上にある.

つぎに，同じように考えて，五点 D, F, H, Q, R が同一円周上にあることを証明する. 四点 D, Q, A, E は δ 上にあり，F は直線 DA 上に，H は直線 QE 上にあって $FH//AE$ である. ゆえに四点 D, Q, F, H は同一円周上にある. また，四点 D, Q, A, P は δ 上にあり，F は直線 DA 上に，R は直線 QP 上にあって，$FR//AP$ である. ゆえに，四点 D, Q, F, R は同一円周上にある. したがって五点 D, F, H, Q, R は同一円周上にある. この円周を β と名付ける.

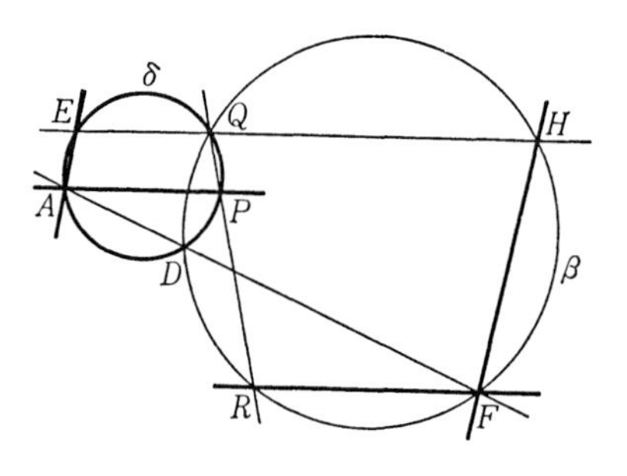

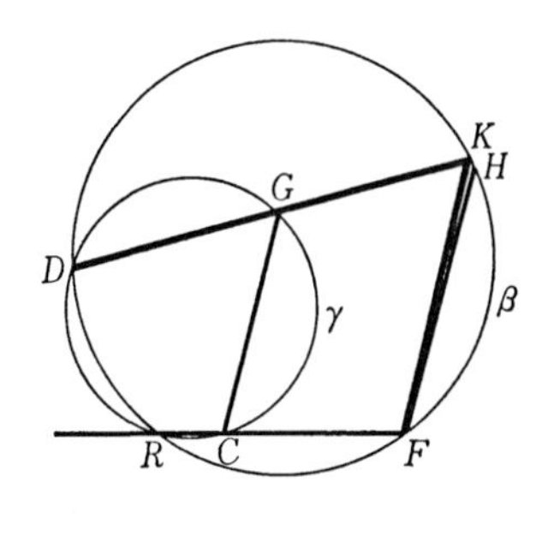

三点 D, G, H が一直線上にあることを証明するには D と G を結ぶ直線が β と交わる点を K としたとき，K と H が一致することをいえばよい．二つの円 β と γ が二点 D と R で交わり，D を通る一つの直線が β, γ と交わる点が K, G, R を通る一つの直線が β, γ と交わる点が F, C である．ゆえに，定理81により，直線 KF は直線 GC に平行であるが，仮設により，直線 HF も直線 GC に平行である．ゆえに直線 KF と直線 HF は一致し，したがって K と H は一致する(証明終)．

この定理の図の点と直線の配列，すなわち点 A, B, C, D, E, F, G, H と直線 $EB, BF, FH, HE, CG, GA, AF, EC$ の配列はただ一通りに定まっているが，証明に用いた点 P, Q, R と直線 PQ まで含めた図の点と直線の配列は一定でない．はじめの図では点 P は A と G の間に，R は B と F の間にあるが，右の図では G が A と P の間に，F が B と R の間にある．しかし上記の証明は点と直線の配列の如何に関せずそのまま通用する．なぜなら証明で用いたのは定理81と83だけであって，定理81と83は点と直線の配列の如何に関せずつねに成り立つからである．ただし，例題10(177–180ページ)の証明のときと同様に，特別な場合，たとえば R が C と一致した場合につい

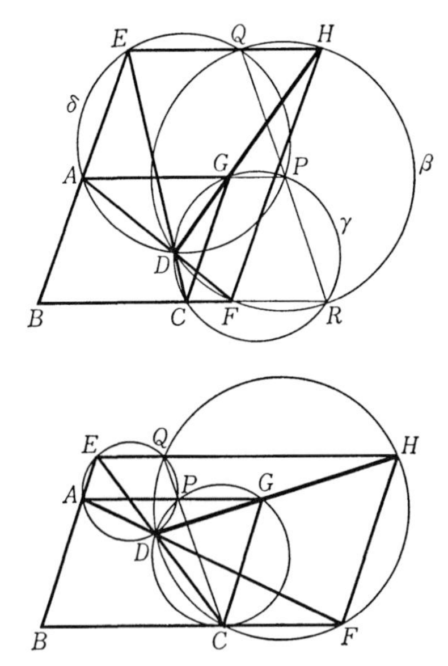

ては証明を適当に直さなければならない.

問　R が C と一致した場合について証明を述べよ.

§11 円　論

前節で触れたように(181 ページ), 今まで述べた三角形, 四辺形と円に関する定理だけに基づく平面幾何の理論を**円論**という. 本節では円論の範囲でいくつかの有名な定理を証明する. 円論で用いる実数の演算は加法, 減法, 自然数を掛けること, 自然数で割ることの四つの演算に限られている. 円論は平面幾何の中で最も幾何学的な理論であると考えられる. 昔の平面幾何で円論が一つの興味の中心であったのは当然であろう.

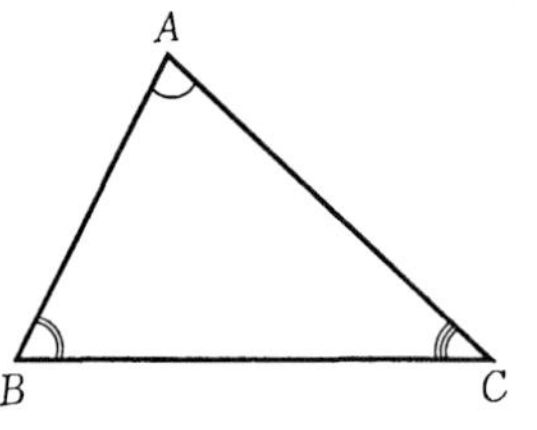

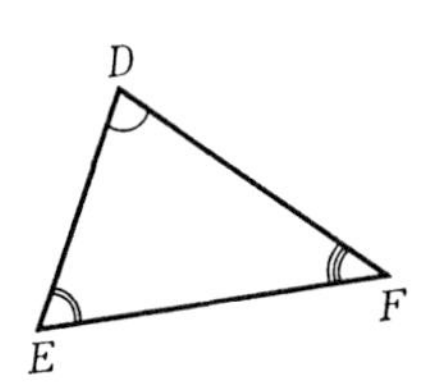

三角形 $\triangle ABC$ と $\triangle DEF$ について等式

$$\angle A = \angle D, \qquad \angle B = \angle E, \qquad \angle C = \angle F$$

が成り立つとき, $\triangle ABC$ と $\triangle DEF$ は**等角**である, $\triangle ABC$ は $\triangle DEF$ と等角である, などという. 三角形の内角の和は $2\angle R$ に等しいから, 上の三つの等式のうち二つ, たとえば $\angle B=\angle E$, $\angle C=\angle F$ が成り立てば $\triangle ABC$ と $\triangle DEF$ は等角である. つぎの定理は等角な三角形に関する重要な定理[1]の特別な場合と考えられる.

1)　秋山武太郎: 幾何学つれづれ草, 190–191 ページ.

定理　対応する一つの頂点 O を共有する二つの正の等角なる三角形 OAB, $OA'B'$ があるときは, 対応頂点を結び付けて得る二つの三角形 OAA', OBB' もまた正の等角となる.

この定理を述べるに当って秋山先生はつぎのように書いておられる: ‘つぎに述べる定理は幾何学者にとっては頗る重要の定理であって, この定理から出発すれば等長や等角を証明するに比例や面積を借用する必要はないことになるのである.’ ここで二つ(次ページに続く)

定理 88　一つの頂点Oを共有する二つの三角形 $\triangle OAB$ と $\triangle OA'B'$ があって，点 A' が $\triangle OAB$ の内部にあり B が $\angle A'OB'$ の内部にあるとき，$\triangle OA'B'$ と $\triangle OAB$ が等角であるための必要にして十分な条件は $\triangle AOA'$ と $\triangle BOB'$ が等角であることである．——

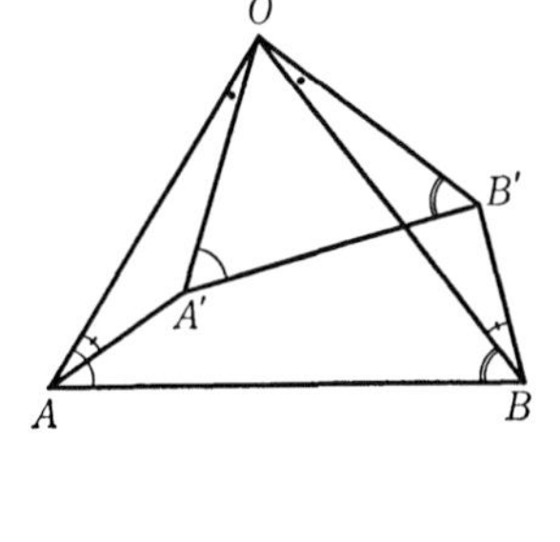

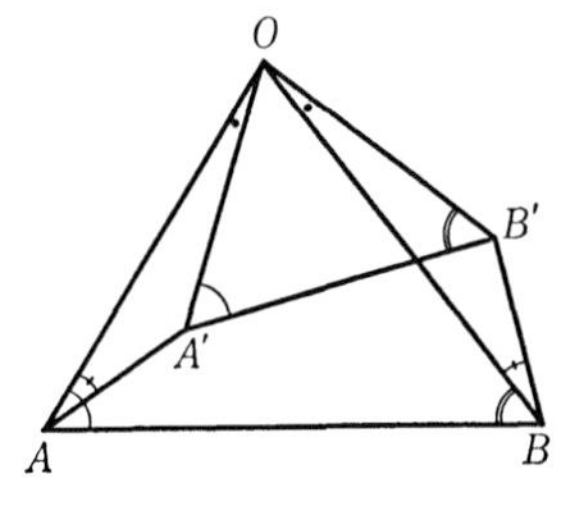

この定理を証明するために，まず，つぎの補題を証明する．

補題　$\triangle OAB$ とその内部の一点 A' に対して，$\triangle OAB$ の外接円を γ，直線 AA' が新しく γ と交わる点を K とし，三点 O, K, A' を通る円 δ を描いて直線 KB が新しく δ と交わる点を C とする．ただし直線 KB がたまたま δ の接線となった場合には点 K を C と名付ける．そうすれば B は $\angle A'OC$ の内部にあって，$\triangle OA'C$ は $\triangle OAB$ と等角，$\triangle BOC$ は $\triangle AOA'$ と等角となる．

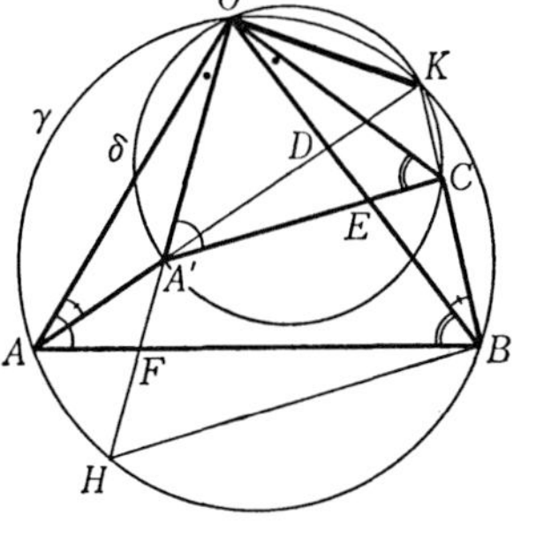

証明　まず直線 KB が円 δ の接線でない一般の場合について証明を述べる．

の三角形が正の等角であるというのはその三つの角がそれぞれ‘向き’まで含めて等しいことを意味する．本書では‘角の向き’は扱わないので，‘向き’を用いない形に直して定理を述べた．

点 A' が $\triangle OAB$ の内部にあるから直線 AA' は辺 OB と O と B の間の一点 D で交わり，A' は A と D の間にある．辺 OB は γ の弦であるから D は γ の内部にある．したがって D は A と K の間にある．ゆえに円周角不変の定理(119-120 ページ，定理 63 の系 3)により，γ の円周角 $\angle OAK$ と $\angle OBK$ は等しい：

$$(1) \qquad \angle OAK = \angle OBK.$$

このことから点 B が円 δ の外部にあることが従う．すなわち，直線 OK に関して A, A', B は同じ側にあって，δ の弦 KA' の延長上の点 A は δ の外部にある．ゆえに，定理 65(121 ページ)により，$\angle OAK$ は δ の円周角 $\angle OA'K$ より小さいから，(1)により，$\angle OBK$ も $\angle OA'K$ より小さい．したがって，再び定理 65 により，B は δ の外部にある．

このように B が δ の外部にあるから，直線 BK と δ の交点 C と K は B に関して同じ側にある．D が A と K の間に，A' が A と D の間にあるから，D は A' と K の間にある．したがって直線 OB に関して K は A' の反対側にあるが，C は K と同じ側にある．ゆえに C と A' は反対側にある，すなわち δ の弦 $A'C$ は直線 OB と A' と C の間の一点で交わる．その交点を E とする．

直線 OA' が新しく γ と交わる点を H とする．直線 OA' は辺 AB と A と B の間の一点 F で交わり，A' は F と O の間に，F は O と H の間にある．二つの円 γ と δ が二点 O と K で交わっていて，O を通る一つの直線が新しく γ, δ と交わる点が H, A'，K を通る一つの直線が新しく γ, δ と交わる点が B, C であるから，定理 81(165 ページ)により

$$A'C \parallel HB$$

である．$\triangle OHB$ の辺 OH 上の O と H の間の点 A' を通って辺 HB に平行な直線 $A'C$ は頂点 O, H, B のいずれをも通らず辺 HB と交わらないから，公理 $2^{\triangle}$(18 ページ)により，辺 OB と O と B の間の一点で交わる．その交点が E であるから，E は O と B の間にある．既に述べたように

E は A' と C の間にある．ゆえに直線 OA' に関して B と C は同じ側にある．A' が O と H の間にあるから，したがって $\angle OA'C$ と $\angle OHB$ は平行線 $A'C$ と HB が直線 OA' と交わってなす同位角である．ゆえに

$$(2) \qquad \angle OA'C = \angle OHB.$$

γ の弦 HO と弦 AB が F で交わっているから，円周角不変の定理により，円周角 $\angle OHB$ と $\angle OAB$ は等しい．ゆえに，(2)により

$$(3) \qquad \angle OA'C = \angle OAB.$$

E が C と A' の間にあるから，直線 OA' に関して C と E は同じ側にある．同様に，直線 OA' に関して K と D は同じ側に，D と E も同じ側にあるから，C と K は同じ側にある．ゆえに円周角 $\angle OCA'$ と $\angle OKA'$ は等しい．また γ の弦 KA と弦 BO が D で交わっているから，円周角 $\angle OKA$ と $\angle OBA$ は等しいが，$\angle OKA$ と $\angle OKA'$ は同じ角である．ゆえに

$$\angle OCA' = \angle OBA,$$

一方，(3)により $\angle OA'C = \angle OAB$ である．ゆえに $\triangle OA'C$ は $\triangle OAB$ と等角である．

半直線 OB が線分 $A'C$ と A' と C の間の点 E で交わっているから，B は $\angle A'OC$ の内部にある．$\triangle OA'C$ と $\triangle OAB$ が等角であるから，したがって

$$\angle AOA' = \angle AOB - \angle A'OB = \angle A'OC - \angle A'OB = \angle BOC$$

となるが，(1)により

$$\angle OAA' = \angle OBC$$

である．ゆえに $\triangle BOC$ は $\triangle AOA'$ と等角である．これで直線 KB が δ の接線でない一般の場合については補題は証明されたのである．

直線 KB がたまたま δ の接線となった場合には，直線 AA' が新しく γ と交わる点をはじめから C と名付ければ，δ は $\triangle OA'C$ の外接円，直線 CB はその接線である．一般の場合と同様に，弦 AC と弦 OB は γ の

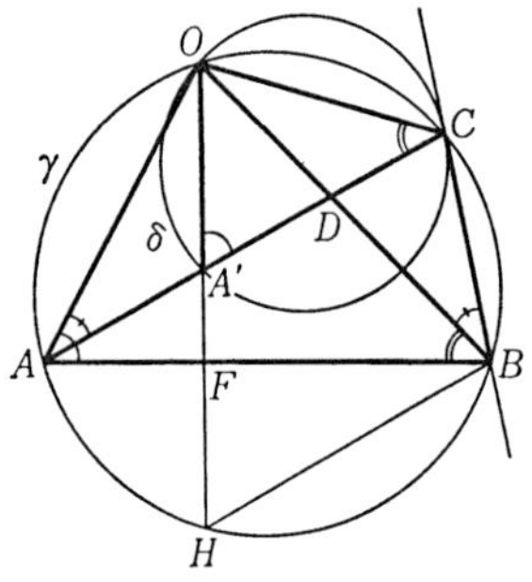

内部の一点 D で交わり，D は A' と C の間にある．ゆえに円周角不変の定理により，円周角 $\angle OBC$ と $\angle OAC$ は等しい．すなわち

$$(4)\qquad \angle OBC = \angle OAA'.$$

また，円周角不変の定理により，円周角 $\angle OCA$ と $\angle OBA$ は等しい．すなわち

$$(5)\qquad \angle OCA' = \angle OBA.$$

直線 OA' が新しく γ と交わる点を H とする．二つの円 δ と γ が二点 O と C で交わっていて，O を通る一つの直線が新しく δ, γ と交わる点が A', H，点 C における δ の接線が新しく γ と交わる点が B であるから，定理 82 (173 ページ) により

$$A'C \,/\!/\, HB$$

となる．一般の場合と同様に，$\angle OA'C$ と $\angle OHB$ は平行線 $A'C$ と HB が直線 OA' と交わってなす同位角であるから，

$$\angle OA'C = \angle OHB$$

であって，円周角 $\angle OHB$ と $\angle OAB$ は等しい．したがって

$$\angle OA'C = \angle OAB.$$

この等式と (5) により $\triangle OA'C$ は $\triangle OAB$ と等角である．半直線 OB と弦 AC の交点 D が A' と C の間にあるから B は $\angle A'OC$ の内部にある．したがって，一般の場合と同様に，等式

$$\angle AOA' = \angle BOC$$

を得る．この等式と (4) により $\triangle BOC$ は $\triangle AOA'$ と等角である (証明終)．

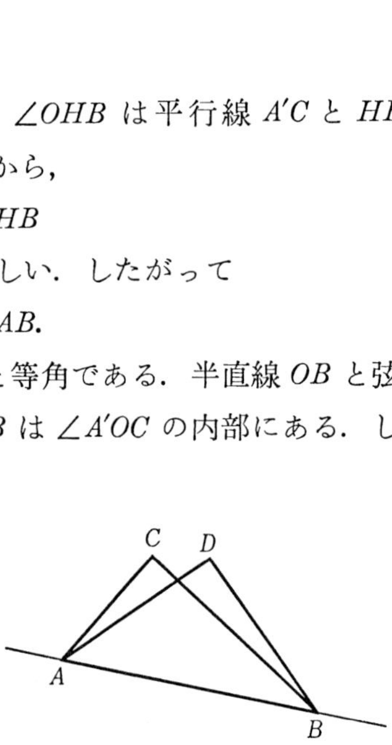

定理 88 の証明　一辺 AB を共有する三角形 $\triangle ABC$ と $\triangle ABD$ が等角

で直線 AB に関して C と D が同じ側にあれば, 定理11(24ページ)により, $\triangle ABC$ と $\triangle ABD$ は一致する. このことを用いれば定理88は上の補題から容易に導かれる.

すなわち, $\triangle OAB$ とその内部の点 A' に補題を適用して点 C を $\triangle OA'C$ と $\triangle OAB$ が等角, $\triangle BOC$ と $\triangle AOA'$ が等角となるように定める. B が $\angle A'OB'$ の内部にあるから, 半直線 OB は線分 $A'B'$ と A' と B' の間の一点で交わる. その交点を E' とする. 補題の証明により, 半直線 OB は線分 $A'C$ と A' と C の間の一点 E で交わる. したがって, 直線 OB に関して, B' も C も A' の反対側にあるから, B' と C は同じ側にある.

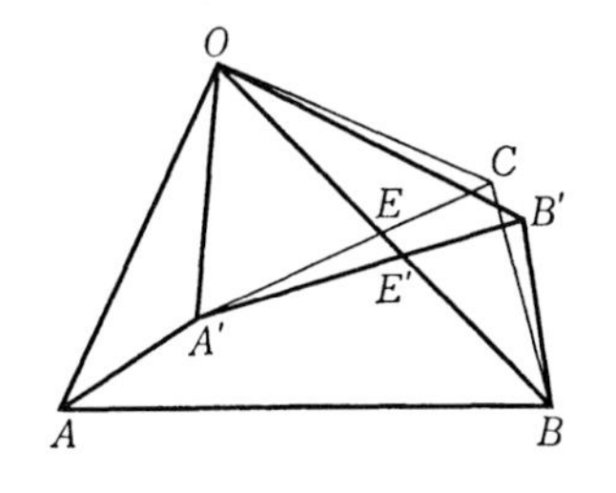

直線 OA' に関しても B' と C は同じ側にある. なぜなら, 直線 OA' に関して, 半直線 OB 上の点 E' と E は同じ側にあり, B' と E' は同じ側に, C と E も同じ側にあるからである.

$\triangle OA'B'$ が $\triangle OAB$ と等角であると仮定する. そうすれば, 補題により, $\triangle OA'C$ と $\triangle OAB$ は等角であるから, $\triangle OA'B'$ は $\triangle OA'C$ と等角となるが, $\triangle OA'B'$ と $\triangle OA'C$ は一辺 OA' を共有し, 直線 OA' に関して B' と C は同じ側にある. ゆえに $\triangle OA'B'$ と $\triangle OA'C$ は一致し, B' と C は一致する. したがって $\triangle BOB'$ は $\triangle BOC$ と一致するが, 補題により $\triangle BOC$ は $\triangle AOA'$ と等角である. ゆえに $\triangle BOB'$ は $\triangle AOA'$ と等角である.

逆に, $\triangle BOB'$ と $\triangle AOA'$ が等角であると仮定すれば, 補題により $\triangle BOC$ は $\triangle AOA'$ と等角であるから, $\triangle BOB'$ と $\triangle BOC$ は等角となるが, 直線 OB に関して B' と C は同じ側にある. ゆえに $\triangle BOB'$ と $\triangle BOC$ は一致し, したがって $\triangle OA'B'$ と $\triangle OA'C$ は一致する. ゆえに, 補題により $\triangle OA'C$ と $\triangle OAB$ は等角であるから, $\triangle OA'B'$ は $\triangle OAB$ と等角とな

る(証明終).

定理 89　一点 O を通る三つの直線のおのおのの上にそれぞれ O と異なる二点 A と D, B と E, C と F をとる. このとき

$$DE \,/\!/\, AB, \qquad EF \,/\!/\, BC$$

ならば

$$DF \,/\!/\, AC$$

である. ——

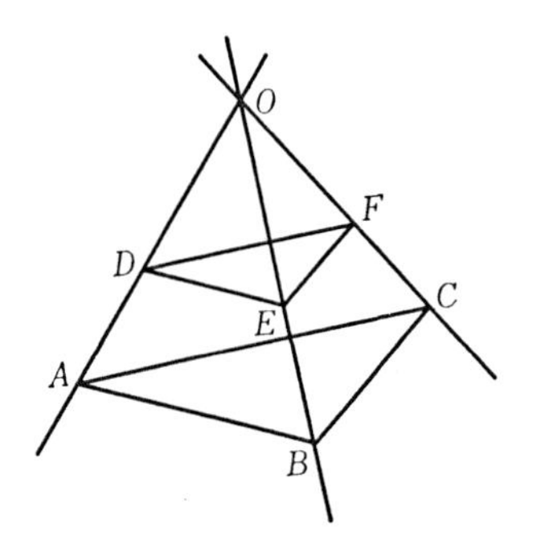

この定理は次章の比例を用いれば簡単に証明できるが, ここでは定理88に基づく円論による証明を述べる[1].

証明に入る前に二, 三の注意を述べる. $\triangle OAB$ の辺 OA 上の O と A の間の点 D を通って辺 AB に平行な直線は, 頂点 O, A, B のいずれをも通らず辺 AB と交わらないから, 公理 $2^{\triangle}$ により, 辺 OB と O と B の間の一点 E で交わる. 平行な二直線が第三の直線と交わってなす同位角は等しいから, このとき $\triangle ODE$ と $\triangle OAB$ は等角である.

逆に $\triangle OAB$ の辺 OA 上の O と A の間に点 D, 辺 OB 上の O と B の間に点 E があって $\triangle ODE$ と $\triangle OAB$ が等角ならば $DE /\!/ AB$ である. これは二直線が第三の直線と交わってなす同位角が等しければその二直線は平行であることから明らかであろう.

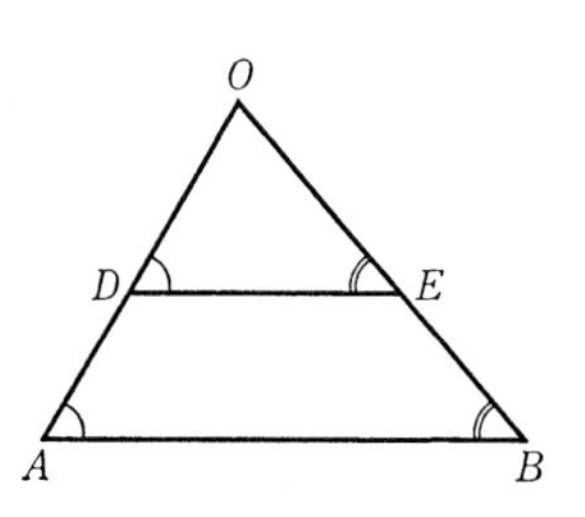

$\triangle OAB$ の辺 OA 上の O と A の間の点 D に対して $\angle AOB$ の内部に点 A' を $A'O=DO$ となるようにとったとき, $\angle AOA'$ が十分小さければ A'

1)　秋山武太郎: 幾何学つれづれ草, 195–197ページ, に載っている証明を‘角の向き’を用いない形に書き直して丁寧に述べる.

は $\triangle OAB$ の内部にある．ここで'十分小さい'というのは $\triangle OAB$ と D によって定まるある角より小さいことを意味する．このことはつぎのようにして容易に確められる．D を通って辺 OA に垂直な直線は辺 AB または辺 OB と交わる．その交点を N とする．A' が $\angle DON$ の内部にあれば半直線 OA' は線分 DN と交わり，その交点 M は D と N の間にある．MO は直角三角形 $\triangle OMD$ の斜辺であるから

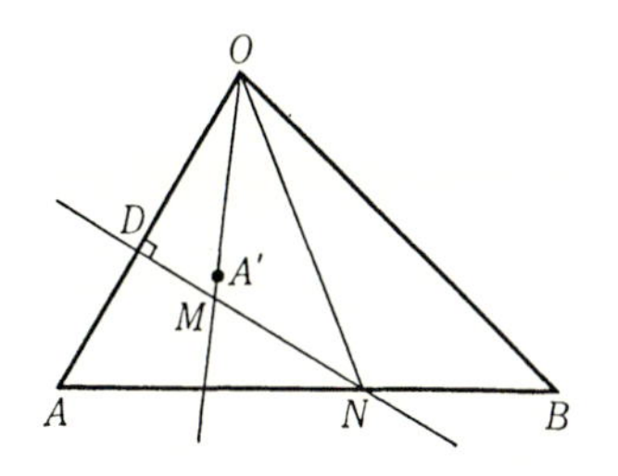

$$A'O = DO < MO,$$

したがって A' は M と O の間にあるが，D と N の間の点 M は $\triangle OAB$ の内部にある．ゆえに A' も $\triangle OAB$ の内部にある．このように A' が $\angle DON$ の内部にあれば A' は $\triangle OAB$ の内部にあるが，$\angle AOA' < \angle AON$ ならば A' は $\angle DON$ の内部にある．ゆえに $\angle AOA' < \angle AON$ ならば A' は $\triangle OAB$ の内部にある．

定理 89 の証明　まず D が O と A の間にある場合について証明を述べる．仮設により $DE /\!/ AB$, $EF /\!/ BC$ であるから，この場合 E は O と B の間にあり，F は O と C の間にある．

三つの直線 OA, OB, OC は相異なる直線であるから，$\angle AOC$, $\angle BOA$, $\angle COB$ はいずれも平角でない．したがって四点 O, A, B, C の配列にはつぎの四つの場合がある：

1)　B が $\angle AOC$ の内部にある場合，

2)　C が $\angle BOA$ の内部にある場合，

3)　A が $\angle COB$ の内部にある場合，

4)　O が $\triangle ABC$ の内部にある場合．

1), 2), 3) のいずれでもない場合が 4) であることはつぎのようにして容易に確められる．

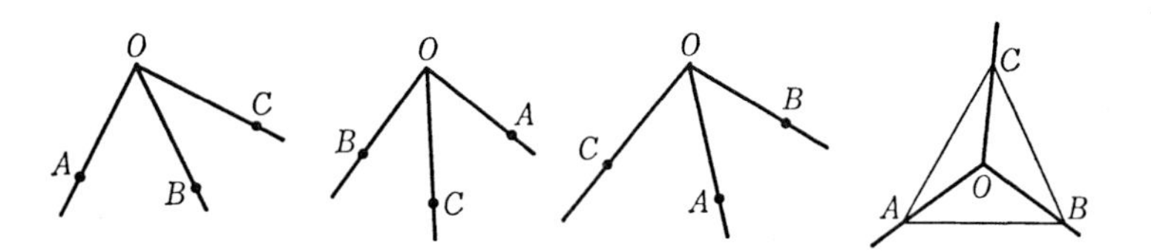

半直線 OC が直線 AB と交わると仮定してその交点を K とすれば，B が A と K の間にあるか，K が A と B の間にあるか，または A が K と

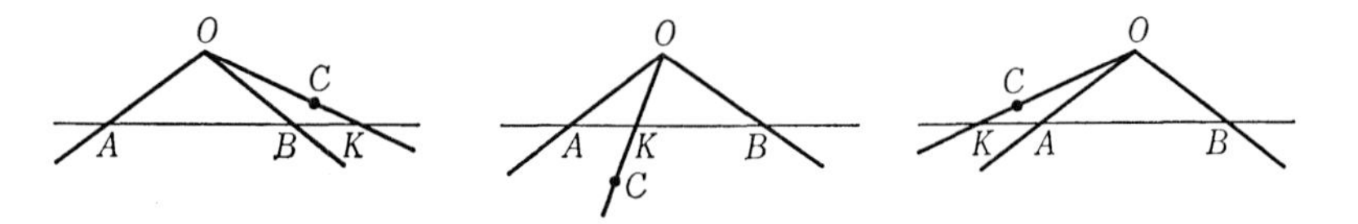

B の間にある．したがって B が $\angle AOC$ の内部にあるか，C が $\angle BOA$ の内部にあるか，または A が $\angle COB$ の内部にあることになる．ゆえに 1)，2)，3) のいずれでもない場合には半直線 OC は直線 AB と交わらない，したがって直線 AB に関して O は C と同じ側にある．

1)，2)，3) のいずれでもない場合には同様に直線 BC に関して O は A と同じ側にあり，直線 CA に関して O は B と同じ側にある．ゆえに O は $\triangle ABC$ の内部にある．

逆に O が $\triangle ABC$ の内部にあれば，半直線 OB の延長が辺 AC と交わるから，B は $\angle AOC$ の外部にある．同様に C は $\angle BOA$ の外部に，A は $\angle COB$ の外部にある．これで 1)，2)，3) のいずれでもない場合が 4) であることが確められたのである．

はじめ図が見易い 4) の場合について定理を証明する．十分小さい[1]角 $\angle AOP$ をその辺 OP が $\triangle ABC$ の辺 AB と交わるようにとってその交点が P であるとする．そして辺 BC 上の点 Q と辺 CA 上の点 R を

1)　$\angle AOP$ が十分小さいというのは図によって定まるいくつかの角よりも小さいことを意味する．それがどういう角であるかは証明が進むに従って明らかになる．

(1)　$$\angle BOQ = \angle COR = \angle AOP$$

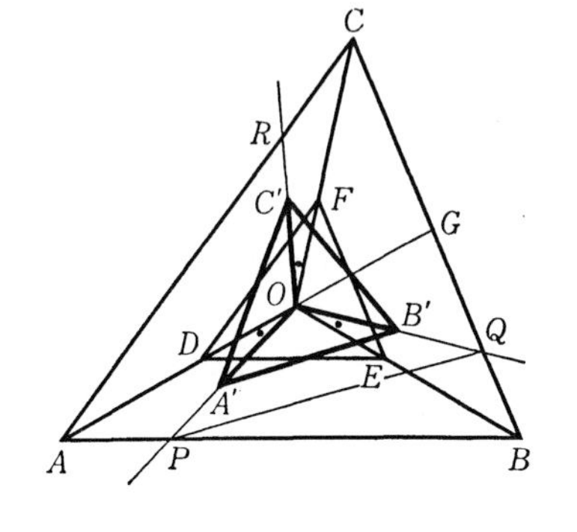

となるように定める．そうすれば B は $\angle POQ$ の内部に入る．なぜなら，直線 AO が A の対辺 BC と交わる点を G とすれば，$\angle BOQ=\angle AOP$ が十分小さいから，Q は B と G の間にある．したがって，$\triangle BGA$ と三点 O, P, Q について見れば，定理70の系(129ページ)により，半直線 OB が線分 PQ と P と Q の間の一点で交わるからである．

同様に C は $\angle QOR$ の内部に，A は $\angle ROP$ の内部に入る．

半直線 OP, OQ, OR の上にそれぞれ点 A', B', C' を $A'O=DO, B'O=EO, C'O=FO$ となるようにとる．そうすれば，$\angle A'OB'$ は $\angle POQ$ と同じ角であるから，B は $\angle A'OB'$ の内部にある．同様に C は $\angle B'OC'$ の内部に，A は $\angle C'OA'$ の内部にある．そして(1)により

(2)　$$\angle AOA' = \angle BOB' = \angle COC'.$$

この(2)の角が十分小さいから，上記の注意により，A', B', C' はそれぞれ $\triangle OAB, \triangle OBC, \triangle OCA$ の内部にある．

A' が $\angle AOB$ の内部に，B が $\angle A'OB'$ の内部にあるから，(2)により

$$\angle A'OB' = \angle A'OB + \angle BOB' = \angle AOA' + \angle A'OB = \angle AOB,$$

すなわち $\angle A'OB'=\angle DOE$, 同様に $\angle B'OC'=\angle EOF$, $\angle C'OA'=\angle FOD$ である．$A'O=DO, B'O=EO, C'O=FO$ であるから，したがって，二辺夾角の合同定理により

(3)　$$\triangle OA'B' \equiv \triangle ODE, \quad \triangle OB'C' \equiv \triangle OEF, \quad \triangle OC'A' \equiv \triangle OFD$$

となる．

仮設により $DE/\!/AB$ であるから $\triangle ODE$ は $\triangle OAB$ と等角，したがって，(3)により，$\triangle OA'B'$ と $\triangle OAB$ は等角である．そして A' は $\triangle OAB$

の内部にあり B は $\angle A'OB'$ の内部にある．ゆえに，定理 88 により，$\triangle AOA'$ と $\triangle BOB'$ は等角である．仮設により $EF//BC$ であるから，同様に $\triangle OB'C'$ と $\triangle OBC$ は等角，したがって，定理 88 により，$\triangle BOB'$ と $\triangle COC'$ は等角である．ゆえに $\triangle COC'$ は $\triangle AOA'$ と等角となる．

C' が $\triangle OCA$ の内部にあり A が $\angle C'OA'$ の内部にあって $\triangle COC'$ と $\triangle AOA'$ が等角であるから，定理 88 により，$\triangle OC'A'$ と $\triangle OCA$ は等角である．(3)により $\triangle OC'A'$ は $\triangle OFD$ に合同であるから，したがって，$\triangle OFD$ と $\triangle OCA$ は等角である．ゆえに $DF//AC$ となる．これで 4)の場合については定理が証明されたのである．

1)の場合，B が $\angle AOC$ の内部にあるから，半直線 OB は線分 AC と A と C の間の一点 H で交わる．十分小さい角 $\angle AOP$ をその辺 OP が線分 AC と交わるようにとってその交点が P であるとする．そして直線 AC 上の H と C の間の点 Q および C に関して A の反対側にある点 R を

$$\angle BOQ = \angle COR = \angle AOP \qquad (4)$$

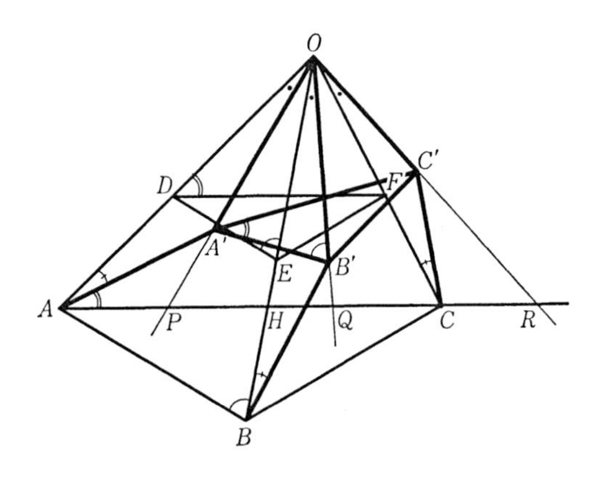

となるように定める．三つの半直線 OP, OQ, OR の上にそれぞれ点 A', B', C' を $A'O=DO$, $B'O=EO$, $C'O=FO$ となるようにとる．そうすれば(4)により

$$(5)\qquad \angle AOA' = \angle BOB' = \angle COC'.$$

この(5)の角が十分小さいから，A' は $\triangle OAB$ の内部に，B' は $\triangle OBC$ の内部にある．B が $\angle A'OB'$ の内部にあり C が $\angle B'OC'$ の内部にあることは明らかであろう．A' はまた $\triangle OAC$ の内部にあり，C は $\angle A'OC'$ の内部にある．ゆえに，4)の場合と同様に，$\angle A'OB'=\angle DOE$, $\angle B'OC'=\angle EOF$, $\angle A'OC'=\angle DOF$ となり，したがって，二辺夾角の合同定理により，合同式

$$(6)\qquad \triangle OA'B' \equiv \triangle ODE, \qquad \triangle OB'C' \equiv \triangle OEF, \qquad \triangle OA'C' \equiv \triangle ODF$$

を得る．

仮設により $DE//AB$, $EF//BC$ であるから $\triangle ODE$ と $\triangle OAB$ は等角，$\triangle OEF$ と $\triangle OBC$ は等角である．したがって，(6)により，$\triangle OA'B'$ と $\triangle OAB$ は等角，$\triangle OB'C'$ と $\triangle OBC$ は等角となる．A' が $\triangle OAB$ の内部にあり B が $\angle A'OB'$ の内部にあって $\triangle OA'B'$ と $\triangle OAB$ が等角であるから，定理88により，$\triangle AOA'$ と $\triangle BOB'$ は等角である．同様に，B' が $\triangle OBC$ の内部にあり C が $\angle B'OC'$ の内部にあって $\triangle OB'C'$ と $\triangle OBC$ が等角であるから $\triangle BOB'$ と $\triangle COC'$ は等角である．ゆえに $\triangle AOA'$ と $\triangle COC'$ は等角となる．

A' が $\triangle OAC$ の内部にあり C が $\angle A'OC'$ の内部にあって $\triangle AOA'$ と $\triangle COC'$ が等角であるから，定理88により，$\triangle OA'C'$ と $\triangle OAC$ は等角である．したがって，(6)により，$\triangle ODF$ と $\triangle OAC$ が等角となる．ゆえに $DF//AC$ である．これで1)の場合の証明は終ったのである．

2)と3)の場合についても定理は同様に証明できるが，同様な証明を繰り返すよりもつぎのようにして1)の場合に帰着させる方が早い．

2)の場合を1)に帰着させるために F を通って直線 CA に平行な直線

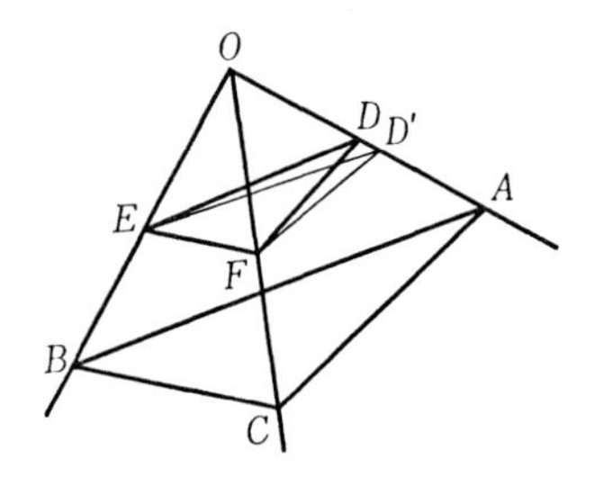

が半直線 OA と交わる点を D' とする．C が $\angle BOA$ の内部にあって，仮設により $EF//BC$，D' の定義により $FD'//CA$ であるから，1)の結果により $ED'//BA$ となる．一方，仮設により $ED//BA$ である．平行線の公理により E を通って直線 BA に平行な直線はただ一つしかないから，D は D' と一致し，直線 FD は直線 FD' と一致する．ゆえに $DF//AC$ である．

3)の場合も同様にして 1)に帰着させることができる．

これで D が O と A の間にある場合についての証明は終りである．

つぎは A が D と O の間にある場合であるが，この場合は点 A, D, B, E, C, F を改めて D, A, E, B, F, C と名付ければ D が A と O の間にある場合に帰する．

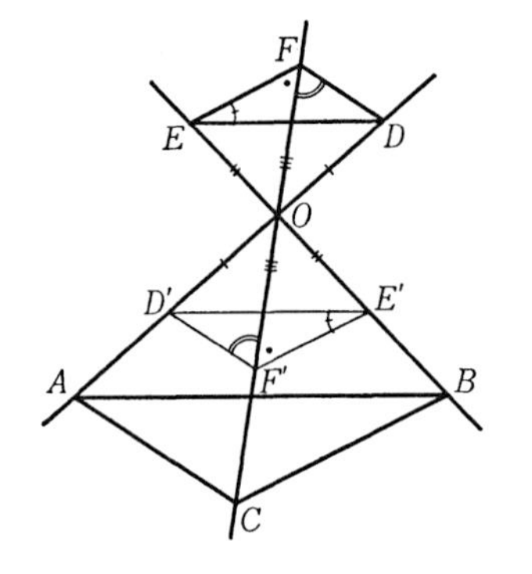

O が A と D の間にある場合，半直線 OA, OB, OC の上の点 D', E', F' を $D'O=DO$，$E'O=EO$，$F'O=FO$ となるように定めれば，$\triangle OD'E'\equiv\triangle ODE$ であるから $D'E'//DE$，同様に $E'F'//EF$，$F'D'//FD$ である．したがって $DE//AB, EF//BC$ ならば $FD//CA$ であることを証明するには $D'E'//AB, E'F'//BC$ ならば $F'D'//CA$ となることをいえばよい．ゆえにこの場合は D が O と A の間にあるか A が O と D の間にある場合に帰する(証明終)．

この定理 89 は二つの三角形 $\triangle ABC$ と $\triangle DEF$ に関する定理と考えればつぎのようになる．

定理 89′　$\triangle ABC$ と $\triangle DEF$ において $DE//AB$，$EF//BC$ であるとき，

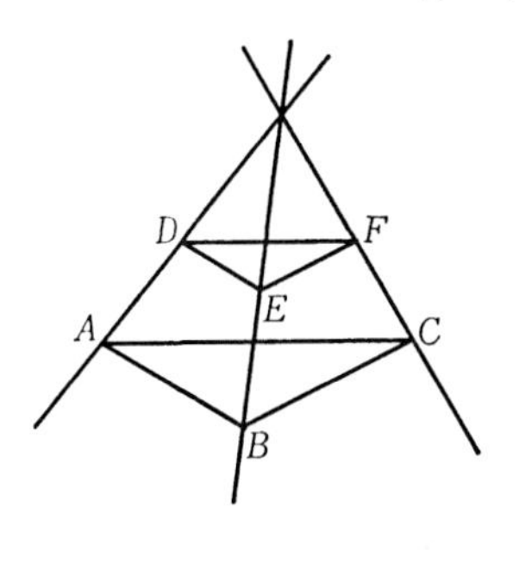

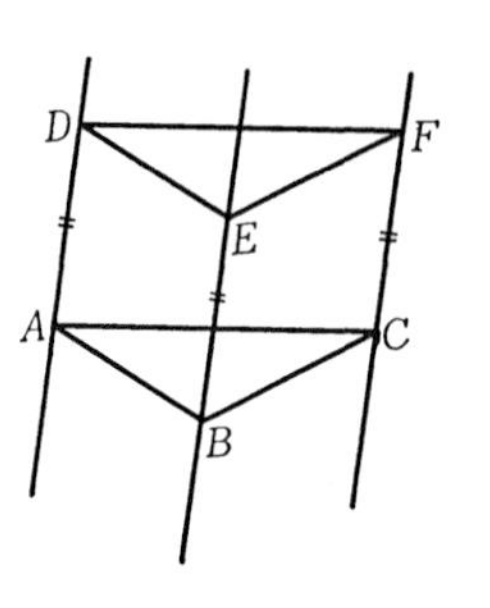

対応する頂点を結ぶ三つの直線 AD, BE, CF が一点で交われば $DF//AC$ である．——

$\triangle ABC$ と $\triangle DEF$ において $DE//AB, EF//BC$ ならば三直線 AD, BE, CF が互いに平行な場合にも $DF//AC$ となる．このことは四辺形が平行四辺形であるための必要にして十分な条件は一組の対辺が平行で等長であることであることから明らかであろう(84ページ，定理45；85ページ，定理48)．この場合を除けば定理89の逆が成り立つ．すなわち

定理 90　$\triangle ABC$ と $\triangle DEF$ において $DE//AB, EF//BC, DF//AC$ ならば，三つの直線 AD, BE, CF は互いに平行でない限り一点で交わる．

証明　直線 AD と直線 BE の交点を O としたとき O と C を結ぶ直線 OC が点 F を通ることを証明すればよい．仮設により $EF//BC$ であるから，直線 OC は直線 EF と交わる．その交点を F' とする．仮設により $DE//AB, EF'//BC$ で三つの直線 AD, BE, CF' は一点 O で交わっているから，定理89′により

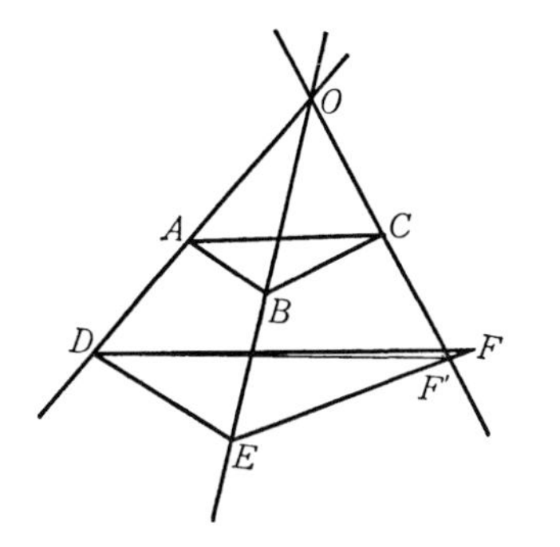

$$DF'//AC$$

である．仮設により $DF//AC$ であるから，したがって，直線 DF は直線

DF' と一致し，F と F' は一致する．ゆえに直線 OC は F を通る(証明終)．

系　$\triangle ABP$ と $\triangle CDQ$ において $AB//CD$, $AP//CQ$, $BP//DQ$ であるとき，直線 AC と直線 BD の交点を O とすれば，三点 O, P, Q は一直線上にある．——

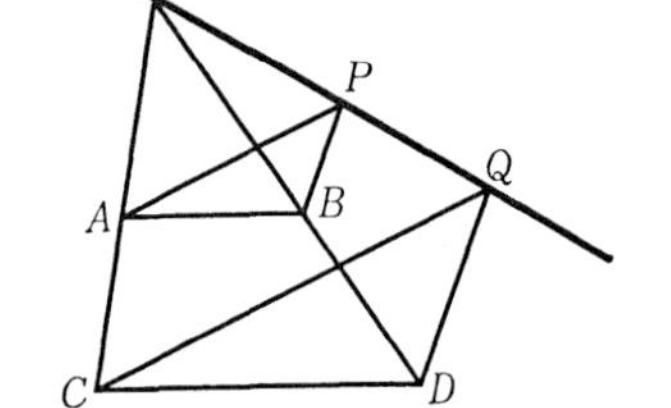

定理 89 が図の点と直線の配列の如何に関せずつねに成り立つから，定理 89′，定理 90 とその系もつねに成り立つ．系について配列が異なる図をつぎに掲げる．

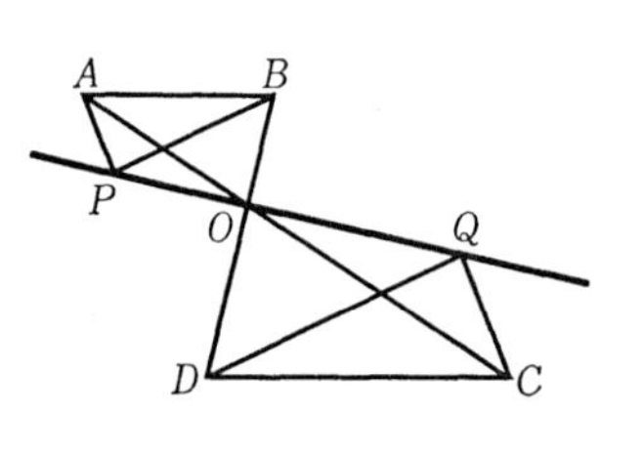

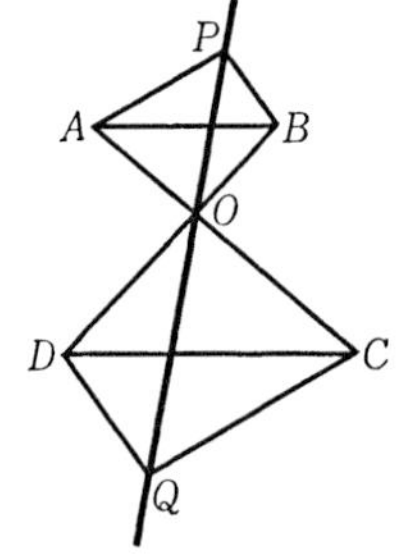

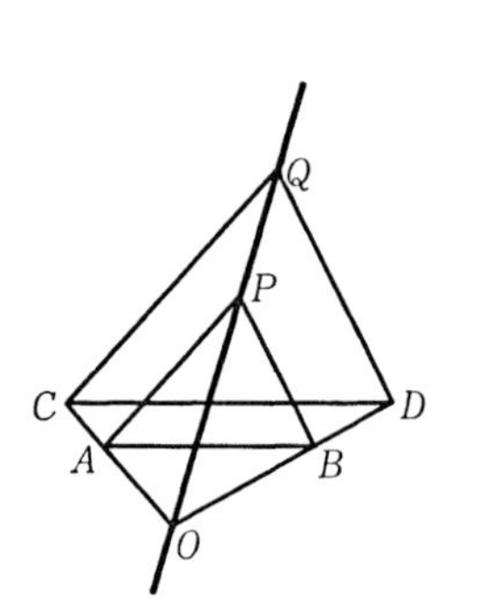

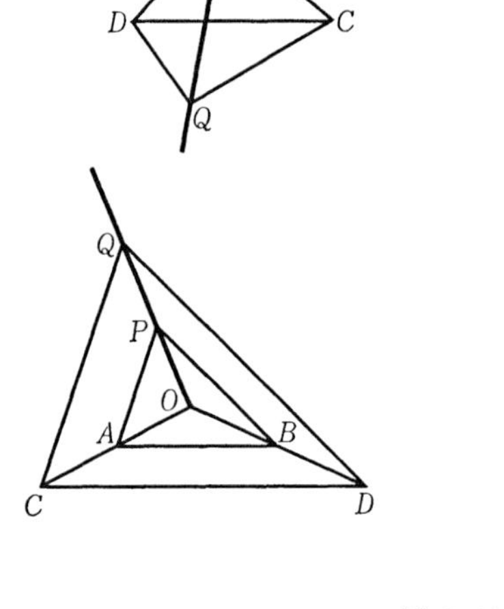

例題 12[1]　三つの互いに平行な線分 AB, CD, EF があってその長さが互いに異なるとき，直線 CE と直線 DF の交点を P，直線 EA と直線

1)　秋山武太郎：わかる幾何学，261 ページ，例題 6．

FB の交点を Q，直線 AC と直線 BD の交点を R とすれば，三点 P, Q, R は一直線上にある．

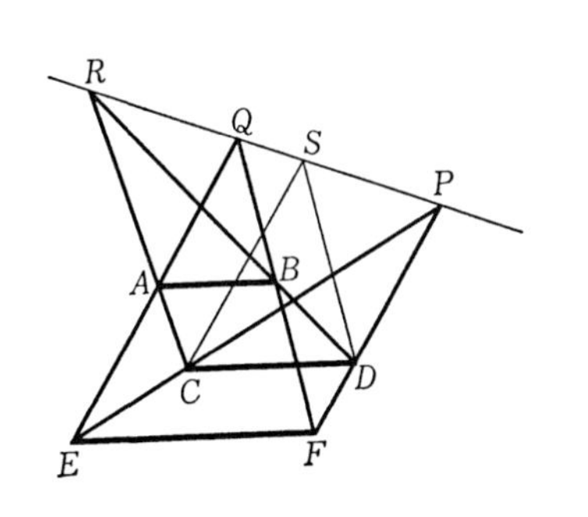

証明　C を通って直線 AQ に平行な直線と D を通って直線 BQ に平行な直線の交点を S とする．そうすれば，$\triangle ABQ$ と $\triangle CDS$ において，$AB//CD, AQ//CS, BQ//DS$ で直線 AC と直線 BD の交点が R であるから，上の定理 90 の系により，三点 R, Q, S は一直線上にある．同様に，$\triangle EFQ$ と $\triangle CDS$ において $EF//CD, EQ//CS, FQ//DS$ で直線 EC と直線 FD の交点が P であるから，三点 P, Q, S は同一直線上にある．ゆえに三点 P, Q, R は同一直線上にある(証明終)．

定理 91　$\triangle ABC$ と $\triangle DEF$ において対応する頂点を結ぶ三つの直線 AD, BE, CF が一点で交わっているとき，直線 BC と直線 EF の交点を P，直線 CA と直線 FD の交点を Q，直線 AB と直線 DE の交点を R とすれば，三点 P, Q, R は一直線上にある．

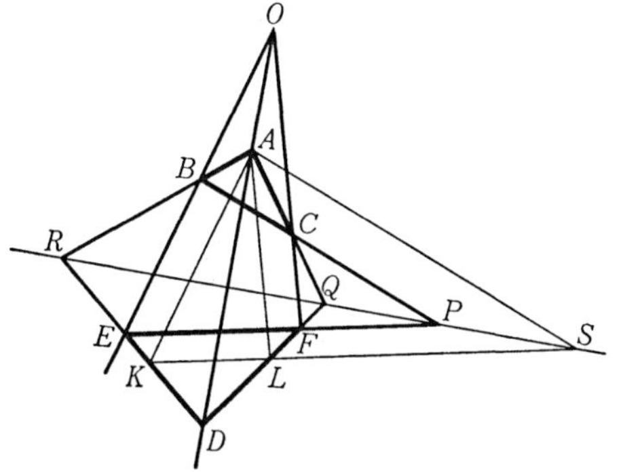

証明[1]　A を通って直線 OE に平行な直線が直線 DE と交わる点を K,

1)　秋山武太郎：幾何学つれづれ草，199 ページ．この秋山先生の証明は先生の先輩遠藤又蔵氏から賞讃を得たものであるという．

A を通って直線 OF に平行な直線が直線 DF と交わる点を L とすれば，三つの直線 AO, KE, LF が一点 D を通って $OE//AK$, $OF//AL$ であるから，定理89により，$EF//KL$ である．A を通って直線 BC に平行な直線と直線 KL の交点を S とする．そうすれば，$\triangle BEP$ と $\triangle AKS$ において $BE//AK, BP//AS, EP//KS$ で直線 BA と直線 EK の交点が R であるから，定理90の系により，三点 R, P, S は一直線上にある．$\triangle CFP$ と $\triangle ALS$ において $CF//AL, CP//AS, FP//LS$ で直線 AC と直線 LF の交点が Q であるから，同じ系により，三点 Q, P, S は同一直線上にある．ゆえに三点 P, Q, R は同一直線上にある(証明終).

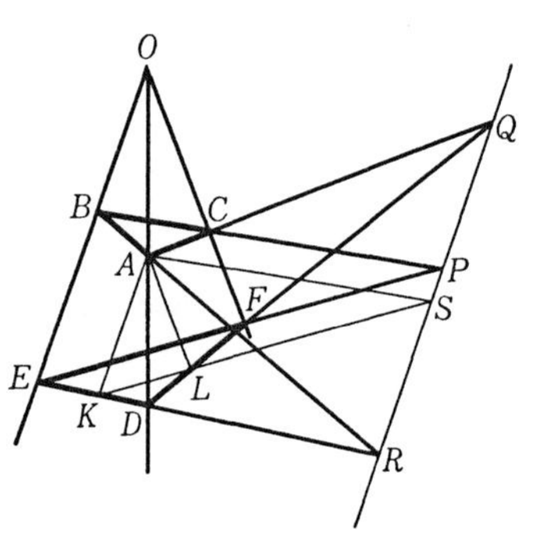

この定理91を**デザルグ**(Desargues, 1593–1662)**の定理**という．デザルグの定理は射影幾何の基礎をなす重要な定理である．デザルグの定理についてはその逆が成り立つ．すなわち: $\triangle ABC$ と $\triangle DEF$ に対して直線 BC と EF の交点を P, 直線 CA と FD の交点を Q, 直線 AB と DE の交点を R としたとき，三点 P, Q, R が一直線上にあれば三つの直線 AD, BE, CF は一点で交わる．**証明** $\triangle QCF$ と $\triangle RBE$ にデザルグの定理を適用する．仮設により $\triangle QCF$ と $\triangle RBE$ の対応する頂点を結ぶ三つの直線 QR, CB, FE は一点 P で交わる．したがって，デザルグの定理により，直線 CF と BE の交点 O, 直線 FQ と ER の交点 D, 直線 QC と RB の交点 A は一直線上にある．ゆ

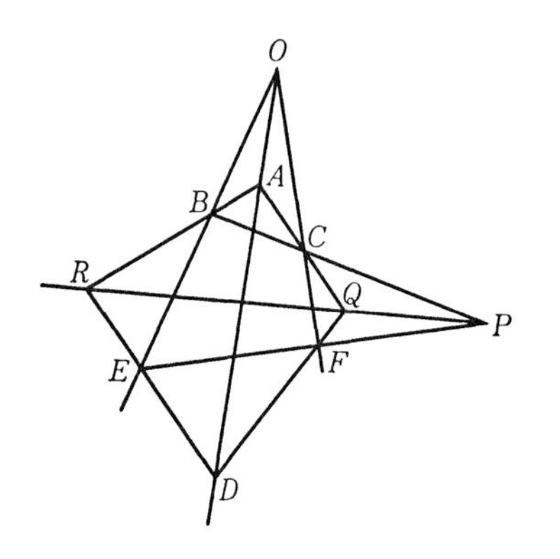

えに三つの直線 AD, BE, CF は一点 O で交わる(証明終).

この証明を見ると，デザルグの定理はその逆と同じ定理であることがわかる．こういう定理は珍しい．

つぎのパスカルの定理は天才パスカル(Pascal, 1623–1662)が16歳のときに発見した有名な定理である．まずパスカルの定理を円に内接する六辺形に関する定理として述べる．円に内接する六辺形の意味は明らかであろうが，念のためその定義を述べておく．六つの点 A, B, C, D, E, F があって，直線 AB に関して C, D, E, F が同じ側に，直線 BC に関して D, E, F, A が同じ側に，直線 CD に関して E, F, A, B が同じ側に，直線 DE に関して F, A, B, C が同じ側に，直線 EF に関して A, B, C, D が同じ側に，直線 FA に関して B, C, D, E が同じ側にあるとき，**六辺形** $ABCDEF$ は六つの線分 AB, BC, CD, DE, EF, FA から成る図形であって，その六つの線分が六辺形 $ABCDEF$ の辺，六つの点 A, B, C, D, E, F がその頂点である．そして辺 AB と辺 DE，辺 BC と辺 EF，辺 CD と辺 FA をそれぞれ六辺形 $ABCDEF$ の一組の対辺とよぶ．頂点 A, B, C, D, E, F が一つの円の上にあるとき，六辺形 $ABCDEF$ はその円に内接するという．

定理 92(パスカルの定理) 円に内接する六辺形 $ABCDEF$ の三組の対辺の延長の交点は一直線上にある．すなわち直線 AB と DE の交点を P，直線 BC と EF の交点を Q，直線 CD と FA の交点を R とすれば，三

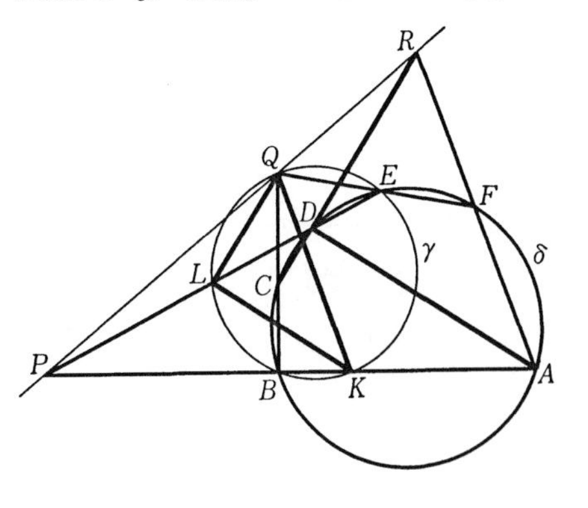

点 P, Q, R は同一直線上にある.

証明　仮設により六つの点 A, B, C, D, E, F は一つの円 δ の上にある. 三点 B, E, Q を通る円 γ を描いて γ が新しく直線 AB と交わる点を K, 直線 DE と交わる点を L とする. P が直線 KA と直線 LD の交点であるから, 定理 90 の系により, 三点 P, Q, R が一直線上にあることを証明するには $\triangle KLQ$ と $\triangle ADR$ において $KL//AD, KQ//AR, LQ//DR$ であることを示せばよい.

このために相交わる二円に関する定理 81(165 ページ)を用いる. 二つの円 γ と δ が二点 B と E で交わっている. そして B を通る直線 AB が γ, δ と K, A で交わり, E を通る直線 ED が γ, δ と L, D で交わる. ゆえに, 定理 81 により, $KL//AD$ である. さらに E を通る直線 EF が γ, δ と Q, F で交わる. ゆえに $KQ//AF$, すなわち $KQ//AR$ である.

同様に直線 ED が γ, δ と L, D で交わり B を通る直線 BC が γ, δ と Q, C で交わるから, 定理 81 により, $LQ//DC$ すなわち $LQ//DR$ である(証明終).

この証明は A, B, C, D, E, F が六辺形の頂点であるという仮設には無関係である. ゆえにパスカルの定理は同一円周上にある任意の六点 A, B, C, D, E, F について成り立つ. すなわち:

パスカルの定理　六つの点 A, B, C, D, E, F が同一円周上にあるとき,

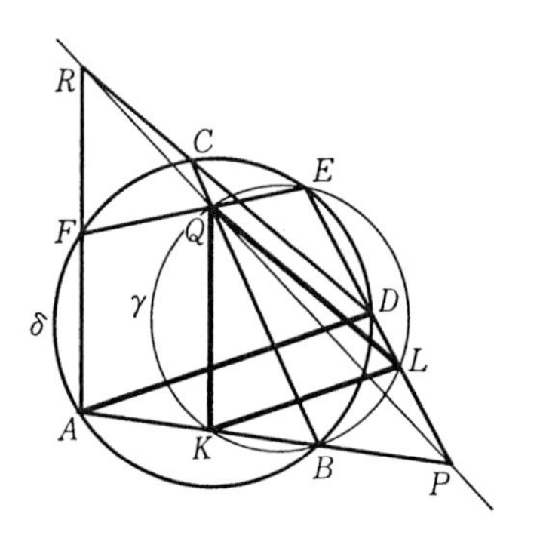

直線 AB と DE の交点を P，直線 BC と EF の交点を Q，直線 CD と FA の交点を R とすれば，三点 P, Q, R は同一直線上にある．——

上記のパスカルの定理の証明は一般の場合についての証明である．三点 B, E, Q を通る円 γ が偶然直線 AB と直線 DE の一方または両方に接した場合には証明をつぎのように直せばよい．

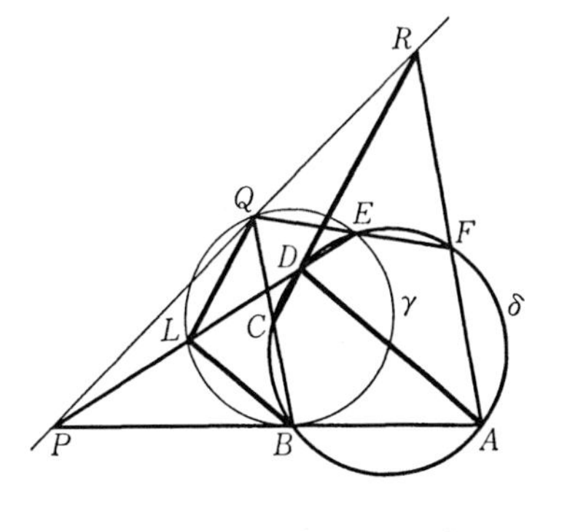

γ が直線 AB に接して直線 DE には接しない場合，K が B と一致したと考えれば，$\triangle BLQ$ と $\triangle ADR$ において $BL/\!/AD$, $BQ/\!/AR$, $LQ/\!/DR$ であることを証明すればよいことは一般の場合と同じである．二円 γ と δ が二点 B と E で交わっていて，E を通る直線 ED が γ, δ と L, D で交わる．これも一般の場合と同様であるが，直線 AB は一般の場合と違って γ の接線であって円 δ と A で交わる．ゆえに，定理81の代りに定理82（173ページ）を用いれば $BL/\!/AD$ であることがわかる．同様に，定理82により，$BQ/\!/AR$ である．$LQ/\!/DR$ であることの証明は一般の場合と同じである．

γ が直線 DE に接して直線 AB に接しない場合も同様に証明できることは明らかであろう．

γ が直線 AB と直線 DE の両方に接している場合，$\triangle BEQ$ と $\triangle ADR$ において $BQ//AR$, $EQ//DR$ であることは定理 82 によって明らか，また $BE//AD$ であることは直接容易に確められる．ゆえに三点 P, Q, R は一直線上にある．

これでパスカルの定理はつねに成り立つことが明らかになったのである．

つぎの例題はパスカルの定理の B と C, D と E, F と A がそれぞれ一致した場合と考えられる(127 ページ参照)．

例題 13　$\triangle ACE$ の外接円を γ，頂点 A, C, E の対辺の延長がそれぞれ A, C, E における γ の接線と交わる点を R, Q, P とすれば，三点 P, Q, R は一直線上にある．

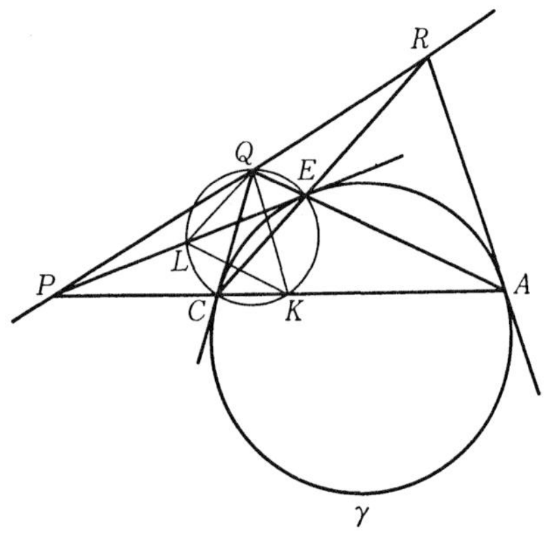

問　上の図を見てこの例題を証明せよ．

フォイエルバッハの定理　三角形の九点円はその内接円および傍接円に接する．——

この定理は 1822 年にドイツの Erlangen の中学校の教師であった K. W. Feuerbach が小冊子を発表してその中で初めて述べたものである．

$\triangle ABC$ の垂心を H とすればその九点円は $\triangle HBC$, $\triangle HCA$, $\triangle HAB$ の九点円であるから，九点円は四つの三角形の内接円および傍接円，合せて十六個の円に接することになり，非常に芸術的であったために世人の注目を引き，多くの証明および拡張がなされた．わが国の沢山勇三郎氏は東京物理学校雑誌に一人で二十二通りの証明を発表し，世界の注目を浴びた[1]．

以下三角形の九点円がその内接円に接することの証明を述べる．証明は沢山氏の第二十一証明[2]を少し変えて丁寧に書き直したものである．証明は長いが，それは図形の点と直線の配列を明らかにしようと努めたためである．

まず準備として弧の中点について述べる．B, C を円 γ 上の二点とすれば直線 BC は γ を二つの弧にわける(113-115 ページ)．その一つを $\overset{\frown}{BC}$ とする．弦 BC の垂直二等分線と $\overset{\frown}{BC}$ の交点を**弧 $\overset{\frown}{BC}$ の中点**という．弦 BC の垂直二等分線は γ の中心 O を通るから(111 ページ)，弧 $\overset{\frown}{BC}$ の中点 Q は O から弦 BC へ下した垂線と $\overset{\frown}{BC}$ の交点である．直線 OQ は弧 $\overset{\frown}{BC}$ の中心角 $\angle BOC$ を二等分する(57 ページ，定理 33)．定理 62(116 ページ)により円周角はそれに対する弧の中心角の半分に等しいから，したがって，$\overset{\frown}{BC}$ の共役弧(114 ページ)上の B と C 以外の任意の点 A に対して，直線 AQ は円周角 $\angle BAC$ を二等分する．すなわち弧 $\overset{\frown}{BC}$ に対

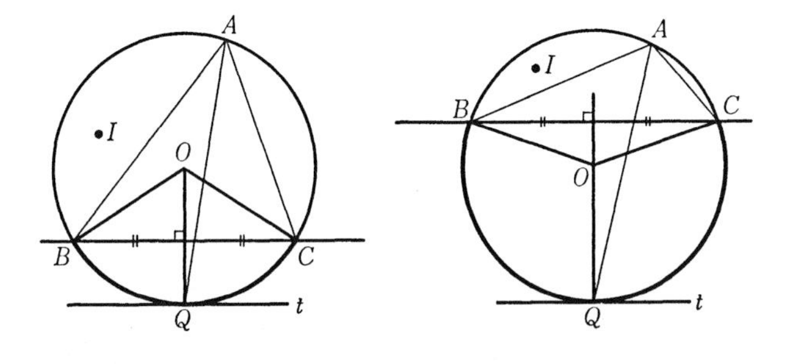

1) 岩田至康編：幾何学大辞典 I，槇書店，277 ページ．

2) 沢山勇三郎全集，岩波書店，1938， 161-165 ページ．この証明は上出：幾何学大辞典 I，274-275 ページ，にフォイエルバッハの定理の証明 7 として引用されている．

する円周角 $\angle BAC$ の二等分線は $\overparen{BC}$ の中点 Q を通る．

弧 $\overparen{BC}$ の中点 Q における γ の接線 t は弦 BC に平行である．なぜなら t は弦 BC に垂直な直線 OQ に垂直であるからである．

定理 93 三角形の内接円は九点円に内接する．

証明 $\triangle ABC$ の九点円を γ, 内心を I とする．頂点 A, B, C からその対辺 BC, CA, AB へ下した垂線の足を H_1, H_2, H_3，辺 BC, CA, AB の中点を M_1, M_2, M_3，辺 CA と内接円の接点を D，辺 AB と内接円の接点を E とする．D と E はそれぞれ内心 I から辺 CA と辺 AB へ下した垂線の足である．定義により九点円 γ は $M_1, M_2, M_3, H_1, H_2, H_3$ を通る．

$\triangle ABC$ が二等辺三角形，たとえば $BA=BC$ である場合には九点円が内接円と D で接することは明らかであろう．そこで以下

$$\angle B > \angle A, \qquad \angle C > \angle A \tag{1}$$

と仮定する．したがって $\angle A$ は鋭角であることになる．

はじめに，証明の方針を説明するために，内接円が九点円 γ に内接したとしてその接点 T を求めて見よう．

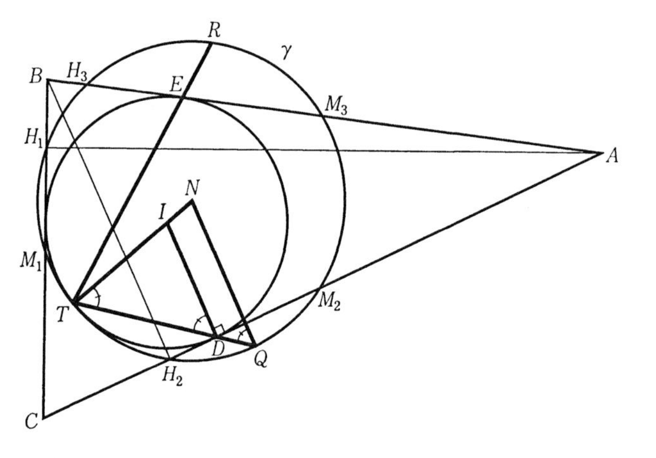

D は H_2 と M_2 の間にあり M_2 は D と A の間にある．このことは，たとえば，つぎのようにして容易に確められる．M_2 を通って辺 CA に垂直

な直線と直線 AI の交点を L とすれば，$\triangle LCA$ は二等辺三角形，すなわち，$LC=LA$ となるから，

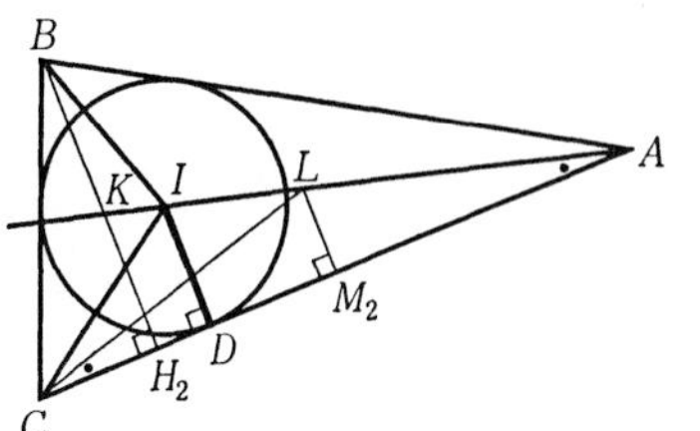

$$\angle LCA = \angle LAC = \frac{1}{2}\angle A$$
$$< \frac{1}{2}\angle C = \angle ICA,$$

ゆえに L は I と A の間にある．したがって M_2 は D と A の間にある．つぎに B から辺 CA に下した垂線 BH_2 と直線 AI の交点を K とする．$\angle C$ が鋭角である場合，H_2 は C と A の間にあるが(62 ページ，定理 38)，

$$\angle ABH_2 = \angle R - \angle A > \angle R - \angle C = \angle CBH_2.$$

したがって $\angle B$ の二等分線上の点 I は $\angle ABH_2$ の内部にある，すなわち I は K と A の間にある．ゆえに D は H_2 と A の間にある．$\angle C$ が直角または鈍角である場合には，C は H_2 と一致するかまたは H_2 と A の間にあるから D が H_2 と A の間にあることは明らかであろう．結局いずれの場合にも M_2 が D と A の間にあり D が H_2 と A の間にあるから D は H_2 と M_2 の間にある．

九点円 γ の中心を N とすれば，内接円と γ の接点 T は N と内心 I を結ぶ直線 NI 上にある．H_2 も M_2 も γ 上の点であるから H_2 と M_2 の間の点 D は γ の内部にある．このように内接円上の点 D が γ の内部にあるから，内心 I は T と N の間にある(100 ページ)．

N を通って直線 ID に平行な直線が直線 TD と交わる点を Q とする．D も T も内接円の上にあるから $\triangle IDT$ は二等辺三角形で $\angle IDT = \angle ITD$ である．ゆえに

$$\angle NQT = \angle IDT = \angle ITD = \angle NTQ,$$

したがって $\triangle NQT$ は二等辺三角形，すなわち $NQ=NT$ である．ゆえに Q は九点円 γ の上にある．I が T と N の間にあって $ID/\!/NQ$ であるから

D は T と Q の間にある．したがって，直線 CA に関して Q は T の反対側にあるが，内接円上の点 T は内心 I と同じ側にある．ゆえに直線 CA に関して Q は I の反対側にある．γ の直線 CA に関して I の反対側にある部分と H_2 と M_2 からなる弧を $\widehat{H_2M_2}$ で表わす．そうすれば Q は弧 $\widehat{H_2M_2}$ の上にあることになる．辺 CA に下した垂線 ID に平行な直線 NQ は直線 CA に垂直，すなわち γ の弦 H_2M_2 に垂直である．ゆえに Q は弧 $\widehat{H_2M_2}$ の 中点である．

これで内接円が九点円 γ に内接したとすればその接点 T は弧 $\widehat{H_2M_2}$ の中点 Q と点 D を結ぶ直線 QD が新しく γ と交わる点であることがわかった．$\widehat{H_3M_3}$ を γ の直線 BA に関して I の反対側にある部分と H_3 と M_3 からなる弧とし，弧 $\widehat{H_3M_3}$ の中点を R とすれば，同様にして，T は直線 RE が新しく γ と交わる点であることがわかる．したがって直線 QD と直線 RE は九点円 γ 上の一点 T で交わることになる．

そこで定理の証明をつぎの方針にしたがって進めることにする：まず弧 $\widehat{H_2M_2}$ の中点を Q, 弧 $\widehat{H_3M_3}$ の中点を R として直線 QD と直線 RE が γ 上の一点 T で交わることを証明する．つぎに内接円が T で九点円 γ に内接することを証明する．

このために，直線 QD が新しく γ と交わる点をはじめから T と名付ける．そして線分 IA の中点を M として，四点 T, D, M_2, M が同一円周上にあることを証明する．

はじめに確めたように D は H_2 と M_2 の間にあるが，H_2 も M_2 も γ の上にあるから，D は γ の内部にあり，したがって D は Q と T の間にある．ゆえに直線 CA に関して T は Q の反対側にあるが，弧 $\widehat{H_2M_2}$ の定義により，Q が I の反対側にあるから I は T と同じ側にある．したがって M と T は同じ側にある．ゆえに T, D, M_2, M が同一円周上にあることを証明するには

$$\angle DTM_2 = \angle DMM_2 \tag{2}$$

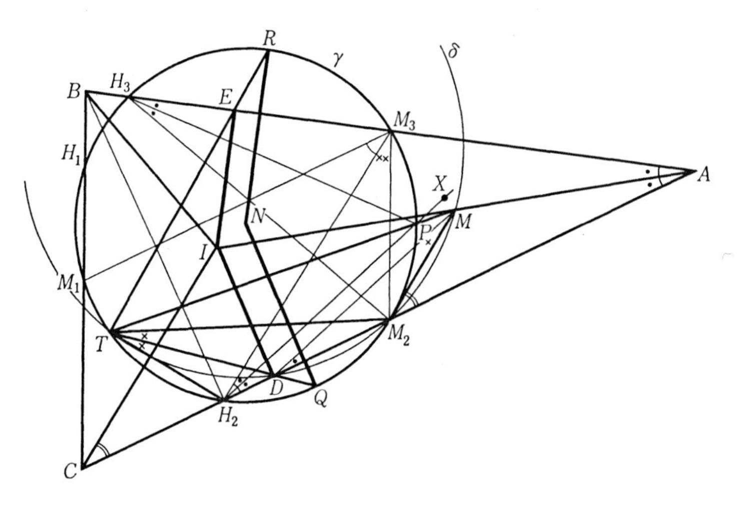

であることをいえばよい(121-122 ページ，定理 65 の系 1)．

このために $\angle DTM_2$ を $\angle A$ と $\angle C$ を用いて表わす．Q が弧 $\overset{\frown}{H_2M_2}$ の中点で T が $\overset{\frown}{H_2M_2}$ の共役弧の上にあるから，直線 TQ は円周角 $\angle H_2TM_2$ を二等分する(206 ページ)．ゆえに

$$(3)\qquad \angle DTM_2 = \frac{1}{2}\angle H_2TM_2.$$

直線 CA に関して T は M_3 と同じ側にある．なぜなら，T は I と同じ側にあり，I も M_3 も $\angle BCA$ の内部にあるからである．ゆえに，円周角不変の定理により，

$$(4)\qquad \angle H_2TM_2 = \angle H_2M_3M_2.$$

三角形の二辺の中点を結ぶ線分は第三辺に平行であるから $M_1CM_2M_3$ は平行四辺形であって，したがって

$$\angle M_1M_3M_2 = \angle C,$$

そして C は $\angle M_1M_3M_2$ の内部にある．はじめに確めたように，直線 CA 上で M_2 に関して H_2 は C と同じ側にあり $M_1M_3//CA$ であるから，H_2 も $\angle M_1M_3M_2$ の内部にある．ゆえに

$$\angle H_2M_3M_2 = \angle M_1M_3M_2 - \angle M_1M_3H_2 = \angle C - \angle M_1M_3H_2$$

となる．直線 H_2M_3 に関して M_1 と M_2 が反対側にあるから，$\angle M_1M_3H_2$ と $\angle M_3H_2A$ は平行な二直線 M_1M_3 と CA が直線 H_2M_3 と交わってなす錯角である．したがって

$$\angle M_1M_3H_2 = \angle M_3H_2A$$

であるが，M_3 が直角三角形 $\triangle ABH_2$ の斜辺 AB の中点であるから，定理 65 の系 5(123 ページ)により

$$\angle M_3H_2A = \angle A. \tag{5}$$

ゆえに

$$\angle H_2M_3M_2 = \angle C - \angle A,$$

したがって，(3)と(4)により

$$\angle DTM_2 = \frac{1}{2}(\angle C - \angle A), \tag{6}$$

$\angle DMM_2$ については，$\triangle MDM_2$ の外角 $\angle MM_2A$ がその内対角 $\angle DMM_2$ と $\angle MDM_2$ の和に等しいから

$$\angle DMM_2 = \angle MM_2A - \angle MDA$$

となるが，$\triangle AIC$ の二辺の中点を結ぶ線分 MM_2 は辺 IC に平行，したがって

$$\angle MM_2A = \angle ICA = \frac{1}{2}\angle C,$$

また M が直角三角形 $\triangle AID$ の斜辺 AI の中点であるから

$$\angle MDA = \angle MAD = \frac{1}{2}\angle A, \tag{7}$$

ゆえに

$$\angle DMM_2 = \frac{1}{2}(\angle C - \angle A).$$

この等式と(6)から直ちに(2)の等式 $\angle DTM_2 = \angle DMM_2$ が従う．ゆえ

に四点 T, D, M_2, M は同一円周上にある．この円周を δ で表わす．δ は $\triangle IAC$ の九点円である．

点 M が γ の外部にあって T と M を結ぶ直線 TM が γ の接線でないと仮定して，直線 TM が γ と新しく交わる点を P とする．そうすれば二つの円 γ と δ が二点 M_2 と T で交わっていて，M_2 を通る直線 CA が新しく γ, δ と交わる点が H_2, D，T を通る一つの直線が新しく γ, δ と交わる点が P, M である．ゆえに定理 81(165 ページ)により

$$H_2P \,//\, DM \tag{8}$$

となる．(5)により $\angle M_3H_2A=\angle A$，(7)により $\angle MDA=\frac{1}{2}\angle A$ であるから

$$\angle MDA = \frac{1}{2}\angle M_3H_2A,$$

そして D は H_2 と A の間にあり，M_3 も I も $\angle BCA$ の内部にあるから直線 CA に関して M_3 と M は同じ側にある．したがって直線 DM に平行な直線 H_2P は $\angle M_3H_2A$ を二等分する．なぜなら，直線 H_2P 上の点 X を直線 CA に関して M と同じ側にとれば，平行な直線 H_2P と DM が直線 CA と交わってなす同位角 $\angle XH_2A$ と $\angle MDA$ が等しいから

$$\angle XH_2A = \frac{1}{2}\angle M_3H_2A,$$

そして直線 H_2A に関して X と M_3 は同じ側にあるからである．M_2 が

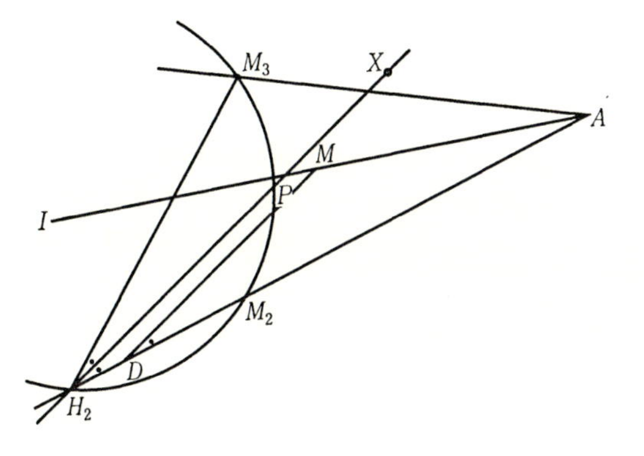

H_2 と A の間にあるから $\angle M_3H_2A$ は $\angle M_3H_2M_2$ と同じ角である．ゆえに直線 H_2P は $\angle M_3H_2M_2$ の二等分線であって直線 H_2P が新しく γ と交わる点 P は円周角 $\angle M_3H_2M_2$ に対する弧 $\overset{\frown}{M_3M_2}$ の中点である(206-207ページ)．すなわち直線 QD が γ と新しく交わる点 T は弧 $\overset{\frown}{M_3M_2}$ の中点 P と M を結ぶ直線 PM が γ と新しく交わる点である．ゆえに T を改めて弧 $\overset{\frown}{M_3M_2}$ の中点 P と M を結ぶ直線が新しく γ と交わる点と定義すれば，直線 QD はその点 T で γ と交わることになる．

直線 QD の代りに直線 RE について同様に考えれば，$\angle M_3H_3M_2$ の二等分線も同じ弧 $\overset{\frown}{M_3M_2}$ の中点 P を通るから，直線 RE も同じ点 T で γ と交わることがわかる．

このように M が γ の外部にあり直線 TM が γ の接線でなければ直線 QD と直線 RE は γ 上の一点で交わる．ゆえに直線 QD と直線 RE がつねに γ 上の一点で交わることを証明するには M が γ の外部にあって直線 TM が γ の接線とならないことをいえばよい．

弧 $\overset{\frown}{M_3M_2}$ の中点 P, M_2, M_3 の三点が γ の上にあるから，定理65により，M が γ の外部にあることを証明するには直線 M_2M_3 に関して M と P が同じ側にあって

$$\angle M_2MM_3 < \angle M_2PM_3$$

であることを示せばよい．三角形の二辺の中点を結ぶ直線は第三辺に平行であるから

$$MM_2 \,/\!/\, IC, \qquad M_3M_2 \,/\!/\, BC,$$

したがって

$$\angle MM_2A = \angle ICA = \frac{1}{2}\angle C, \qquad \angle M_3M_2A = \angle C,$$

ゆえに直線 MM_2 は $\angle M_3M_2A$ の二等分線である．直線 MA が $\angle A$ の二等分線であるから，したがって，M は $\triangle AM_2M_3$ の内心である．ゆえに直線 M_2M_3 に関して M は A と同じ側にある．円周角 $\angle M_3H_2M_2$ に対す

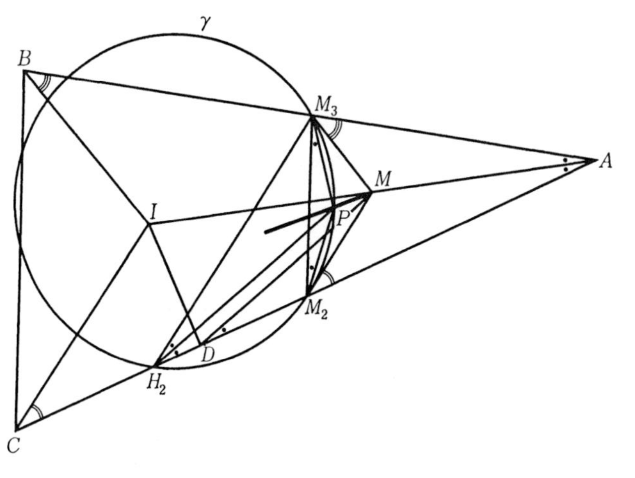

る弧 $\widehat{M_3M_2}$ の中点 P は直線 M_2M_3 に関して H_2 の反対側にあるが，A も反対側にある．ゆえに直線 M_2M_3 に関して M と P は同じ側にある．

M が $\triangle AM_2M_3$ の内心で $\angle AM_2M_3=\angle C$ であるから $\angle MM_2M_3=\dfrac{1}{2}\angle C$, 同様に $\angle MM_3M_2=\dfrac{1}{2}\angle B$ である．(5)により $\angle M_3H_2M_2=\angle A$ で P が弧 $\widehat{M_3M_2}$ の中点であるから $\angle PH_2M_3=\dfrac{1}{2}\angle A$, ゆえに円周角不変の定理により

$$\angle PM_2M_3 = \angle PH_2M_3 = \frac{1}{2}\angle A,$$

同様に $\angle PM_3M_2$ も $\dfrac{1}{2}\angle A$ に等しい．仮定(1)により $\angle A<\angle B$, $\angle A<\angle C$ であるから，したがって

$$\angle PM_2M_3 < \angle MM_2M_3, \qquad \angle PM_3M_2 < \angle MM_3M_2,$$

ゆえに P は $\triangle MM_2M_3$ の内部にある．したがって $\angle M_2MM_3$ は $\angle M_2PM_3$ より小さい(45ページ，定理24の系2)．ゆえに M は γ の外部にある．

直線 QD と γ の新しい交点 T と点 M を結ぶ直線 TM が γ の接線とならないことを帰謬法で証明するために直線 TM が γ の接線であったと仮定する．そうすれば二つの円 γ と δ が二点 M_2 と T で交わっていて，M_2 を通る直線 CA が γ, δ と新しく H_2, D で交わり T における γ の接線が

δ と M で交わることになる．したがって定理 82(173 ページ)により

$$H_2T \,//\, DM$$

となる．この式は(8)の $H_2P//DM$ の P を T で置き換えたものである．(8)について H_2 を通って直線 DM に平行な直線は $\angle M_3H_2M_2$ を二等分することを証明した．ゆえに直線 H_2T は $\angle M_3H_2M_2$ の二等分線であって T は円周角 $\angle M_3H_2M_2$ に対する弧 $\widehat{M_3M_2}$ の中点である．すなわち T は P と一致し，したがって直線 PM が γ の接線であることになるが，これは P が $\triangle MM_2M_3$ の内部にあることに矛盾する．なぜなら $\triangle MM_2M_3$ の頂点 M と内部の点 P を通る直線 PM は辺 M_2M_3 と M_2 と M_3 の間の一点で交わり，その交点は γ の内部にあるからである．ゆえに直線 TM は γ の接線とならない．

これで直線 QD と直線 RE は γ 上の一点 T で交わることが証明できたのである．

既に述べたように T と I は直線 CA に関して同じ側にある．同様に T と I は直線 BA に関しても同じ側にあるが，I は $\angle BAC$ の内部にある．ゆえに T は $\angle BAC$ の内部にある．線分 QT が $\angle BAC$ の辺 AC と D で交わっているから，したがって，Q は $\angle BAC$ の外部にある．同様に R も $\angle BAC$ の外部にある．

つぎに内接円が点 T で九点円 γ に内接することを証明する．このために二等辺三角形 $\triangle IDE$ と $\triangle NQR$ を描き，その対応する辺が平行であること，すなわち

$$ID \,//\, NQ, \qquad IE \,//\, NR, \qquad DE \,//\, QR$$

であることを証明する．辺 ID は直線 CA に垂直，Q が弧 $\widehat{H_2M_2}$ の中点であるから辺 NQ は弦 H_2M_2 に垂直(206 ページ)，すなわち直線 CA に垂直である．ゆえに $ID//NQ$，同様に $IE//NR$ である．

$DE//QR$ であることを証明するために，まず，γ の弦 QR が $\angle BAC$ の辺 AC と H_2 と M_2 の間の一点で交わることを確める．定理 9(21 ペー

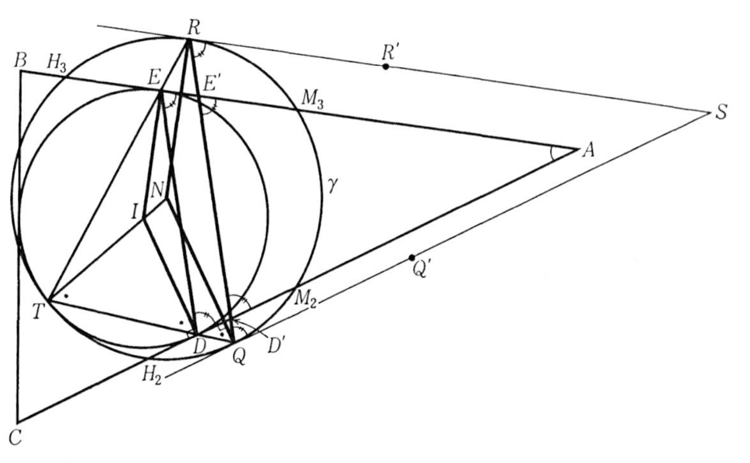

ジ)により $\angle BAC$ の内部の点と外部の点を結ぶ線分は $\angle BAC$ とただ一つの点で交わる．したがって辺 AB と点 E で交わる線分 TR は辺 AC とは交わらない．γ と二点 H_2, M_2 で交わる辺 AC の延長は γ の外部にあるからもちろん γ の弦 TR とは交わらない．ゆえに直線 CA は線分 TR とは交わらない，すなわち，直線 CA に関して R は T と同じ側にある．ゆえに R は Q の反対側にある，すなわち弦 QR は直線 CA と一点で交わる．その交点を D' とすれば，D' は γ の内部にあるから H_2 と M_2 の間にある．

同様に弦 QR は直線 BA と H_3 と M_3 の間の一点 E' で交わる．直線 CA に関して R は T と同じ側にあるから E も T と同じ側にあるが，辺 AB 上の二点 E と E' はもちろん同じ側にある．したがって E' は T と同じ側，すなわち Q の反対側にある．ゆえに直線 CA と弦 QR の交点 D' は E' と Q の間にある．同様に E' は D' と R の間にある．

Q において γ に接線を引きその上の点 Q' を直線 QR に関して A と同じ側にとる．接線 QQ' は γ の弦 H_2M_2 に平行である(207 ページ)．D' が E' と Q の間にあり E' が Q と R の間にあるから $\angle Q'QR$ と $\angle AD'E'$ は平行な二直線 QQ' と CA が直線 QR と交わってなす同位角である．ゆえに

$$\angle Q'QR = \angle AD'E'. \tag{9}$$

R において γ に接線を引きその上の点 R' を直線 QR に関して A と同じ側にとれば，同様にして

$$\angle R'RQ = \angle AE'D' \tag{10}$$

を得る．$\angle AD'E'$ と $\angle AE'D'$ は $\triangle AD'E'$ の内角であるから

$$\angle Q'QR + \angle R'RQ = \angle AD'E' + \angle AE'D' = 2\angle R - \angle A. \tag{11}$$

すなわち，二直線 QQ' と RR' が直線 QR と交わってなす同傍内角 $\angle Q'QR$ と $\angle R'RQ$ の和は $2\angle R$ より小さい．ゆえに，公理 6 により，直線 QQ' と直線 RR' は直線 QR に関して Q' と同じ側にある一点で交わる．その交点を S とすれば，直線 QR に関して Q' と A が同じ側にあるから，S と A は同じ側にある．

直線 SQ と直線 SR は点 S から γ へ引いた二つの接線で Q と R がその接点であるから，定理 60(109 ページ)により $SQ=SR$，すなわち $\triangle SQR$ は二等辺三角形である．したがって

$$\angle SQR = \angle SRQ$$

であるが，$\angle Q'QR$ は $\angle SQR$ と同じ角，$\angle R'RQ$ は $\angle SRQ$ と同じ角である．ゆえに(9)と(10)により

$$\angle AD'E' = \angle SQR = \angle SRQ = \angle AE'D',$$

したがって(11)により

$$\angle AD'E' = \angle R - \frac{1}{2}\angle A.$$

直線 AC と直線 AB は A から内接円へ引いた二つの接線で D と E がその接点であるから，$\triangle ADE$ は二等辺三角形で，したがって

$$\angle ADE = \angle R - \frac{1}{2}\angle A.$$

ゆえに

$$\angle ADE = \angle AD'E'$$

となるが，D も D' も H_2 と A の間にあり E と E' は直線 CA に関して同じ側にあるから，$\angle ADE$ と $\angle AD'E'$ は二つの直線 DE と $D'E'$ が直線 CA と交わってなす同位角である．ゆえに $DE//D'E'$，すなわち

$$DE // QR$$

である．

このように $\triangle IDE$ と $\triangle NQR$ において $ID//NQ, IE//NR, DE//QR$ であって，直線 QD と直線 RE の交点が T である．ゆえに，定理90の系(199ページ)により，三点 T, N, I は一直線上にある．Q と T が γ の上にあり N が γ の中心であるから $NQ=NT$，すなわち $\triangle NQT$ は二等辺三角形である．したがって

$$\angle NQT = \angle NTQ.$$

D が T と Q の間にあって $ID//NQ$ であるから I は T と N の間にあって $\angle IDT=\angle NQT$ である．ゆえに

$$\angle IDT = \angle NQT = \angle NTQ = \angle ITD,$$

したがって $\triangle IDT$ も二等辺三角形で $IT=ID$ である．D は内接円上にあり I は内接円の中心である．ゆえに T は内接円上にある．T, N, I が一直線上にあって I が T と N の間にあるから内接円は九点円 γ に内接する(証明終)．

問　$\triangle ABC$ が鈍角三角形で九点円の中心 N が $\triangle ABC$ の外部にある場合についても上記の証明がそのまま通用することを実際に図を描いて確めよ．

以上三角形の内接円が九点円に内接することを証明したが，同様な方法により傍接円が九点円に外接することを証明することができる．ゆえに上記のフォイエルバッハの定理が成り立つ．

問　三角形の傍接円が九点円に外接することを証明せよ．

第3章
比　　例

§12 比　　例

線分の長さの比を扱う理論を比例という．線分 AB と線分 CD の比 $\dfrac{AB}{CD}$ が正の実数であることはいうまでもない．比例の基礎をなすのはつぎの定理である．

定理 94　$\triangle ABC$ の辺 AB 上の A と B の間の一点 D を通って辺 BC に平行な直線は辺 AC と A と C の間の一点で交わる．その交点を E とすれば

$$(1)\qquad \frac{AD}{AB}=\frac{AE}{AC}.$$

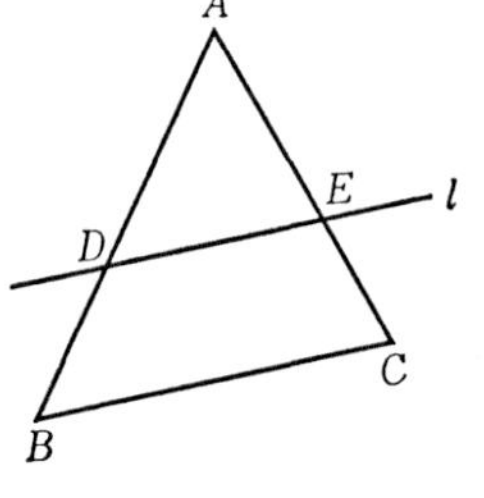

証明　D を通って辺 BC に平行な直線 l は，公理 2$^{\triangle}$ により，辺 AC と交わり，その交点 E は A と C の間にある．

定理 53(93 ページ)により，任意の自然数 n，$n \geqq 2$，に対して辺 AB および辺 AC の n 等分点が存在する．それをそれぞれ $B_1, B_2, \cdots, B_k, \cdots, B_{n-1}$ および $C_1, C_2, \cdots, C_k, \cdots, C_{n-1}$ とすれば，定理 52(92 ページ)により，直線 B_kC_k は辺 BC に平行である．

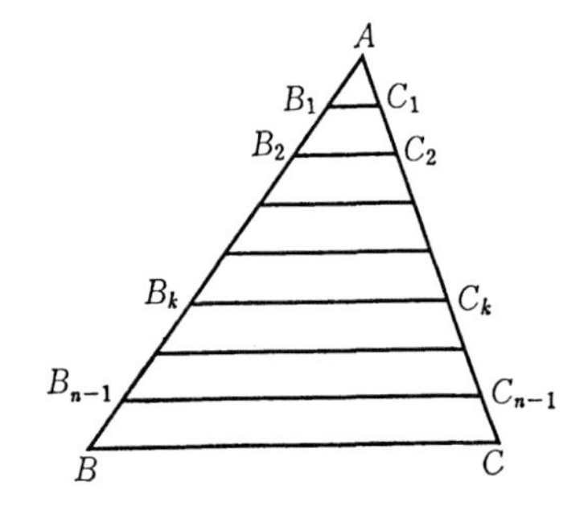

D が A と B の間にあるから $0 < AD < AB$, したがって $\dfrac{AD}{AB}$ は1より小さい正の実数である．$\dfrac{AD}{AB}$ が有理数 $\dfrac{k}{n}$, n, k は自然数，$k < n$, ならば $AD = AB_k$ となり，D が B_k と一致し l が直線 B_kC_k と一致するから E は C_k と一致する．ゆえに

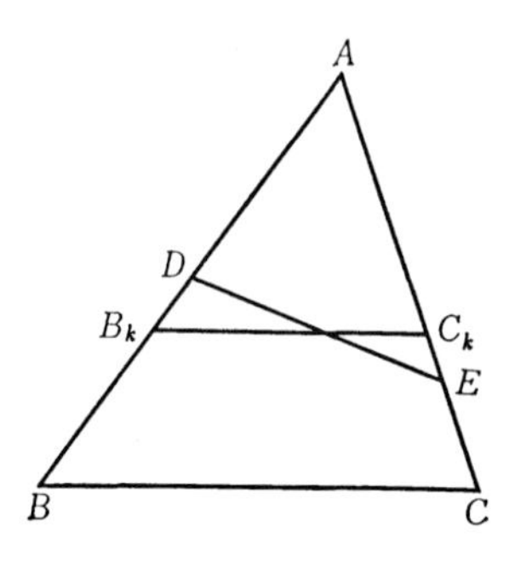

$$\frac{AE}{AC} = \frac{AC_k}{AC} = \frac{k}{n} = \frac{AD}{AB},$$

すなわち等式(1)が成り立つ．しかし $\dfrac{AD}{AB}$ は必ずしも有理数であるとは限らない．そこで帰謬法によって証明することとし，

$$\frac{AD}{AB} < \frac{AE}{AC}$$

であったと仮定する．そうすれば

$$\frac{AD}{AB} < \frac{k}{n} < \frac{AE}{AC}$$

となる有理数 $\dfrac{k}{n}$, n, k は自然数，$k<n$, が存在する．

$$\frac{AB_k}{AB} = \frac{AC_k}{AC} = \frac{k}{n}$$

であるから

$$\frac{AD}{AB} < \frac{AB_k}{AB} = \frac{AC_k}{AC} < \frac{AE}{AC},$$

したがって

$$AD < AB_k, \qquad AC_k < AE$$

となる．ゆえに D は A と B_k の間にあり，E は C_k と C の間にある．したがって直線 DE は $\triangle AB_kC_k$ の辺 AB_k と D で交わり辺 AC_k とは交わらない．ゆえに，公理 $2^{\triangle}$ により，直線 DE は辺 B_kC_k と交わることにな

るが，仮設により $DE//BC$ であるから，これは $B_kC_k//BC$ であることに矛盾する．

$$\frac{AD}{AB} > \frac{AE}{AC}$$

と仮定しても同様な矛盾を生じる．ゆえに(1)の等式 $\dfrac{AD}{AB}=\dfrac{AE}{AC}$ が成り立つ(証明終)．

系　$\triangle ABC$ の辺 AB 上の A と B の間に点 D, 辺 AC 上の A と C の間に点 E があって $DE//BC$ ならば

$$(2) \qquad \frac{DB}{AB} = \frac{EC}{AC},$$

$$(3) \qquad \frac{DB}{AD} = \frac{EC}{AE}.$$

証明　　$DB = AB - AD,$

$EC = AC - AE$

であるから，(1)により

$$\frac{DB}{AB} = 1 - \frac{AD}{AB} = 1 - \frac{AE}{AC} = \frac{EC}{AC},$$

すなわち(2)の等式が成り立つ．(3)は等式(2)を等式(1)で辺々割ることによって得られる(証明終)．

二つの直線 a と b があって三つの平行線が a と三点 A, B, C で交わり b と L, M, N で交わっているとき，B が A と C の間にあれば M は L と N の間にある．なぜなら，直線 BM に関して A と C は反対側にあり L と A, N と C は同じ側にある．したがって L と N は反対側にあるからである．同様に C が A と B の間にあれば N は L と M の間にあり，A

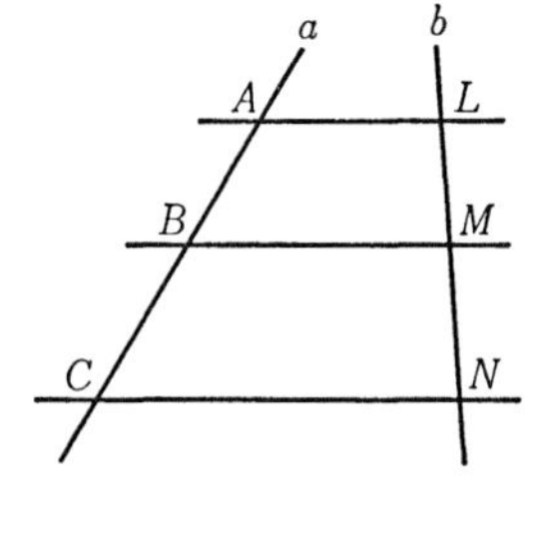

が B と C の間にあれば L は M と N の間にある.

一直線上にある**三点の順序**はそのいずれの一点が他の二点の間にあるかによって定まるものと定義する. そうすれば上述の結果はつぎのようにいい表わすことができる: 三つの平行線が直線 a と A, B, C で交わり直線 b と L, M, N で交わるならば三点 L, M, N の順序は三点 A, B, C の順序と同じである.

定理 95　三つの平行線 l, m, n が直線 a と A, B, C で交わり直線 b と L, M, N で交わるならば三点 A, B, C の順序と L, M, N の順序は同じで

$$\frac{AC}{AB}=\frac{LN}{LM} \tag{4}$$

である.

証明　A, B, C の順序と L, M, N の順序が同じであることは既に証明したから, (4)の等式が成り立つことをいえばよい.

a と b が平行ならば, 平行四辺形の対辺は等しいから $LM=AB$, $LN=AC$ であって, 等式(4)が成り立つことは明らかである. ゆえに a と b は平行でないとして等式(4)を証明すればよい.

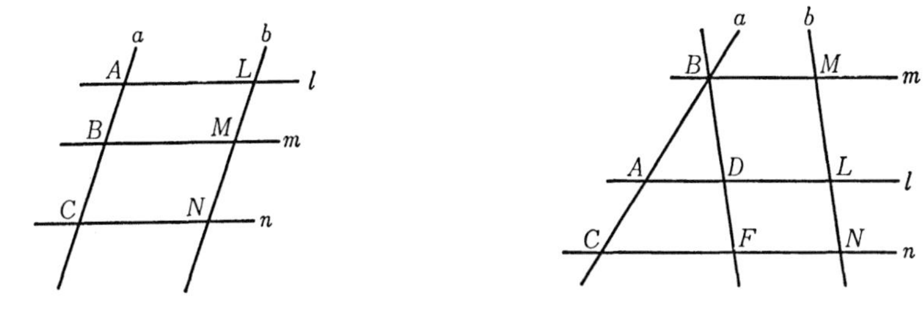

A が B と C の間にある場合, B を通って b に平行な直線を引き, その直線と l の交点を D, n の交点を F とする. そうすれば $LM=DB$, $LN=DF$ となるから, $\triangle BCF$ に定理 94 の系を適用すれば, (3)により,

$$\frac{AC}{AB}=\frac{DF}{DB}=\frac{LN}{LM},$$

すなわち等式(4)が成り立つ．以上直線 b は点 B を通らないものと考えてきたが，b が B を通るならば，L, M, N はそれぞれ D, B, F と一致し，等式(4)は(3)に帰する．

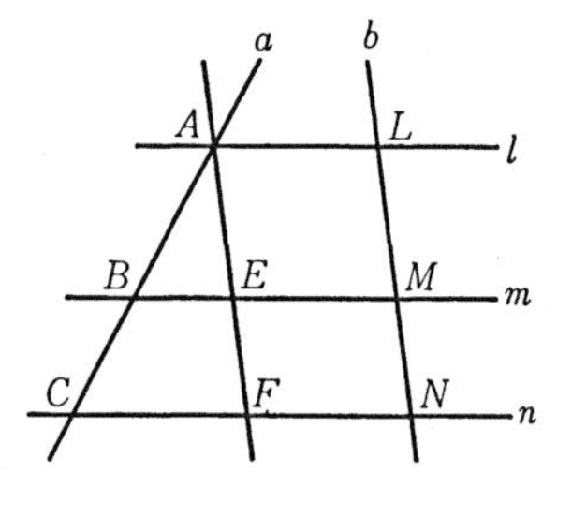

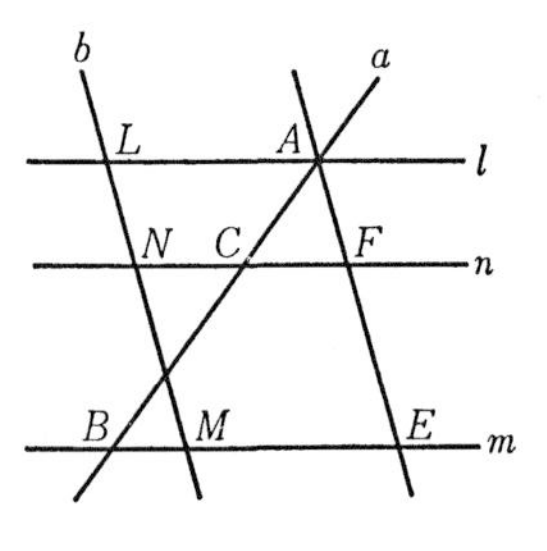

A が B と C の間にない場合には A を通って b に平行な直線と m の交点を E，n の交点を F とする．そうすれば $LM=AE$，$LN=AF$ となる．B が A と C の間にあるか C が A と B の間にあるかに従って定理94を $\triangle ACF$ または $\triangle ABE$ に適用すれば，(1)により

$$\frac{AB}{AC}=\frac{AE}{AF}\text{ または }\frac{AC}{AB}=\frac{AF}{AE}$$

ゆえに等式(4)が成り立つ．以上直線 b は点 A を通らないとしたが，b が A を通るならば L, M, N は A, E, F と一致し，(4)は(1)に帰する(証明終)．

二つの0でない実数 r, s の比 $\frac{r}{s}$ をしばしば $r:s$ で表わす．C が線分 AB 上の A と B の間の一点で

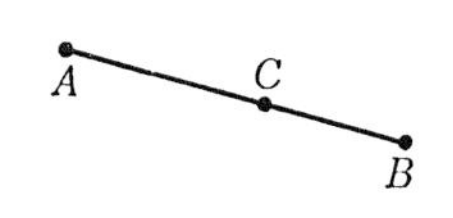

$$AC:CB=r:s,$$

r, s は正の実数，

であるとき，点 C は線分 AB を $r:s$ の比に**内分**するといい，C を線分 AB の**内分点**という．C が線分 AB の延長上にあって

$$AC:CB=r:s,\qquad r, s\text{ は正の実数}$$

であるとき，点 C は線分 AB を $r:s$ の比に**外分**するといい，C を線分

AB の**外分点**という．このとき B が A と C の間にあれば $r:s>1$，A が B と C の間にあれば $r:s<1$ である．ゆえに一直線上の三点 A, B, C の順序は C が線分 AB を内分するか外分するか，外分するならば $AC:CB$ が1より大きいか小さいかによって定まる．

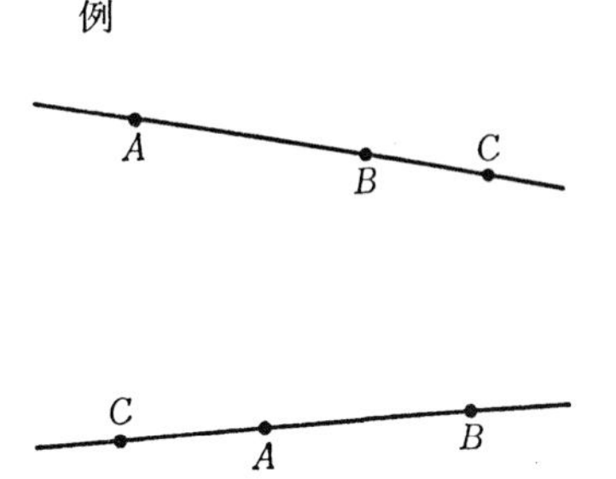

線分 AB 上の A と B の間の相異なる二点 C, C' に対して

$$AC:CB = AC':C'B$$

となることはない．なぜなら，C' が A と C の間にあれば

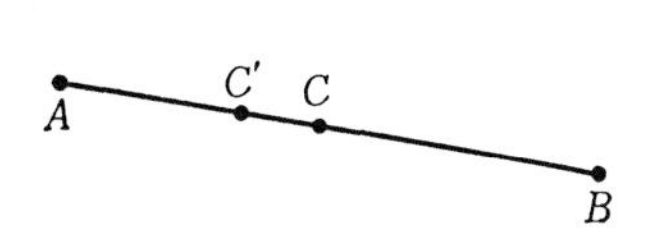

$$AC' < AC, \qquad C'B > CB,$$

したがって

$$AC':C'B < AC:CB$$

となり，C が A と C' の間にあれば，

$$AC':C'B > AC:CB$$

となるからである．ゆえに与えられた正の実数 r, s に対して線分 AB を $r:s$ の比に内分する点はただ一つに限る．

同様にして与えられた正の実数 r, s に対して線分 AB を $r:s$ の比に外分する点はただ一つに限ることがわかる．

任意の自然数 m, n に対して線分 AB を $m:n$ の比に内分する点が存在する．実際に線分 AB の $m+n$ 等分点を $B_1, B_2, \cdots, B_m, \cdots, B_{m+n-1}$ とすれば点 B_m が線分 AB を $m:n$ の比に内分する．しかし任意の実数 r, s に対して線分 AB を $r:s$ の比に内分する点が存在することを今までに掲げた公理から導くことはできない．線分 AB を $r:s$ の比に内分する点がただ一つに限るというのは

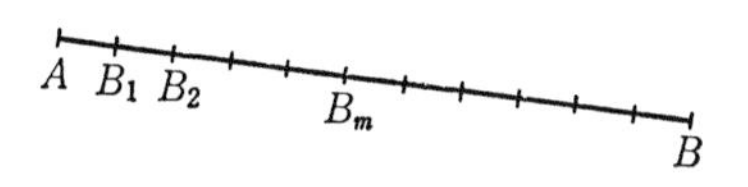

$r:s$ に内分する点が存在すればそれはただ一つに限るという意味である．線分 AB を $r:s$ の比に外分する点がただ一つに限るという意味も同様である．

問　任意の自然数 m, n に対して線分 AB を $m:n$ の比に外分する点が存在することを証明せよ．

直線 l と直線 AB の交点 C が線分 AB を $r:s$ の比に内分あるいは外分するとき l は線分 AB を $r:s$ の比に内分あるいは外分するということにする．そうすれば定理95から直ちにつぎの系を得る．

系　二つの平行線 n, m が直線 a と A, B で交わり直線 b と D, E で交わっているとき，平行線 n, m に平行な第三の直線 l は線分 AB と線分 DE を同じ比に内分あるいは外分する．

定理96　点 O で交わる二直線 a と b の a の上に二点 A と D，b の上に二点 B と E があって

$$DE \parallel AB$$

ならば，三点 O, A, D の順序と O, B, E の順序は同じで

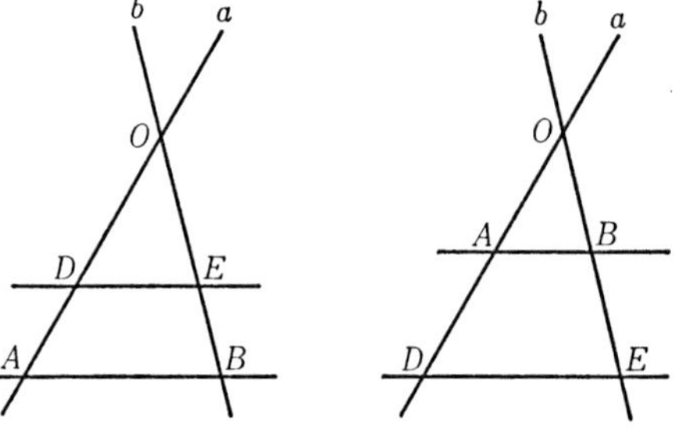

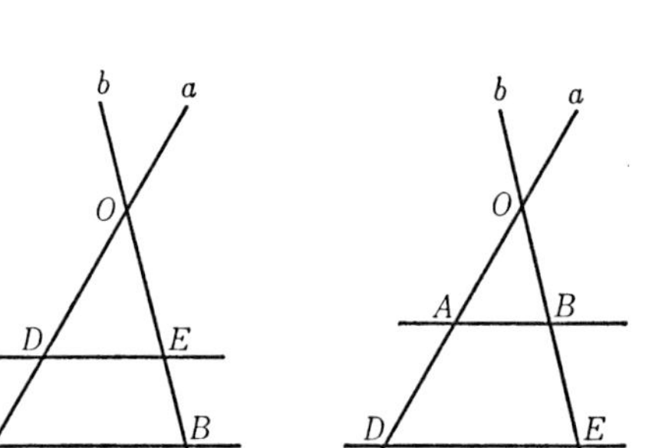

(5)
$$\frac{OD}{OA}=\frac{OE}{OB},\qquad \frac{DA}{OA}=\frac{EB}{OB},\qquad \frac{DA}{OD}=\frac{EB}{OE}$$

である．ただし A, B, D, E はいずれも O とは異なるものとする．

証明　直線 AB を m，直線 DE を n と名付け，l を点 O を通って m に平行な直線とすれば，三つの平行線 l, m, n が a と O, A, D で交わり b

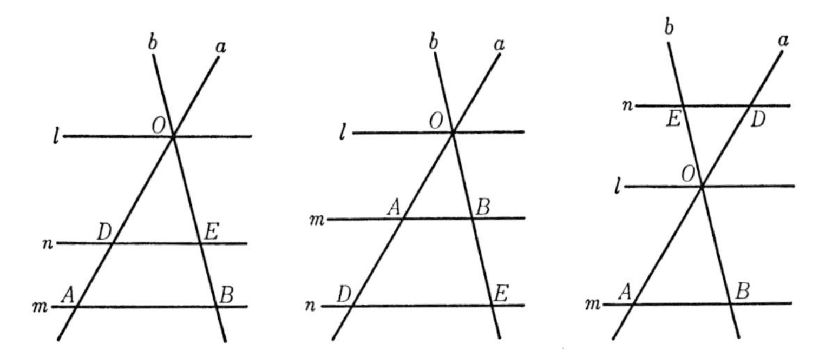

と O, B, E で交わることになる．ゆえに，定理95により，三点 O, A, D の順序と O, B, E の順序は同じで

$$\frac{OD}{OA}=\frac{OE}{OB}.$$

これはすなわち(5)の一番目の等式である．

(5)の二番目の等式を証明するために，直線 AB を l，直線 DE を n，O を通って l に平行な直線を m と名付けて定理95を適用する．三つの平行線 l, m, n が a と A, D, O で交わり b と B, E, O で交わるから，(4)により

$$\frac{AD}{AO}=\frac{BE}{BO},$$

すなわち(5)の二番目の等式が成り立つ．

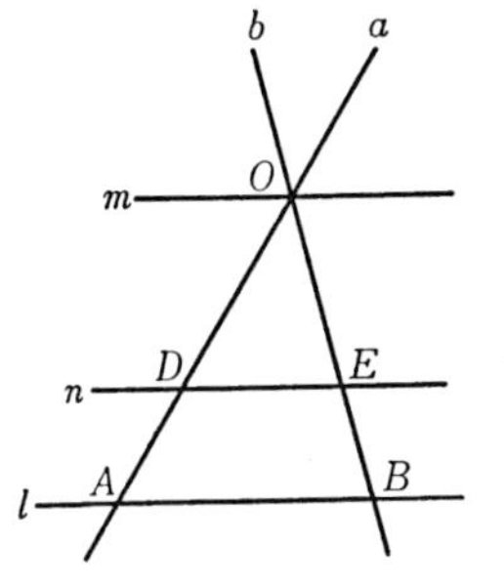

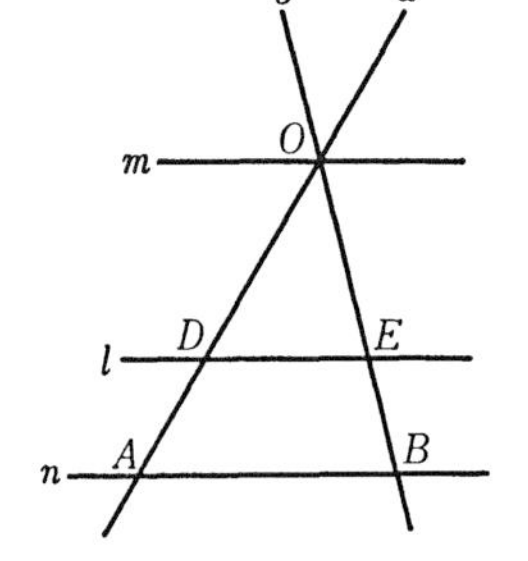

直線 DE を l, 直線 AB を n, O を通って n に平行な直線を m と名付けて定理95を適用すれば, l, m, n が a と D, O, A で交わり b と E, O, B で交わるから, (4)により

$$\frac{DA}{DO}=\frac{EB}{EO},$$

すなわち(5)の三番目の等式が成り立つ(証明終).

系　$\triangle ABC$ の辺 BC に平行で頂点 A を通らない直線は辺 AB と辺 AC を同じ比に内分あるいは外分する. ——

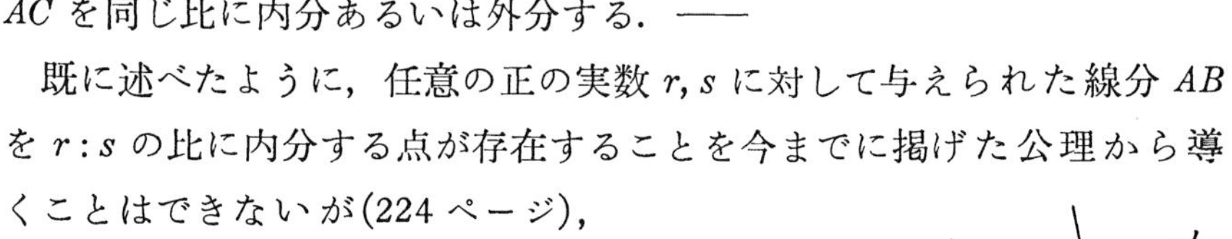

既に述べたように, 任意の正の実数 r, s に対して与えられた線分 AB を $r:s$ の比に内分する点が存在することを今までに掲げた公理から導くことはできないが(224ページ), 二つの線分 PQ, RS の長さの比 $r:s=PQ:RS$ に対しては線分 AB を $r:s$ の比に内分する点の存在を定理96から容易に導くことができる. すなわち, A で直線 AB と交わる直線 l を引き, l 上に二点 D と E を E が D と A の間にあって

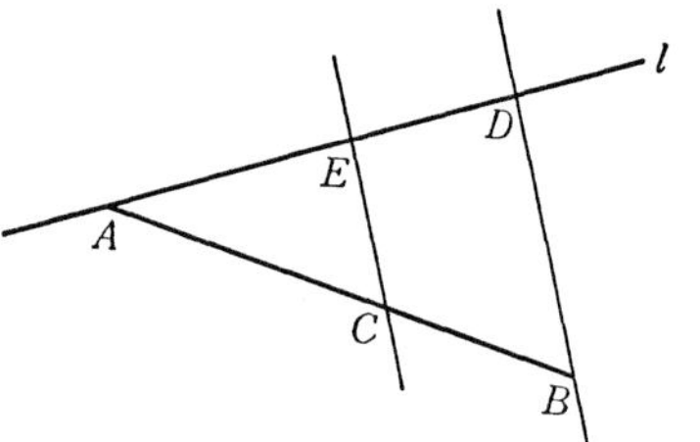

$$AE = PQ, \qquad ED = RS$$

となるように定める. そして E を通って直線 DB に平行な直線が直線 AB と交わる点を C とする. そうすれば, 定理96により, C は A と B の間にあって

$$AC:CB = AE:ED = PQ:RS = r:s,$$

すなわち点 C は線分 AB を $r:s$ の比に内分する.

線分 AB を $r:s=PQ:RS$ の比に外分する点の存在も同様にして証明することができる.

同じ比に内分あるいは外分することを，簡明のため，同じ比に**分ける**ということがある．

定理 96 の逆が成り立つ．すなわち：

定理 97　点 O で交わる二直線 a と b の a の上に O と異なる二点 A と D, b の上に O と異なる二点 B と E があるとする．このとき三点 O, A, D の順序と O, B, E の順序が同じで三つの等式

$$(6)\qquad \frac{OD}{OA}=\frac{OE}{OB},\qquad \frac{DA}{OA}=\frac{EB}{OB},\qquad \frac{DA}{OD}=\frac{EB}{OE}$$

の少なくとも一つが成り立つならば

$$DE\,//\,AB$$

である．

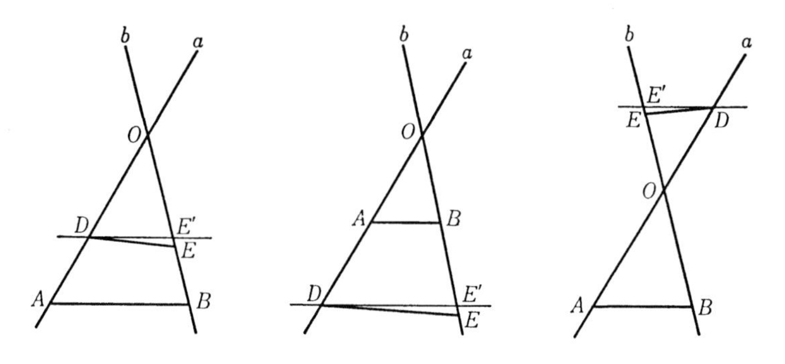

証明　D を通って直線 AB に平行な直線が b と交わる点を E' として E が E' と一致することをいえばよい．$DE'//AB$ であるから，定理 96 により，三点 O, D, A の順序と O, E', B の順序は同じで

$$(5')\qquad \frac{OD}{OA}=\frac{OE'}{OB},\qquad \frac{DA}{OA}=\frac{E'B}{OB},\qquad \frac{DA}{OD}=\frac{E'B}{OE'}$$

である．仮設により三点 O, D, A の順序と O, E, B の順序が同じであるから，したがって，三点 O, E, B の順序と O, E', B の順序は同じである．すなわち，直線 b 上で E が O と B の間にあれば E' も O と B の間に

あり，B が O と E の間にあれば B は O と E' の間にあり，O が B と E の間にあれば O は B と E' の間にある．ゆえに O に関して E と E' は同じ側にあり，B に関しても E と E' は同じ側にある．

仮設により(6)の等式の少なくとも一つが成り立つから，(6)と(5′)を比べて見れば，つぎの三つの等式の少なくとも一つが成り立つことがわかる：

$$\frac{OE}{OB}=\frac{OE'}{OB},\qquad \frac{EB}{OB}=\frac{E'B}{OB},\qquad \frac{EB}{OE}=\frac{E'B}{OE'}.$$

この一番目の等式が成立すれば $OE=OE'$ となり，E と E' は O に関して同じ側にあるから，E は E' と一致する．

二番目の等式が成立すれば $BE=BE'$ となり，E と E' は B の同じ側にあるから，E は E' と一致する．

三番目の等式はすなわち $BE:EO=BE':E'O$ である．これが成立すれば，B, E, O の順序と B, E', O の順序が同じであるから，E と E' は線分 BO を同じ比に内分または外分することになる．ゆえに E と E' は一致する(証明終)．

この定理 97 の仮設は O, A, D の順序と O, B, E の順序が同じであることと(6)の等式の少なくとも一つが成り立つことの二つであるが，等式 $\frac{OD}{OA}=\frac{OE}{OB}$ が成立している場合には点 O に関して a 上で A と D が同じ側にあり b 上で B と E が同じ側にあれば O, A, D の順序と O, B, E の順序は同じになる．なぜなら D が A と O の間にあれば

$$\frac{OE}{OB}=\frac{OD}{OA}<1$$

となるから E は O と B の間にあり，A が O と D の間にあれば

$$\frac{OE}{OB}=\frac{OD}{OA}>1$$

となって B が O と E の間にあることになるからである．点 O に関し

て A と D が反対側にあり B と E も反対側にあればもちろん O, A, D の順序と O, B, E の順序は同じである．ゆえにつぎの系を得る．

系　点 O で交わる二直線 a と b の a の上に O と異なる二点 A と D, b の上に O と異なる二点 B と E をとったとき,

$$DE /\!/ AB$$

であるための必要にして十分な条件は，点 O に関して A と D が同じ側にあり B と E も同じ側にあるかまたは A と D が反対側にあり B と E も反対側にあって，等式

$$(7)\qquad \frac{OD}{OA}=\frac{OE}{OB}$$

が成り立つことである．——

$DE/\!/AB$ となるために(7)だけでは不十分であることは右図を見れば明らかであろう．

定理 98　一点 O を通る三つの直線 a, b, c のおのおのの上にそれぞれ O と異なる二点 A と D，B と E，C と F をとったとき

$$DE /\!/ AB,\qquad EF /\!/ BC$$

ならば

$$DF /\!/ AC$$

である．——

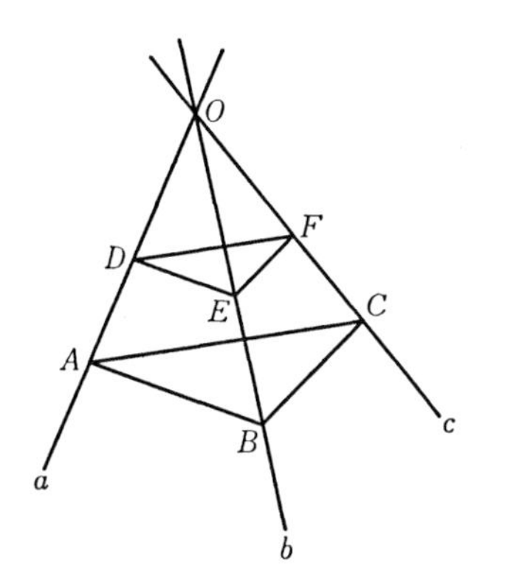

この定理は既に前節で円論によって証明した定理 89(191 ページ)である．そこで注意したように，定理は比例を用いれば簡単に証明することができる．以下その証明を述べる．

証明　仮設により $DE/\!/AB$ であるから，定理 96 により，三点 O, A, D の順序と O, B, E の順序は同じで

$$\frac{OD}{OA}=\frac{OE}{OB},$$

$EF//BC$ であるから，O, B, E の順序と O, C, F の順序は同じで

$$\frac{OE}{OB}=\frac{OF}{OC}$$

である．したがって三点 O, A, D の順序と O, C, F の順序は同じになり

$$\frac{OD}{OA}=\frac{OF}{OC}$$

となる．ゆえに，定理 97 により，$DF//AC$ である(証明終)．

定理 89 を $\triangle ABC$ と $\triangle DEF$ に関する定理と考えたのが定理 89′，その逆が定理 90 である．前節で述べたように定理 90 は定理 89′ から簡単に導かれる．ゆえに定理 89′ も定理 90 も比例を用いれば簡単に証明できることになる．

定理 99　$\triangle ABC$ の内角 $\angle A$ の二等分線は辺 BC を $AB:AC$ の比に内分する．$AB=AC$ である場合を除けば，$\triangle ABC$ の A における外角の二等分線は辺 BC を $AB:AC$ の比に外分する．

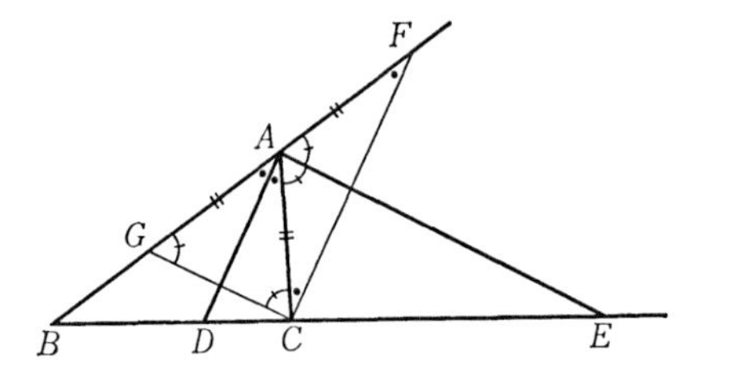

証明　$\angle A$ の二等分線と辺 BC の交点を D，C を通って二等分線 AD に平行な直線が直線 AB と交わる点を F とする．$\triangle BCF$ について見れば D が B と C の間にあって $DA//CF$ であるから A は B と F の間にあって，平行線 DA と CF が直線 AB と交わってなす同位角 $\angle AFC$ と $\angle BAD$ は等しい．また直線 AC に関して F と B が反対側にあり B と

D が同じ側にあるから F と D は反対側にあって，平行線 CF と DA が直線 AC と交わってなす錯角 $\angle ACF$ と $\angle CAD$ は等しい．ゆえに

$$\angle AFC = \angle BAD = \angle CAD = \angle ACF,$$

したがって $\triangle ACF$ は二等辺三角形で $AC=AF$ である．ゆえに，定理96の系(227ページ)により $\triangle BCF$ の辺 CF に平行な直線 DA は辺 BC と辺 BF を同じ比に内分するから

$$BD : DC = BA : AF = BA : AC,$$

すなわち D は辺 BC を $AB : AC$ の比に内分する．

$\triangle ABC$ の外角 $\angle CAF$ の二等分線が直線 BC と交わる点を E，C を通って二等分線 AE に平行な直線が直線 AB と交わる点を G とすれば，同様に

$$\angle AGC = \angle FAE = \angle CAE = \angle ACG,$$

したがって $AC=AG$ である．ゆえに，定理96の系により，

$$BE : EC = BA : AG = AB : AC$$

となる(証明終)．

辺 BC を $AB : AC$ の比に内分する点はただ一つに限るから，辺 BC 上の点 D が辺 BC を $AB : AC$ の比に内分するならば，直線 AD は $\angle A$ の二等分線である．同様に直線 BC 上の点 E が辺 BC を $AB : AC$ の比に外分するならば直線 AE は A における $\triangle ABC$ の外角の二等分線である．このように定理99についてはその逆が成り立つ．

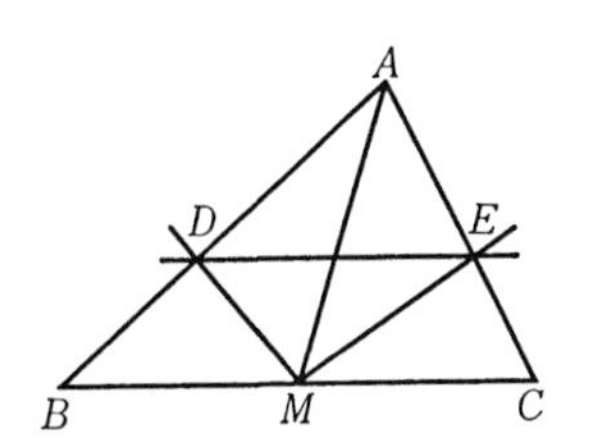

問題12 $\triangle ABC$ の辺 BC の中点を M，$\angle AMB$ の二等分線が辺 AB と交わる点を D，$\angle AMC$ の二等分線が辺 AC と交わる点を E とすれば $DE /\!/ BC$ である．このことを証明せよ．

例題14 六つの点 A, B, C, D, E, F のうち三点 A, E, C が直線 l 上に，残りの三点 D, B, F が別な直線 m 上にあるとき，

$$ED \,//\, AB, \qquad FE \,//\, BC$$

ならば

$$AF \,//\, CD$$

である. ——

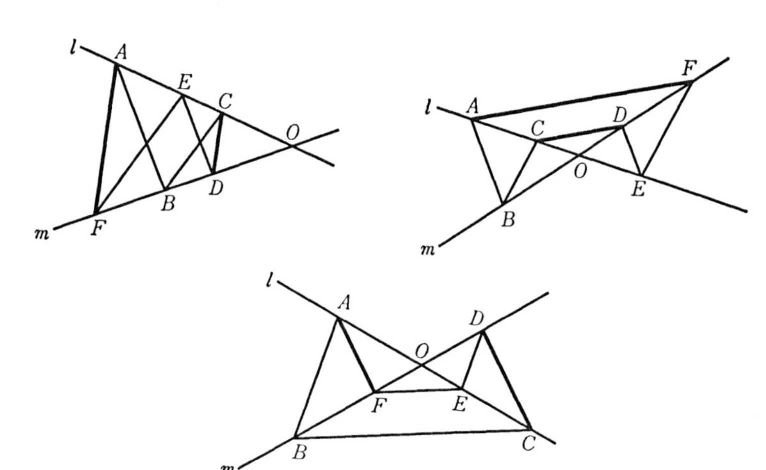

この例題は既に円論によって証明したが(177-180 ページ), ここでは l と m が平行でない場合について比例による証明を述べる.

証明　l と m の交点を O とする. 仮設により $ED//AB$, $FE//BC$ であるから, 定理 96(225 ページ)により

$$\frac{OE}{OA}=\frac{OD}{OB}, \qquad \frac{OC}{OE}=\frac{OB}{OF}.$$

この二つの等式を辺々掛ければ等式

$$\frac{OC}{OA}=\frac{OD}{OF}$$

を得る. ゆえに, 定理 97 の系(230 ページ)により, $AF//CD$ であることを証明するには, 点 O に関して, A と C が同じ側にあれば F と D も同じ側にあり, A と C が反対側にあれば F と D も反対側にあること

を確めればよい．

O に関して A と C が同じ側にあるとする．そうすれば E と C が同じ側にあれば E と A も同じ側にあり E と C が反対側にあれば E と A も反対側にあることになるが，$FE//BC$，$ED//AB$ であるから，定理97の系により，E と C が同じ側にあるか反対側にあるかに従って F と B は同じ側にあるか反対側にあり，D と B が同じ側にあるか反対側にあるかに従って E と A は同じ側にあるか反対側にある．ゆえに F と B が同じ側にあれば D と B も同じ側にあり F と B が反対側にあれば D と B も反対側にある．ゆえに F と D は同じ側にある．

このように O に関して A と C が同じ側にあるとすれば F と D も同じ側にある．同様に考えれば，A と C が反対側にあれば F と D も反対側にあることがわかる(証明終)．

§13　相似な三角形

定理100　$\triangle ABC$ の辺 AB 上の A と B の間に点 E，辺 AC 上の A と C の間に点 F をとったとき

$$EF \,//\, BC$$

ならば

$$(1)\qquad \frac{EF}{BC}=\frac{AE}{AB}=\frac{AF}{AC}$$

である．

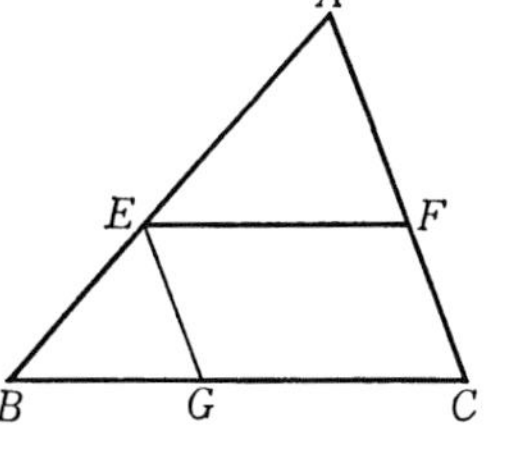

証明　定理94(219ページ)により $\dfrac{AE}{AB}=\dfrac{AF}{AC}$ であるから，$\dfrac{EF}{BC}=\dfrac{AE}{AB}$ であることを証明すればよい．

点 E を通って辺 AC に平行な直線が辺 BC と交わる点を G とすれば，平行四辺形 $EFCG$ の対辺 EF と GC は等しいから

$$\frac{EF}{BC}=\frac{GC}{BC}$$

となるが，$\triangle BCA$ において $GE/\!/CA$ であるから，定理94の系により，

$$\frac{GC}{BC}=\frac{EA}{BA}$$

である．ゆえに

$$\frac{EF}{BC}=\frac{AE}{AB}$$

となる(証明終)．

比の間の等式を**比例式**という．$\dfrac{r}{u}=\dfrac{s}{v}$ は $\dfrac{r}{s}=\dfrac{u}{v}$ すなわち $r:s=u:v$ と同値であるから，0でない実数 r, s, t, u, v, w に対して比例式

$$\frac{r}{u}=\frac{s}{v}=\frac{t}{w}$$

は三つの比例式

(2) $$r:s=u:v,\qquad s:t=v:w,\qquad r:t=u:w$$

が同時に成り立つことと同値である．この三つの比例式をまとめて

(3) $$r:s:t=u:v:w$$

と書く．すなわち連立比例式(2)を(3)で表わす．そして $r:s:t$ を**連比**という．(3)の比例式は

(4) $$\frac{r}{u}=\frac{s}{v}=\frac{t}{w}$$

と同値であるから，$\underline{r:s:t=u:v:w}$ は(4)の比例式を表わすと定義してもよい．(4)が成立しているとき

$$\lambda=\frac{r}{u}=\frac{s}{v}=\frac{t}{w}$$

とおけば

(5) $$r=\lambda u,\qquad s=\lambda v,\qquad t=\lambda w,\qquad \lambda\neq 0,$$

となる．逆にある実数 λ，$\lambda\neq 0$，に対して(5)が成立すれば(4)が成り立つ．ゆえに連比 $r:s:t$ と $u:v:w$ が等しいということは $r=\lambda u$，$s=\lambda v$，

$t=\lambda w$ となる実数 λ が存在することに他ならない.

(1)の比例式はすなわち $\dfrac{AB}{AE}=\dfrac{BC}{EF}=\dfrac{CA}{FA}$ であるから，定理100は連比を用いて述べればつぎのようになる.

定理100′　$\triangle ABC$ の辺 AB 上の A と B の間に点 E，辺 AC 上の A と C の間に点 F があって $EF/\!/BC$ ならば

$$AB:BC:CA=AE:EF:FA \tag{6}$$

である. ——

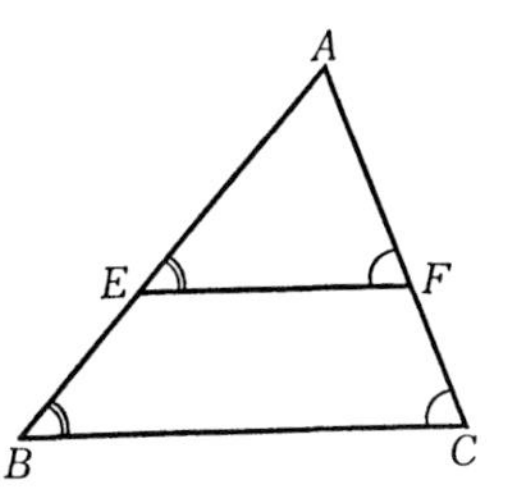

このとき，平行な二直線 BC と EF が第三の直線と交わってなす同位角は等しいから，

$$\angle ABC=\angle AEF,$$
$$\angle ACB=\angle AFE$$

である. $\triangle ABC$ と $\triangle AEF$ を比べれば

$$\angle A=\angle A,\quad \angle B=\angle E,\quad \angle C=\angle F$$

で

$$AB:BC:CA=AE:EF:FA$$

である.

定義11　$\triangle ABC$ と $\triangle DEF$ について等式

$$\angle A=\angle D,\quad \angle B=\angle E,\quad \angle C=\angle F,$$
$$AB:BC:CA=DE:EF:FD$$

が成り立つとき，$\triangle ABC$ と $\triangle DEF$ は**相似**であるという. $\triangle ABC$ と $\triangle DEF$ が相似であることを記号 $\backsim$ を用いて

$$\triangle ABC\backsim\triangle DEF$$

と表わす. ——

この定義によれば定理100の $\triangle ABC$ と $\triangle AEF$ は相似である. 相似の定義により $\triangle ABC\backsim\triangle DEF$，$\triangle DEF\backsim\triangle GHK$ ならば $\triangle ABC\backsim\triangle GHK$ である.

合同な三角形は相似である．これは明らかであろう．相似な三角形は等角である．これも明らかであろう．

定理 101 等角な三角形は相似である．

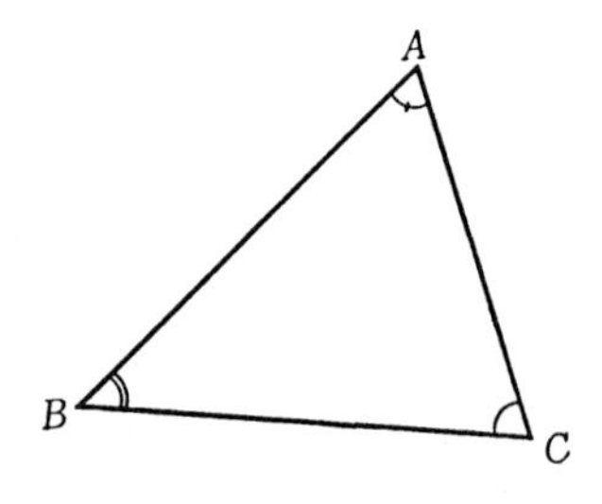

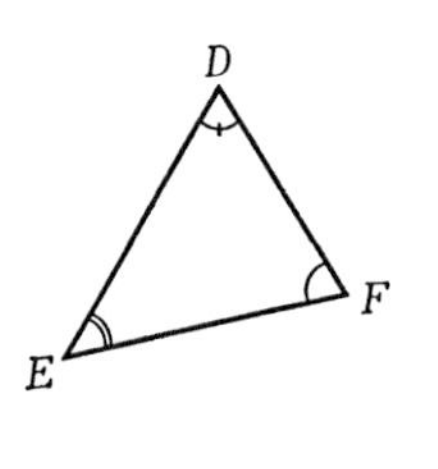

証明 $\triangle ABC$ と $\triangle DEF$ が等角である，すなわち $\angle A=\angle D$, $\angle B=\angle E$, $\angle C=\angle F$ であるとする．$AB=DE$ ならば，一辺両端角の合同定理により $\triangle ABC\equiv\triangle DEF$, したがって $\triangle ABC$ と $\triangle DEF$ は相似である．ゆえに二つの等角な三角形の対応辺が等しくない場合について考えればよい．結局 $DE<AB$ である場合について定理を証明すればよいことになる．

辺 AB 上の点 E' と半直線 AC 上の点 F' を

$$AE' = DE, \qquad AF' = DF$$

となるように定める．$DE<AB$ であるから，E' は A と B の間にある．直線 AB に関して F' と C が同じ側にあり，直線 AB 上では E' が A と B の間にあるから，$\angle AE'F'$ と $\angle ABC$ は二つの直線 $E'F'$ と BC が直線 AB と交わってなす同位角である．$AE'=DE$, $AF'=DF$, $\angle A=\angle D$ であるから，二辺夾角の合同定理により

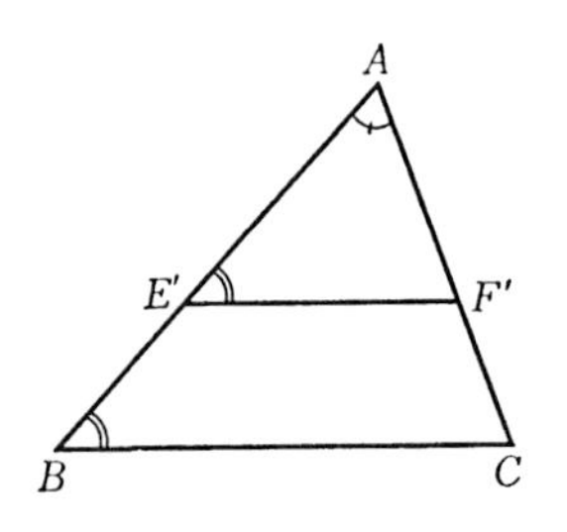

$$\triangle AE'F' \equiv \triangle DEF$$

となる．$\angle E=\angle B$ であるから，したがって

$$\angle AE'F' = \angle DEF = \angle ABC,$$

すなわち同位角 $\angle AE'F'$ と $\angle ABC$ は等しい．ゆえに

$$E'F' /\!/ BC$$

である．E' が A と B の間にあるから F' は A と C の間にあって，定理 100′ により，比例式

$$AB : BC : CA = AE' : E'F' : F'A$$

が成り立つ．$\triangle AE'F' \equiv \triangle DEF$ であるから，この右辺は $DE : EF : FD$ に等しい．したがって

$$AB : BC : CA = DE : EF : FD,$$

すなわち $\triangle ABC$ と $\triangle DEF$ は相似である(証明終)．

比列式 $r : s : t = u : v : w$ は $r : u = s : v = t : w$ と同値であるから，$\triangle ABC$ と $\triangle DEF$ が相似ならばその三組の対応辺の比は等しい．その等しい比，すなわち

$$r : s = AB : DE = BC : EF = CA : FD$$

を $\triangle ABC$ と $\triangle DEF$ の**相似比**という．相似比が 1 に等しい二つの相似三角形は合同である．

つぎの定理はそのつぎの定理 103 の証明のための補題である．

定理 102 $\angle AOB$ と $\angle A'O'B'$ において $O'A' /\!/ OA$，$O'B' /\!/ OB$ ならば $\angle AOB$ と $\angle A'O'B'$ は等しいかまたは補角である．

証明 直線 OA と直線 $O'B'$ の交点を P，直線 OB と直線 $O'A'$ の交点を Q とすれば平行四辺形 $OPO'Q$ が得られる．

$\angle AOB$ がこの平行四辺形 $OPO'Q$ の内角 $\angle O$, $\angle P$ のいずれかに等しいことを証明しよう．直線 OA 上では O に関して A は P と同じ側にあるか P の反対側にあるかのいずれかで，直線 OB 上では O に関して B は Q と同じ側にあるか Q の反対側にあるかのいずれかである．

A が P と同じ側にあり B が Q と同じ側にあれば，

$$\angle AOB = \angle POQ = \angle O.$$

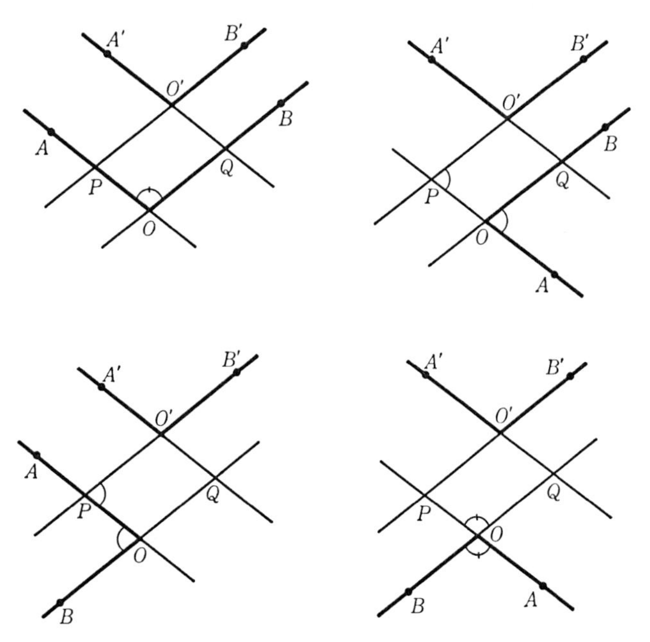

A が P の反対側にあり B が Q と同じ側にあれば，$\angle AOQ$ と $\angle APO'$ は平行線 OQ と PO' が直線 OP と交わってなす同位角であるから，

$$\angle AOB = \angle AOQ = \angle APO' = \angle P.$$

A が P と同じ側にあり B が Q の反対側にあれば，$\angle POB$ と $\angle OPO'$ は平行線 OQ と PO' が直線 OP と交わってなす錯角であるから，

$$\angle AOB = \angle POB = \angle OPO' = \angle P.$$

A が P の反対側にあり B が Q の反対側にあれば

$$\angle AOB = \angle POQ = \angle O.$$

このように $\angle AOB$ は $\angle O$ または $\angle P$ に等しい．同様に $\angle A'O'B'$ は平行四辺形 $OPO'Q$ の内角 $\angle O'$ または $\angle Q$ に等しい．平行四辺形 $OPO'Q$ においては $\angle O'=\angle O$，$\angle Q=\angle P$ で $\angle O$ と $\angle P$ は補角である．ゆえに $\angle AOB$ と $\angle A'O'B'$ は等しいかまたは補角である(証明終)．

系 $\angle AOB$ と $\angle A'O'B'$ において $O'A' \perp OA$，$O'B' \perp OB$ ならば $\angle AOB$

と $\angle A'O'B'$ は等しいかまたは補角である.

証明 $\angle AOB$ の内部の点 O'' を $\angle AOB$ の二等分線上にとり, O'' から辺 OA へ下した垂線の足を A'', 辺 OB へ下した垂線の足を B'' とする. $\angle O''OA$ が鋭角であるから, A'' は辺 OA 上にある(63 ページ). 同様に B'' は辺 OB 上にある. 四辺形 $OA''O''B''$ の内角の和は $4\angle R$ に等しいから, $\angle A''O''B''$ は $\angle AOB$ の補角である.

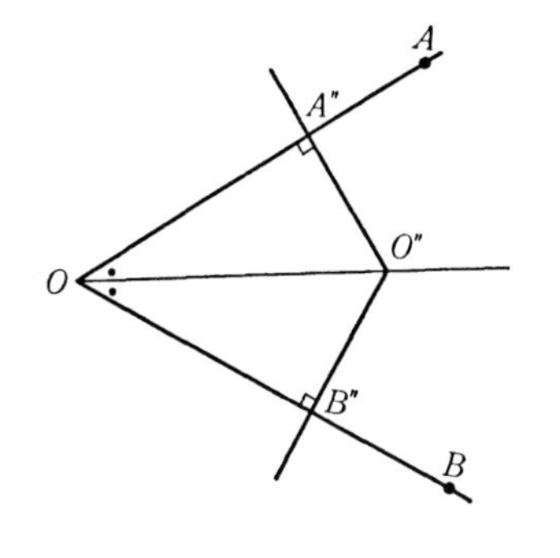

仮設により $O'A' \perp OA$ であるから辺 OA に下した垂線 $O''A''$ は $O'A'$ に平行である: $O''A''//O'A'$. 同様に $O''B''//O'B'$ である. ゆえに $\angle A'O'B'$ と $\angle A''O''B''$ は等しいかまたは補角である. 補角の補角はもとの角に等しいから, したがって, $\angle A''O''B''$ の補角 $\angle AOB$ は $\angle A'O'B'$ の補角であるかまたは $\angle A'O'B'$ に等しい(証明終).

定理 103 $\triangle ABC$ と $\triangle DEF$ の辺 AB と DE, BC と EF, CA と FD がそれぞれ平行ならば $\triangle ABC$ と $\triangle DEF$ は相似である.

証明[1] 定理 101 により等角な二つの三角形は相似であるから, $\triangle ABC$ と $\triangle DEF$ が等角であることを証明すればよい.

仮設により $AB//DE$, $BC//EF$, $CA//FD$ であるから, 前定理 102 により, $\angle A$ と $\angle D$, $\angle B$ と $\angle E$, $\angle C$ と $\angle F$ の三組の角はそれぞれ等しいかまたは補角である.

三組の角が三組ともそれぞれ等しければ $\triangle ABC$ と $\triangle DEF$ はもちろん等角である.

三角形の内角の和は $2\angle R$ に等しいから, 二組の角が等しければ残りの一組も等しい. ゆえに二組の角が等しく残りの一組が補角ならばやは

1) 秋山武太郎: わかる幾何学, 267 ページ.

り $\triangle ABC$ と $\triangle DEF$ は等角である．このときその一組の補角は共に直角である．したがって $\triangle ABC$ と $\triangle DEF$ が等角であることを証明するには二組あるいは三組の角が補角となることはあり得ないことを確めればよい．

このために $\angle A+\angle D=2\angle R$, $\angle B+\angle E=2\angle R$ であったとする．そうすれば

$$\begin{aligned}2\angle R &= \angle A+\angle B+\angle C = 4\angle R-\angle D-\angle E+\angle C\\ &= 2\angle R+(2\angle R-\angle D-\angle E)+\angle C = 2\angle R+\angle F+\angle C,\end{aligned}$$

したがって

$$\angle F+\angle C = 0$$

となって，三角形の内角の大きさが正であることに矛盾する．ゆえに二組あるいは三組の角が補角となることはない(証明終)．

系 $\triangle ABC$ と $\triangle DEF$ において $AB\perp DE$, $BC\perp EF$, $CA\perp FD$ ならば $\triangle ABC$ と $\triangle DEF$ は相似である．

証明 $AB\perp DE$, $BC\perp EF$, $CA\perp FD$ ならば，定理 102 の系により，$\angle A$ と $\angle D$, $\angle B$ と $\angle E$, $\angle C$ と $\angle F$ の三組の角はそれぞれ等しいかまたは補角である．ゆえに，定理 103 の証明により，$\triangle ABC$ と $\triangle DEF$ は相似である(証明終)．

定理 103 の仮設において辺 AB と DE が平行であるというのは直線 AB と直線 DE が平行である，すなわち共通点をもたないことを意味するから，AB と DE は異なる直線であるが，平行という意味を拡張して直線 AB と DE が一致する場合も考えに入れておくと応用上便利である．辺 BC と EF, CA と FD の平行についても同様である．すなわち

定理 104 $\triangle ABC$ と $\triangle DEF$ に対して直線 AB と DE, BC と EF, CA と FD がそれぞれ平行であるかまたは一致すれば，$\triangle ABC$ と $\triangle DEF$ は相似である．

証明 直線 AB, AC, DE, DF のいずれの上にもない点 A' をとり A' を

通って直線 AB に平行な直線 b と直線 AC に平行な直線 c を引く．そして直線 BC に平行で E を通らない直線 a と直線 b の交点を B'，a と c の交点を C' とする．そうすれば $AB//A'B'$，$BC//B'C'$，$CA//C'A'$ であるから，定理 103 により，$\triangle ABC$ と $\triangle A'B'C'$ は相似である．仮設により直線 DE と直線 AB は平行であるか一致するかのいずれかであるが，$AB//A'B'$ で A' は直線 DE 上にないから $DE//A'B'$ となる．同様に $EF//B'C'$，$FD//C'A'$ となるから，$\triangle DEF$ と $\triangle A'B'C'$ は相似である．ゆえに $\triangle ABC$ と $\triangle DEF$ は相似である(証明終)．

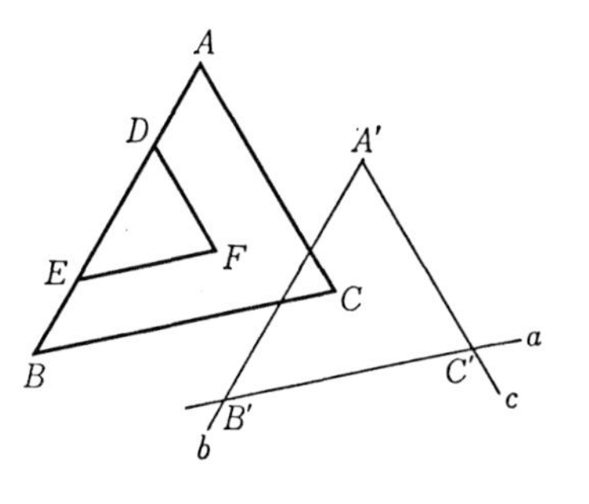

$\triangle ABC$ と $\triangle DEF$ において $DE//AB$，$EF//BC$，$FD//CA$ ならば，定理 103 により，$\triangle ABC$ と $\triangle DEF$ は相似であるが，このとき，定理 90 により，三つの直線 AD, BE, CF は互いに平行でない限り一点で交わる．その交点 O を $\triangle ABC$ と $\triangle DEF$ の**相似の中心**という．$\triangle OAB$ と $\triangle ODE$，$\triangle OBC$ と $\triangle OEF$，$\triangle OCA$ と $\triangle OFD$ がそれぞれ相似であることは定理 104 によって明らかであろう．その相似比はすべて $\triangle ABC$ と $\triangle DEF$ の相似比に等しい．

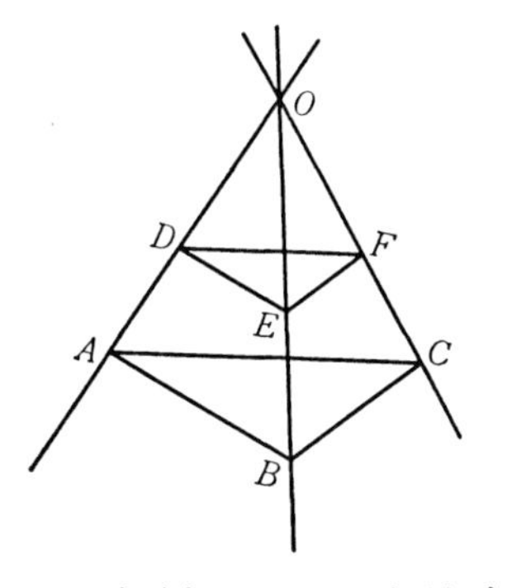

三角形の合同については二辺夾角の合同定理(29 ページ)，三辺合同定理(31 ページ)など，三角形が合同であるための十分条件を与えるいくつかの定理がある．相似についてもそれに類似な定理が成り立つ．それをつぎに述べる．

定理 105(二辺夾角の相似定理)　二組の辺の比が等しくその夾角が等しい三角形は相似である．すなわち $\triangle ABC$ と $\triangle DEF$ において

$$AB:DE = AC:DF, \qquad \angle A = \angle D$$

ならば

$$\triangle ABC \backsim \triangle DEF$$

である．

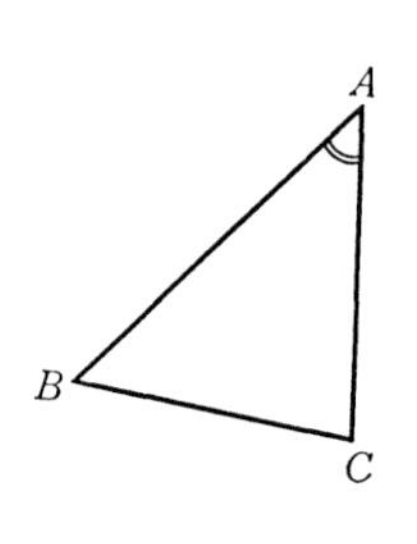

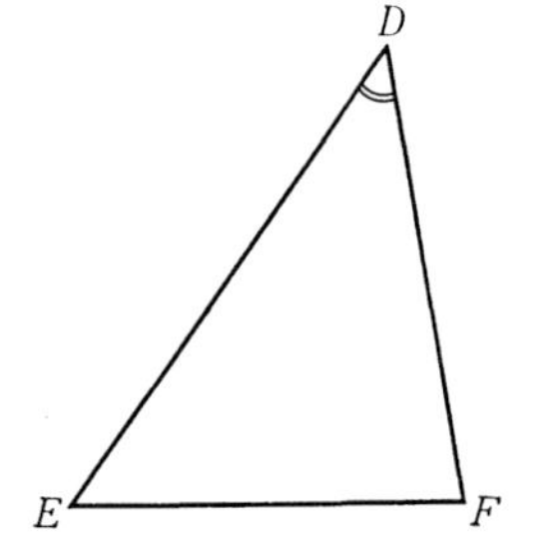

証明　半直線 AB および AC の上にそれぞれ点 E' および F' を

$$AE' = DE, \qquad AF' = DF$$

となるようにとる．仮設により $\angle A = \angle D$ であるから，二辺夾角の合同定理により

$$\triangle AE'F' \equiv \triangle DEF$$

したがって，仮設により

$$AB:DE = AC:DF$$

であるから，

$$AB:AE' = AC:AF',$$

そして，直線 AB および AC 上で，点 A に関して E' と B は同じ側，F' と C も同じ側にある．ゆえに，定理 97 の系(230 ページ)により，

$$BC \parallel E'F'$$

である．したがって，$\triangle ABC$ と $\triangle AE'F'$ に前定理 104 を適用すれば，

直ちに $\triangle ABC \backsim \triangle AE'F'$ が従う．ゆえに，$\triangle AE'F' \equiv \triangle DEF$ であるから，$\triangle ABC \backsim \triangle DEF$ である(証明終)．

定理 106(三辺相似定理)　三組の辺の比が等しい三角形は相似である．すなわち $\triangle ABC$ と $\triangle DEF$ において

$$AB : DE = BC : EF = CA : FD$$

ならば

$$\triangle ABC \backsim \triangle DEF$$

である．

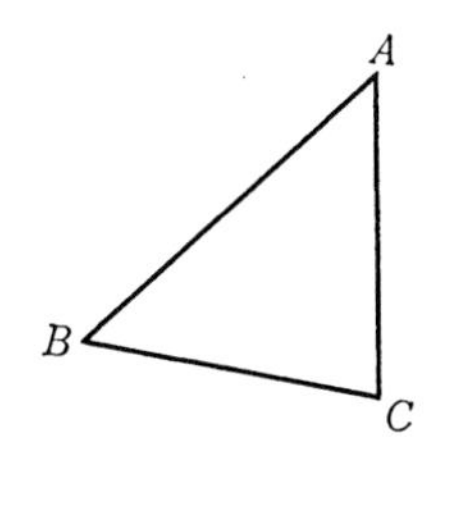

証明　半直線 AB の上に点 E'，半直線 AC の上に点 F' を

$$AE' = DE, \qquad AF' = DF$$

となるようにとる．E' が B と一致すれば $AB=DE$，したがって

$$1 = BC : EF = CA : FD,$$

ゆえに $BC=EF$，$CA=FD$ となり，三辺合同定理によって $\triangle ABC$ と $\triangle DEF$ は合同，したがってもちろん相似となる．ゆえに E' と B が一致しない場合を考えればよい．

仮設により $AB : DE = AC : DF$ であるから

$$AB : AE' = AC : AF'$$

となる．ゆえに定理 97 の系により

$$BC \parallel E'F',$$

ゆえに，定理 104 により $\triangle ABC$ と $\triangle AE'F'$ は相似である．したがって

$$AB : AE' = BC : E'F',$$

ゆえに，仮設により $AB : DE = BC : EF$ であるから，

$$BC : E'F' = AB : AE' = AB : DE = BC : EF,$$

したがって $E'F' = EF$ である．ゆえに，三辺合同定理により，$\triangle AE'F' \equiv \triangle DEF$ となるが，$\triangle ABC \backsim \triangle AE'F'$ である．ゆえに $\triangle ABC \backsim \triangle DEF$ である（証明終）．

以上，二辺夾角の相似定理が二辺夾角の合同定理の類似，三辺相似定理が三辺合同定理の類似であることは明らかであろう．三角形の内角の和は $2\angle R$ に等しいから，二組の角がそれぞれ等しい三角形は等角である．したがって，一辺両端角の合同定理の類似および二角一対辺の合同定理の類似は共に等角な三角形は相似であるという定理 101（237 ページ）に帰する．つぎの定理は直角三角形に関する斜辺と一辺の合同定理の類似である．

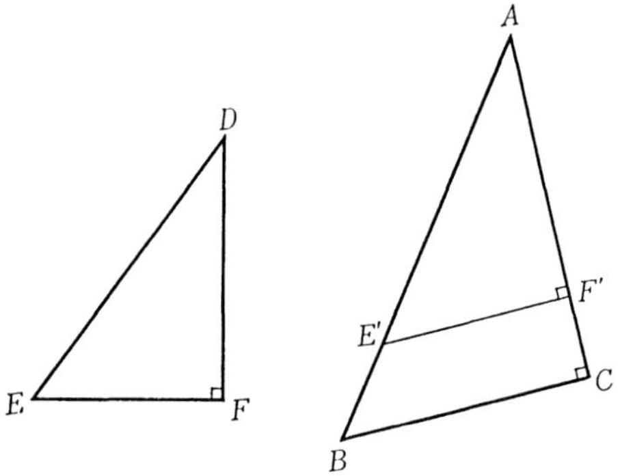

定理 107（斜辺と一辺の相似定理）　$\triangle ABC$ と $\triangle DEF$ において

$$\angle C = \angle F = \angle R, \qquad AB : DE = AC : DF$$

ならば

$$\triangle ABC \backsim \triangle DEF$$

である.

証明 前定理の証明と同様に考える. 半直線 AB 上の点 E' と半直線 AC 上の点 F' を

$$AE' = DE, \qquad AF' = DF$$

となるように定めれば, 仮設により

$$AB : AE' = AC : AF'$$

となるから, 定理 97 の系により

$$BC \parallel E'F',$$

ゆえに, 定理 104 により

$$\triangle ABC \backsim \triangle AE'F',$$

したがって $\triangle AE'F'$ も直角三角形である. ゆえに, 斜辺と一辺の合同定理により,

$$\triangle AE'F' \equiv \triangle DEF,$$

したがって $\triangle ABC$ と $\triangle DEF$ は相似である(証明終).

例題 15 $\triangle ABC$ の辺 AC の延長上の点 E と辺 AB 上の A と B の間の点 F を EC と FB が等しくなるように定め, 直線 EF と辺 BC の交点を D とすれば

$$BD : DC = AE : AF$$

である.

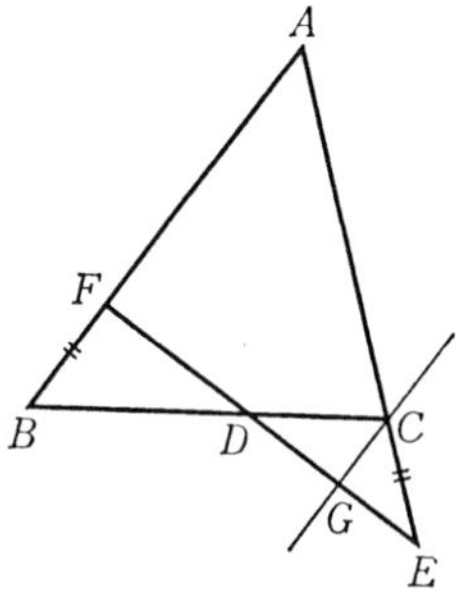

証明 C を通って辺 AB に平行な直線が直線 EF と交わる点を G とすれば, 定理 104 により

$$\triangle DFB \backsim \triangle DGC, \qquad \triangle ECG \backsim \triangle EAF$$

で, 仮設により $FB=EC$ である. ゆえに

$$BD : CD = FB : GC = EC : GC = EA : FA,$$

すなわち $BD:DC=AE:AF$ である(証明終).

問題 13　$\triangle ABC$ の頂点のいずれをも通らない直線が辺 BC の延長と D, 辺 CA と E, 辺 AB と F で交わっているとき，$AE=AF$ ならば

$$BD:CD = FB:EC$$

であることを証明せよ.

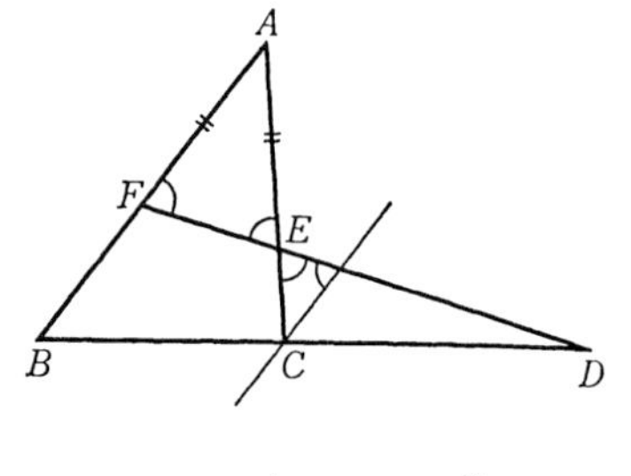

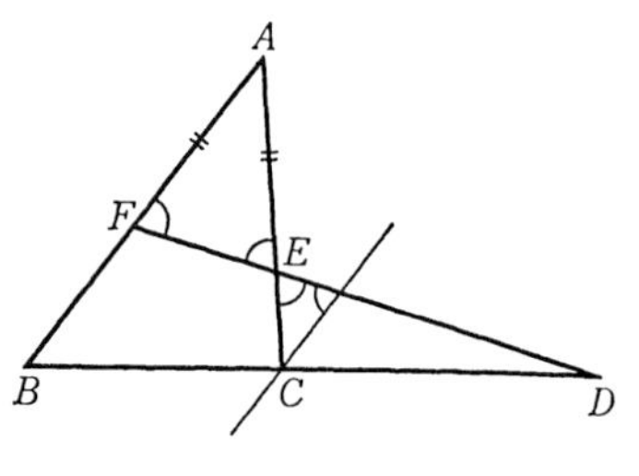

問題 14　台形 $ABCD$, $AD/\!/BC$, の対角線の交点 O を通って辺 BC に平行な直線が辺 AB および DC と交わる点を E および F とすれば，O は線分 EF の中点である. このことを証明せよ.

定理 108　一点 O で交わる三つの直線と二つの平行な直線 l および l' との交点を A, B, C および A', B', C' とすれば，三点 A', B', C' の順序は A, B, C の順序と同じで

$$A'B':B'C' = AB:BC \tag{7}$$

である.

証明　三点 A', B', C' の順序が A, B, C の順序と同じであることを証明するには，A, B, C の一つ，たとえば B が A と C の間にあれば B' は A' と C' の間にあることをいえばよい.

$A'C'/\!/AC$ であるから，定理 96(225 ページ)により，三点 O, A, A' の順

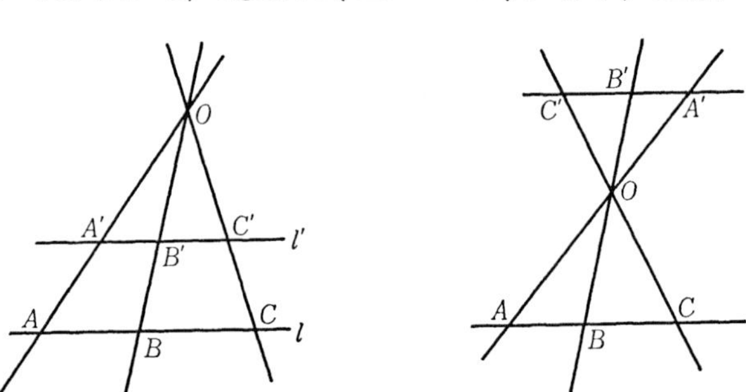

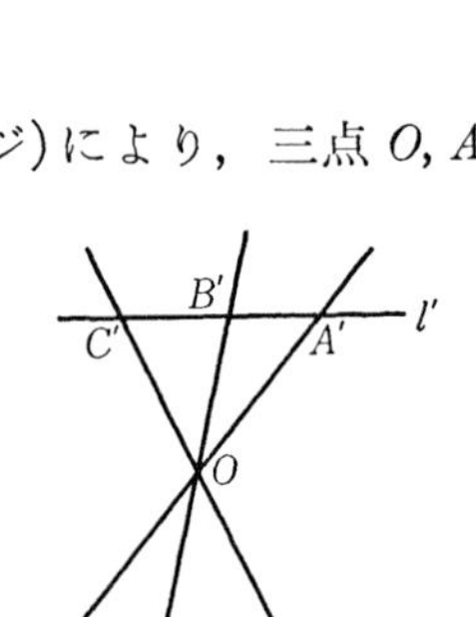

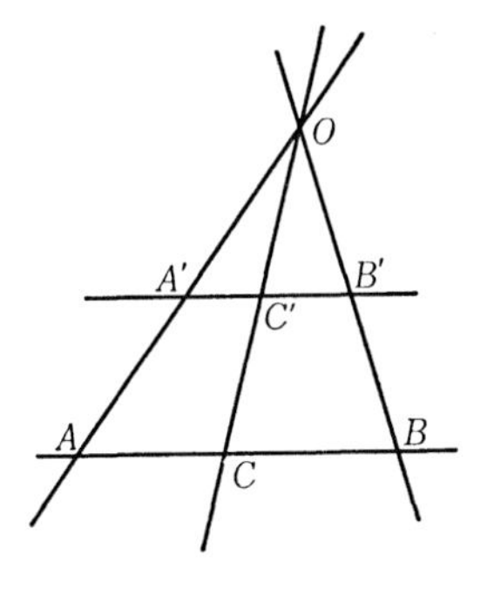

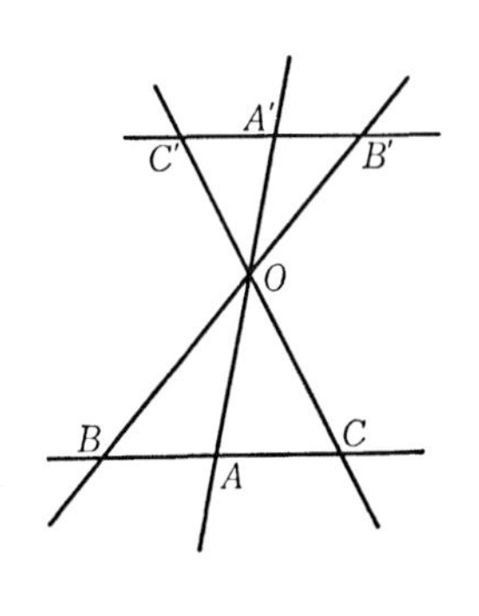

序と O, C, C' の順序は同じである．したがって，直線 OB に関して，A' が A と同じ側にあれば C' は C と同じ側にあり A' が A の反対側にあれば C' は C の反対側にある．ゆえに A と C が反対側にあれば A' と C' も反対側にある．B が A と C の間にあれば直線 OB に関して A と C は反対側にある．ゆえに A' と C' も反対側にある，すなわち B' は A' と C' の間にある．

$A'B'/\!/AB$，$B'C'/\!/BC$ であるから，定理 104(241 ページ)により

$$\triangle OA'B' \backsim \triangle OAB, \qquad \triangle OB'C' \backsim \triangle OBC,$$

したがって

$$A'B' : AB = OB' : OB, \qquad OB' : OB = B'C' : BC,$$

ゆえに

$$A'B' : AB = B'C' : BC,$$

すなわち(7)の等式 $A'B' : B'C' = AB : BC$ が成り立つ(証明終)．

この定理の逆が成り立つ．すなわち

定理 109　平行な二直線 l と l' の l の上に三点 A, B, C，l' の上に三点 A', B', C' があるとする．このとき A', B', C' の順序が A, B, C の順序と同じで

$$A'B' : B'C' = AB : BC$$

ならば三つの直線 AA', BB', CC' は互いに平行でない限り一点で交わる．

証明　直線 AA' と直線 CC' が平行でないとしてその交点を O とし, O と B を結ぶ直線 OB が l' と交わる点を X とする. 直線 BB' が O を通ることを証明するには X が B' と一致することをいえばよい.

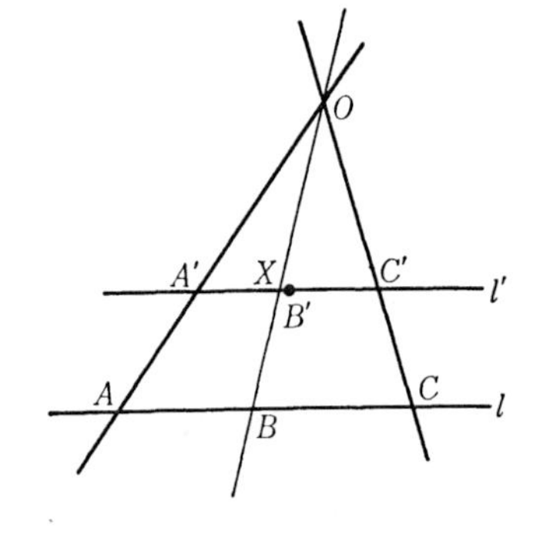

上の定理 108 により三点 A', X, C' の順序は A, B, C の順序と同じで

$$A'X : XC' = AB : BC$$

である. 仮設により A', B', C' の順序は A, B, C の順序と同じで $A'B' : B'C' = AB : BC$ であるから, したがって, B が A と C の間にある場合には X も B' も線分 $A'C'$ を $AB : BC$ の比に内分する内分点, B が A と C の間にない場合には X も B' も線分 $A'C'$ を $AB : BC$ の比に外分する外分点である. ゆえに X と B' は一致する(証明終).

例題 16　$\triangle ABC$ の辺 BC の中点を M, D を辺 AB 上の一点, E を辺 AC 上の一点としたとき, $DE /\!/ BC$ ならば中線 AM は線分 DE を二等分する. ——

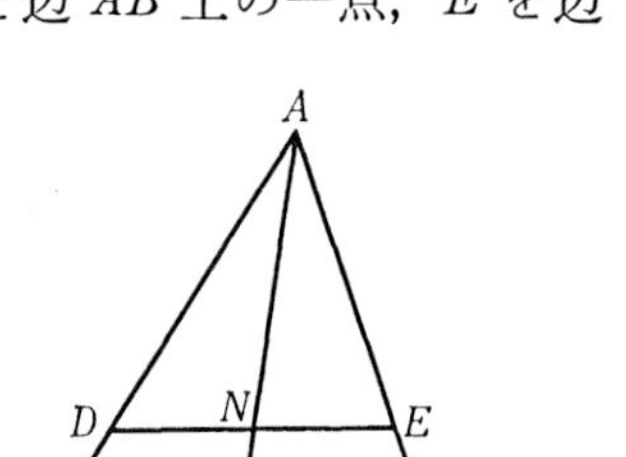

この例題は前に円論によって証明した例題 11(180 ページ)であって, そこで注意したように, 比例を用いれば極めて簡単に証明できる. 実際この例題が定理 108 から直ちに従うことは明らかであろう.

例題 17　平行四辺形 $ABCD$ の内部に点 G をとり, G を通って辺 BC に平行な直線が辺 AB と交わる点を E, 辺 AB に平行な直線が辺 BC と交わる点を F とし, 線分 AF と線分 CE の交点を H とすれば, 三点 H, G, D は一直線上にある. ——

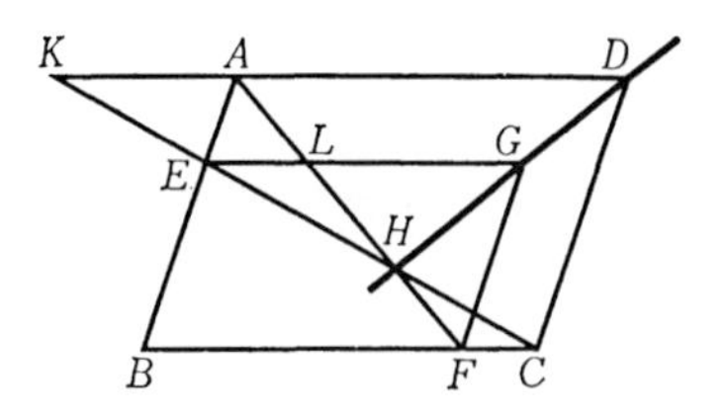

この例題は前に円論によって証明した定理87(182ページ)である．ここではその比例による証明を述べる．

証明　はじめに線分AFと線分CEが交わることを確める．EがAとBの間に，FがBとCの間にあるから，直線CEに関してAとBは反対側にありBとFは同じ側にある．ゆえにAとFは反対側にある，すなわち直線CEは線分AFとAとFの間の一点Hで交わる．同様に，直線AFに関して，EとBは同じ側に，BとCは反対側にあるから，EとCは反対側にある．すなわちHはEとCの間にある．ゆえに線分AFと線分CEは点Hで交わる．

直線CEと直線ADの交点をK，直線AFと直線EGの交点をLとする．三点H, G, Dが一直線上にあることを証明するには三つの直線KE, AL, DGが一点で交わることを示せばよい．このためには，定理109により，LがEとGの間に，AがKとDの間にあって

$$KA:AD = EL:LG \tag{8}$$

であることを証明すればよい．

直線EBと直線LFが点Aで交わり，$EL//BF$でEがAとBの間にあるから，定理96(225ページ)により，LはAとFの間にある．直線AFと直線EGが点Lで交わり，$AE//FG$でLがAとFの間にあるから，LはEとGの間にある．同様に，$AK//BC$でEがAとBの間にあるから，EはKとCの間にある．したがって，$EA//CD$であるから，AはKとDの間にある．

平行四辺形$ABCD$の対辺ADとBCは等しく，$KA//CB$であるから，定理104により，$\triangle KAE \backsim \triangle CBE$である．したがって

$$KA:AD = KA:CB = AE:BE.$$

同様に，$BE=FG$で$\triangle FGL \backsim \triangle AEL$であるから

$$AE:BE = AE:FG = EL:LG.$$

ゆえに(8)の比例式 $KA:AD=EL:LG$ が成り立つ(証明終).

問題 15　$\triangle ABC$ の内部に一点 O をとり，直線 BO と辺 AC の交点を D，直線 CO と辺 AB の交点を E とする．このとき，$DE//CB$ ならば直線 AO は辺 BC の中点を通ることを証明せよ．

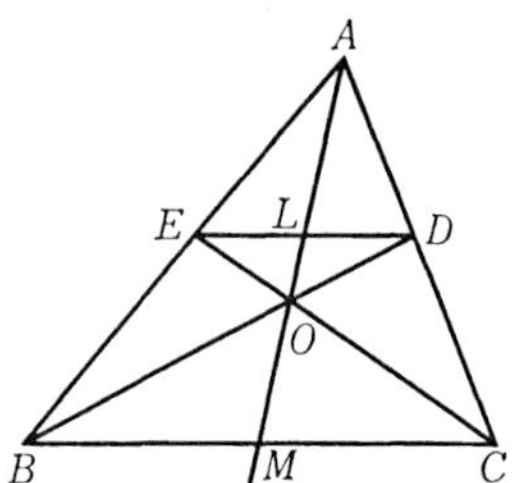

解　直線 AO と辺 BC の交点を M，線分 DE との交点を L とする．B, M, C と E, L, D を平行な二直線 ED と BC が A を通る三つの直線 BE, ML, CD と交わる点と考えれば，定理 108 により，

$$BM:CM = EL:DL,$$

O を通る三つの直線 BD, ML, CE と交わる点と考えれば，同じ定理 108 により

$$BM:CM = DL:EL.$$

この二つの比例式を辺々掛ければ

$$BM^2:CM^2 = 1$$

を得る．ゆえに $BM=CM$，すなわち M は辺 BC の中点である(証明終)．

同様な考え方でつぎの問題を簡単に解くことができる．

問題 16　$\triangle ABC$ の内部に一点 O をとり，直線 AO, BO, CO と辺 BC, CA, AB の交点を D, E, F，O を通って辺 BC に平行な直線と線分 DE の交点を G，線分 DF の交点を H とする．そうすれば O は線分 GH の中点である．このことを証明せよ．

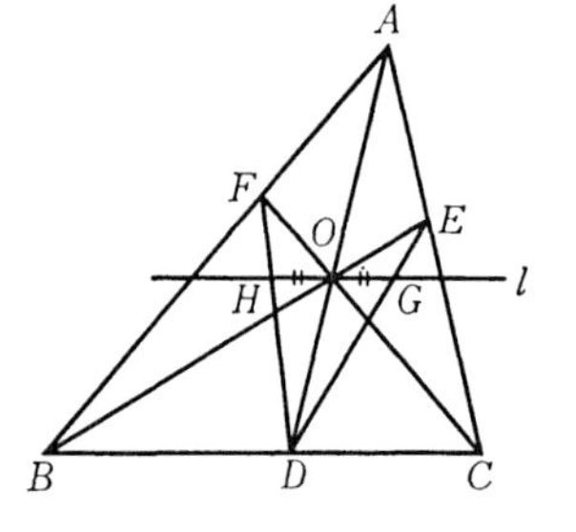

つぎに比例の円を含む図形への応用について述べる．以下線分の長さの積，たとえば四辺形 $ABCD$ の辺 AB と辺 CD の長さの積 $AB\cdot CD$ について考えるが，簡明のため，これを**辺 AB と辺 CD の積**とよぶことにする．

定理 110 円に内接する四辺形 $ABCD$ の対辺の積の和は対角線の積に等しい:

$$AB \cdot CD + AD \cdot BC = AC \cdot BD.$$

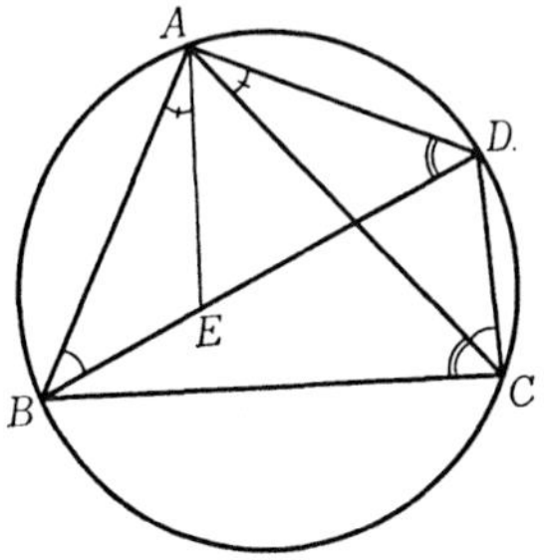

証明 対角線 BD 上に点 E を $\angle BAE = \angle CAD$ となるようにとる. そうすれば, 円周角不変の定理により $\angle ABE = \angle ACD$ で, 定理 101(237 ページ)により等角な三角形は相似であるから

$$\triangle ABE \backsim \triangle ACD,$$

したがって $AB : BE = AC : CD$, ゆえに

$$AB \cdot CD = AC \cdot BE.$$

同様に $\angle EAD = \angle BAC$, $\angle ADE = \angle ACB$ であるから

$$\triangle AED \backsim \triangle ABC,$$

したがって $AD : ED = AC : BC$, ゆえに

$$AD \cdot BC = AC \cdot ED.$$

ゆえに

$$AB \cdot CD + AD \cdot BC = AC(BE + ED) = AC \cdot BD$$

である(証明終).

この定理 110 を**トレミー**(Ptolemy)**の定理**という. Ptolemy は第二世紀の前半におけるギリシャの天文学者で, 天文学の必要上から, この定理を発見したという[1].

トレミーの定理の逆が成り立つ. すなわち

定理 111 対辺の積の和が対角線の積に等しい四辺形は円に内接する.

証明 凸四辺形の内角はすべて劣角であるが, 凹四辺形についてはそ

1) 秋山武太郎: わかる幾何学, 283 ページ.

の四つの内角のうち一つが優角，他の三つは劣角である(81-82 ページ). したがって四辺形 $ABCD$ についてその内角 $\angle A, \angle B, \angle D$ は劣角，$\angle C$ は劣角または優角であるとして定理を証明すればよい.

$\angle A$ の内部の点 E を $\triangle ABE$ が $\triangle ACD$ と等角となるように定めれば

$$\triangle ABE \backsim \triangle ACD$$

であるから

$$AB:AE = AC:AD,$$

したがって

$$AB:AC = AE:AD,$$

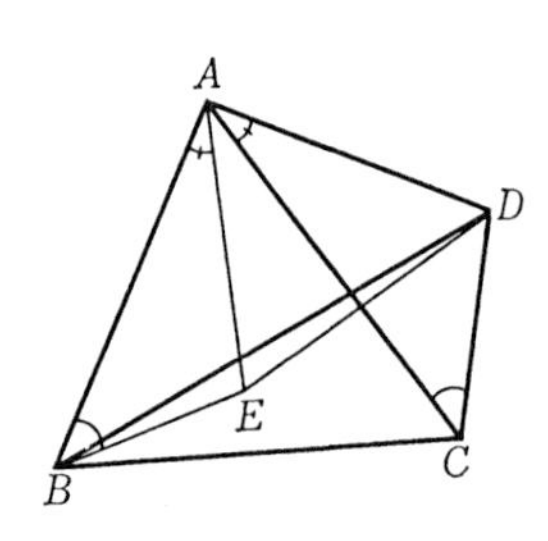

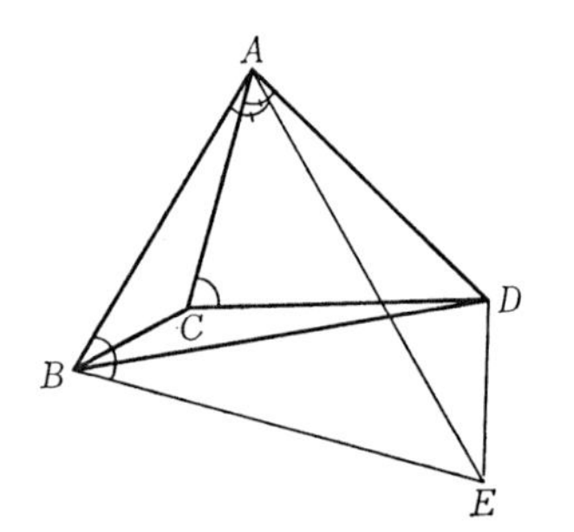

そして $\angle BAC = \angle EAD$ である. ゆえに二辺夾角の相似定理により

$$\triangle AED \backsim \triangle ABC.$$

このように $\triangle ABE \backsim \triangle ACD$, $\triangle AED \backsim \triangle ABC$ であるから，定理 110 の証明におけると同様にして等式

$$AB \cdot CD = AC \cdot BE, \qquad AD \cdot BC = AC \cdot ED$$

を得る. ゆえに

$$AB \cdot CD + AD \cdot BC = AC \cdot (BE + ED). \tag{9}$$

ここで点 E が直線 BD 外にあったとすれば，三角形の二辺の和は第三辺より大きいから

$$BE + ED > BD,$$

したがって(9)により

$$(10) \qquad AB \cdot CD + AD \cdot BC > AC \cdot BD$$

となって仮設に反する．ゆえに E は直線 BD の上にあるが，E は $\angle BAD$ の内部にある．したがって E は B と D の間にある．ゆえに $\angle ABD$ は $\angle ABE$ と一致するが，$\angle ABE$ は $\angle ACD$ に等しい．したがって

$$\angle ABD = \angle ACD.$$

ゆえに四辺形 $ABCD$ が凸四辺形ならば四辺形 $ABCD$ は円に内接する(124ページ)．定理を証明するには，したがって，四辺形 $ABCD$ が凹四辺形でないことを確めればよい．

四辺形 $ABCD$ が凹四辺形であるとすれば，仮定により C が優角であるから，対角線 AC の延長が対角線 BD と交わる(81-82ページ)．したがって C は $\triangle ABD$ の内部にあり，定理24の系2(45ページ)により，$\angle ACD > \angle ABD$ となって，今証明した等式 $\angle ABD = \angle ACD$ に矛盾する．ゆえに四辺形 $ABCD$ は凸である(証明終)．

この証明によれば円に内接しない四辺形 $ABCD$ に対しては不等式(10)が成り立つ．すなわち

系　円に内接しない四辺形の対辺の積の和は対角線の積より大きい．

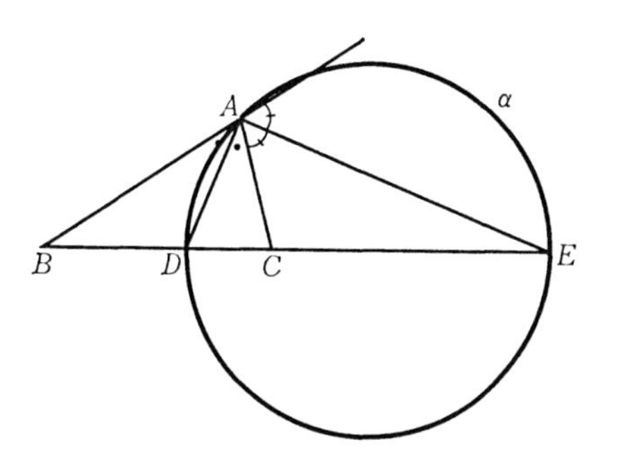

与えられた二つの線分の長さの比 $r:s$, $r \neq s$, に対して，線分 BC を $r:s$ の比に内分する点を D, $r:s$ の比に外分する点を E とし，線分 DE を直径とする円 α を描く．この円 α を線分 BC に関する**アポロニウス**(Apollonius)**の円**という．アポロニウスの円 α は線分 BC と比 $r:s$ によって定まる．

定理 112　点 A から B と C に到る距離の比が $r:s$ に等しい，すなわ

ち

$$AB:AC = r:s$$

であるための必要にして十分な条件は A がアポロニウスの円 α の上にあることである.

証明　まず $AB:AC=r:s$ ならば A は α の上にあることを証明する. A が直線 BC 上にあれば A は D または E と一致するから, もちろん α の上にある. A が直線 BC 外にあるとき, 定理 99(231 ページ)により, $\angle BAC$ の二等分線は線分 BC を $AB:AC=r:s$ の比に内分するが, 線分 BC を $r:s$ の比に内分する点はただ一つしかない. ゆえに $\angle BAC$ の二等分線は点 D を通る. 同様に, 定理 99 により, A における外角の二等分線は点 E を通る. ゆえに

$$\angle DAE = \angle R,$$

したがって A は線分 DE を直径とする円周 α の上にある.

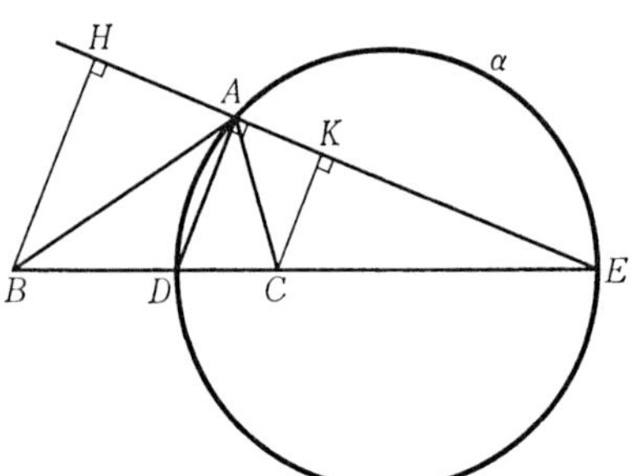

つぎに, 逆に A が円周 α 上にあれば $AB:AC=r:s$ であることを証明する[1]. $r\neq s$ としているから $r<s$ か $r>s$ かのいずれかであるが, いずれの場合も同様であるから $r>s$ とする. そうすれば, $BE:EC=r:s>1$ であるから, C は D と E の間にある.

A が線分 DE を直径とする円周 α の上にあるから $\angle DAE=\angle R$ である. 点 B および C から直線 EA へ下した垂線の足を H および K とすれば, したがって, 三つの直線 DA, BH, CK は平行である. ゆえに, D が B と C の間にあるから, 定理 95(222 ページ)により, A は H と

1) 秋山武太郎: わかる幾何学, 282–283 ページ.

K の間にあって

$$HA : KA = BD : CD = r : s$$

となる．さらに，定理104(241ページ)により

$$\triangle EHB \backsim \triangle EKC$$

であるから

$$HB : KC = BE : CE = r : s.$$

ゆえに

$$HA : KA = HB : KC.$$

このように，二つの三角形 $\triangle HAB$ と $\triangle KAC$ において $HA : KA = HB : KC$，$\angle H = \angle R = \angle K$ であるから，二辺夾角の相似定理により

$$\triangle HAB \backsim \triangle KAC,$$

ゆえに

$$AB : AC = HA : KA = r : s$$

である(証明終)．

定理113　$\triangle ABC$ の頂点 A, B, C のいずれをも通らない直線 l と直線 BC, CA, AB の交点を D, E, F とすれば

$$\frac{BD}{DC} \cdot \frac{CE}{EA} \cdot \frac{AF}{FB} = 1 \qquad (11)$$

となる．

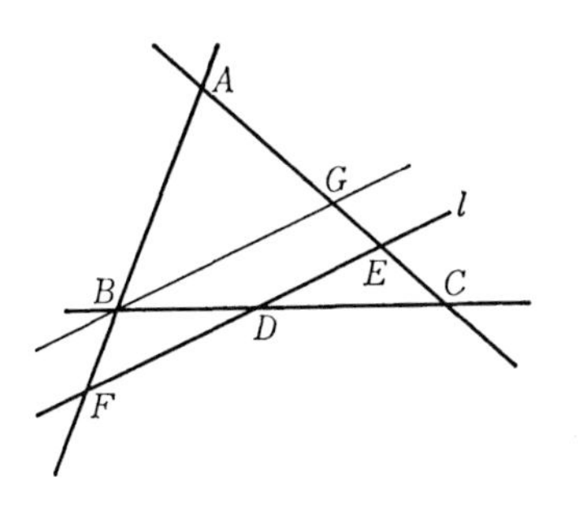

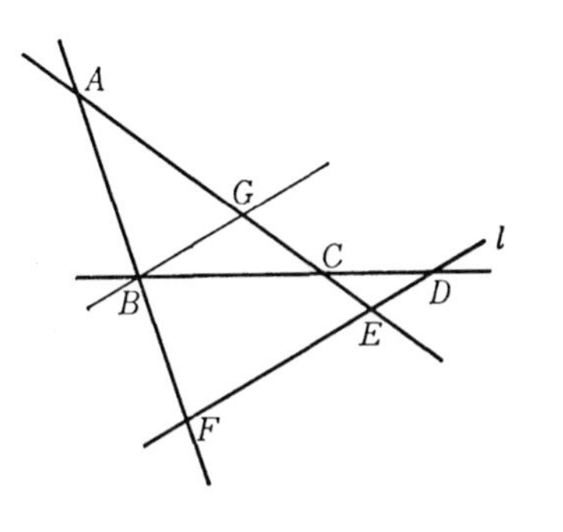

証明 この定理を証明するには B を通って l に平行な直線が直線 CA と交わる点を G として，定理96の系(227ページ)を用いて，(11)の左辺の三つの比を直線 CA 上の線分 AE, GE, CE の長さの比で表わせばよい．すなわち，l が $\triangle CBG$ の辺 BG に平行であるから，定理96の系により

$$\frac{BD}{DC}=\frac{GE}{EC}.$$

同様に，l が $\triangle ABG$ の辺 BG に平行であるから

$$\frac{AF}{FB}=\frac{AE}{EG}.$$

ゆえに

$$\frac{BD}{DC}\cdot\frac{CE}{EA}\cdot\frac{AF}{FB}=\frac{GE}{CE}\cdot\frac{CE}{AE}\cdot\frac{AE}{GE}=1$$

となる．この証明が図形の点と直線の配列の如何に関せず通用することは明らかであろう(証明終)．

この定理を**メネラウス**(Menelaus)**の定理**という．Menelaus は98年頃アレクサンドリアにいた天文学者である[1]．

公理 $2^{\triangle}$ により，$\triangle ABC$ の頂点のいずれをも通らない直線 l は $\triangle ABC$ の三辺のいずれとも交わらないかまたは二辺と交わって他の一辺と交わらない．ゆえに定理113の交点 D, E, F は三つとも $\triangle ABC$ の辺の延長上にあるか，または二つが辺の上にあって他の一つは辺の延長上にある．このことを終結に含めれば定理113はつぎのようになる．

定理 113′ $\triangle ABC$ の頂点 A, B, C のいずれをも通らない直線 l と直線 BC, CA, AB の交点を D, E, F とすれば，D, E, F は三つとも $\triangle ABC$ の辺の延長上にあるか，または D, E, F の二つは辺の上にあって他の一つ

1) 岩田至康編：幾何学大辞典 I，540ページ．

は辺の延長上にある．そして(11)の比例式

$$\frac{BD}{DC}\cdot\frac{CE}{EA}\cdot\frac{AF}{FB}=1$$

が成り立つ．

メネラウスの定理をこのように理解すればその逆が成り立つ．すなわち

定理 114′　$\triangle ABC$ に対して三つの直線 BC, CA, AB の上にそれぞれ一点 D, E, F をとったとき，D, E, F が三つとも $\triangle ABC$ の辺の延長上にあるか，または D, E, F の二つが辺の上に，他の一つが辺の延長上にあって

$$\frac{BD}{DC}\cdot\frac{CE}{EA}\cdot\frac{AF}{FB}=1 \tag{12}$$

ならば三点 D, E, F は一直線上にある．ただし D, E, F は頂点 A, B, C のいずれとも一致しないものとする．——

この定理の仮設において三点 D, E, F の配列が重要であることは，たとえば D, E, F をそれぞれ辺 BC, CA, AB の中点とすれば，(12)は成り立つが D, E, F は一直線上にないことから明らかであろう．しかし仮設の D, E, F の配列に関する部分は叙述が煩雑で応用上不便である．これをさけるために，つぎに述べるようにして，おのおの直線 l に'向き'を定義し，l 上の二点 A, B に対して線分 AB の向きによってその長さ AB に $\pm$ の符号をつける．

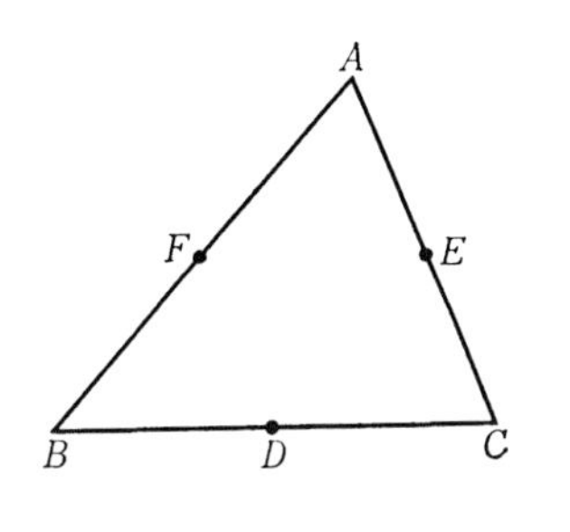

おのおのの直線 l に対して l に平行な線分 OE を一つ定める．ここで線分 OE が l に平行であるというのは直線 OE が l に平行であることを意味する(86 ページ)．l 上の二点 A, B に対して線分 AO と線分 BE が

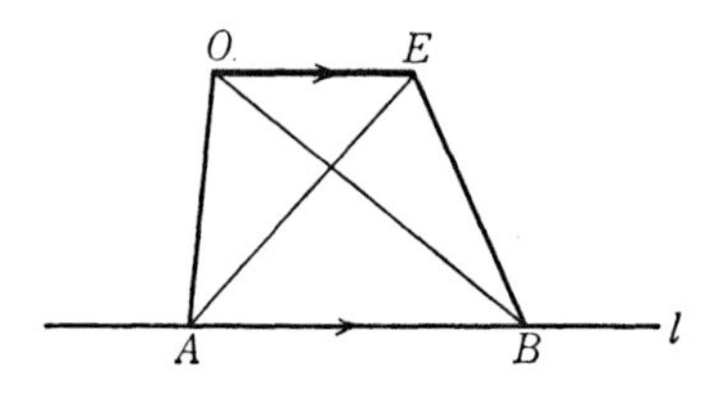

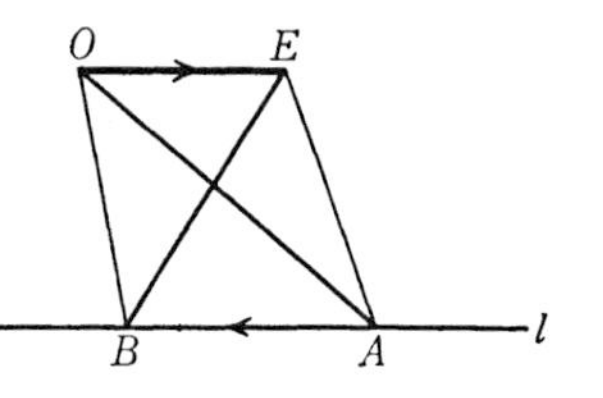

交わらなければ線分 AB の向きは正，線分 AO と線分 BE が交われば線分 AB の向きは負であると定義する．そして今までの意味の線分 AB の長さを $|AB|$ で表わすこととし，線分 AB の向きが正ならば

$$AB = |AB|,$$

線分 AB の向きが負ならば

$$AB = -|AB|$$

とおく．そうすれば線分 AB の向きが正ならばその長さ AB は正の実数，向きが負ならば長さ AB は負の実数となる．

線分 BA の向きと線分 AB の向きは反対である．すなわち線分 AB の向きが正ならば線分 BA の向きは負，線分 AB の向きが負ならば線分 BA の向きは正である．なぜなら線分 AO と線分 BE が交わらなければ，台形 $ABEO$ は凸四辺形であるから(83ページ)，その対角線 BO と AE は交わる．線分 AO と線分 BE が交われば，A と E は直線 BO に関して同じ側にある．したがって線分 BO と線分 AE は交わらないからである．線分 BA と線分 AB の向きが反対であるから，その長さ $BA=\mp|AB|$ と $AB=\pm|AB|$ の符号は反対である．ゆえに

$$BA = -AB. \tag{13}^{\#}$$

この式の番号 $(13)^{\#}$ の ♯ はこの式が正負の符号をもつ長さに関する等式であることを示す．以下正負の符号をもつ長さに関する定理および式には ♯ を付けることにする．

直線 l 上の三点 A, B, C の C が A と B の間にあれば線分 AC の向きと線分 CB の向きは共に線分 AB の向きと同じである．**証明**　線分 AO

と線分 BE が交わらないならば，台形 $ABEO$ は凸四辺形であるから，直線 AO に関して B と E は同じ側にあるが，C と B も同じ側にある．ゆえに C と E は同じ側にあり，したがって線分 AO と線分 CE は交わらない．すなわち，C が A と B の間にあるとき，線分 AB の向きが正ならば線分 AC の向きも正である．同様に線分 AB の向きが正ならば線分 CB の向きも正である．

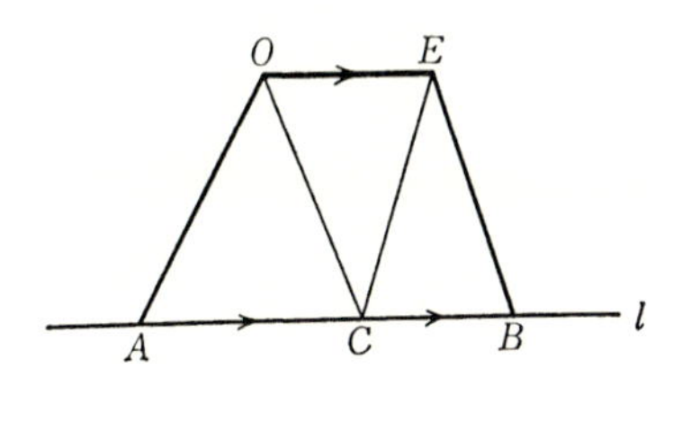

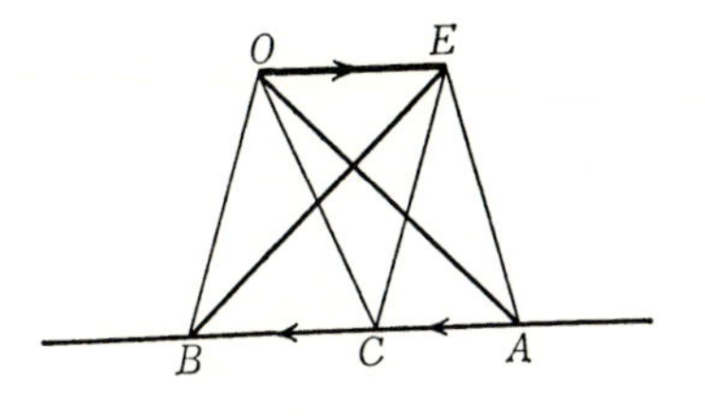

C が A と B の間にあって線分 AB の向きが負ならば，線分 BA の向きが正であるから，線分 BC の向きは正，線分 CA の向きも正である．ゆえに線分 AC の向きは負，線分 CB の向きも負である(証明終)．

問 C が A と B の間にあるとき，線分 AO と線分 BE が交われば線分 AO と線分 CE は交わり線分 CO と線分 BE も交わることを直接証明せよ．——

このように一直線上の三点 A, B, C の C が A と B の間にあれば線分 AC, CB, AB の向きが同じであるから，その長さ $AC=\pm|AC|$，$CB=\pm|CB|$，$AB=\pm|AB|$ の符号は同じである．

$$|AB| = |AC|+|CB|$$

であるから，したがって

$$AB = AC+CB.$$

一直線上の三点 A, B, C の B が A と C の間にあれば線分 AC と線分 AB の向きは同じ，線分 CB と線分 AB の向きは反対である．なぜなら線分 AB, BC, AC の向きが同じで線分 CB と線分 BC の向きが反対であるからである．ゆえに長さ $AC=\pm|AC|$ と $AB=\pm|AB|$ の符号は同

じ，$CB=\mp|CB|$ と $AB=\pm|AB|$ の符号は反対である．

$$|AC|=|AB|+|BC|$$

であるから，したがって

$$AC=AB-CB,$$

すなわち

$$AB=AC+CB.$$

同様に，一直線上の三点 A, B, C の A が C と B の間にあれば線分 AC と線分 AB の向きは反対，線分 CB と線分 AB の向きは同じ，ゆえに

C　A　B

AC と AB の符号は反対，CB と AB の符号は同じである．

$$|CB|=|CA|+|AB|$$

であるから，したがって

$$CB=-AC+AB,$$

すなわち

$$AB=AC+CB.$$

このように一直線上の三点 A, B, C に対してはその順序の如何に関せず等式

(14)♯
$$AB=AC+CB$$

が成り立つ．

定理 115♯　一直線上の三点 A, B, C の C が A と B の間にあれば $\frac{AC}{CB}>0$，B が A と C の間にあれば $\frac{AC}{CB}<-1$，A が C と B の間にあれば $-1<\frac{AC}{CB}<0$ である．

証明　C が A と B の間にあれば，上に述べたように AC と CB の符号が同じであるから，$\frac{AC}{CB}>0$ である．

B が A と C の間にあれば CB と AB の符号が反対であるから，(14)♯ により

$$\frac{AC}{CB}=\frac{AB}{CB}-1<-1$$

である.

A が C と B の間にあれば, AC と AB の符号が反対であるから(14)$^\sharp$ により

$$\frac{CB}{AC}=\frac{AB}{AC}-1<-1,$$

ゆえに $-1<\dfrac{AC}{CB}<0$ である(証明終).

この定理から転換法(51-52 ページ)により直ちにつぎの系が導かれる.

系 1$^\sharp$ 一直線上の三点 A, B, C に対して $\dfrac{AC}{CB}>0$ ならば C が A と B の間にあり, $\dfrac{AC}{CB}<-1$ ならば B が A と C の間にあり, $-1<\dfrac{AC}{CB}<0$ ならば A が C と B の間にある.

系 2$^\sharp$ 三点 A, B, C が一直線上にあるとき, C が線分 AB の内分点ならば $\dfrac{AC}{CB}>0$, 外分点ならば $\dfrac{AC}{CB}<0$ である. 逆に $\dfrac{AC}{CB}>0$ ならば C は線分 AB の内分点, $\dfrac{AC}{CB}<0$ ならば C は線分 AB の外分点である. ——

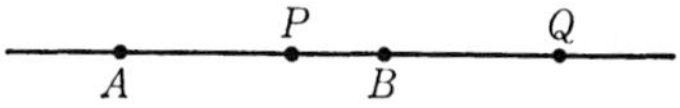

直線 l 上の二点 A と B を定めれば l の向きは線分 AB の向き, すなわちその長さ AB の符号によって定まる. このことはつぎのようにして容易に確められる. l 上の任意の二点 P, Q に対して, (13)$^\sharp$ と (14)$^\sharp$ により

$$PQ=PA-QA=\left(\frac{PA}{AB}-\frac{QA}{AB}\right)\cdot AB \qquad (15)^\sharp$$

であるが, $\left|\dfrac{PA}{AB}\right|=\dfrac{|PA|}{|AB|}$ は l の向きに無関係, P が A と一致すれば $PA=0$, P が A と一致しないとき, 系 2$^\sharp$ により $\dfrac{PA}{AB}$ の正負は A が P と B の間にあるか否かによって定まる. ゆえに $\dfrac{PA}{AB}$ は l の向きに無関係である. 同様に $\dfrac{QA}{AB}$ も l の向きに無関係, したがって

$$\frac{PA}{AB}-\frac{QA}{AB}$$

は l の向きに無関係である．ゆえに，(15)♯ により，PQ の符号は AB の符号によって定まる，すなわち線分 PQ の向きは AB の符号によって定まる．P, Q は l 上の任意の二点であったから，したがって，l の向きは AB の符号によって定まることになる．

一直線上にある三点の順序はそのいずれの一点が他の二点の間にあるかによって定まる(222 ページ)．ゆえに定理 115♯ とその系 1♯ から直ちにつぎの定理を得る．

定理 116♯ 直線 a 上の三点 A, B, C と直線 b 上の三点 L, M, N について，A, B, C の順序と L, M, N の順序が同じで

$$\left|\frac{AC}{CB}\right|=\left|\frac{LN}{NM}\right|$$

であることと

$$\frac{AC}{CB}=\frac{LN}{NM}$$

であることは同値である．——

この定理 116♯ により，前節の定理 95(222 ページ)，96(225-226 ページ)，97(228 ページ)はつぎに述べるように簡単になる．

まず定理 95 の終結は，C, A, B の順序と N, L, M の順序が同じで $\left|\frac{CA}{AB}\right|=\left|\frac{NL}{LM}\right|$ である，と書き直して見れば，定理 116♯ により，$\frac{CA}{AB}=\frac{NL}{LM}$ と同値である．ゆえに定理 95 はつぎのようになる．

定理 95♯ 三つの平行線 l, m, n が直線 a と A, B, C で交わり直線 b と L, M, N で交わるならば

(16)$^{\#}$
$$\frac{CA}{AB}=\frac{NL}{LM}$$

である．——

つぎに定理96の終結について同様に考えれば，定理96はつぎのようになることがわかる．

定理96$^{\#}$　点Oで交わる二直線aとbのaの上に二点AとD，bの上に二点BとEがあって

$$DE \parallel AB$$

ならば

(17)$^{\#}$
$$\frac{DO}{OA}=\frac{EO}{OB},\quad \frac{DA}{AO}=\frac{EB}{BO},\quad \frac{AD}{DO}=\frac{BE}{EO}$$

である．ただしA, B, D, EはいずれもOとは異なるものとする．——

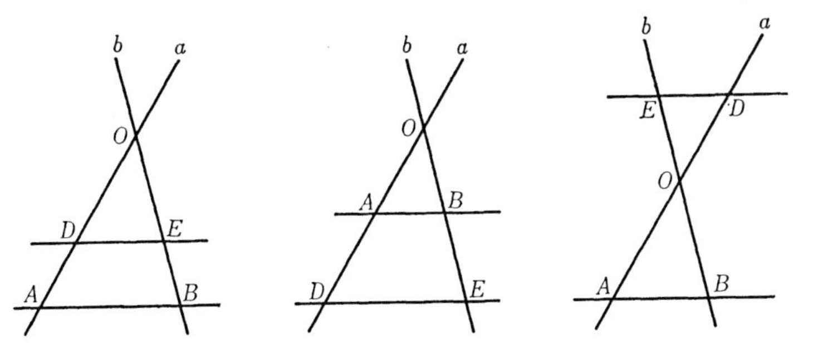

定理96の逆定理97はつぎのようになる．

定理97$^{\#}$　点Oで交わる二つの直線aとbのaの上にOと異なる二点AとD，bの上にOと異なる二点BとEがあるとき，三つの等式

(18)$^{\#}$
$$\frac{DO}{OA}=\frac{EO}{OB},\quad \frac{DA}{AO}=\frac{EB}{BO},\quad \frac{AD}{DO}=\frac{BE}{EO}$$

の少なくとも一つが成り立つならば

$$DE \parallel AB$$

である．

証明 $\dfrac{DO}{OA}=\dfrac{EO}{OB}$ ならば，定理 116♯ により，三点 D, O, A の順序と E, O, B の順序は同じ，すなわち O, A, D の順序と O, B, E の順序は同じで $\left|\dfrac{OD}{OA}\right|=\left|\dfrac{OE}{OB}\right|$ である．ゆえに，定理 97 により，$DE//AB$ である．

同様に $\dfrac{DA}{AO}=\dfrac{EB}{BO}$ ならば $DE//AB$，$\dfrac{AD}{DO}=\dfrac{BE}{EO}$ ならば $DE//AB$ である（証明終）．

本節の定理 108 と 109 も定理 110♯ によりつぎのように簡単になる．

定理 108♯ 一点 O で交わる三つの直線と二つの平行な直線 l および l' との交点を A, B, C および A', B', C' とすれば

(19)♯
$$A'B' : B'C' = AB : BC$$

である．——

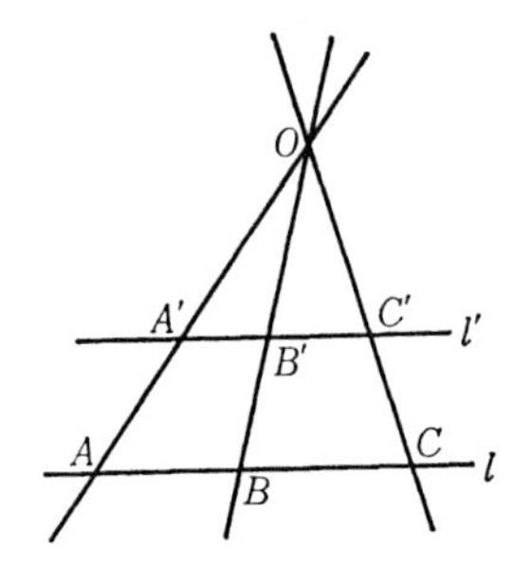

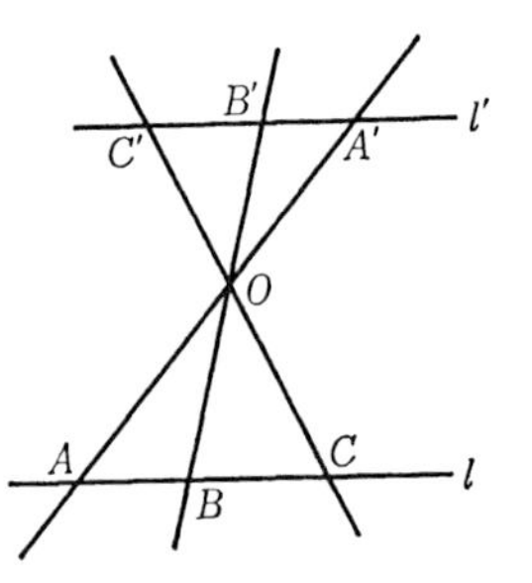

定理 109♯ 平行な二直線 l と l' の l の上に三点 A, B, C，l' の上に三点 A', B', C' があるとき，

$$A'B' : B'C' = AB : BC$$

ならば三つの直線 AA', BB', CC' は互いに平行でない限り一点で交わる．

——

前節で定理 96 と 97 を用いて例題 14 を証明した．

例題 14 三点 A, E, C が直線 l 上に，D, B, F が別な直線 m 上にあるとき，$ED//AB$，$FE//BC$ ならば $AF//CD$ である．——

その証明は定理 97 と 98 の代りに定理 97♯ と 98♯ を用いればつぎのよ

うに簡単になる．

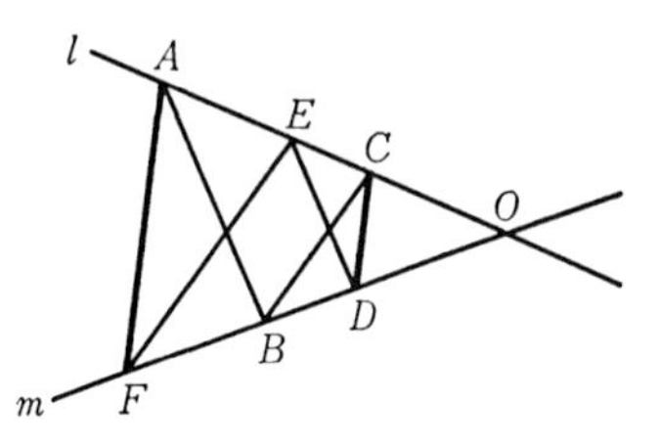

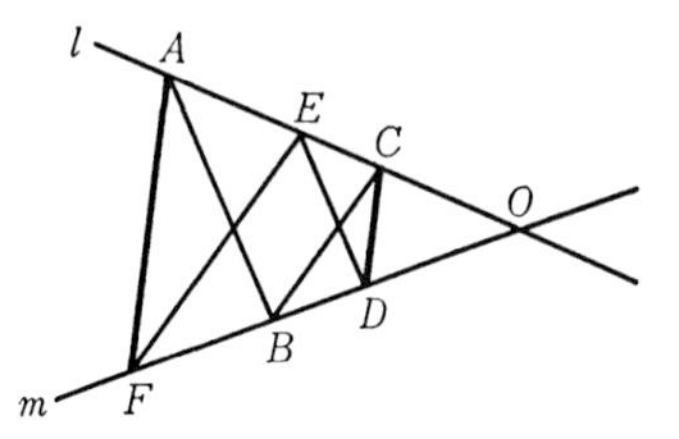

証明　l と m の交点を O とする．仮設により $ED//AB$, $EF//CB$ であるから，定理 96♯ により

$$\frac{EO}{OA}=\frac{DO}{OB},\qquad \frac{CO}{OE}=\frac{BO}{OF}.$$

この二つの等式を辺々掛ければ等式

$$\frac{CO}{OA}=\frac{DO}{OF}$$

を得る．ゆえに定理 97♯ により $AF//CD$ である(証明終)．

メネラウスの定理 113′(257–258 ページ)はつぎのようになる．

定理 113♯　$\triangle ABC$ の頂点 A, B, C のいずれをも通らない直線 l と直線 BC, CA, AB の交点を D, E, F とすれば

$$\frac{BD}{DC}\cdot\frac{CE}{EA}\cdot\frac{AF}{FB}=-1$$

である．

証明　B を通って l に平行な直線が直線 CA と交わる点を G とする．C で交わる二直線 BC と CA の直線 BC の上に B と D, 直線 CA の上に G と E があって $DE//BG$ であるから，定理 96♯ により

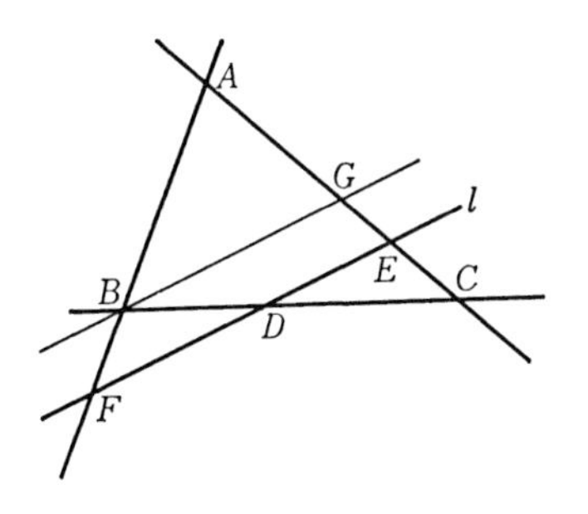

$$\frac{BD}{DC}=\frac{GE}{EC}.$$

A で交わる二直線 AB と CA の直線 AB の上に B と F, 直線 CA の上に G と E があって $FE//BG$ であるから, 同様に

$$\frac{FA}{BF}=\frac{EA}{GE}.$$

ゆえに, $(13)^{\#}$ により $AF=-FA$, $FB=-BF$, $CE=-EC$ であるから,

$$\frac{BD}{DC}\cdot\frac{CE}{EA}\cdot\frac{AF}{FB}=\frac{GE}{EC}\cdot\frac{CE}{EA}\cdot\frac{EA}{GE}=\frac{CE}{EC}=-1$$

となる(証明終).

この定理の逆が成り立つ. すなわち

定理 114# $\triangle ABC$ に対して三つの直線 BC, CA, AB の上にそれぞれ一点 D, E, F をとったとき

$$(20)^{\#}\qquad \frac{BD}{DC}\cdot\frac{CE}{EA}\cdot\frac{AF}{FB}=-1$$

ならば三点 D, E, F は一直線上にある. ただし D, E, F はいずれも A, B, C とは異なるものとする.

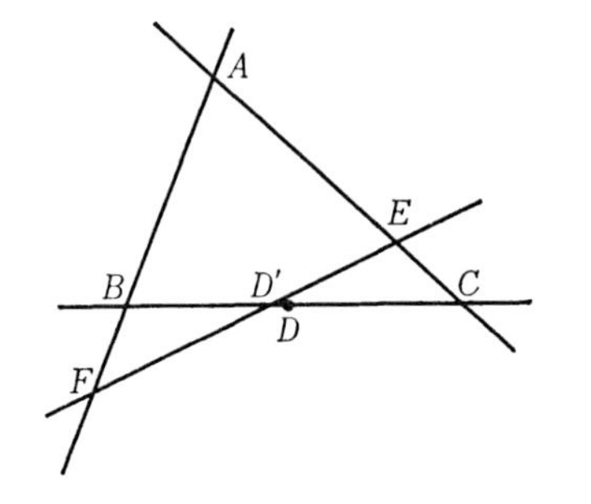

証明 直線 EF は直線 BC と交わる. なぜなら, $EF//BC$ とすれば, 定理 96# により $\dfrac{CE}{EA}=\dfrac{BF}{FA}$ となるから $(20)^{\#}$ は $\dfrac{BD}{DC}=-1$ となり, D が線分 BC を $1:1$ に外分するという矛盾を生じるからである. 三点 D, E, F が一直線上にあることを証明するには直線 EF と直線 BC の交点を D' としたとき D が D' と一致することを証明すればよい.

前定理 113# により

$$\frac{BD'}{D'C}\cdot\frac{CE}{EA}\cdot\frac{AF}{FB}=-1$$

である．この等式を仮設(20)♯ と比べれば $\dfrac{BD}{DC}=\dfrac{BD'}{D'C}$ であることが従う．ゆえに，定理 115♯ の系 2♯(262 ページ)により，D と D' は線分 BC を同じ比に内分するか，または同じ比に外分する．ゆえに D は D' と一致する(証明終)．

この定理で(20)♯ の等式の右辺が -1 であるから左辺の比 $\dfrac{BD}{DC}$, $\dfrac{CE}{EA}$, $\dfrac{AF}{FB}$ は三つとも負であるか，二つが正で他の一つが負である．ゆえに，定理 115♯ の系 2♯ により，D, E, F は三つとも $\triangle ABC$ の辺の延長上にあるか，D, E, F の二つが辺上に，残りの一つが辺の延長上にある．ゆえに定理 114♯ は定理 114′ と同じ定理である．

定理 117♯ $\triangle ABC$ の頂点 A, B, C と一点 P を結ぶ三つの直線がそれぞれ A, B, C の対辺またはその延長と交わる点を D, E, F とすれば等式

$$\frac{BD}{DC}\cdot\frac{CE}{EA}\cdot\frac{AF}{FB}=1$$

が成り立つ．ただし P は $\triangle ABC$ の辺とその延長上にはないものとする．

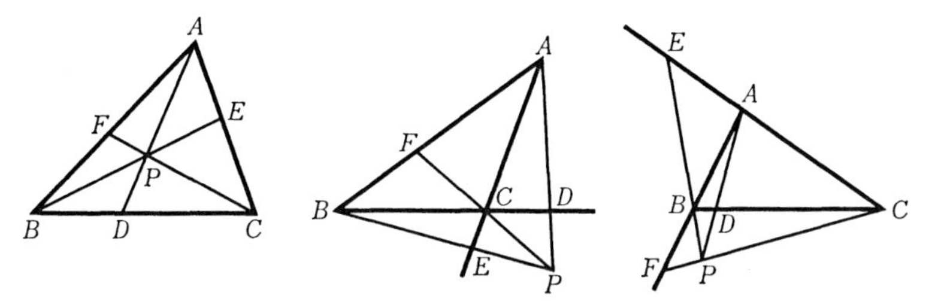

証明 $\triangle ADC$ に対して直線 BE が直線 DC, CA, AD と B, E, P で交わっているから，メネラウスの定理により

$$\frac{DB}{BC}\cdot\frac{CE}{EA}\cdot\frac{AP}{PD}=-1,$$

$\triangle ABD$ と直線 CF について同様に考えれば

$$\frac{BC}{CD}\cdot\frac{DP}{PA}\cdot\frac{AF}{FB}=-1$$

であることがわかる．$AP=-PA$, $PD=-DP$ であるから，この二つの等式を辺々掛ければ等式

$$\frac{DB}{CD}\cdot\frac{CE}{EA}\cdot\frac{AF}{FB}=1$$

を得る．$DB=-BD$, $CD=-DC$ であるから，この等式は証明すべき式

$$\frac{BD}{DC}\cdot\frac{CE}{EA}\cdot\frac{AF}{FB}=1$$

に他ならない(証明終)．

この定理を**チェバ**(Ceva)**の定理**という．三つの直線 AD, BE, CF が互いに平行である場合を除けばチェバの定理の逆が成り立つ．すなわち

定理 118♯ $\triangle ABC$ に対して直線 BC, CA, AB の上にそれぞれ一点 D, E, F をとったとき，等式

$$\frac{BD}{DC}\cdot\frac{CE}{EA}\cdot\frac{AF}{FB}=1 \qquad (21)^\sharp$$

が成り立つならば三つの直線 AD, BE, CF は互いに平行でない限り一点で交わる．ただし D, E, F はいずれも A, B, C とは異なるものとする．

証明 直線 BE と直線 CF の交点を P, A と P を結ぶ直線 AP と直線 BC の交点を D' とすれば，前定理により

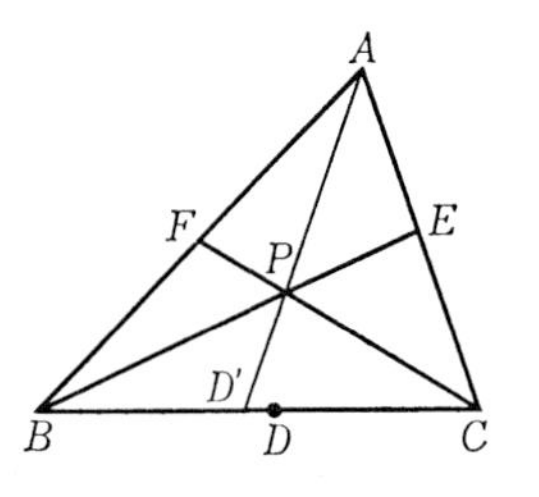

$$\frac{BD'}{D'C}\cdot\frac{CE}{EA}\cdot\frac{AF}{FB}=1$$

となる．この等式を $(21)^\sharp$ と比べれば

$$\frac{BD}{DC}=\frac{BD'}{D'C}$$

を得る．ゆえに D は D' と一致し，したがって直線 AD は P を通る(証明終)．

例題 18 三辺の長さが相異なる三角形 $\triangle ABC$ の頂点 A, B, C における外角の二等分線がそれぞれ直線 BC, CA, AB と交わる点を D, E, F とすれば，三点 D, E, F は一直線上にある．

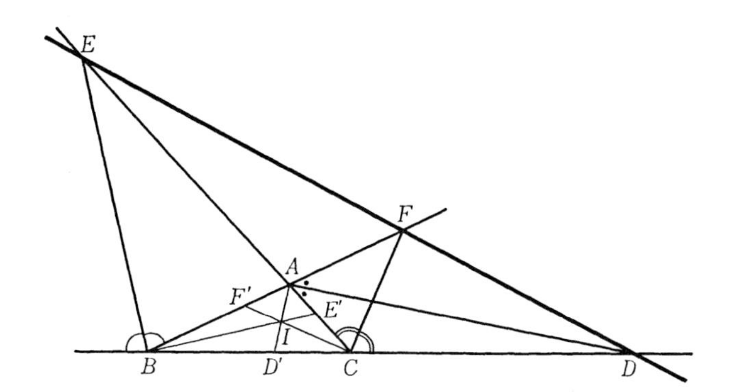

証明 $\triangle ABC$ の三辺の長さを $r=|BC|$, $s=|CA|$, $t=|AB|$ とする．定理 99 (231 ページ) により点 D は線分 BC を $t:s$ の比に外分するが，定理 115[#] の系 2[#] により，$BD:DC<0$ である．ゆえに

$$\frac{BD}{DC}=-\frac{t}{s},$$

同様に

$$\frac{CE}{EA}=-\frac{r}{t},\qquad \frac{AF}{FB}=-\frac{s}{r}.$$

したがって

$$\frac{BD}{DC}\cdot\frac{CE}{EA}\cdot\frac{AF}{FB}=-\frac{t}{s}\cdot\frac{r}{t}\cdot\frac{s}{r}=-1.$$

ゆえにメネラウスの逆定理114♯により三点 D, E, F は一直線上にある(証明終).

今 $\triangle ABC$ の内角 $\angle A, \angle B, \angle C$ の二等分線がそれぞれ辺 BC, CA, AB と交わる点を D', E', F' とすれば，定理99と定理115♯の系2♯により，

$$\frac{BD'}{D'C}=\frac{t}{s},\qquad \frac{CE'}{E'A}=\frac{r}{t},\qquad \frac{AF'}{F'B}=\frac{s}{r},$$

したがって

$$\frac{BD'}{D'C}\cdot\frac{CE'}{E'A}\cdot\frac{AF'}{F'B}=1.$$

ゆえにチェバの逆定理118♯により三つの直線 AD', BE', CF' は一点で交わる．その交点が $\triangle ABC$ の内心 I である．

この例を見れば(20)♯の右辺が -1 で(21)♯の右辺が $+1$ であるわけがよくわかる．

問題17　$\triangle ABC$ の辺 BC, CA, AB の上にそれぞれ二点 D と D^*，E と E^*，F と F^* を

$$BD=D^*C,\qquad CE=E^*A,$$
$$AF=F^*B$$

となるようにとったとき，三つの直線 AD, BE, CF が一点で交われば三つの直線 AD^*, BE^*, CF^* も一点で交わることを証明せよ．——

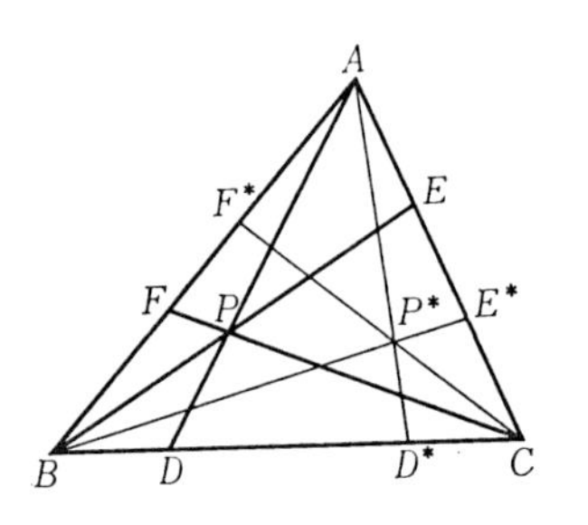

三直線 AD^*, BE^*, CF^* の交点 P^* を三直線 AD, BE, CF の交点 P の**等距離共役点**という．三角形の重心はそれ自身の等距離共役点である．

メネラウスの定理とその逆を用いればデザルグの定理(200-201ページ，定理91)を簡単に証明することができる．つぎにそれを述べる．

デザルグの定理　$\triangle ABC$ と $\triangle DEF$ において対応する頂点を結ぶ三つの直線 AD, BE, CF が一点で交わっているとき，直線 BC と直線 EF

の交点を P, 直線 CA と直線 FD の交点を Q, 直線 AB と直線 DE の交点を R とすれば, 三点 P, Q, R は一直線上にある.

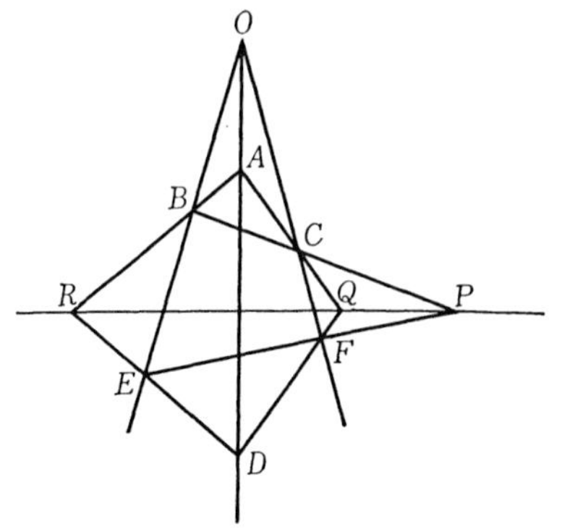

証明　$\triangle ABC$ に対して点 P, Q, R がそれぞれ直線 BC, CA, AB の上にあるから, メネラウスの逆定理114# により, 三点 P, Q, R が一直線上にあることを証明するには等式

$$(22)^{\#}\qquad \frac{BP}{PC}\cdot\frac{CQ}{QA}\cdot\frac{AR}{RB}=-1$$

が成り立つことをいえばよい.

$\triangle OBC$ と直線 EF を見ると, 直線 EF と直線 BC, CO, OB の交点がそれぞれ P, F, E であるから, メネラウスの定理113# により

$$(23)^{\#}\qquad \frac{BP}{PC}\cdot\frac{CF}{FO}\cdot\frac{OE}{EB}=-1,$$

$\triangle OCA$ と直線 FD を見ると, 直線 FD と直線 CA, AO, OC の交点が Q, D, F であるから, 同様に

$$(24)^{\#}\qquad \frac{CQ}{QA}\cdot\frac{AD}{DO}\cdot\frac{OF}{FC}=-1,$$

$\triangle OAB$ と直線 DE を見れば

$$(25)^{\#}\qquad \frac{AR}{RB}\cdot\frac{BE}{EO}\cdot\frac{OD}{DA}=-1$$

であることがわかる. $CF=-FC$, $FO=-OF$, $OE=-EO$, …であるから, 三つの等式(23)#, (24)#, (25)# を辺々掛ければ直ちに(22)# の等式を得る(証明終).

例題17(249ページ)もメネラウスの定理とその逆を用いて簡単に証

明することができる.

問題 18　例題 17 をメネラウスの定理とその逆を用いて証明せよ.

§14　方巾の定理と三平方の定理

定理 119　円 γ と γ の外部あるいは内部にある点 A を定めたとき, A を通る直線 l が γ と二点 P, Q で交わるならば, 線分 AP と線分 AQ の長さの積 $AP \cdot AQ$ は一定である.

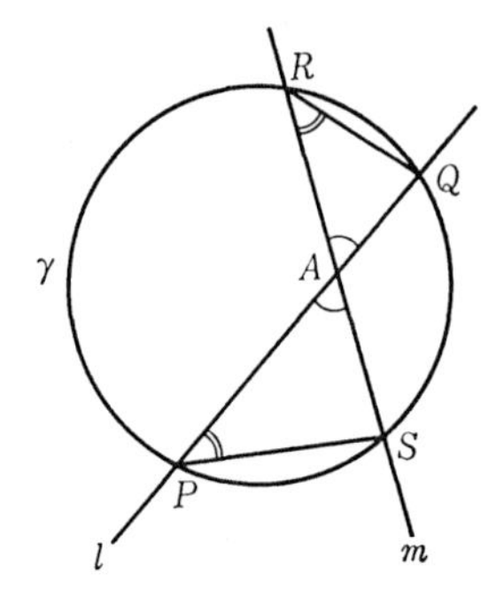

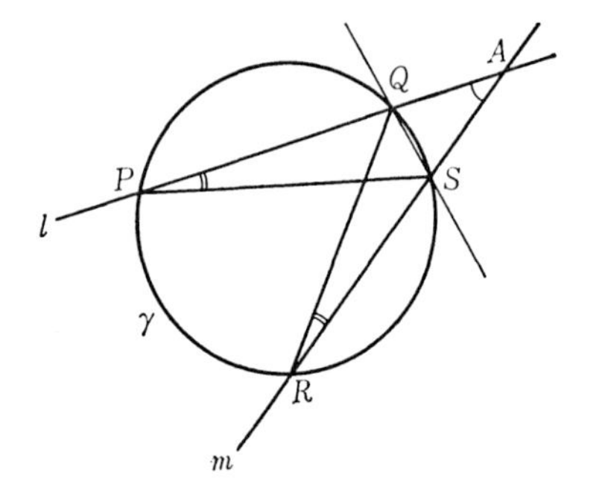

証明　A を通るもう一つの直線 m が γ と二点 R, S で交わるならば

$$AP \cdot AQ = AR \cdot AS \tag{1}$$

であることを証明すればよい. (1) はすなわち

$$AP : AS = AR : AQ$$

であるから, このためには

$$\triangle APS \backsim \triangle ARQ$$

であることをいえばよい.

A が γ の内部にある場合には円周角不変の定理(119-120 ページ, 定理 63 の系 3) により $\angle QPS = \angle QRS$, すなわち

$$\angle APS = \angle ARQ,$$

そして対頂角 $\angle PAS$ と $\angle RAQ$ は等しい. ゆえに $\triangle APS$ と $\triangle ARQ$ は等角である.

A が γ の外部にある場合には l と γ の二つの交点を表わす文字 P と Q を入れ換えても積 $AP\cdot AQ$ は変わらないから，Q が P と A の間にあるとしてよい．同様に S が R と A の間にあるとしてよい．そうすれば直線 QS に関して P と R は同じ側にあるから，円周角不変の定理により $\angle QPS=\angle QRS$，すなわち

$$\angle APS = \angle ARQ,$$

そして $\angle PAS$ と $\angle RAQ$ は同じ角である．ゆえに $\triangle APS$ と $\triangle ARQ$ は等角である．

このように $\triangle APS$ と $\triangle ARQ$ は等角である．ゆえに，定理101(237ページ)により

$$\triangle APS \backsim \triangle ARQ$$

である(証明終)．

等式(1)においては線分の長さ AP, AQ, AR, AS は正であると考えていたが，直線 l と m に向きを定義し，長さ AP, AQ, AR, AS に $\pm$ の符号を付けても(1)はそのまま成り立つ：

(1)#　　$$AP\cdot AQ = AR\cdot AS.$$

なぜなら，(1)により

$$|AP\cdot AQ| = |AR\cdot AS|$$

であって，A が γ の内部にある場合には AP と AQ の符号は反対，AR と AS の符号も反対，したがって $AP\cdot AQ$ と $AR\cdot AS$ は共に負となり，A が γ の外部にある場合には AP と AQ の符号は同じ，AR と AS の符号も同じ，したがって $AP\cdot AQ$ と $AR\cdot AS$ は共に正となるからである．

一定値 $AP\cdot AQ$ を点 A から円 γ への**方巾**(ベキ)といい，上の定理119を**方巾の定理**という．(1)# が示すように，方巾の定理は直線に向きを定義し線分の長さに符号をつけてもそのまま成り立つ．

円 γ の中心を O，半径を r とし，A と O を通る直線が γ と交わる点を R, S とすれば，§13の(14)#(261ページ)により

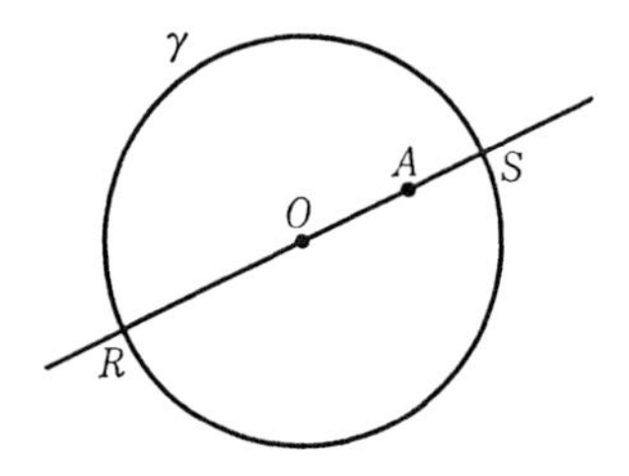

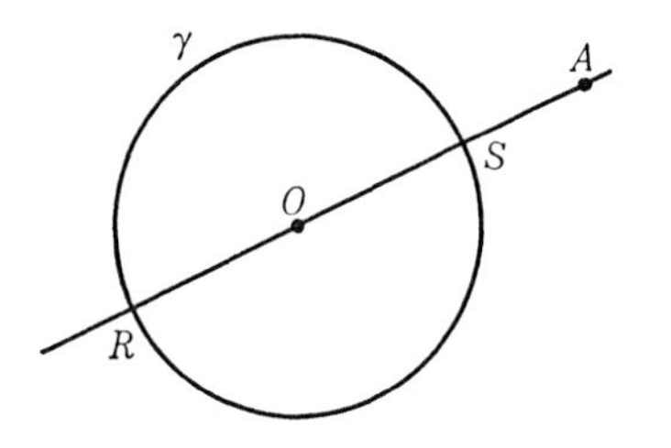

$$AR = AO+OR, \qquad AS = AO+OS,$$

したがって

$$AR\cdot AS = AO^2+AO(OR+OS)+OR\cdot OS$$

となるが，$|OR|=|OS|=r$ で OR と OS の符号は反対である．ゆえに

$$AR\cdot AS = AO^2-r^2,$$

したがって(1)#により

(2)# $$AP\cdot AQ = AO^2-r^2,$$

すなわち点 A から円 γ への方巾は AO^2-r^2 に等しい．この等式(2)#からも A が γ の外部にあれば方巾 $AP\cdot AQ$ は正，内部にあれば $AP\cdot AQ$ は負であることがわかる．

例題 19 二つの円 γ と δ が二つの点 A と B で交わっているとき，A を通る一つの直線が新しく γ, δ と交わる点を P, Q，B を通る一つの直線が新しく γ, δ と交わる点を R, S とすれば，直線 PR と直線 QS は平行である．——

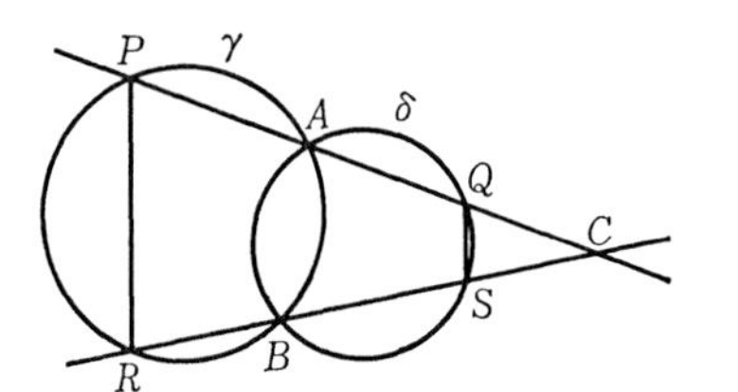

この例題は前に円論によって証明した定理 81 である．ここでは直線 PQ と直線 RS が平行でない場合について比例による証明を述べる．

証明 直線 PQ と直線 RS の交点を C とする．直線 PQ と直線 RS にはそれぞれ向きを定義しておく．そうすれば，(1)#により，二つの等式

$$CP\cdot CA = CR\cdot CB, \qquad CQ\cdot CA = CS\cdot CB$$

が成り立つ．この第一の等式を第二の等式で辺々割れば $\dfrac{CP}{CQ}=\dfrac{CR}{CS}$，すなわち比例式

$$\frac{PC}{CQ}=\frac{RC}{CS}$$

を得る．ゆえに，定理 97[#] により，$PQ/\!/RS$ である(証明終)．

例題 20[#]　$\triangle ABC$ の頂点 A, B, C からその対辺へ下した垂線の足をそれぞれ D, E, F，垂心を H とすれば

$$HA\cdot HD = HB\cdot HE = HC\cdot HF$$

である．

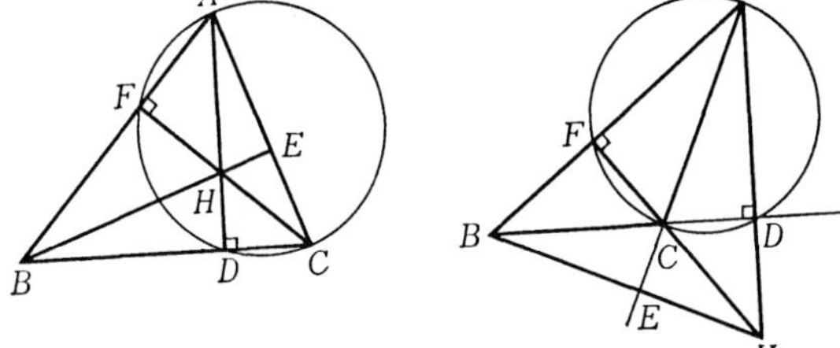

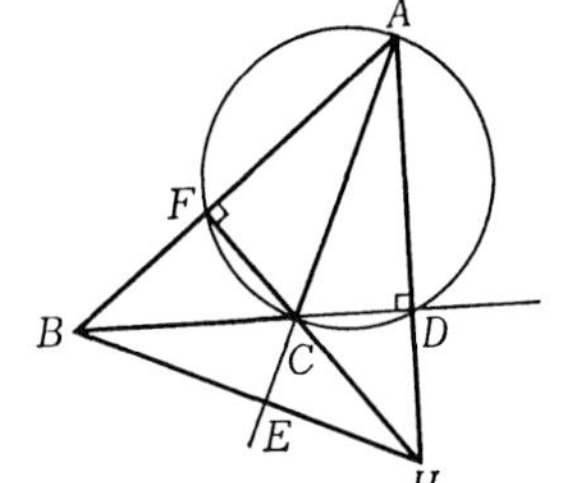

証明　$\angle ADC=\angle AFC=\angle R$ であるから D と F は辺 AC を直径とする円の上にある．ゆえに，方巾の定理により

$$HA\cdot HD = HC\cdot HF,$$

同様に

$$HA\cdot HD = HB\cdot HE$$

である(証明終)．

定理 120　点 A が円 γ の外部にあるとき，A から γ へ一つの接線を引き，その接点を T とすれば A から γ への方巾は AT^2 に等しい．

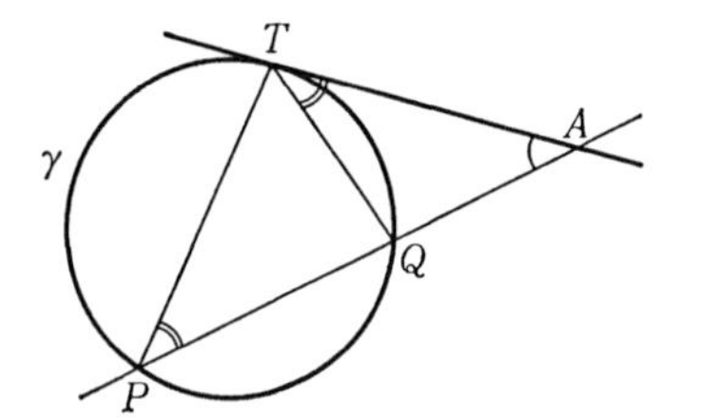

証明　A を通って円 γ と二点で

交わる直線を引き，その交点を P, Q，Q は P と A の間にあるとする．そうすれば直線 TA は $\triangle PQT$ の外接円 γ の接線で直線 TQ に対して A が P の反対側にあるから，定理 69 (127 ページ) により

$$\angle QTA = \angle TPA$$

である．したがって $\triangle QTA$ と $\triangle TPA$ は等角，ゆえに定理 101 (237 ページ) により

$$\triangle QTA \backsim \triangle TPA,$$

したがって，$AT : AQ = AP : AT$，ゆえに

$$AT^2 = AP \cdot AQ \tag{3}$$

である (証明終)．

上の証明では直線 PQ の向きは考えなかったが，A に関して P と Q が同じ側にあるから，直線 PQ に向きを定めても AP と AQ の符号は同じであって，等式 (3) はそのまま成り立つ：

(3)# $\quad AT^2 = AP \cdot AQ.$

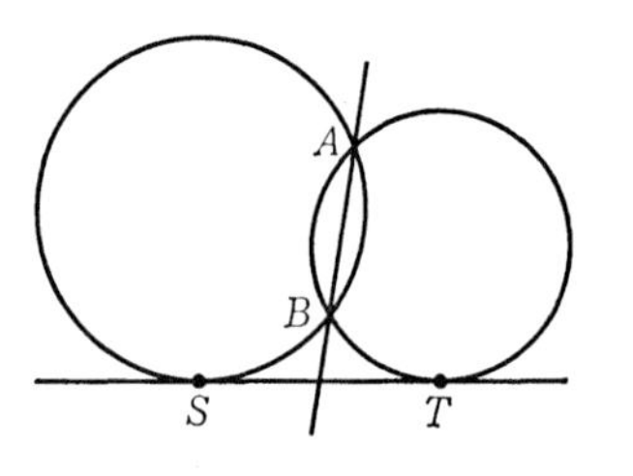

問題 19　二点 A と B で交わる二つの円に共通な接線を引きその接点を S, T とすれば直線 AB は線分 ST を二等分する．このことを証明せよ．

問題 20　三つの円 β, γ, δ があって γ と δ が二点 A と B，δ と β が二点 C と D，β と γ が二点 E と F で交わるならば三つの直線 AB, CD, EF は一点で交わる．このことを証明せよ．

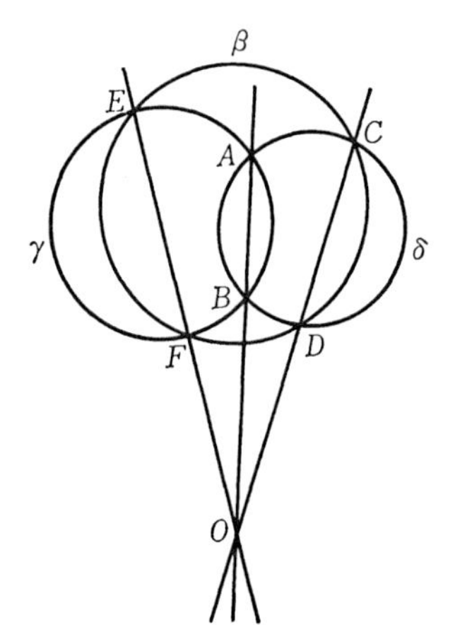

つぎの定理は方巾の定理をいい換えたものである．

定理 119#　点 A を通る二直線 l と

m の l の上に A と異なる二点 P と Q, m の上に A と異なる二点 R と S をとったとき，四点 P, Q, R, S が同一円周上にあれば

(1)#　　$$AP\cdot AQ = AR\cdot AS$$

である．——

方巾の定理をこのように述べればその逆が成り立つ．すなわち

定理 121#　点 A を通る二つの直線 l と m の l の上に点 A と異なる二点 P と Q, m の上に A と異なる二点 R と S があって

(4)#　　$$AP\cdot AQ = AR\cdot AS$$

ならば四点 P, Q, R, S は同一円周上にある．

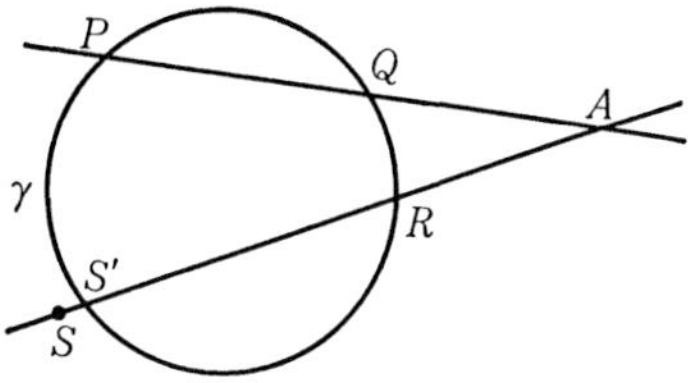

証明　三点 P, Q, R を通る円を γ とする．γ が直線 AR に接していないと仮定して，直線 AR が γ と新しく交わる点を S' とすれば (1)# により

$$AP\cdot AQ = AR\cdot AS',$$

したがって仮設 (4)# により

$$AR\cdot AS = AR\cdot AS',$$

ゆえに

$$AS = AS'$$

となるが，この等式は符号まで入れて AS と AS' が等しいこと，すなわち線分 AS と線分 AS' は向きが同じで $|AS|=|AS'|$ であることを意味する．ゆえに S は S' と一致し，したがって P, Q, R, S は同一円周 γ の上にある．ゆえに定理を証明するには直線 AR が γ の接線ではないことをいえばよい．

直線 AR が γ の接線であったとすれば，(3)# により

$$AR^2 = AP\cdot AQ,$$

したがって (4)# により $AR^2=AR\cdot AS$, ゆえに

$$AR = AS$$

となり，R と S が一致することになって仮設に反する(証明終).

問題 21　二つの円 γ と δ が二点 A と B で交わっているとき，直線 AB 上の一点 O を通る一つの直線が γ と二点 P, Q で交わり，O を通るもう一つの直線が δ と二点 R, S で交わるならば，四点 P, Q, R, S は同一円周上にある．このことを証明せよ．

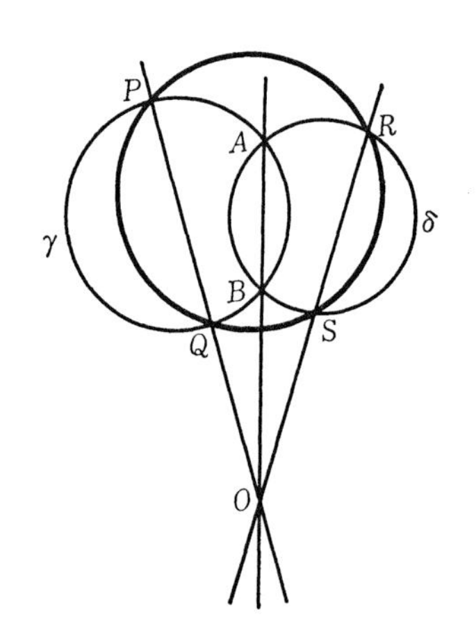

定理 120 (276 ページ) についてもその逆が成り立つ．すなわち

定理 122　点 A を通る二直線 l と m の l の上に二点 P と Q, m の上に A と異なる点 T をとったとき，A に関して P と Q が同じ側にあって

$$AT^2 = AP \cdot AQ \tag{5}$$

ならば，直線 AT は三点 P, Q, T を通る円の接線である．

証明　三点 P, Q, T を通る円を γ とすれば，A に関して P と Q が同じ側にあるから A は γ の外部にある．A から γ へ接線を引きその接点を S とする．そうすれば定理 120 により

$$AS^2 = AP \cdot AQ$$

であるから，仮設(5)により $AT^2 = AS^2$，すなわち $AT = AS$ となる．ゆえに γ の中心を O として $\triangle ATO$ と $\triangle ASO$ を比べれば，辺 AO は共通で $TO = SO$ であるから，三辺合同定理により

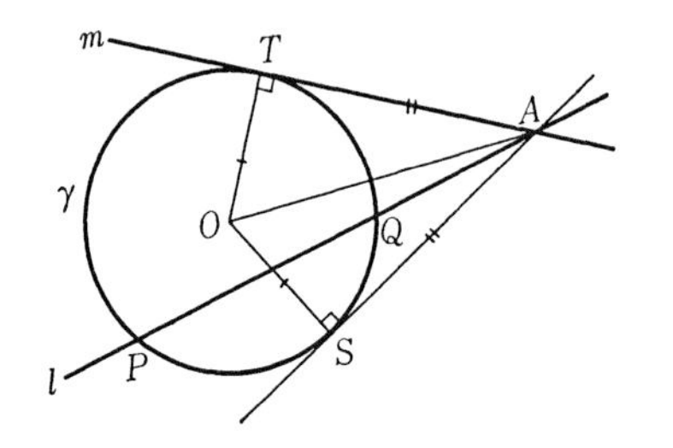

$$\triangle ATO \equiv \triangle ASO,$$

したがって

$$\angle ATO = \angle ASO$$

となる．直線 AS は γ の接線であるから $\angle ASO=\angle R$，したがって $\angle ATO=\angle R$，ゆえに直線 AT は円 γ の接線である(証明終)．

定理 123　$\triangle ABC$ の内心を I，外心を O，内接円の半径を r，外接円の半径を R とすれば等式

$$OI^2 = R^2-2Rr \tag{6}$$

が成り立つ．

証明　I が $\triangle ABC$ の内部にあるから直線 AI は γ の弦 BC と B と C の間の一点で交わる．その交点は γ の内部にあるから，直線 AI が新しく γ と交わる点を M とすれば，弦 MA は弦 BC と交わる．直線 AI は $\angle BAC$ の二等分線であるから M は円周角 $\angle BAC$ に対する弧 $\overset{\frown}{BC}$ の中点であって，直線 MO は弦 BC を垂直に二等分する(206-207 ページ)．

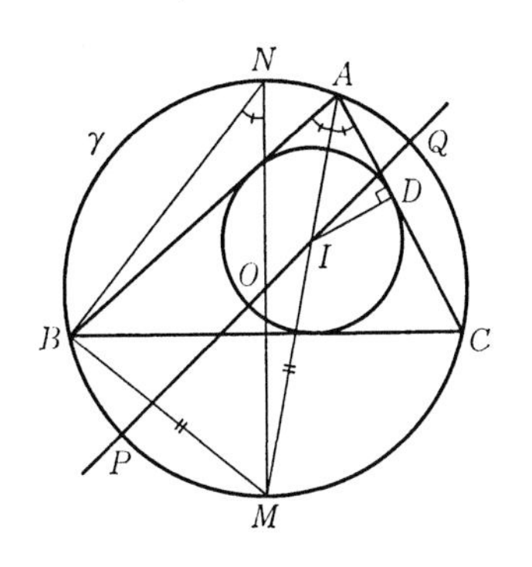

直線 MO が新しく γ と交わる点を N とすれば，したがって，弦 MN は弦 BC と交わる．このように弦 MA も弦 MN も弦 BC と交わるから，直線 BM に関して A と N は同じ側にある．ゆえに円周角不変の定理により

$$\angle BNM = \angle BAM$$

となるが，$\angle BAM$ は $\angle CAM$ に等しい．ゆえに

$$\angle BNM = \angle CAM. \tag{7}$$

I から $\triangle ABC$ の辺 CA へ下した垂線の足を D とする．$\triangle MNB$ の辺 MN が γ の直径で B が γ 上にあるから $\angle MBN$ は $\angle R$ である．したがって，$\triangle MNB$ と $\triangle IAD$ を比べると $\angle B=\angle D$，そして(7)により $\angle N=\angle A$ である．ゆえに $\triangle MNB$ と $\triangle IAD$ は等角，したがって，定理 101

により

$$\triangle MNB \backsim \triangle IAD,$$

したがって

$$MB:MN = ID:IA$$

である．ゆえに，$MN=2R$，$ID=r$，そして例題1(136ページ)により $MB=MI$ であるから

$$MI:2R = r:IA,$$

したがって

$$MI\cdot IA = 2Rr. \tag{8}$$

直線 OI は γ と二点で交わる．その交点を P, Q とすれば，方巾の定理により

$$MI\cdot IA = PI\cdot IQ \tag{9}$$

である．必要ならば文字 P と Q を入れ換えることによって，O が P と I の間に，I が O と Q の間にあるとしてよい．そうすれば

$$PI = R+OI, \qquad QI = R-OI$$

となるから

$$PI\cdot IQ = (R+OI)(R-OI) = R^2-OI^2,$$

ゆえに(8)と(9)により

$$2Rr = R^2-OI^2,$$

すなわち(6)の等式 $OI^2=R^2-2Rr$ が成り立つ(証明終)．

方巾の定理，メネラウスの定理とその逆を用いてパスカルの定理(203ページ)を一般の場合には簡単に証明することができる．つぎにそれを述べる．

定理124(パスカルの定理)　六つの点 A, B, C, D, E, F が同一円周上にあるとき，直線 AB と DE の交点を P，直線 BC と EF の交点を Q，直線 CD と FA の交点を R とすれば，三点 P, Q, R は同一直線上にある．

証明　三つの直線 FA, BC, DE のいずれの二つも平行でない一般の場合について証明を述べる.

直線 FA と BC の交点を L, 直線 DE と FA の交点を M, 直線 BC と DE の交点を N とする. そうすれば $\triangle LMN$ に対して P, Q, R はそれぞれ直線 MN, NL, LM の上にあるから, メネラウスの逆定理 114#(267 ページ)により, 三点 P, Q, R が一直線上にあることを証明するには等式

(10)#
$$\frac{MP}{PN}\cdot\frac{NQ}{QL}\cdot\frac{LR}{RM}=-1$$

が成り立つことをいえばよい.

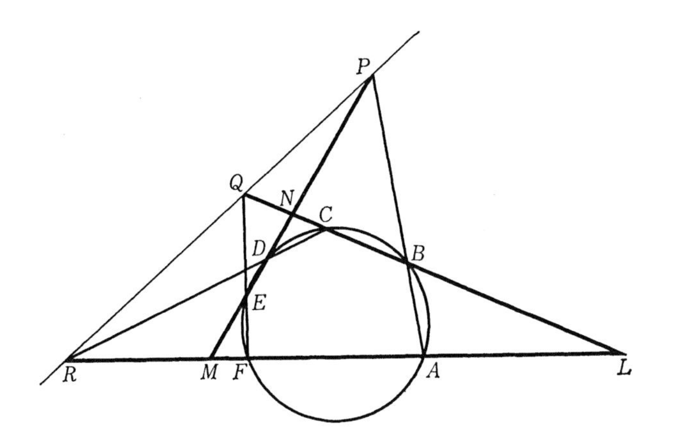

$\triangle LMN$ について見ると, 直線 BA と直線 MN, NL, LM の交点がそれぞれ P, B, A であるから, メネラウスの定理 113#(266 ページ)により

$$\frac{MP}{PN}\cdot\frac{NB}{BL}\cdot\frac{LA}{AM}=-1,$$

直線 FE と直線 MN, NL, LM の交点がそれぞれ E, Q, F であるから, 同様に

$$\frac{ME}{EN}\cdot\frac{NQ}{QL}\cdot\frac{LF}{FM}=-1,$$

直線 DC と直線 MN, NL, LM の交点がそれぞれ D, C, R であるから，

$$\frac{MD}{DN}\cdot\frac{NC}{CL}\cdot\frac{LR}{RM}=-1$$

である．この三つの等式を辺々掛ければ

$$\frac{MP}{PN}\cdot\frac{NQ}{QL}\cdot\frac{LR}{RM}\cdot\frac{MD\cdot ME}{AM\cdot FM}\cdot\frac{NB\cdot NC}{DN\cdot EN}\cdot\frac{LA\cdot LF}{BL\cdot CL}=-1$$

となるが，$AM=-MA$, $FM=-MF$ であるから，方巾の定理により

$$\frac{MD\cdot ME}{AM\cdot FM}=\frac{MD\cdot ME}{MA\cdot MF}=1,$$

同様に

$$\frac{NB\cdot NC}{DN\cdot EN}=1, \qquad \frac{LA\cdot LF}{BL\cdot CL}=1$$

である．ゆえに(10)$^\sharp$の等式

$$\frac{MP}{PN}\cdot\frac{NQ}{QL}\cdot\frac{LR}{RM}=-1$$

が成り立つ(証明終)．

つぎの例題はパスカルの定理の円を二つの直線 l と m で置き換えたものと考えられる．

例題 21 三点 A, C, E が直線 m 上に，三点 B, D, F が直線 l 上にあるとき，直線 AB と DE の交点を P，直線 BC と EF の交点を Q，直線 CD と FA の交点を R とすれば，三点 P, Q, R は同一直線上にある．

証明 直線 FA と BC，DE と FA，BC と DE の交点をそれぞれ L, M, N とすれば，上のパスカルの定理の証明におけると同様に，メネラウスの定理により

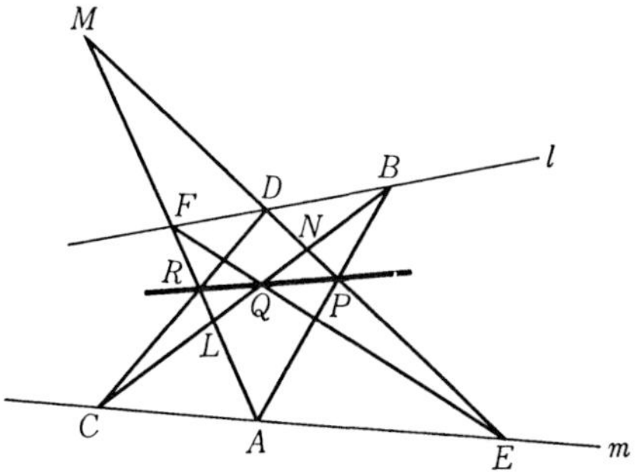

$$\frac{MP}{PN}\cdot\frac{NB}{BL}\cdot\frac{LA}{AM}=-1,\qquad \frac{ME}{EN}\cdot\frac{NQ}{QL}\cdot\frac{LF}{FM}=-1,\qquad \frac{MD}{DN}\cdot\frac{NC}{CL}\cdot\frac{LR}{RM}=-1$$

である．この三つの等式を辺々掛ければ

$$\frac{MP}{PN}\cdot\frac{NQ}{QL}\cdot\frac{LR}{RM}\cdot\frac{MD}{DN}\cdot\frac{NB}{BL}\cdot\frac{LF}{FM}\cdot\frac{ME}{EN}\cdot\frac{NC}{CL}\cdot\frac{LA}{AM}=-1$$

となるが，$\triangle LMN$ と直線 l および m にメネラウスの定理を適用して等式

$$\frac{MD}{DN}\cdot\frac{NB}{BL}\cdot\frac{LF}{FM}=-1$$

および

$$\frac{ME}{EN}\cdot\frac{NC}{CL}\cdot\frac{LA}{AM}=-1$$

を得る．ゆえに

$$\frac{MP}{PN}\cdot\frac{NQ}{QL}\cdot\frac{LR}{RM}=-1,$$

したがって，メネラウスの逆定理により，三点 P, Q, R は一直線上にある(証明終)．

定理 124　直角三角形の斜辺の平方は他の二辺の平方の和に等しい．すなわち $\triangle ABC$ において $\angle C=\angle R$ ならば

(11)　$AB^2 = AC^2 + BC^2$

である.

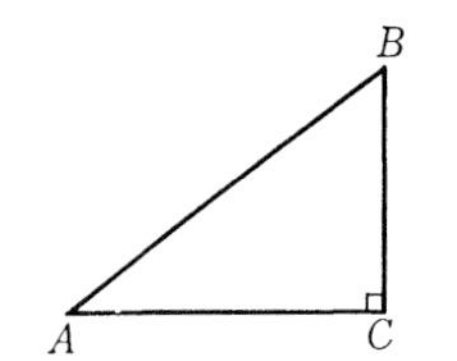

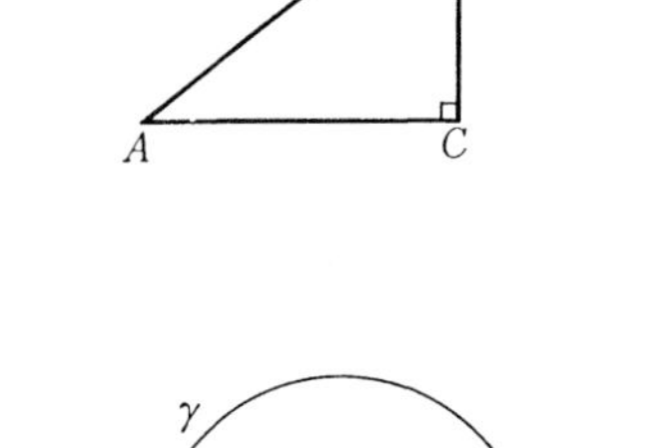

証明　B を中心とし C を通る円 γ を描く. $\angle BCA = \angle R$ であるから, 直線 AC は C における γ の接線である. ゆえに A は γ の外部にある. 直線 AB と γ の交点を R, S とすれば, 定理120により

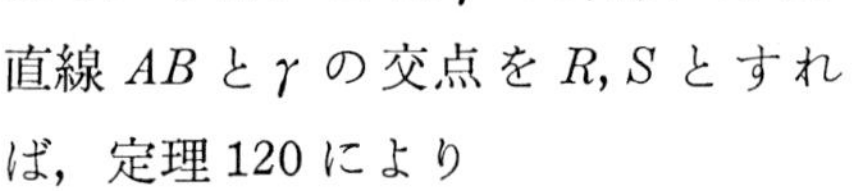

$$AC^2 = AR \cdot AS$$

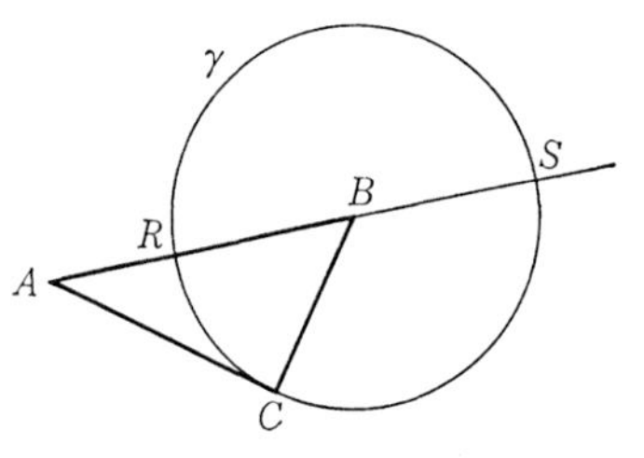

である. A が γ の外部にあるから, R と S の一方, たとえば R が A と B の間にあり, B が A と S の間にある. したがって

$$AR = AB - BR = AB - BC,$$
$$AS = AB + BS = AB + BC.$$

ゆえに

$$AC^2 = AR \cdot AS = (AB - BC)(AB + BC) = AB^2 - BC^2,$$

すなわち

$$AB^2 = AC^2 + BC^2$$

である(証明終).

この定理124を**三平方の定理**あるいは**ピタゴラス**(Pythagoras)**の定理**という. 三平方の定理には多数の証明がある. 幾何学大辞典Iの附録に載っている証明だけでも20通りある. 上に述べた証明はその20番目の証明である. つぎの別証はその16番目でインドのBhâskaraの証明といわれている[1].

1)　岩田至康編: 幾何学大辞典Ⅰ, 附録Ⅰ, Pythagorasの定理について.

別証 $\angle C$が直角な三角形$\triangle ABC$のCから斜辺ABへ下した垂線の足をDとする．$\triangle ACD$と$\triangle ABC$を比べると$\angle A$は共通，$\angle D=\angle R$と$\angle C=\angle R$は等しい．すなわち$\triangle ACD$と$\triangle ABC$は等角である．ゆえに，

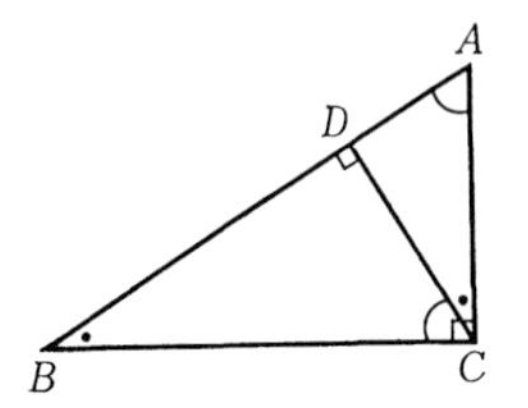

定理101により

$$\triangle ACD \backsim \triangle ABC,$$

したがって$AC:AD=AB:AC$，ゆえに

$$AC^2=AB\cdot AD.$$

同様に

$$\triangle CBD \backsim \triangle ABC,$$

したがって

$$BC^2=AB\cdot BD.$$

この二つの等式を辺々加えれば

$$AC^2+BC^2=AB(AD+BD)=AB\cdot AB=AB^2$$

となる．すなわち等式$AB^2=AC^2+BC^2$が成り立つ(証明終)．

$\triangle ABC$の$\angle C$が直角でない場合にはつぎの定理が成り立つ．

定理 125 $\triangle ABC$において$\angle C<\angle R$ならば

$$AB^2<AC^2+BC^2,$$

$\angle C>\angle R$ならば

$$AB^2>AC^2+BC^2$$

である．

証明 $AB\leqq BC$である場合には，定理25′(52ページ)により$\angle C\leqq\angle A$，したがって$\angle C<\angle R$で

$$AB^2\leqq BC^2<AC^2+BC^2$$

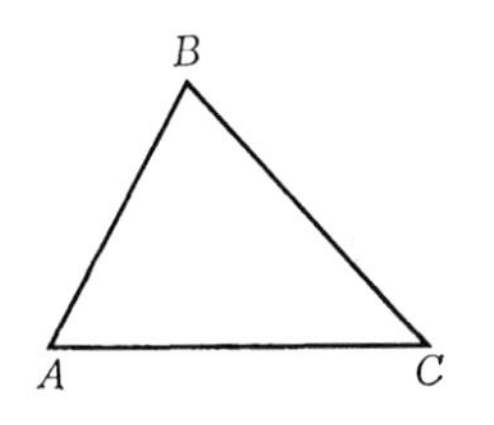

であるから，定理が成り立つことは明らかである．

$AB>BC$ である場合について定理を証明する．B を中心として C を通る円 γ を描く．$AB>BC$ であるから A は γ の外部にある．直線 AC が γ の接線であったとすれば $\angle C=\angle R$ となって仮定に反する．ゆえに直線 AC は γ と二点で交わる．その交点の一つはもちろん C である．もう一つの交点を D と名付ける．そうすれば，A が γ の外部にあるから，D が A と C の間にあるか，C が A と D の間にあるかのいずれかである．

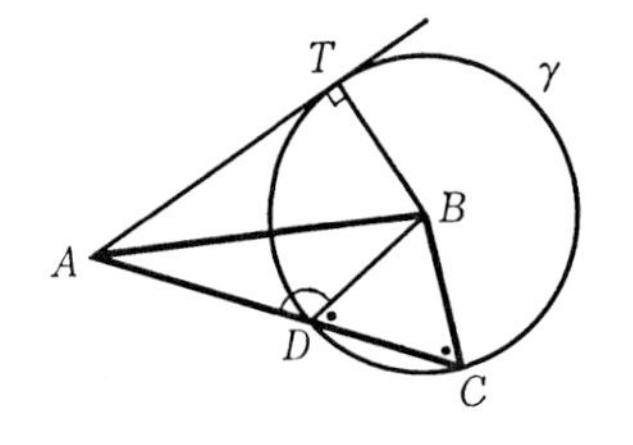

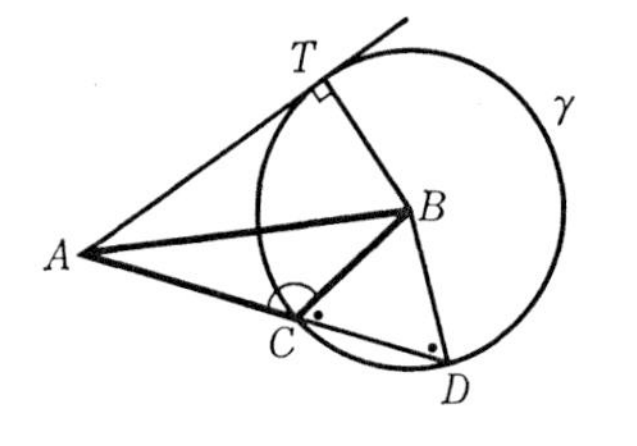

A から γ へ接線を引いてその接点を T とすれば，$\triangle ABT$ は直角三角形であるから，三平方の定理により

$$AB^2 = AT^2+BT^2$$

である．$BT=BC$ で定理 120 (276 ページ) により $AT^2=AC\cdot AD$ であるから，したがって

$$AB^2 = AC\cdot AD+BC^2,$$

ゆえに D が A と C の間にあれば $AD<AC$ であるから

$$AB^2 < AC^2+BC^2,$$

C が A と D の間にあれば

$$AB^2 > AC^2+BC^2$$

となる．したがって定理を証明するには $\angle C<\angle R$ ならば D が A と C の間にあり，$\angle C>\angle R$ ならば C が A と D の間にあることをいえばよい．

$\triangle BCD$ が二等辺三角形であるから $\angle BCD=\angle BDC<\angle R$ である．C が A と D の間にあれば $\angle C$ は $\angle BCD$ の補角であるから $\angle C>\angle R$ となる．ゆえに $\angle C<\angle R$ ならば D は A と C の間にある．同様に，D が A と C の間にあれば $\angle C$ は $\angle BCD$ と同じ角であるから $\angle C<\angle R$ となる．ゆえに $\angle C>\angle R$ ならば C が A と D の間にある(証明終)．

仮設に $\angle C=\angle R$ である場合も含めればこの定理125はつぎのようになる．

定理 126　$\triangle ABC$ において

$$\begin{cases} \angle C < \angle R \quad ならば \quad AB^2 < AC^2+BC^2, \\ \angle C = \angle R \quad ならば \quad AB^2 = AC^2+BC^2, \\ \angle C > \angle R \quad ならば \quad AB^2 > AC^2+BC^2 \end{cases}$$

である．——

この定理から転換法(51-52 ページ)により直ちにつぎの系を得る．

系　$\triangle ABC$ において

$$\begin{cases} AB^2 < AC^2+BC^2 \quad ならば \quad \angle C < \angle R, \\ AB^2 = AC^2+BC^2 \quad ならば \quad \angle C = \angle R, \\ AB^2 > AC^2+BC^2 \quad ならば \quad \angle C > \angle R \end{cases}$$

である．——

この系は三つの命題からなっているが，その二番目は三平方の定理の逆である．三平方の定理の逆が成り立つことだけならばつぎのように証明すればよい．**証明**[1]　$\triangle ABC$ において

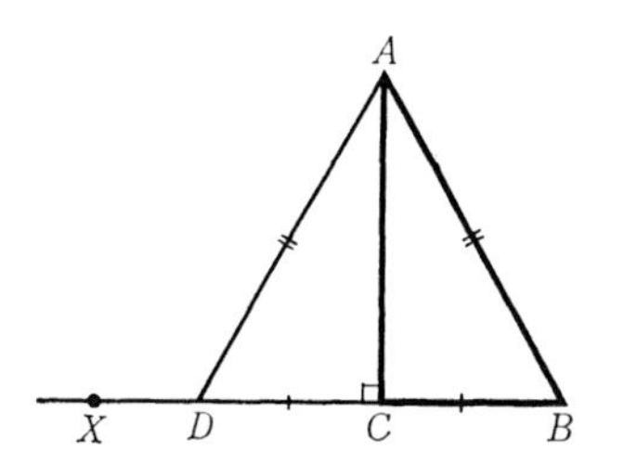

$$AB^2 = AC^2+BC^2$$

1)　寺阪他訳：ユークリッド原論，34 ページ．

と仮定する．点 X を直線 AC に関して B の反対側にあって $\angle XCA$ が直角となるように定め，半直線 CX 上の点 D を $DC=BC$ となるようにとる．そうすれば $\triangle ADC$ は直角三角形となるから，三平方の定理により

$$AD^2 = AC^2+DC^2$$

であるが，$DC=BC$ であるから，この等式を仮定と比べれば $AD^2=AB^2$，すなわち $AD=AB$ であることがわかる．したがって，$\triangle ABC$ と $\triangle ADC$ において辺 AC は共通，$AB=AD$，$BC=DC$ であるから，三辺合同定理により

$$\triangle ABC \equiv \triangle ADC,$$

ゆえに

$$\angle C = \angle ACD = \angle R$$

である(証明終)．

この証明において三点 B, C, D は結局一直線上にあることになるが，このことは証明には用いなかった．

定理 127　$\triangle ABC$ の辺 BC の中点を M とすれば

$$AB^2+AC^2 = 2AM^2+2BM^2 \quad (12)$$

である．

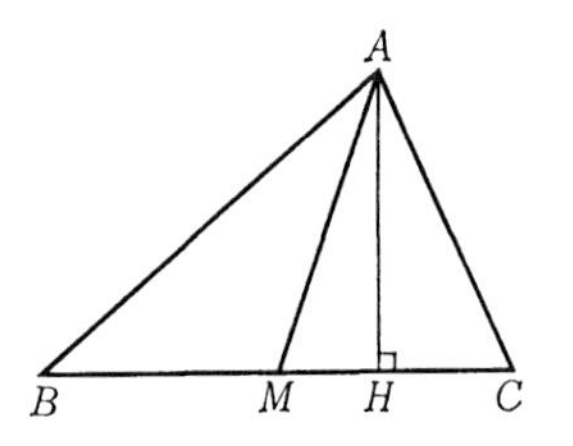

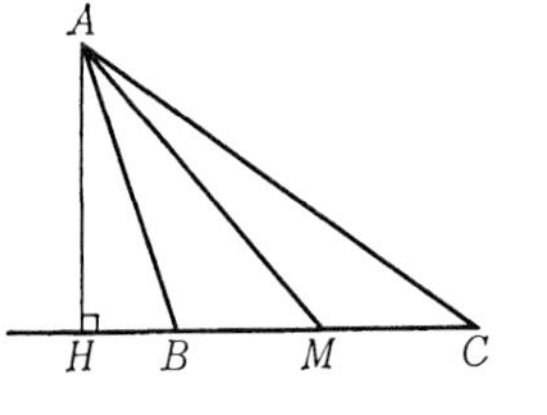

証明　頂点 A から直線 BC へ下した垂線の足を H とすれば $\triangle ABH$，$\triangle ACH$，$\triangle AMH$ は三つとも直角三角形となる．ゆえに，三平方の定理により

$$AB^2 = BH^2 + AH^2,$$
$$AC^2 = CH^2 + AH^2,$$
$$AM^2 = MH^2 + AH^2,$$

したがって

$$AB^2 + AC^2 - 2AM^2 = BH^2 + CH^2 - 2MH^2. \tag{13}$$

この等式から(12)の等式を導くために，直線 BC に向きを定義して線分の長さ BM, MH, MC, などに $\pm$ の符号をつける．そうすれば§13の(14)[♯](261ページ)を用いて

$$BH^2 = (BM+MH)^2 = BM^2 + 2BM \cdot MH + MH^2,$$
$$CH^2 = (CM+MH)^2 = CM^2 + 2CM \cdot MH + MH^2$$

を得るが，$CM = -BM$ である．したがって

$$BH^2 + CH^2 = 2BM^2 + 2MH^2,$$

ゆえに(13)により

$$AB^2 + AC^2 - 2AM^2 = 2BM^2,$$

すなわち(12)の等式が成り立つ(証明終).

例題 22 点 O を中心とする半径 r の円 γ の上に二点 B と C を $\angle BOC = \angle R$ となるようにとり，半径 OB の中点を M とする．そして半直線 MB 上の点 D を $DM = CM$ となるように定め，D を中心とする半径 r の円と円 γ の交点の一つを A とすれば

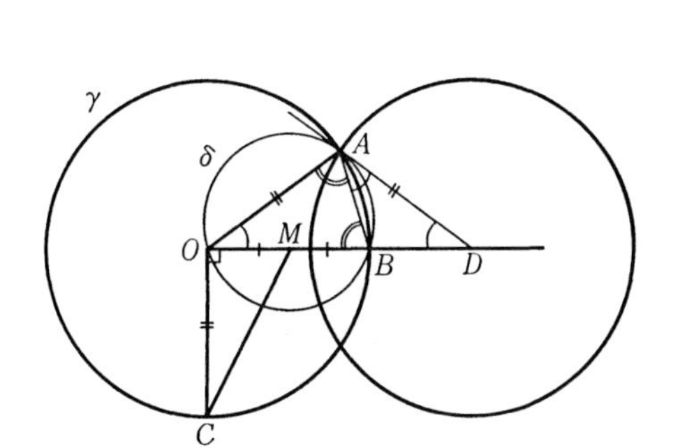

$$\angle AOB = \frac{2}{5}\angle R$$

である[1].

証明 $CM < CO + MO = \frac{3}{2}r$ であるから

$$DO = DM + MO = CM + MO < 2r,$$

ゆえに D を中心とする半径 r の円は円 γ と二点で交わる(103ページ, 定理56). その交点の一つが A である.

三点 A, O, B を通る円を δ としたとき, 直線 DA が δ の接線であることを証明する. $DM = CM$, $MB = MO$ であるから

$$DB \cdot DO = (DM - MB)(DM + MO)$$
$$= (CM - MO)(CM + MO) = CM^2 - MO^2$$

となるが, 三平方の定理により $CM^2 = CO^2 + MO^2$ である. したがって

$$DB \cdot DO = CO^2 = r^2 = DA^2,$$

そして直線 OB 上で D に関して O と B は同じ側にある. ゆえに, 定理122(279ページ)により, 直線 DA は円 δ の接線である.

直線 AD が $\triangle OBA$ の外接円 δ の接線で直線 BA に関して D が O の反対側にあるから, 定理69(127ページ)により

$$\angle BAD = \angle AOB,$$

一方 $\triangle ADO$ が二等辺三角形であるから

$$\angle ADO = \angle AOB$$

である. $\triangle OBA$ が二等辺三角形で $\angle OBA$ が $\triangle BAD$ の外角であるから, したがって

$$\angle OAB = \angle OBA = \angle BAD + \angle ADB = 2\angle AOB$$

となる. ゆえに

$$2\angle R = \angle AOB + \angle OAB + \angle OBA = 5\angle AOB,$$

---

1) 秋山武太郎: わかる幾何学, 246ページ, 例題7.

すなわち $\angle AOB=\dfrac{2}{5}\angle R$ である(証明終).

角の単位　今まで角の単位に触れなかったが，よく知られているように，実用的な角の単位として普通度°，分′，秒″を用いる．$\angle R$ が $90°$，$1°$ が $60'$，$1'$ が $60''$ である．

線分については任意の自然数 n，$n\geqq 2$，に対して任意の線分の n 等分点が存在する(93ページ，定理53)．このことから，長さ1の線分が存在することを公理として認めれば，任意の正の有理数 r に対して長さ r の線分の存在が従う(94ページ，定理54)．

角については事情はもっと複雑である．定理33の系1(58ページ)により任意の角 $\angle AOB$ の二等分線が存在する．劣角 $\angle AOB$ の二等分線は同時に優角 $\angle AOB$ の二等分線であるから，このことは優角についても成り立つ．したがって $\theta°$ の角が存在すれば $\dfrac{1}{2}\theta°$ の角が存在する．たとえば $90°$ の直角が存在するから $45°$ の角が存在する．正三角形が存在して(104ページ)その内角が $\dfrac{2}{3}\angle R$ に等しいから，$60°$ の角が存在し，したがって $30°$ の角，$15°$ の角が存在する．また上記の例題22により $\dfrac{2}{5}\angle R=36°$ の角が存在するから $18°$ の角，$9°$ の角が存在する．

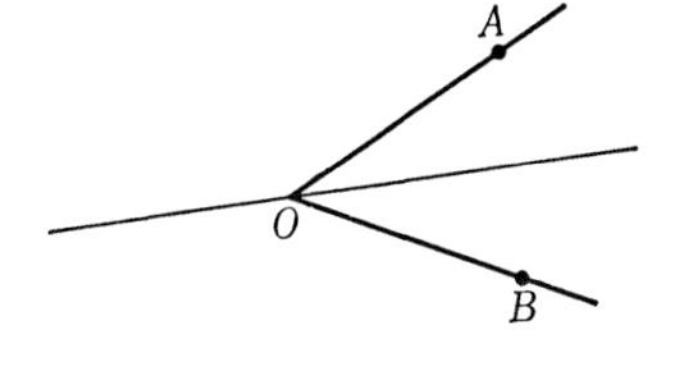

しかし今までに掲げた公理から任意の角の三等分線の存在を導くことはできない[1]．たとえば $60°$ の角は存在するが $20°$ の角の存在を導くことはできないのである．

$\theta°$ の角と $\varphi°$ の角，$\theta°>\varphi°$，が存在すれば $\theta°-\varphi°$ の角が存在する．また $\theta°$ の角と $\varphi°$ の角が存在して $\theta°+\varphi°<360°$ ならば $\theta°+\varphi°$ の角が存在する．したがって $\theta°$ の角が存在すれば，自然数 n に対して，$n\theta°<360°$ である限り $n\theta°$ の角が存在する．

上述のように $15°$ の角，$9°$ の角が存在するから $6°=15°-9°$ の角が存在する．

---

1)　今までに掲げた公理から任意の角の三等分線の存在を導くことは定規とコンパスで任意の角の三等分線を作図することに他ならないが，定規とコンパスで任意の角の三等分線を作図することは不可能であることが知られている．

したがってその半分の $3°$ の角が存在する．しかし $1°$ の角の存在を証明することはできない．なぜなら $1°$ の角が存在すれば $20°$ の角も存在することになるからである．このように，今までに掲げた公理からは $1°$ の角の存在を導くことはできない！　角の単位に触れなかったのはこのためである．

第 4 章
面　　積

§15　三角形と四辺形の面積

$\triangle ABC$ の面積について考える場合にはその一つの辺，たとえば辺 BC を**底辺**といい，頂点 A と直線 BC の距離をその**高さ**という．頂点 A から底辺 BC へ下した垂線の足を H とすれば，$\triangle ABC$ の高さはすなわち線分 AH の長さ AH である．

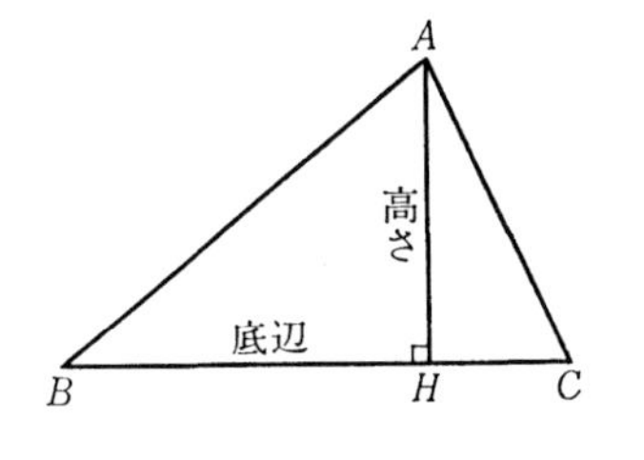

昔の中学校で学んだ平面幾何では三角形，四辺形，などの面積の意味はよくわかっているものとし，合同な二つの三角形の面積が等しいことを用いて，長方形 $ABCD$ の面積が $AB\cdot BC$ に等しいことから三角形の面積はその底辺と高さの積の $\frac{1}{2}$ に等しいことを導いた．しかしこの方法で面積を厳密に扱うには新しく公理を導入しなければならない．本章ではこれを避けるためにヒルベルト[1)]にしたがって三角形の面積をその底辺と高さの積の $\frac{1}{2}$ と定義して，それに基づいて面積を扱うことにする．

定理 128　$\triangle ABC$ の頂点 A, B, C からその対辺 BC, CA, AB へ下した垂線の足をそれぞれ H, K, L とすれば

$$BC\cdot AH = CA\cdot BK = AB\cdot CL$$

1)　D. Hilbert: Grundlagen der Geometrie, I Bd., 1899(林鶴一・小野藤太訳：幾何学原理，大倉書店，大正 2 年，54 ページ).

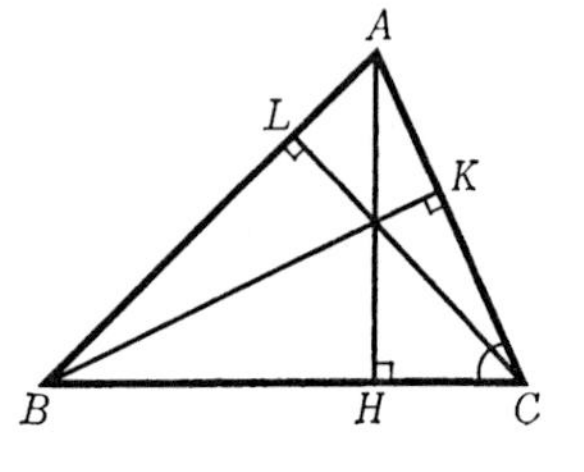

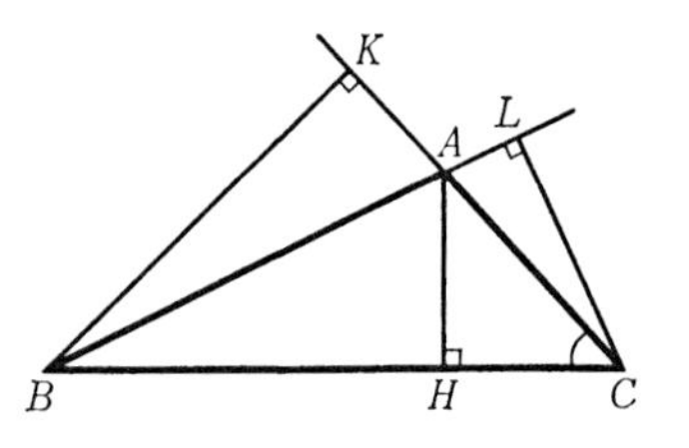

である.

証明　$\triangle ABC$ が直角三角形である場合には $\angle A$ が直角, 鈍角三角形である場合には $\angle A$ が鈍角であるとする. そうすれば $\angle ACB$ は鋭角であるから, B から直線 CA へ下した垂線の足 K は半直線 CA 上にある(63ページ, 定理38の系). 同様に H は半直線 CB 上にある. $\triangle BCK$ と $\triangle ACH$ を比べると, したがって, $\angle BCK$ と $\angle ACH$ は同じ角であって, $\angle K = \angle H = \angle R$ であるから, $\triangle BCK$ と $\triangle ACH$ は等角である. ゆえに

$$\triangle BCK \backsim \triangle ACH,$$

したがって

$$BC : BK = AC : AH,$$

ゆえに

$$BC \cdot AH = AC \cdot BK.$$

同様に, $\triangle CBL \backsim \triangle ABH$, したがって

$$BC \cdot AH = AB \cdot CL$$

である(証明終).

この定理によれば $\triangle ABC$ のどの辺を底辺と考えても底辺と高さの積は同じである. そこで

定義 12　三角形の面積をその底辺と高さの積の$\frac{1}{2}$と定義する. $\triangle ABC$ の面積を同じ記号 $\triangle ABC$ で表わす. すなわち

$$\triangle ABC = \frac{1}{2} BC \cdot AH = \frac{1}{2} CA \cdot BK = \frac{1}{2} AB \cdot CL.$$

この定義において‘底辺と高さの積’はもちろん‘底辺の長さと高さの積’を意味する．$\triangle ABC$ の面積を同じ記号 $\triangle ABC$ で表わすのは線分 AB の長さを AB で表わしたのと同様である．等式 $\triangle ABC=\triangle DEF$ は $\triangle ABC$ と $\triangle DEF$ の面積が等しいことを意味する．面積が等しいことを**等積**という．

定理 129　合同な三角形は等積である．すなわち $\triangle ABC\equiv\triangle DEF$ ならば $\triangle ABC=\triangle DEF$ である．

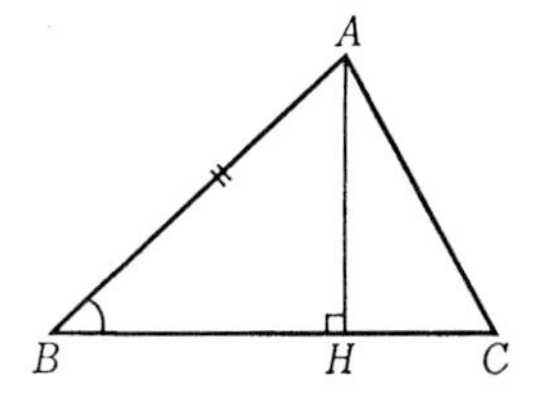

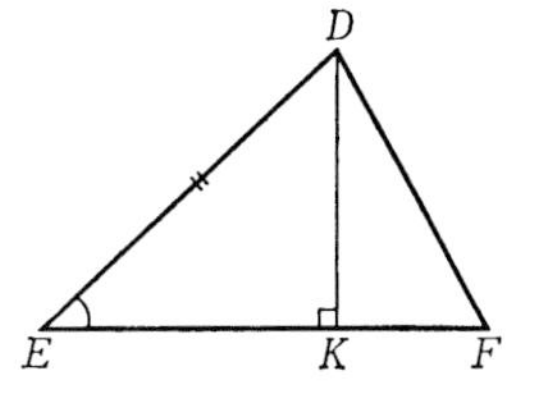

証明　$\triangle ABC$ の少なくとも二つの内角は鋭角であるから $\angle B$ は鋭角であるとしてよい．$\triangle ABC$ の頂点 A から底辺 BC へ下した垂線の足を H, $\triangle DEF$ の頂点 D から底辺 EF へ下した垂線の足を K とする．仮設により $\angle E=\angle B$ が鋭角であるから H は半直線 BC 上に，K は半直線 EF 上にある．ゆえに $\triangle ABH$ と $\triangle DEK$ を比べると $\angle ABH=\angle DEK$, $\angle H=\angle K=\angle R$, そして仮設により $AB=DE$ である．したがって，二角一対辺の合同定理(39 ページ，定理 23)により，$\triangle ABH\equiv\triangle DEK$, ゆえに，$AH=DK$, したがって，仮設により $BC=EF$ であるから

$$\triangle ABC=\frac{1}{2}BC\cdot AH=\frac{1}{2}EF\cdot DK=\triangle DEF$$

である(証明終).

つぎに四辺形の面積を定義する．四辺形 $ABCD$ を ⏢$ABCD$ で表わす[1]．⏢$ABCD$ が凸ならば ⏢$ABCD$ は対角線 BD により二つの三角形 $\triangle ABD$

1)　秋山武太郎：わかる幾何学，202 ページ．

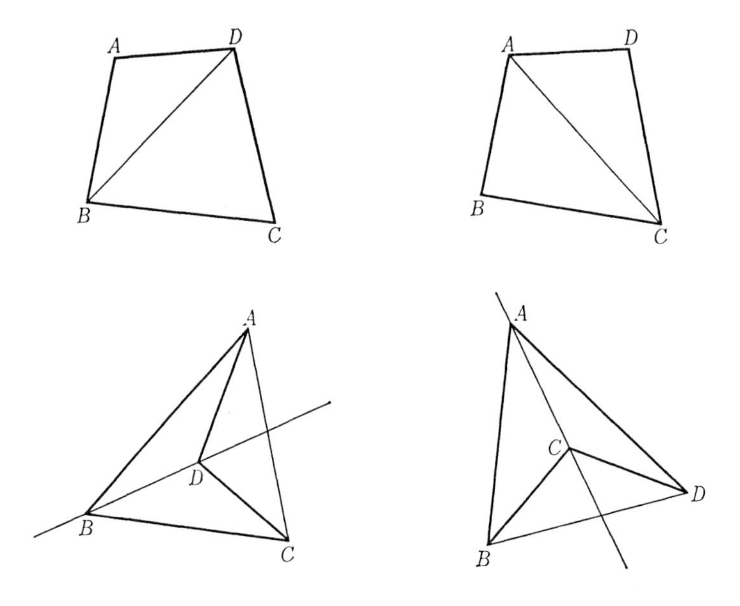

と $\triangle CBD$ に分割され，対角線 AC によって $\triangle BAC$ と $\triangle DAC$ に分割される(76 ページ)．$\square ABCD$ が凹ならば直線 BD に関して A と C が反対側にあるか直線 AC に関して B と D が反対側にあるかのいずれかであって，直線 BD に関して A と C が反対側にあれば $\square ABCD$ は対角線 BD によって二つの三角形 $\triangle ABD$ と $\triangle CBD$ に分割され，直線 AC に関して B と D が反対側にあれば $\square ABCD$ は対角線 AC によって $\triangle BAC$ と $\triangle DAC$ に分割される(79 ページ)．

定義 13　$\square ABCD$ が対角線 BD によって二つの三角形に分割されるとき，その二つの三角形 $\triangle ABD$ と $\triangle CBD$ の面積の和を $\square ABCD$ の面積と定義する．$\square ABCD$ の面積を同じ記号 $\square ABCD$ で表わす．すなわち

(1)　$$\square ABCD = \triangle ABD + \triangle CBD.$$　——

$\square ABCD$ が凸である場合，対角線 AC によって $\square ABCD$ を二つの三角形に分割してこの定義 13 を適用すれば

$$\square ABCD = \triangle BAC + \triangle DAC$$

となる．ゆえに

$$(2)\qquad \triangle ABD+\triangle CBD = \triangle BAC+\triangle DAC$$

であることを証明して定義13によって $\triangle ABCD$ の面積がただ一通りに定まることを明らかにしておかなければならない．

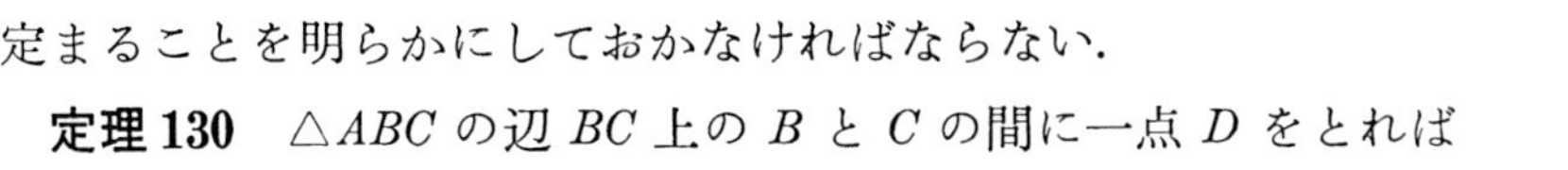

定理130　$\triangle ABC$ の辺 BC 上の B と C の間に一点 D をとれば

$$(3)\qquad \triangle ABC = \triangle ABD+\triangle ACD$$

となる．

証明　頂点 A から底辺 BC へ下した垂線の足を H とすれば，$BC=BD+CD$ であるから，

$$\triangle ABC = \frac{1}{2}BC\cdot AH = \frac{1}{2}BD\cdot AH+\frac{1}{2}CD\cdot AH = \triangle ABD+\triangle ACD$$

となる（証明終）．

凸 $\triangle ABCD$[1]の対角線 AC と BD はその内部の一点で交わる．その交点を E とすれば，上の定理130により，

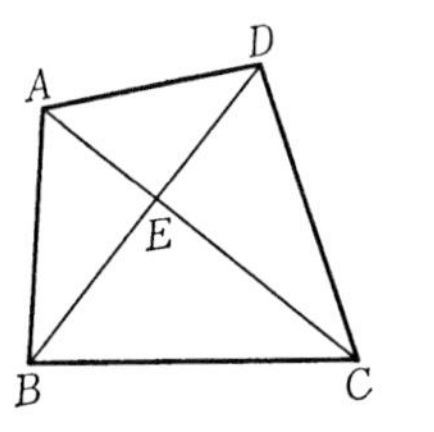

$$\triangle ABD = \triangle ABE+\triangle ADE, \qquad \triangle CBD = \triangle CBE+\triangle CDE$$

であるから

$$\triangle ABD+\triangle CBD = \triangle ABE+\triangle DAE+\triangle BCE+\triangle CDE,$$

同様に

$$\triangle BAC+\triangle DAC = \triangle ABE+\triangle BCE+\triangle CDE+\triangle DAE.$$

ゆえに等式(2)が成り立つ．これで凸四辺形の面積が定義13によってただ一通りに定まることが明らかになったのである．

$\triangle ABCD$ が凹である場合には対角線 AC と BD の一方が $\triangle ABCD$ を二つの三角形に分割し他は $\triangle ABCD$ の内部を通らない．ゆえに凹四辺

1)　凸 $\triangle ABCD$ は凸四辺形 $ABCD$ と読む．

形の面積も定義13によってただ一通りに定まる．

一組の対辺が平行な四辺形を台形という(83ページ)．台形の平行な二辺をその底辺，二辺の距離をその高さという．台形 $ABCD$ において $AB//CD$ ならば，二辺 AB と CD が台形 $ABCD$ の底辺，二辺 AB と CD の距離がその高さである．ここで二辺 AB と CD の距離は平行線 AB と CD の距離を意味する．頂点 A から辺 CD へ下した垂線の足を H，C から辺 AB へ下した垂線の足を K とすれば，$AH=CK$ は台形 $ABCD$ の高さである．四辺形の面積の定義13により，台形 $ABCD$ の面積は

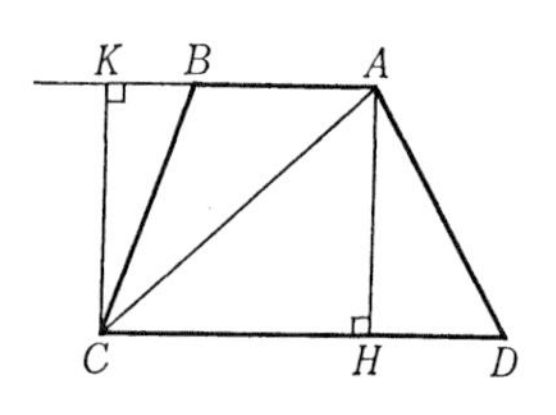

$$⏢ABCD = \triangle ACD + \triangle CAB$$

$$= \frac{1}{2}CD \cdot AH + \frac{1}{2}AB \cdot CK = \frac{1}{2}(AB+CD) \cdot AH$$

である．すなわち<u>台形の面積はその二つの底辺の和と高さの積の $\frac{1}{2}$ に等しい</u>．ここで‘底辺の和’はもちろん‘底辺の長さの和’を意味する．

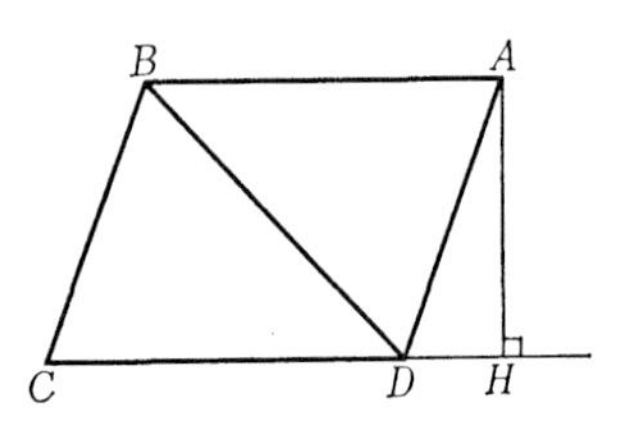

平行四辺形 ▱$ABCD$ の面積を同じ記号 ▱$ABCD$ で表わす．▱$ABCD$ は底辺 AB と CD が等しい台形であるから，その面積は底辺と高さの積に等しい．すなわち

$$▱ABCD = AB \cdot AH.$$

▱$ABCD$ においては $\triangle ABD \equiv \triangle CDB$ であるから(84ページ)，定理129により，$\triangle ABD$ と $\triangle CDB$ は等積であるが，定義13により

$$▱ABCD = \triangle ABD + \triangle CDB$$

である．ゆえに

$$\triangle ABD = \triangle CDB = \frac{1}{2}\square ABCD.$$

すなわち平行四辺形の対角線はその面積を二等分する.

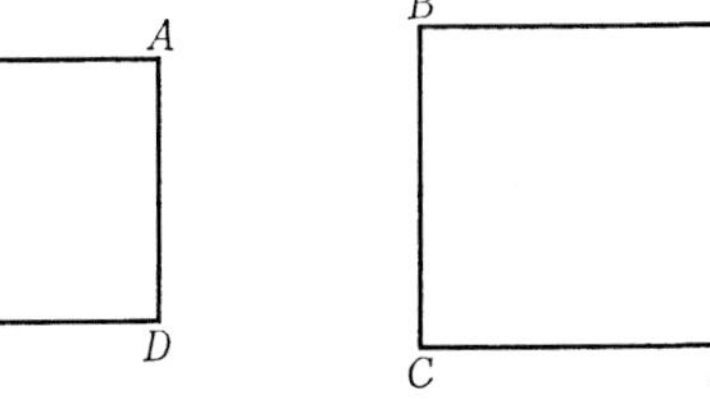

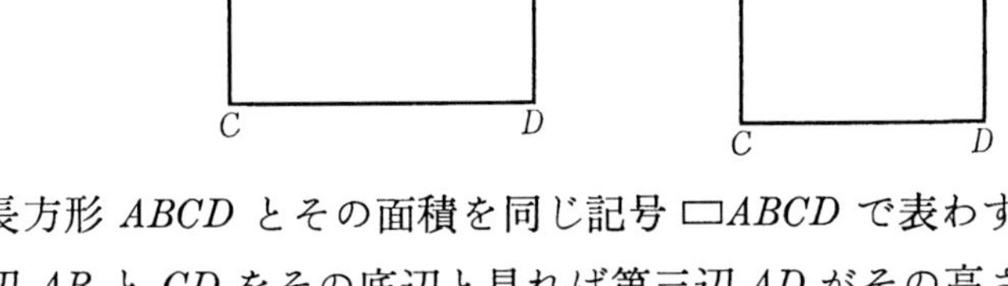

長方形 $ABCD$ とその面積を同じ記号 $\square ABCD$ で表わす. $\square ABCD$ の二辺 AB と CD をその底辺と見れば第三辺 AD がその高さに等しい. ゆえに

$$\square ABCD = AB\cdot AD.$$

特に正方形 $ABCD$ の面積は

$$\square ABCD = AB^2$$

で与えられる.

定理 131　D を $\triangle ABC$ の辺 AC 上の A と C の間の一点, E を辺 AB 上の A と B の間の一点とすれば, $BCDE$ は凸四辺形であって

(4)　$\triangle ABC = \triangle ADE + \square BCDE.$

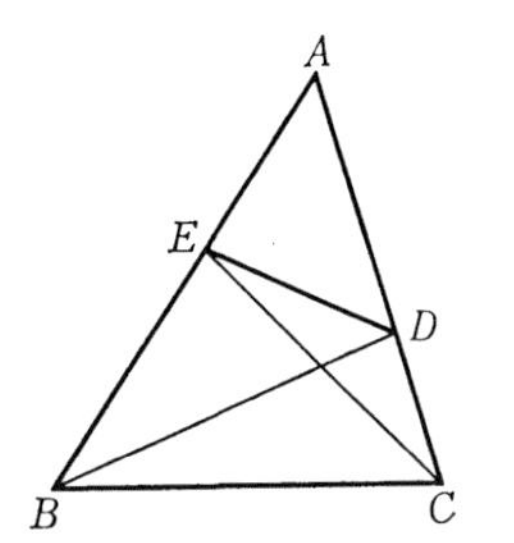

証明　定理 70(129 ページ)により線分 BD と線分 CE は $\triangle ABC$ の内部の一点で交わる. ゆえに $\square BCDE$ は凸四辺形である(75 ページ). 定理 130 により

$$\triangle ABC = \triangle ABD + \triangle CBD = \triangle AED + \triangle EBD + \triangle CBD$$

となるが,

$$\square BCDE = \triangle EBD + \triangle CBD$$

である. ゆえに等式(4)が成り立つ(証明終).

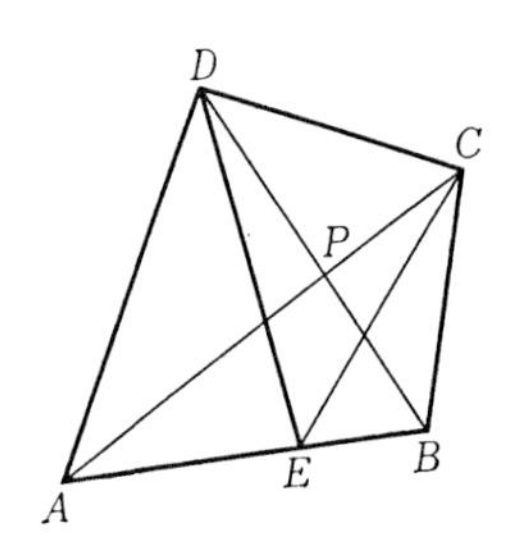

定理 132 凸 $\square ABCD$ の辺 AB 上の A と B の間に点 E をとったとき，$\square BCED$ は凸四辺形であって

(5) $\square ABCD = \triangle AED + \square BCDE.$

証明 凸 $\square ABCD$ の対角線 AC と BD はその内部の一点で交わる．その交点を P とすれば，定理 70 により，線分 BP と線分 EC は交わる．したがって線分 BD と線分 EC は交わる．ゆえに $\square BCDE$ は凸四辺形である．定義 13 により

$$\square ABCD = \triangle ABD + \triangle CBD$$

であるが，定理 130 により $\triangle ABD = \triangle AED + \triangle EBD$. ゆえに

$$\square ABCD = \triangle AED + \triangle EBD + \triangle CBD = \triangle AED + \square BCDE$$

となる(証明終)．

定理 133 凸 $\square ABCD$ の辺 AB 上の A と B の間に一点 E, 辺 CD 上の C と D の間に一点 F をとったとき，$AEFD$ と $CFEB$ は共に凸四辺形であって

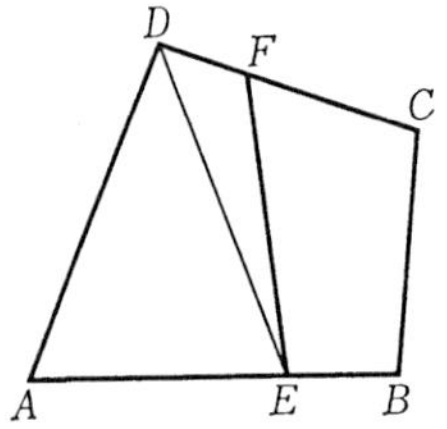

(6) $\square ABCD = \square AEFD + \square CFEB.$

証明 前定理 132 により $EBCD$ は凸四辺形，したがって，同じ定理により，$CFEB$ は凸四辺形である．同様に $AEFD$ も凸四辺形である．(5)により

$$\square ABCD = \triangle DAE + \square EBCD, \quad \square EBCD = \triangle EFD + \square CFEB,$$

ゆえに

$$\square ABCD = \triangle DAE + \triangle EFD + \square CFEB$$

となるが，$\square AEFD = \triangle DAE + \triangle EFD$ である．ゆえに等式(6)が成り立つ(証明終)．

定理 134 E を $\triangle ABC$ の内部の一点とすれば $ABEC$ は凹四辺形であって

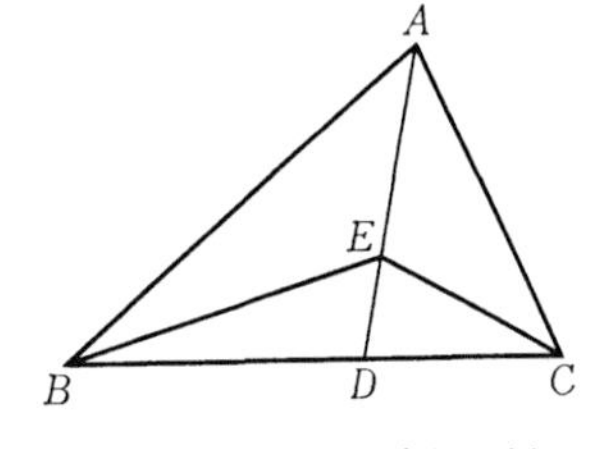

(7) $\triangle ABC = \square ABEC + \triangle EBC.$

証明 直線 AC に関して E は B と同じ側にあるから線分 BE と線分 AC は交わらない．同様に線分 CE と線分 AB も交わらないから $ABEC$ は四辺形をなす．直線 AE が辺 BC と交わる点を D とすれば E は A と D の間にある．すなわち四辺形 $ABEC$ の対角線 BC は対角線 AE の延長と交わる．ゆえに四辺形 $ABCD$ は凹四辺形である．定理 130(298 ページ)により

$$\begin{aligned}\triangle ABC &= \triangle ABD + \triangle ACD \\ &= \triangle BAE + \triangle EBD + \triangle CAE + \triangle ECD \\ &= \triangle BAE + \triangle CAE + \triangle EBD + \triangle ECD = \square ABEC + \triangle EBC,\end{aligned}$$

すなわち等式(7)が成り立つ(証明終)．

凸 $\square ABCD$ の内部の一点 E が対角線 BD 上になければ E は $\triangle ABD$ の内部にあるかまたは $\triangle CBD$ の内部にある(76 ページ)．

定理 135 凸 $\square ABCD$ の内部の点 E が $\triangle ABD$ の内部にあれば $ABED$ は凹四辺形, $CBED$ は凸四辺形で

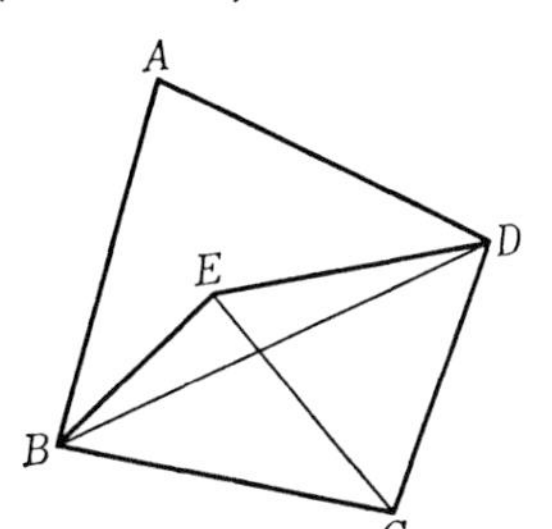

(8) $\square ABCD = \square ABED + \square CBED$

である．

証明 凸 $\square ABCD$ の内部の点 E が $\angle BCD$ の内部にあるから半直線 CE は対角線 BD と交わる．E が $\triangle BCD$ の外部にあるからその交点は E と C の間にある．ゆえに $CBED$ は凸四辺形である．前定理 134 により $\square ABED$ は凹四辺形で

$$\triangle ABD = \square ABED + \triangle EBD,$$

ゆえに

$$\square ABCD = \triangle ABD + \triangle CBD$$
$$= \square ABED + \triangle EBD + \triangle CBD = \square ABED + \square CBED$$

となる(証明終).

以下等式(1), (3), (4), (5), (6), (7), (8)を自由に用いる．たとえば，$\triangle ABC$ の三辺 BC, CA, AB 上にそれぞれ一点 D, E, F をとったとき，(4)により

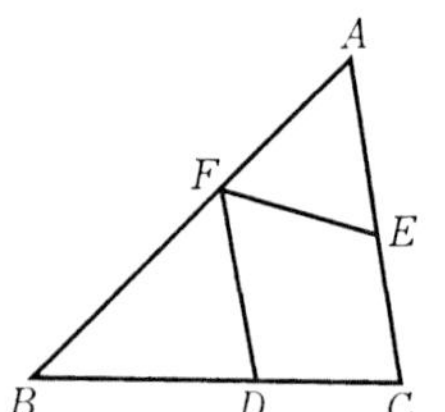

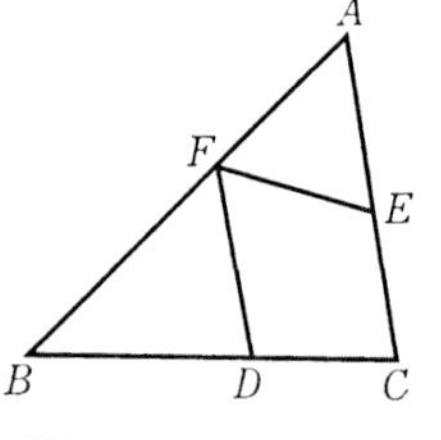

$$\triangle ABC = \triangle AEF + \square BCEF,$$

(5)により

$$\square BCEF = \triangle BDF + \square DCEF$$

であるから

$$(9)\qquad \triangle ABC = \triangle AEF + \triangle BDF + \square DCEF$$

となる．ただしここで D, E, F はいずれも頂点 A, B, C とは異なるものとする．

また，たとえば，$\square ABCD$ の辺 AB 上の A と B の間に一点 E，辺 BC 上の B と C の間に一点 F をとったとき，(5)により

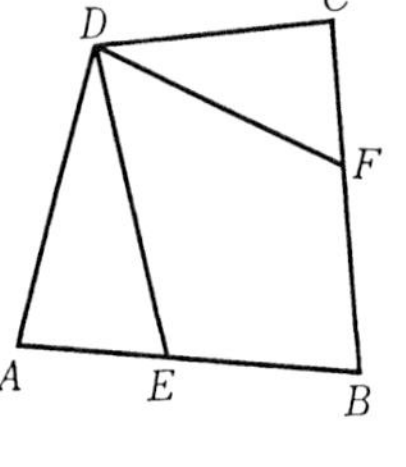

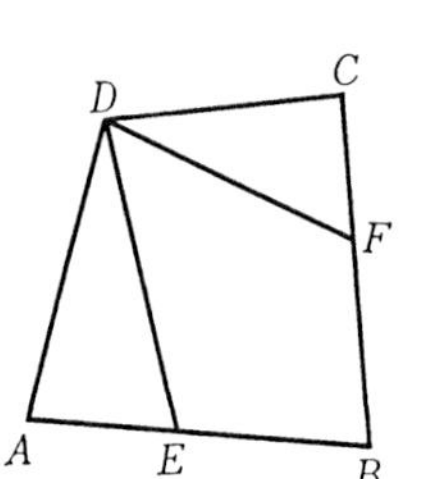

$$\square ABCD = \triangle AED + \square BCDE,$$
$$\square BCDE = \triangle CFD + \square BEDF,$$

ゆえに

$$(10)\qquad \square ABCD = \triangle AED + \triangle CFD + \square BEDF.$$

$\square ABCD$ の内部の一点 E を通る一つの直線が辺 AB と A と B の間の点 P で，辺 CD と C と D の間の点 Q で交わり，E を通るもう一つの直線が辺 BC と B と C の間の点 R で，辺 DA と D と A の間の点 S で

交わるとする．このとき，(6)により，

$$\square ABCD = \square APQD + \square CBPQ,$$

$$\square APQD = \square APES + \square QESD,$$

$$\square CBPQ = \square CREQ + \square PERB,$$

ゆえに

$$(11) \qquad \square ABCD = \square APES + \square BREP + \square CQER + \square DSEQ.$$

例題 23　平行四辺形 $ABCD$ の内部の点 E が対角線 BD 上にあるとき，E を通って辺 AD に平行な直線が辺 AB と交わる点を P，辺 CD と交わる点を Q，E を通って辺 AB に平行な直線が辺 BC と交わる点を R，辺 AD と交わる点を S とすれば

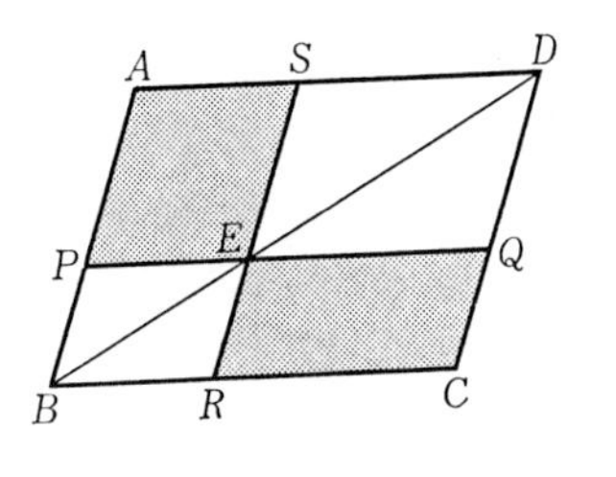

$$(12) \qquad \square APES = \square CQER$$

である．

証明　(9)により

$$\triangle BDC = \triangle BRE + \triangle DQE + \square CQER,$$

したがって

$$\square CQER = \triangle BDC - \triangle BRE - \triangle DQE,$$

同様に

$$\square APES = \triangle BDA - \triangle BPE - \triangle DSE$$

であるが，平行四辺形の対角線はその面積を二等分するから(300ページ)

$$\triangle BDC = \triangle BDA, \qquad \triangle BRE = \triangle BPE, \qquad \triangle DQE = \triangle DSE$$

である．ゆえに等式(12)が成り立つ(証明終)．

例題 24　平行四辺形 $ABCD$ の内部の点 E を通って辺 AD に平行な直線が辺 AB，辺 CD と交わる点を P, Q，E を通って辺 AB に平行な直線

が辺 BC, 辺 DA と交わる点を R, S とする. このとき E が $\triangle ABD$ の内部にあれば

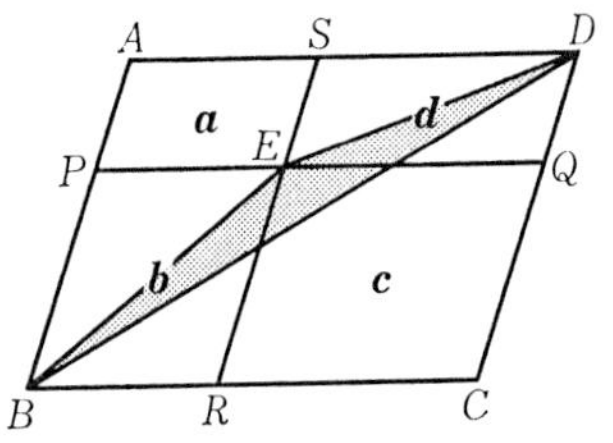

(13) $\quad \square CQER - \square APES = 2\triangle EBD$

である.

証明 定理 135 (302 ページ) により四辺形 $BCDE$ は凸四辺形で, (10) により

$$\text{凸}BCDE = \triangle BRE + \triangle DQE + \square CQER$$

であるが, (1) により

$$\text{凸}BCDE = \triangle EBD + \triangle CBD$$

であるから

$$\triangle EBD = \text{凸}BCDE - \triangle CBD,$$

ゆえに

$$2\triangle EBD = 2\triangle BRE + 2\triangle DQE + 2\square CQER - 2\triangle CBD.$$

簡明のため $\boldsymbol{a} = \square APES$, $\boldsymbol{b} = \square BREP$, $\boldsymbol{c} = \square CQER$, $\boldsymbol{d} = \square QDSE$ とおけば, 平行四辺形はその対角線によって二等分されるから,

$$2\triangle BRE = \boldsymbol{b}, \qquad 2\triangle DQE = \boldsymbol{d}, \qquad 2\triangle CBD = \square ABCD$$

である. したがって

$$2\triangle EBD = \boldsymbol{b} + \boldsymbol{d} + 2\boldsymbol{c} - \square ABCD$$

となるが, (11) により

$$\square ABCD = \boldsymbol{a} + \boldsymbol{b} + \boldsymbol{c} + \boldsymbol{d},$$

ゆえに

$$2\triangle EBD = \boldsymbol{c} - \boldsymbol{a} = \square CQER - \square APES$$

である (証明終).

この例題 24 により前の例題 23 の逆が成り立つことがわかる. すなわち平行四辺形 $ABCD$ の内部の一点 E を通って辺 AD に平行な直線と辺

AB, CD との交点を P, Q, E を通って辺 AB に平行な直線と辺 BC, DA との交点を R, S としたとき，$\square APES$ と $\square CQER$ が等積ならば E は対角線 BD 上にある．なぜなら，E が対角線 BD 外にあれば E は $\triangle ABD$ の内部にあるか $\triangle CBD$ の内部にあるかのいずれかであるが，E が $\triangle ABD$ の内部にあれば例題24により

$$\square CQER - \square APES = 2\triangle EBD > 0$$

となり，E が $\triangle CBD$ の内部にあれば，同様に

$$\square APES - \square CQER = 2\triangle EBD > 0$$

となって仮定に反するからである．

例題 23 とその逆をまとめて定理として述べておく．

定理 136　E を平行四辺形 $ABCD$ の内部の一点，E を通って辺 AD に平行な直線が辺 AB, CD と交わる点を P, Q, E を通って辺 AB に平行な直線が辺 BC, DA と交わる点を R, S とする．このとき E が対角線 BD 上にあるための必要にして十分な条件は $\square APES$ と $\square CQER$ の面積が等しいことである．

定理 137　底辺 BC を共有する二つの三角形 $\triangle PBC$ と $\triangle QBC$ の頂点 P と Q が直線 BC に関して同じ側にある場合，$PQ/\!/BC$ ならば $\triangle PBC$ と $\triangle QBC$ は等積である．逆に $\triangle PBC$ と $\triangle QBC$ が等積ならば $PQ/\!/BC$ である．

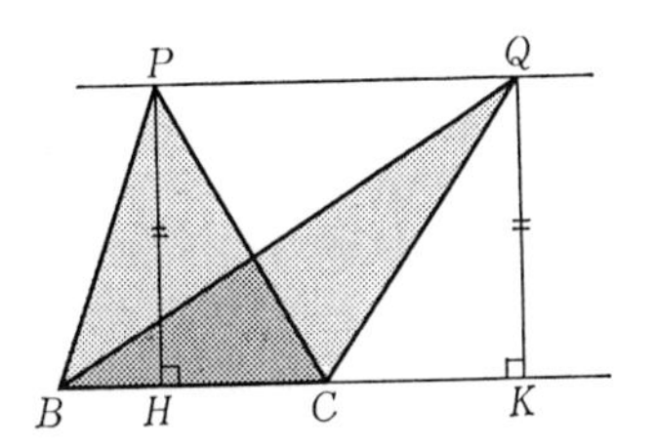

証明　P, Q から直線 BC へ下した垂線の足を H, K とすれば，$\triangle PBC = \frac{1}{2}BC \cdot PH$ と $\triangle QBC = \frac{1}{2}BC \cdot QK$ が等積となることは PH と QK が等しいことと同値である．ゆえに $PQ/\!/BC$

ならば PH と QK は等しく，逆に PH と QK が等しければ $PQ//BC$ であることを証明すればよい．

$PH//QK$ であるから，$PQ//BC$ ならば四辺形 $PHKQ$ は平行四辺形となり，したがって $PH=QK$ となる．逆に $PH=QK$ ならば四辺形 $PHKQ$ は平行四辺形で(85 ページ，定理 48)，したがって $PQ//BC$ である(証明終)．

例題 25　E を平行四辺形 $ABCD$ の内部の一点とすれば

$$\triangle EAB+\triangle ECD=\frac{1}{2}\square ABCD \tag{14}$$

である．

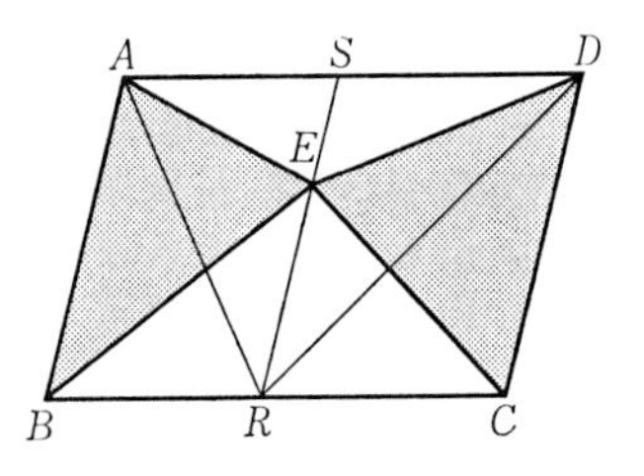

証明　E を通って辺 AB に平行な直線と辺 BC との交点を R，辺 DA との交点を S とする．平行四辺形の対角線はその面積を二等分するから

$$\triangle RAB=\frac{1}{2}\square ASRB$$

であるが，$RE//AB$ であるから，上の定理 137 により $\triangle RAB$ と $\triangle EAB$ は等積である．したがって

$$\triangle EAB=\frac{1}{2}\square ASRB,$$

同様に

$$\triangle ECD=\frac{1}{2}\square CRSD.$$

ゆえに，(6)により

$$\triangle EAB+\triangle ECD=\frac{1}{2}\square ASRB+\frac{1}{2}\square CRSD=\frac{1}{2}\square ABCD.$$

(証明終)．

例題 26　平行四辺形の内部の一点 E が $\triangle ABD$ の内部にあれば

(15)　　$$\triangle ECD-\triangle EAD=\triangle EBD$$

である.

証明　定理 134(302 ページ)により $\square ABED$ は凹四辺形で

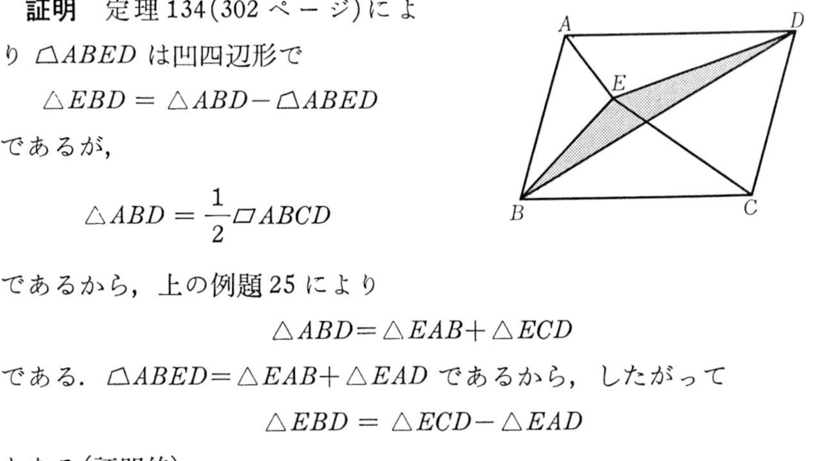

$$\triangle EBD=\triangle ABD-\square ABED$$

であるが,

$$\triangle ABD=\frac{1}{2}\square ABCD$$

であるから, 上の例題 25 により

$$\triangle ABD=\triangle EAB+\triangle ECD$$

である. $\square ABED=\triangle EAB+\triangle EAD$ であるから, したがって

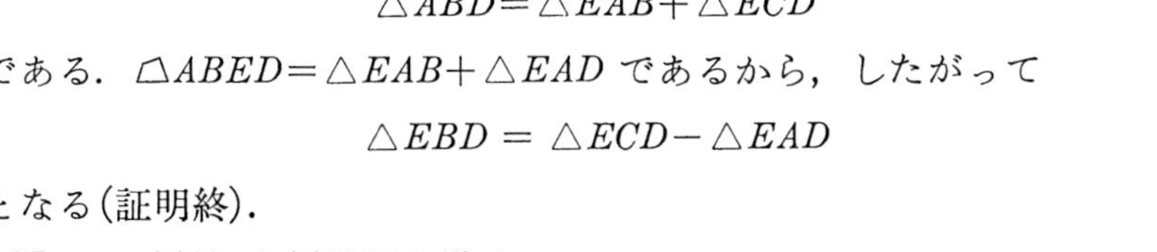

$$\triangle EBD=\triangle ECD-\triangle EAD$$

となる(証明終).

問　この例題から例題 24 を導け.

定理 138　底辺 BC を共有する二つの三角形 $\triangle PBC$ と $\triangle QBC$ の頂点 P と Q が直線 BC に関して反対側にある場合, 直線 BC が線分 PQ を二等分すれば $\triangle PBC$ と $\triangle QBC$ は等積である. 逆に $\triangle PBC$ と $\triangle QBC$ が等積ならば直線 BC は線分 PQ を二等分する.

証明　直線 BC と線分 PQ の交点を M とし, P, Q から直線 BC へ下

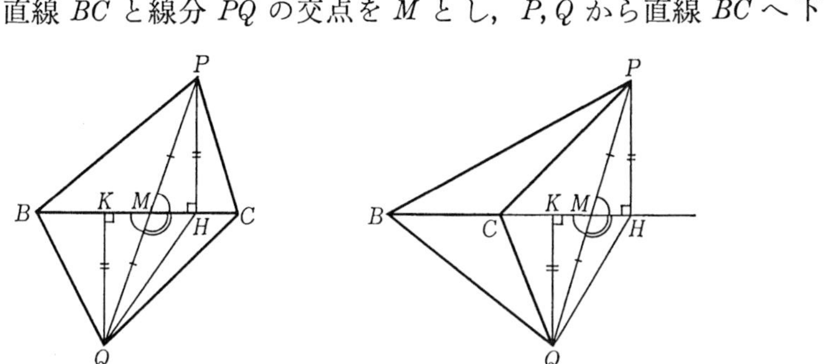

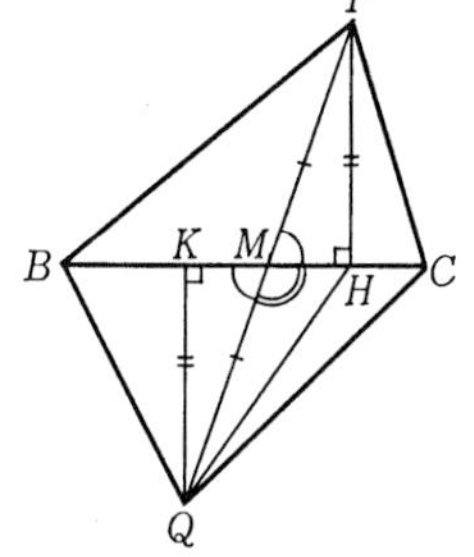

した垂線の足を H, K とする．$\triangle PBC=\frac{1}{2}BC\cdot PH$, $\triangle QBC=\frac{1}{2}BC\cdot QK$ であるから，M が線分 PQ の中点ならば PH と QK は等しく，逆に PH と QK が等しければ M は線分 PQ の中点であることを証明すればよい．

まず M が H と K の間にあることを確める．$\triangle PMH$ が直角三角形で $\angle H=\angle R$ であるから $\angle PMH$ は鋭角，したがって $\angle QMH$ は鈍角である．ゆえに，定理 38 の系(63 ページ)により，Q から直線 MH に下した垂線の足 K は半直線 MH の延長上にある．すなわち M は H と K の間にある．

M が H と K の間にあるから対頂角 $\angle QMK$ と $\angle PMH$ は等しい．ゆえに M が線分 PQ の中点，すなわち $PM=QM$ ならば二角一対辺の合同定理により

$$\triangle PMH \equiv \triangle QMK,$$

したがって PH と QK は等しい．逆に PH と QK が等しければ二角一対辺の合同定理により $\triangle PMH\equiv\triangle QMK$, したがって $PM=QM$ である(証明終)．

M を $\triangle ABC$ の辺 BC の中点として $\triangle BAM$ と $\triangle CAM$ を辺 AM を共有する三角形と考えれば，上の定理 138 により，$\triangle BAM$ と $\triangle CAM$ は等積であるが，(3)により

$$\triangle ABM+\triangle ACM = \triangle ABC$$

である．ゆえにつぎの定理を得る．

定理 139　M を $\triangle ABC$ の辺 BC の中点とすれば

$$(16)\quad \triangle ABM = \triangle ACM = \frac{1}{2}\triangle ABC$$

である．——

この定理は直接つぎのように考えても明らかである．A から辺 BC へ

A
B　M　H　C

下した垂線の足を H とすれば

$$\triangle ABM=\frac{1}{2}BM\cdot AH=\frac{1}{2}\cdot\frac{1}{2}BC\cdot AH=\frac{1}{2}\triangle ABC,$$

同様に $\triangle ACM=\frac{1}{2}\triangle ABC$ である.

系 1　$\triangle ABC$ の辺 BC 上の B と C の間に一点 D をとり, 線分 AD の中点を M とすれば

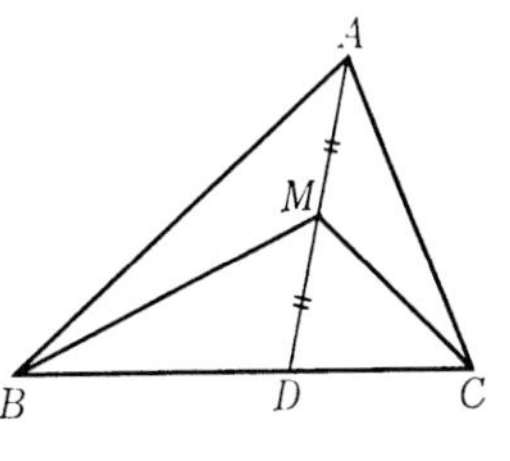

(17)　⏢$ABMC=\triangle MBC$

$$=\frac{1}{2}\triangle ABC$$

である.

系 2　凸四辺形 $ABCD$ の対角線 AC の中点を M とすれば

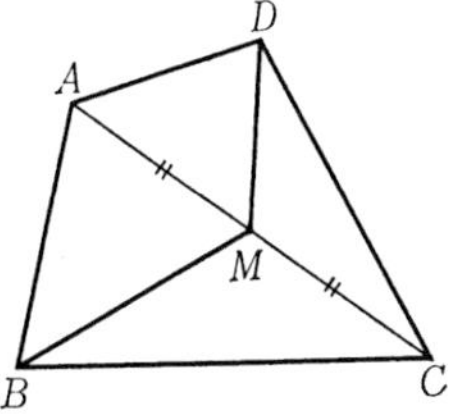

(18)　⏢$ABMD=$⏢$CBMD$

$$=\frac{1}{2}⏢ABCD$$

である.

問題 22　$\triangle ABC$ の辺 AB の中点を D, 辺 AC の中点を E とすれば

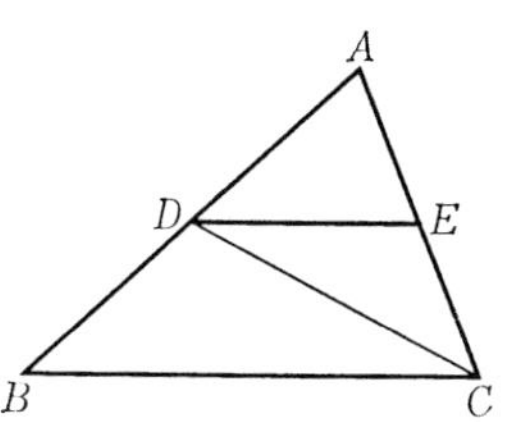

$$\triangle ADE=\frac{1}{4}\triangle ABC$$

であることを証明せよ.

問題 23　凸四辺形 $ABCD$ の対角線 AC の中点を M, 対角線 BD の中点を N, 辺 BC の中点を P, 辺 CD の中点を Q とし, M を通って対角線 BD に平行な直線と N を通って対角線 AC に平行な直線の交点を O とすれば

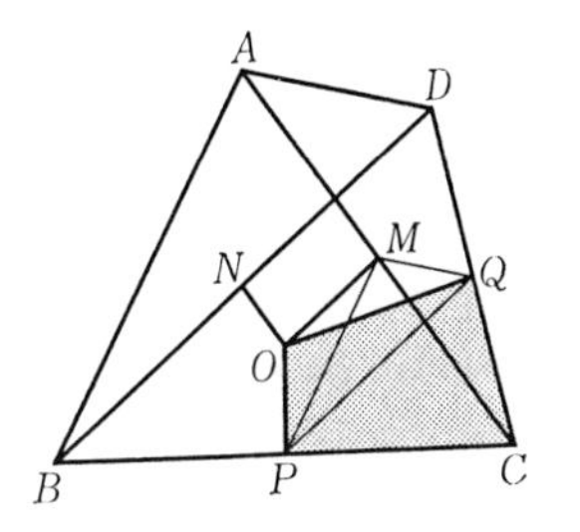

$$\square OPCQ = \frac{1}{4}\square ABCD$$

となることを証明せよ．

例題 27　凸四辺形 $ABCD$ の一組の対辺 AD と BC の延長が点 E で交わっているとき，対角線 AC の中点を M，対角線 BD の中点を N とすれば

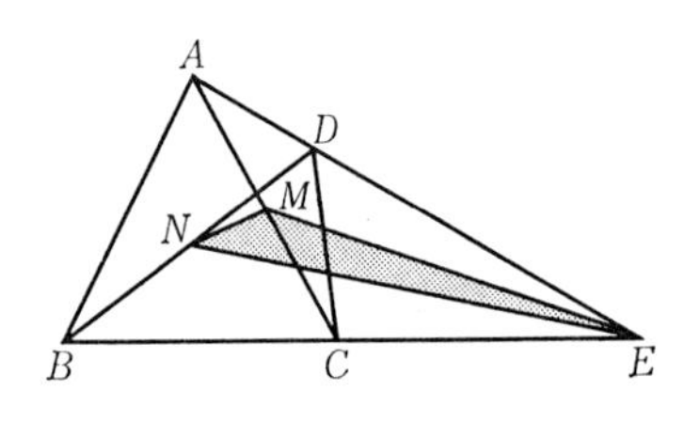

$$(19)\qquad \triangle EMN = \frac{1}{4}\square ABCD$$

である．

証明　もう一組の対辺が平行でない場合について証明を述べる．直線 AB と CD の交点を F とする．F は辺 CD の延長上にあるか辺 DC の延長上にあるかのいずれかであるが，いずれの場合も同様であるから，辺 CD の延長上にあるとする．そうすれば F は対辺 BA と CD の延長の交点であることになる．

まず辺 CD の中点を P，辺 AD の中点を Q として，M が $\triangle NPQ$ の内部にあることを証明する．$\triangle DBC$ の辺 DB の中点 N と辺 DC の中点 P を結ぶ直線 NP は辺 BC に平行であるから $\triangle DBE$ の辺 DE の中点 R を通る．$\triangle CDA$ の辺 CD の中点 P と辺 CA の中点 M を結ぶ直線 PM は辺 DA に平行である．$\triangle NQR$ 上の N と R の間の点 P を通って辺 RQ に平行な直線 PM は辺 NQ と N と Q の間の一点で交わる．その交点を H とする．同様に直線 QM は辺 NP と N と P の間の一点で交わる．その交点を K とする．定理 70(129 ペ

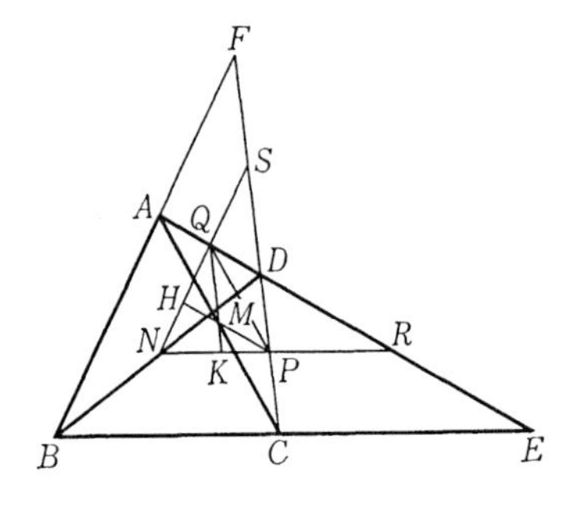

ージ)により線分 PH と線分 QK は $\triangle NPQ$ の内部の一点で交わるが，その交点が M である．ゆえに M は $\triangle NPQ$ の内部にある．

つぎに M が $\triangle ANE$ の内部にあることを示す．M が $\triangle NPQ$ の内部にあるから M は Q と K の間にある．したがって M は $\triangle NQR$ の内部にある．ゆえに直線 NM は辺 QR と Q と R の間の一点 G で交わり M は N と G の間にある．G は A と E の間にあるから，したがって M は $\triangle NAE$ の内部にある．

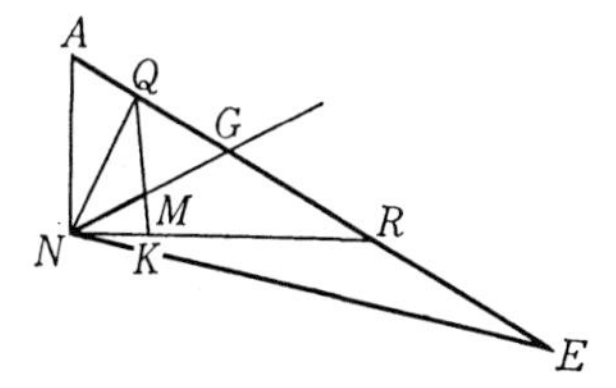

四辺形 $ANCE$ が凸四辺形であることを確める．M が $\triangle NAE$ の内部にあるから直線 AM は辺 NE と N と E の間の一点 L で交わるが，N が $\triangle ABE$ の内部にあるから L も $\triangle ABE$ の内部にある．ゆえに L は A と C の間にある．すなわち線分 AC と線分 NE は点 L で交わる．ゆえに四辺形 $ANCE$ は凸四辺形である．

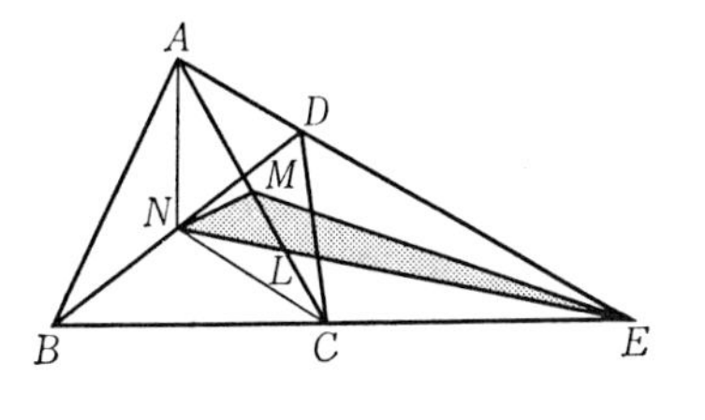

以上を準備として等式(19)を証明する．M が $\triangle ANE$ の内部にあるから，(7)により

$$\triangle EMN = \triangle ANE - ⏢ANME$$

であるが，N が線分 BD の中点であるから，(17)により

$$\triangle ANE = \frac{1}{2}\triangle ABE,$$

M が凸 ⏢$ANCE$ の対角線 AC の中点であるから，(18)により

$$⏢ANME = \frac{1}{2}⏢ANCE,$$

ゆえに

$$\triangle EMN = \frac{1}{2}\triangle ABE - \frac{1}{2}\square ANCE$$

となる.

$$\triangle ABE = \triangle ABC + \triangle ACE,$$
$$\square ANCE = \triangle ANC + \triangle ACE$$

であるから

$$\triangle ABE - \square ANCE = \triangle ABC - \triangle ANC = \square ABCN,$$

したがって

$$\triangle EMN = \frac{1}{2}\square ABCN$$

であるが, N が凸 $\square ABCD$ の対角線 BD の中点であるから, (18)により $\square ABCN = \frac{1}{2}\square ABCD$ である. ゆえに(19)の等式

$$\triangle EMN = \frac{1}{4}\square ABCD$$

を得る(証明終).

§16 面積の応用

例題 28 平行四辺形 $ABCD$ の内部に点 G をとり, G を通って辺 BC に平行な直線が辺 AB と交わる点を E, 辺 AB に平行な直線が辺 BC と交わる点を F, 線分 AF と線分 CE の交点を H とすれば, 三点 H, G, D は一直線上にある. ——

この例題は前に円論によって証明した定理 87 (182 ページ)で, §13 ではその比例による証明で述べた(249-251 ページ, 例題 17). ここではその面積による簡単な証明を述べる.

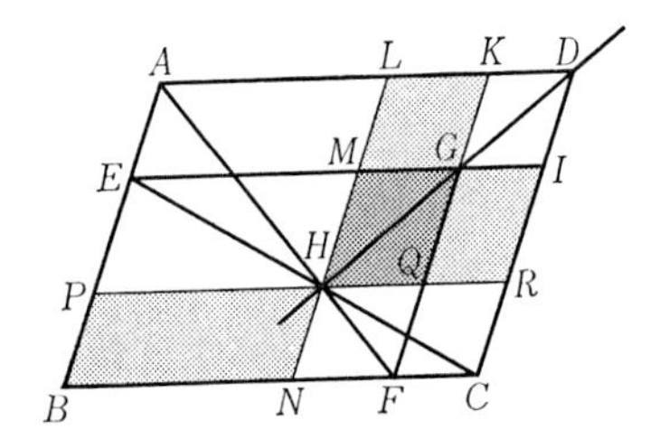

証明 直線 GE と辺 CD の交点を

I, 直線 GF と辺 AD の交点を K とする. I は C と D の間に, K は A と D の間にある. H を通って辺 AB に平行な直線と辺 AD, 直線 GE, 辺 BC との交点を L, M, N とすれば, H が A と F の間にあるから, L は A と K の間に, M は E と G の間に, N は B と F の間にある. 同様に H を通って辺 AD に平行な直線と辺 AB, 直線 GF, 辺 CD との交点を P, Q, R とすれば, P は E と B の間に, Q は F と G の間に, R は C と I の間にある.

M が G と E の間にあり G が E と I の間にあるから G は M と I の間にある. 同様に G は Q と K の間にある. したがって G は平行四辺形 $LHRD$ の内部にある. ゆえに, 定理136(306ページ)により, G が $\square LHRD$ の対角線 HD 上にあることを証明するには

$$\square LMGK = \square RIGQ$$

であることを示せばよい.

H が平行四辺形 $ABFK$ の対角線 AF 上にあるから, 同じ定理136により

$$\square LHQK = \square BNHP,$$

H が平行四辺形 $EBCI$ の対角線 EC 上にあるから, 同様に

$$\square RIMH = \square BNHP,$$

したがって

$$\square LHQK = \square RIMH$$

となるが, (6)により

$$\square LHQK = \square LMGK + \square MHQG,$$

$$\square RIMH = \square RIGQ + \square MHQG$$

である. ゆえに

$$\square LMGK = \square RIGQ$$

となる(証明終).

ニュートンの定理 凸四辺形 $ABCD$ の対辺 AD と BC の延長が点 E

で，対辺 CD と BA の延長が点 F で交わっているとき，対角線 AC の中点を M，BD の中点を N，線分 EF の中点を O とすれば三点 M, N, O は一直線上にある．——

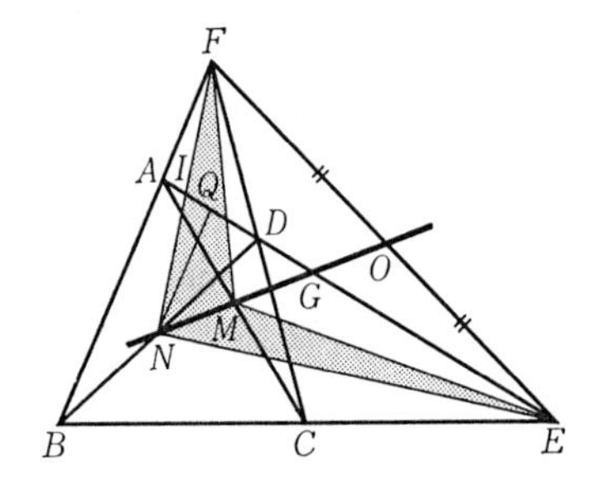

この定理を§11では円論によって証明した定理87から導いた(181-182ページ)．ここではその面積による証明を述べる．

証明　例題27(311ページ)により

$$\triangle EMN = \frac{1}{4} \square ABCD,$$

同様に

$$\triangle FMN = \frac{1}{4} \square ABCD,$$

したがって $\triangle EMN$ と $\triangle FMN$ は等積である．ゆえに，定理138(308ページ)により，三点 M, N, O が一直線上にあること，すなわち直線 MN が線分 EF を二等分することを証明するには直線 MN に関して E と F が反対側にあることを確めればよい．

辺 AD の中点を Q とすれば，例題27の証明で述べたように，直線 MN は直線 AD と Q と E の間の一点 G で交わり M は N と G の間にある(312ページ)．直線 AD に関して B と F が反対側にあるから N と F も反対側にある．すなわち直線 AD は線分 NF と N と F の間の一点 I で交わる．$NQ /\!/ AF$ であるから I は A と Q の間にある．なぜなら，I と Q は直線 AF に関して同じ側にあり，

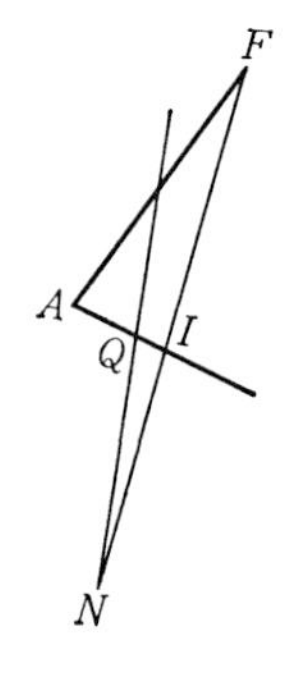

Q が A と I の間にあれば $\triangle AIF$ の辺 AI と Q で交わる直線 NQ は辺 AF と交わることになり，$NQ//AF$ に反するからである．

このように I が A と Q の間にあるから G は I と E の間にある．ゆえに M は $\angle ENF$ の内部にある．したがって直線 MN に関して E と F は反対側にある(証明終)．

四辺形の各辺が一つの円 γ に接しているとき，その四辺形は円 γ に**外接する**といい，γ をその四辺形の**内接円**という．

定理 140　四辺形 $ABCD$ が円 γ に外接しているとき，対角線 AC の中点を M，BD の中点を N，円 γ の中心を O とすれば，三点 M, N, O は一直線上にある．

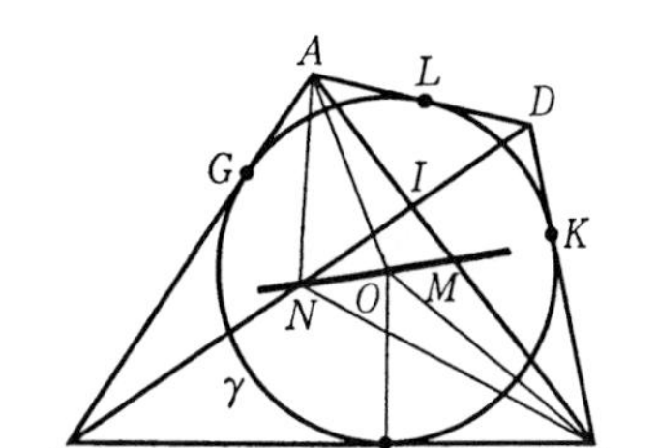

証明　はじめに図形の点と直線の配列を明らかにする．辺 AB, BC, CD, DA と γ の接点を G, H, K, L とする．辺 AB が γ に接するというのは直線 AB が A と B の間の一点で γ に接することを意味するから，G は A と B の間にある．同様に H は B と C の間に，K は C と D の間に，L は D と A の間にある．接線 AB 上の G 以外の点はすべて γ の外部にある．したがって γ の半径 OH は直線 AB と交わらない，すなわち直線 AB に関して H は O と同じ側にある．したがって C も O と同じ側にある．同様に D は O と同じ側にある．ゆえに直線 AB に関して C と D は同じ側にある．同様に直線 BC に関して D と A は同じ側にあり，直線 CD に関して A と B は同じ側にあり，直線 DA に関して B と C は同じ側にある．すなわち $\square ABCD$ は凸四辺形である(73 ページ)．そして O は $\square ABCD$ の内部にある．

定理 60(109 ページ)により

$$AL = AG, \qquad BG = BH, \qquad CH = CK, \qquad DK = DL$$

であるから

$$AB-AD = AG+BG-AL-DL = BG-DL,$$
$$CB-CD = CH+BH-CK-DK = BH-DK,$$

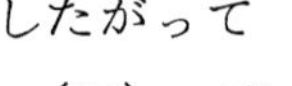

したがって

(20)　$AB-AD = CB-CD.$

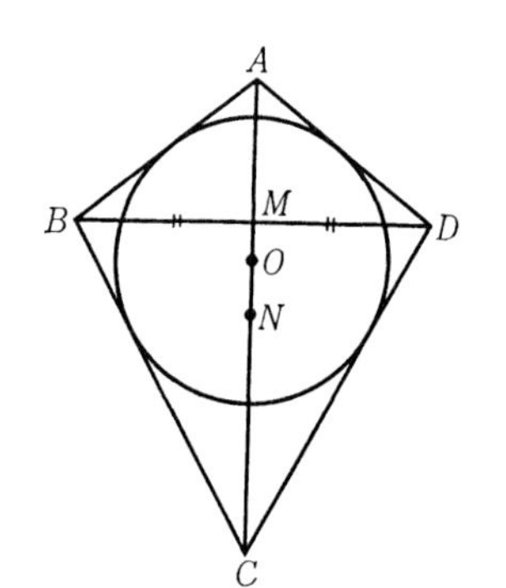

AB と AD が等しい場合には，この等式(20)により，CB と CD は等しく，$\triangle ABD$ と $\triangle CBD$ は共に二等辺三角形となる．定理60により直線 AO は $\angle BAD$ の二等分線であるから辺 BD を垂直に二等分する．同様に直線 CO は辺 BD を垂直に二等分する．ゆえに三点 M, N, O は対角線 AC 上にある．

この特別な場合を除けば $AB>AD$ または $AB<AD$ であるが，いずれの場合も同様であるから $AB>AD$ とする．そうすれば，(20)により，$CB>CD$ となる．

⏢$ABCD$ が凸四辺形であるから対角線 AC は対角線 BD と B と D の間の一点 I で交わる．$BN=DN$ で $AB>AD$ であるから，定理30(50ページ)により $\angle ANB>\angle AND$，したがって $\angle AND$ は鋭角，$CB>CD$ であるから同様に $\angle CND$ も鋭角である．ゆえに I は N と D の間にある．したがって ⏢$ADCN$ は凸四辺形である．

$AB>AD$ であるから，例題3(144ページ)により $\angle BAN<\angle DAN$ であるが，直線 AO が $\angle BAD$ を二等分するから O は $\angle DAN$ の内部にある．同様に O は $\angle DCN$ の内部にある．ゆえに O は凸 ⏢$ADCN$ の内部にあり，したがって $\angle ANC$ の内部にある．ゆえに直線 NO に関して A と C は反対側にある．したがって，定理138(308ページ)により，直線 NO が対角線 AC の中点 M を通ることを証明するには $\triangle ANO$ と $\triangle CNO$ が等積であることを示せばよい．

円 γ の半径を r とする．γ の半径 OG は辺 AB に垂直であるから

$$\triangle OAB = \frac{1}{2}AB\cdot OG = \frac{1}{2}r\cdot AB,$$

同様に

$$\triangle OCB = \frac{1}{2}r\cdot CB, \qquad \triangle OCD = \frac{1}{2}r\cdot CD, \qquad \triangle OAD = \frac{1}{2}r\cdot AD$$

である．したがって(20)から等式

$$\triangle OAB - \triangle OAD = \triangle OCB - \triangle OCD$$

が従う．ゆえに $\triangle ANO$ と $\triangle CNO$ が等積であることを示すにはつぎの二つの等式を証明すればよい：

$$\triangle OAB - \triangle OAD = 2\triangle ANO, \tag{21}$$

$$\triangle OCB - \triangle OCD = 2\triangle CNO. \tag{22}$$

点 O は凸 ⏢$ABCD$ の内部にある．したがって O は $\triangle CBD$ の内部にあるか，$\triangle ABD$ の内部にあるか，対角線 BD の上にあるか，のいずれかである．

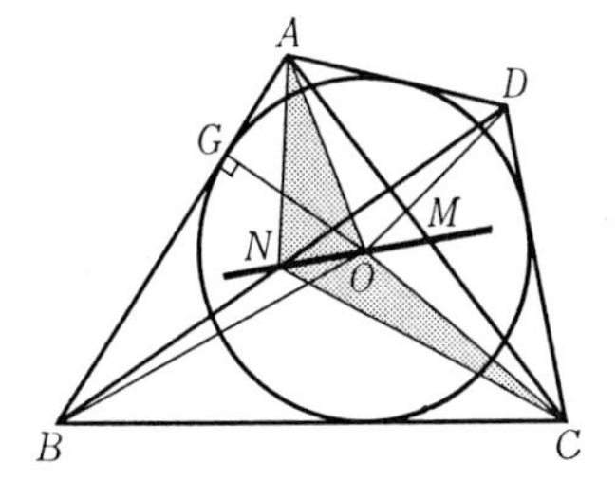

O が $\triangle CBD$ の内部にある場合，O は $\angle DAN$ の内部にあるから線分 AO は対角線 BD と N と D の間の一点で交わる．ゆえに ⏢$ABOD$ と ⏢$DANO$ は共に凸四辺形で N は $\triangle OAB$ の内部にある．(7)により

$$\triangle OAB = ⏢BANO + \triangle ANO$$

であるが，N が凸 ⏢$ABOD$ の対角線 BD の中点であるから，(18)により

$$⏢BANO = ⏢DANO = \triangle ANO + \triangle ODA,$$

ゆえに

$$\triangle OAB = 2\triangle ANO + \triangle ODA,$$

すなわち(21)の等式

$$\triangle OAB - \triangle OAD = 2\triangle ANO$$

が成り立つ.

つぎに, O が $\triangle NCD$ の内部にあるから, 線分 OB と線分 NC は交わる. ゆえに ⏢$BNOC$ は凸四辺形であって

$$⏢BNOC = \triangle BCN + \triangle CNO = \triangle BNO + \triangle OBC,$$

したがって

$$\triangle OBC = \triangle BCN - \triangle BNO + \triangle CNO$$

となるが, N が対角線 BD の中点であるから, (16)により

$$\triangle BCN = \triangle DCN, \qquad \triangle BNO = \triangle DNO$$

である. ゆえに

$$\triangle OBC = \triangle DCN - \triangle DNO + \triangle CNO.$$

一方, (7)により

$$\begin{aligned}\triangle DCN &= ⏢DNCO + \triangle OCD \\ &= \triangle DNO + \triangle CNO + \triangle OCD\end{aligned}$$

である. ゆえに

$$\triangle OBC = 2\triangle CNO + \triangle OCD,$$

すなわち(22)の等式

$$\triangle OBC - \triangle OCD = 2\triangle CNO$$

が成り立つ.

O が $\triangle ABD$ の内部にある場合は文字 A と C を入れ換えれば O が $\triangle CBD$ の内部にある場合に帰する.

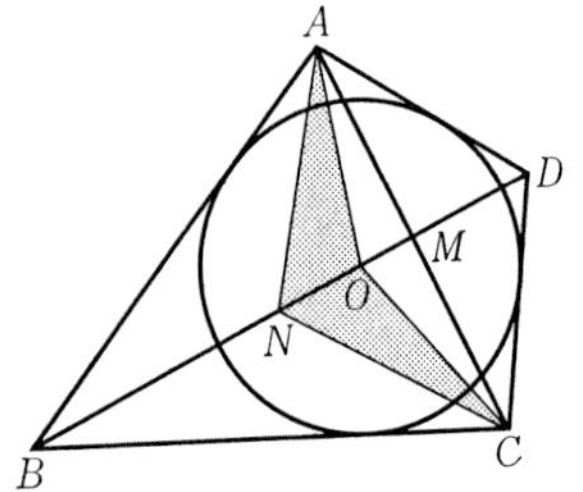

O が対角線 BD 上にある場合には O は N と D の間にあるから, (3)により

$$\triangle OAB = \triangle BAN + \triangle ANO,$$

$$\triangle OAD = \triangle DAN - \triangle ANO$$

であるが，(16)により $\triangle BAN$ と $\triangle DAN$ は等積である．ゆえに

$$\triangle OAB - \triangle OAD = 2\triangle ANO,$$

同様に

$$\triangle OCB - \triangle OCD = 2\triangle CNO,$$

すなわち等式(21)と(22)が成り立つ(証明終)．

この定理もニュートンの定理という．前のニュートンの定理(181ページ，定理86)については秋山先生の「幾何学つれづれ草」に載っている円論による証明を紹介した．「幾何学つれづれ草」にはこのニュートンの定理の円論による証明も載っている[1]．

三平方の定理　$\triangle ABC$ において $\angle C = \angle R$ ならば

(23) $$AB^2 = AC^2 + BC^2$$

である．——

前章ではこの定理を比例によって証明したが(284-285ページ)，三平方の定理は紀元前500年の昔から知られている定理で，そこで述べたように，多くの証明がある．ここではユークリッド原論に載っている面積による証明[2]を述べる．

証明　$\triangle ABC$ の各辺に対してその辺を一辺とする正方形 $\square ABDE$, $\square ACFG$, $\square BCHK$ をその内部が $\triangle ABC$ の外部にあるように描く．そうすれば AB^2, AC^2, BC^2 はそれぞれ $\square ABDE$, $\square ACFG$, $\square BCHK$ の面積に等しいから，等式(23)は

(24) $$\square ABDE = \square ACFG + \square BCHK$$

と同値である．C を通って辺 AB に垂直な直線が $\square ABDE$ の辺 AB, DE と交わる点を M, N とすれば $AMNE$, $BMND$ は共に長方形であって，(6)により

$$\square ABDE = \square AMNE + \square BMND$$

1) 秋山武太郎：幾何学つれづれ草，203-204ページ．
2) 寺阪他訳：ユークリッド原論，33ページ．

である．したがって等式(24)を証明するには

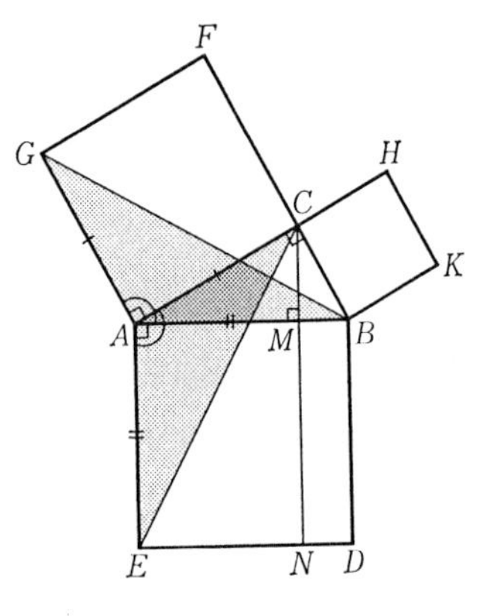

$$\square AMNE = \square ACFG,$$

$$\square BMND = \square BCHK$$

であることをいえばよい．

$\triangle CAE$ の辺 AE を底辺と見れば AM がその高さであるから

$$\square AMNE = AE \cdot AM = 2\triangle CAE,$$

同様に

$$\square ACFG = AG \cdot AC = 2\triangle GAB$$

となる．そこで $\triangle CAE$ と $\triangle GAB$ を比べると

$$\angle CAE = \angle CAB + \angle R = \angle GAB, \quad CA = GA, \quad EA = BA,$$

したがって二辺夾角の合同定理により

$$\triangle CAE \equiv \triangle GAB,$$

ゆえに，定理129(296ページ)により $\triangle CAE$ と $\triangle GAB$ は等積である．ゆえに

$$\square AMNE = \square ACFG,$$

同様に

$$\square BMND = \square BCHK$$

である(証明終)．

終りにフォイエルバッハの定理の遠藤又蔵氏による証明[1)]を紹介して本書のしめくくりとする．三角形の九点円は内接円および傍接円に接する，というのがフォイエルバッハの定理であるが(205ページ)，ここでは内接円が九点円に内接することの証明を述べる．

証明　二等辺三角形についてはその内接円が九点円に内接することは

1)　岩田至康編：幾何学大辞典 I，273ページ．

明らかであるから，$\triangle ABC$ において

$$AB > BC > CA,$$

すなわち

$$\angle C > \angle A > \angle B$$

であるとする．$\triangle ABC$ の内心を I，外心を O，垂心を H，内接円の半径を r，外接円の半径を R とすれば，例題6(150ページ)により，九点円 γ の中心 N は線分 OH の中点，その半径は $\frac{R}{2}$ に等しい．ゆえに内接円が九点円に内接することを証明するにはその中心の距離 IN が半径の差に等しいこと，すなわち

$$IN^2 = \left(\frac{R}{2} - r\right)^2 \tag{25}$$

であることを証明すればよい(110ページ)．

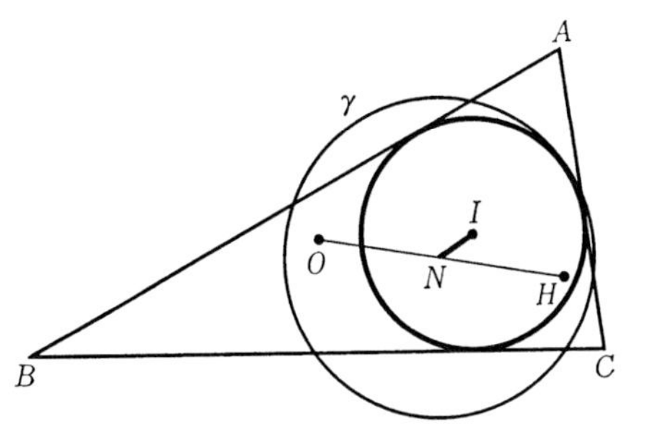

仮定により $\angle C > \angle A > \angle B$ であるから $\angle A$ と $\angle B$ は鋭角である．はじめ $\angle C$ が直角でない一般の場合について等式(25)を証明する．

内接円と辺 BC の接点を G とし，半直線 GB 上に点 D を $DG = r$ となるようにとれば，D は G と B の間にある．なぜなら，$\angle B$ が鋭角であるから

$$\angle IBG = \frac{1}{2}\angle B < \frac{1}{2}\angle R < \angle R - \angle IBG < \angle BIG,$$

したがって

$$BG > IG = r$$

となるからである．D を通って辺 BC に垂直な直線を l とすれば，l は

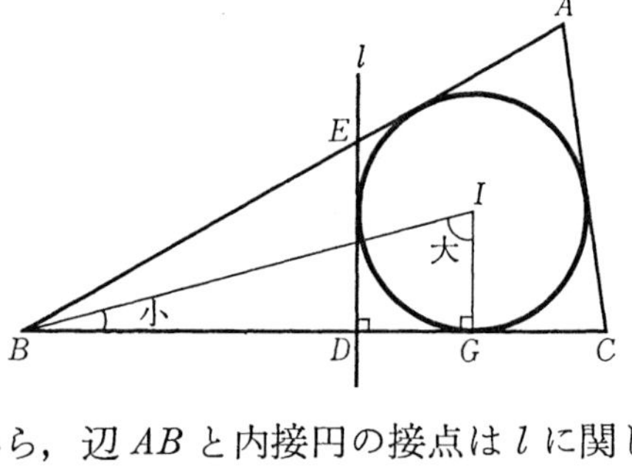

内接円に接するから，辺 AB と内接円の接点は l に関して G と同じ側にある．したがって l は辺 AB と A と B の間の一点で交わる．その点を E とし，線分 EC を直径とする円を δ とすれば，$\angle EDC$ が直角であるから，D は円 δ 上にある．

補題　直線 DH が新しく δ と交わる点を F とすれば，I から直線 DH へ下した垂線は線分 DF を二等分する．

証明　直線に向きを定義し線分の長さに符号をつけて方巾の定理(274ページ)を用いる．A から辺 BC へ下した垂線の足を H_1，C から辺 AB へ下した垂線の足を H_3，線分 AD を直径とする円を ε とする．ここで，仮定により $\triangle ABC$ は直角三角形でないから，垂心 H は $\triangle ABC$ の内部

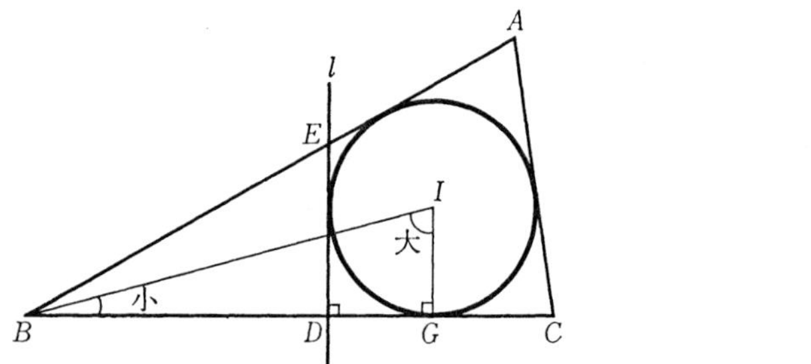

にあるかまたは外部にあることに注意しておく(141 ページ)．H_1 が円 ε 上に，H_3 が円 δ 上にあることは明らかであろう．

D を通る円 ε が F も通ることを証明するために，直線 DH が新しく ε と交わる点を F' とする．点 H を通る二つの直線 DF と CH_3 があって DF と δ との交点が D, F，CH_3 と δ の交点が C, H_3 であるから，方巾の定理により

(26)[#] $$HD \cdot HF = HC \cdot HH_3.$$

また H を通る直線 DF と AH_1 があって DF と ε との交点が D, F'，AH_1 と ε との交点が A, H_1 であるから，同様に

$$HD \cdot HF' = HA \cdot HH_1$$

であるが，例題 20[#] (276 ページ)により

$$HA \cdot HH_1 = HC \cdot HH_3$$

である．ゆえに

$$HD \cdot HF = HD \cdot HF'$$

となるが，H が $\triangle ABC$ の内部または外部にあるから HD は 0 でない．したがって符号まで含めて

$$HF = HF',$$

すなわち F' は F と一致する．ゆえに線分 DF は二円 δ と ε の共通弦である．

四辺形 $AEDC$ は内接円に外接している．ゆえに，その対角線 EC の中点を M，AD の中点を M' とすれば，ニュートンの定理(316 ページ，定理 140)により，三点 M, M', I は一直線上にある．このとき M と M' が一致することはない．なぜなら，M と M' が一致すれば四辺形 $AEDC$ は平行四辺形となり，辺 AE の延長と辺 CD の延長が B で交わることに矛盾するからである．円 δ の中心 M と ε の中心 M' を結ぶ直線 MM' はその共通弦 DF を垂直に二等分する(104 ページ，定理 57)．M, M', I が一直線上にあるから直線 MM' は I から直線 DH へ下した垂線である．ゆ

えに I から直線 DH へ下した垂線は線分 DF を二等分する(補題の証明終).

上掲の図は $\angle C$ が鋭角である場合の図であるが，証明は $\angle C$ が鈍角である場合にもそのまま通用する．垂心 H は $\angle C$ が鋭角ならば $\triangle ABC$ の内部に，鈍角ならば $\triangle ABC$ の外部にある(141 ページ，定理 75 の系)．したがって H から円 δ, ε への方巾 $HC \cdot HH_3, HA \cdot HH_1$ は $\angle C$ が鋭角ならば負，$\angle C$ が鈍角ならば正である．

この補題を用いて IN^2 を求める．定理 127 (289 ページ)により

$$IO^2 + IH^2 = 2IN^2 + 2ON^2,$$

すなわち

$$2IN^2 = IO^2 + IH^2 - 2ON^2$$

であるが，N は線分 OH の中点である．ゆえに

$$2IN^2 = OI^2 + IH^2 - \frac{1}{2}OH^2. \tag{27}$$

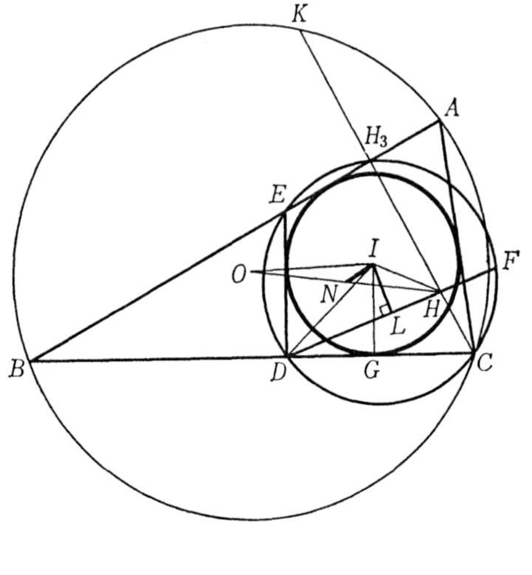

この等式の右辺の第一項は，定理 123 (280 ページ)により，

$$OI^2 = R^2 - 2Rr \tag{28}$$

で与えられる.

つぎに第二項 IH^2 を求めるために I から直線 DH へ下した垂線の足を L とする. そうすれば, 補題により L は線分 DF の中点である. 直線には向きが定義されていてそれによって線分の長さには符号が定められているとする. 三平方の定理により

$$IH^2 = HL^2+IL^2, \qquad ID^2 = LD^2+IL^2,$$

ゆえに

$$IH^2-ID^2 = HL^2-LD^2 = (HL+LD)(HL-LD)$$

となるが, L が線分 DF の中点であるから $-LD=DL=LF$, したがって

$$(HL+LD)(HL-LD) = (HL+LD)(HL+LF) = HD\cdot HF,$$

ゆえに, (26)$^\sharp$により

$$IH^2-ID^2 = HC\cdot HH_3.$$

C から辺 AB への垂線 CH_3 が新しく外接円と交わる点を K とすれば, 例題4(146ページ)により, H_3 は線分 HK の中点である. したがって

$$HC\cdot HH_3 = \frac{1}{2}HC\cdot HK$$

となるが, $HC\cdot HK$ は H から外接円への方巾であるから, 公式(2)$^\sharp$(275ページ)により

$$HC\cdot HK = OH^2-R^2$$

である. ゆえに

$$IH^2-ID^2 = \frac{1}{2}OH^2-\frac{1}{2}R^2$$

となるが, 三平方の定理により $ID^2=IG^2+DG^2=2r^2$ である. したがって

$$IH^2 = 2r^2-\frac{1}{2}R^2+\frac{1}{2}OH^2. \tag{29}$$

この(29)と上の(28)を等式(27)の右辺に代入すれば，$-\frac{1}{2}OH^2$ と $\frac{1}{2}OH^2$ がうまい具合に相殺して，(27)は

$$2IN^2 = R^2-2Rr+2r^2-\frac{1}{2}R^2 = \frac{1}{2}R^2-2Rr+2r^2$$

となる．ゆえに

$$IN^2 = \frac{1}{4}R^2-Rr+r^2 = \left(\frac{R}{2}-r\right)^2,$$

すなわち等式(25)が成り立つ．

上に掲げた図は $\angle C$ が鋭角の場合の図であるが，証明は $\angle C$ が鈍角である場合にもそのまま通用する．

$\angle C$ が直角である場合には証明はつぎのように簡単になる．この場合 H は C と一致する．ゆえに等式(27)は

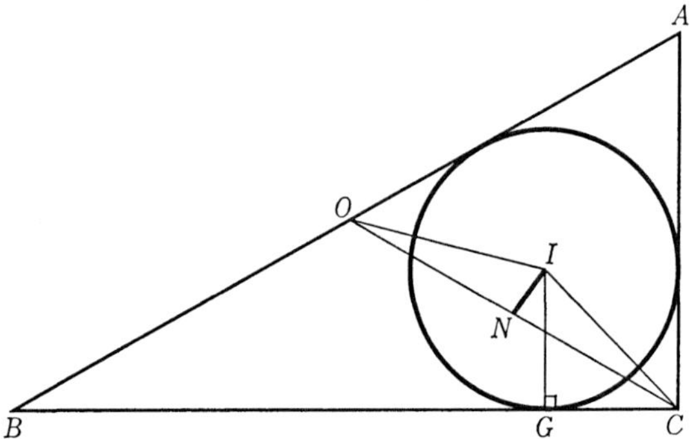

$$2IN^2 = OI^2+IC^2-\frac{1}{2}OC^2$$

となるが，$IC^2=IG^2+GC^2=2r^2, OC=R$，そして定理 123 により

$$OI^2 = R^2-2Rr$$

である．ゆえに

$$IN^2 = \frac{1}{4}R^2-Rr+r^2=\left(\frac{R}{2}-r\right)^2$$

となる(証明終).

問 上記の証明が $\angle C$ が鈍角である場合にもそのまま通用することを実際に図を描いて確めよ.

問題 24 同様な方法で九点円と傍接円が接することを証明せよ.

補　追

脚註に書くべきであったいくつかの注意をここにまとめて述べる.

1 線分の長さが正の実数であることと公理3(23ページ)により，直線上の点の順序に関する諸定理は実数の大・小から直ちに導かれる. 本書ではこの方法を採らずに，直線上の点の順序に関する諸定理ははじめからよくわかっているものとした(9ページ). その理由は高校までの数学では実数は数直線の直観に基づいているのであって，実数の大・小は結局直線上の点の順序に帰するからである.

2 合同を扱うのにはじめから合同変換を定義し，公理5(27ページ)の代りにつぎの公理を導入する方法が考えられる:

［**公理**］ $\triangle ABC$ と一直線上にない三点 O, P, Q に対して A を O に，B を半直線 OP 上に，C を直線 OP に関して Q と同じ側に移す合同変換が存在する.

この方法によれば直ぐに任意の図形の合同を扱うことができて便利である. しかし旧制中学の平面幾何で，たとえば，三角形を‘動かす’というのは平面上に置いた三角定規を動かすのと同様な意味で用いられていた(25ページ). これに対して合同変換は平面上のすべての点を一斉に動かすのであって，旧制中学の‘動かす’よりも抽象的でわかり難い. ゆえに本書ではこの方法を採らなかったのである.

3 §6ではユークリッドの第五公準(72ページ)に基づいて三角形の内角の和が $2\angle R$ に等しいこと(70ページ，定理43)を証明したが，逆に三角形の内角の和が $2\angle R$ に等しいことを公理として認めれば，このことに基づいて第五公準を証明することができる. ゆえに第五公準と三角形の内角の和が $2\angle R$ に等しいことは同値である. 平行線の公理と第五公準は同値であるから(69ページ)，結局平行線の公理を

［**公理**］ 三角形の内角の和は $2\angle R$ に等しい

で置き換えてよいことになる[1]. 測地学という見地からは第五公準は平行線の公理より具体的であるが(72ページ)，この［公理］の方が第五公準よりももっと具体的である. ただ少しも公理らしくないのが欠点である.

---

1) 「幾何学の基礎」47ページ.

4 ユークリッド『原論』に順序の公理がないために，間違った図を描いて『原論』にあるだけの公理と論法で議論を進めてゆくと，たとえば，すべての三角形は二等辺三角形であることが証明できる[1]．このことがユークリッド『原論』の重大な欠陥とされているが，しかし，間違えた図から変な結果がでてくることはむしろ当然であるとも考えられる．物理でも実験を間違えれば変な結果がでてくるのであって，どんな間違えた図を描いてもいつも正しい結果がでるとしたら，かえって困ると思う．順序の公理がないことから生じるもっと重大な欠陥は図の点と直線の配列を明らかにできないことであろう．

155–156 ページで述べたように，定理が一般に成り立つことを証明するにはまず図の点と直線の配列を明らかにしなければならない．なぜなら，一つの図は一つの特殊の場合を示しているのであって，そこに見られる点と直線の配列がたまたまそうなったのか，一般にそうなのか，わからないからである(156 ページ)．点と直線の配列を明らかにするためには順序の公理が不可欠である．

5 フォイエルバッハの定理(205 ページ)は平面幾何で証明が極めて難かしい定理の一つである．本書ではテスト・ケースとしてこの定理を証明することを一つの目標とし，円論による証明(205–218 ページ)と比例および面積を用いる証明(321–328 ページ)を紹介した．

6 第4章の面積については応用上重要な三角形と四辺形に限って扱うこととし，一般論は割愛した．一般論を展開するには多辺形の面積を扱わなければならないが，多辺形の面積はすなわちその内部の面積であるから，このためには多辺形が平面をその内部と外部に分割するという Jordan の定理が必要となる．ヒルベルトの「幾何学の基礎」では多辺形に関する Jordan の定理は‘特に困難もなく得られる’，すなわち極めて簡単に証明できることになっている[2]．ここでヒルベルトがどういう証明を考えていたか，わからないが，‘証明はよほどうまくやらないとえらく難かしくなるのである’[3]．寺阪英孝氏の初等幾何学[4]にうまい証明が載っているが，それでも本書の程度を超える．ゆえに面積の一般論は扱わないことにしたのである．

---

1) 彌永昌吉：ユークリッド『原論』の功罪，前出．

2) 「幾何学の基礎」12 ページ．

3) 「幾何学の基礎」解説，371 ページ．

4) 寺阪英孝：初等幾何学，岩波全書，1952年，66–69 ページ．

索　引

ア 行

カ 行

サ 行

タ 行

ナ 行

ハ 行

マ 行

ヤ 行

ラ 行

ワ 行

■岩波オンデマンドブックス■

新装版 数学入門シリーズ
幾何のおもしろさ

2015年3月6日 第1刷発行
2019年12月10日 オンデマンド版発行

著 者 小平邦彦（こだいらくにひこ）

発行者 岡本 厚

発行所 株式会社 岩波書店
〒101-8002 東京都千代田区一ツ橋2-5-5
電話案内 03-5210-4000
https://www.iwanami.co.jp/

印刷／製本・法令印刷

ISBN 978-4-00-730959-5 Printed in Japan